21世纪数字印刷专业教材

# 数字印前技术

姚海根　郝清霞　郑亮
高雪玲　吕　剑　方恩印　编　著

文化发展出版社
Cultural Development Press

# 内容提要

本书内容以数字成像技术和性能的定量测试为重点，兼顾数字印前技术的其他方面。从第一章到第三章为基础部分，其中第一章介绍数字印前技术产生的时代背景和技术内涵；第二章简要分析彩色复制的基本要素和某些重要问题，以及彩色复制的基本特性与类型；第三章讨论数据与文件，以数据类型和数据共享为重点。第四张到第六章为全书重点，试图体现数字印前领域的最新发展成果，其中第四章讨论数字图像采集系统，以数字印前最流行的数字照相机和平板扫描仪为主；第五章的重点是图像数据采集，强调RAW数据捕获的重要性，分析RGB扫描和RGB编辑对色彩管理的意义；第六章介绍数字成像系统性能的测试方法。第七章到第十章的内容涉及数字印前技术的重要方面，第八章简要分析图文处理的目标和主要内容，第九章较全面地介绍页面描述技术和输出准备，第十章讨论与数字印前衔接的重要方向数字印刷的特殊要求。

本书尽可能深入浅出地介绍数字印前技术，许多内容在其他数字印前书籍中未曾出现过，可供各院校数字印刷和图文信息处理专业学生使用，也可作为印刷工程、包装工程、数字（电子）出版和办公自动化等专业的教学参考书。此外，本书可供数字印刷、商业印刷和广告设计等相关领域的专业人员参考。

## 图书在版编目（CIP）数据

数字印前技术/姚海根，郝清霞等编著.－北京：文化发展出版社，2012.8（2018.8重印）
ISBN 978-7-5142-0385-1

Ⅰ.数… Ⅱ.①姚…②郝… Ⅲ.数字图像处理－前处理－教材 Ⅳ.TS803.1

中国版本图书馆CIP数据核字(2011)第262083号

## 数字印前技术

编　　著：姚海根　郝清霞　郑　亮　高雪玲　吕　剑　方恩印

责任编辑：张宇华　　　　　　　　责任校对：郭　平
责任印制：邓辉明　　　　　　　　责任设计：侯　铮
出版发行：文化发展出版社（北京市翠微路2号　邮编：100036）
网　　址：www.wenhuafazhan.com　www.printhome.com　www.keyin.cn
经　　销：各地新华书店
印　　刷：北京市兴怀印刷厂

开　　本：787mm×1092mm　　1/16
字　　数：423千字
印　　张：17.375
印　　次：2018年8月第1版第3次印刷
定　　价：49.00元
ＩＳＢＮ：978-7-5142-0385-1

◆　如发现任何质量问题请与我社发行部联系。发行部电话：010-88275710

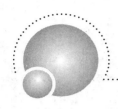

# 前　言

　　数字印前技术走过辉煌的发展阶段后，似乎一切都沉寂下来，令人怀疑是否还有发展的余地和应用前景。如果仅仅从纯粹的印前服务看问题，既然计算机直接制版技术标志着印前生产目标的最高境界，数字印前的发展步伐也就到此为止了，事实却不尽然。一方面，数字印前不应该局限于为印刷服务，前端的数字图像采集和后端的各种计算机直接输出技术应用前景和适用范围广阔，尤以数字印刷的前景最为看好；另一方面，尽管因认识上的局限性导致数字印前在应用层面上停滞不前，但与数字印前相关领域的研究从未停止，其中图像质量分析最值得一提，某些研究成果已进入相关国际标准。

　　我国不少学校开设印刷图文信息处理专业，数字印前技术的普及、高效率和大规格的印版输出设备和目标服务领域的过于狭窄，导致图文专业教学陷入困境。作者认为，加强两端、淡化中间或许是图文专业的出路所在，为此需要将 ISO TC42 制定的数字成像国际标准的主要内容尽快纳入教学计划，开展以数字照相机和平板扫描仪为主的图像捕获系统技术性能的定量检测与评价，结合色彩管理对彩色数据的要求捕获数字图像；充分重视图文处理结果与后端应用的关系，特别是数字印刷对图文处理的特殊要求。

　　鉴于彩色数据的多目标应用趋势，有必要重视不同应用的彩色复制目标，拓宽学生的知识面和视野，加强对某些重要概念的深入理解，本书专门安排第二章简要地讨论与彩色复制原理相关的问题，以 Hunt 提出的六种彩色复制类型和彩色复制基本要素分析为主。

　　第四章到第六章是本书的重点，其中第四章在介绍传感器和物理分色结构的基础上讨论数字照相机和扫描仪这两种主要图像捕获设备，其中多光谱成像对未来的数字图像捕获至关重要；第五章以 RAW 数据捕获和 RGB 编辑与 RGB 扫描两条线为主，指出目前使用的数字图像捕获设备的非色度本质，再延伸到高位图像数据捕获；第六章是全书重点中的重点，从数字图像信号和噪声两方面展开，其中信号部分包括光电变换函数和空间频率响应的基本含义和测量方法，噪声部分涉及空间非均匀性和信噪比测量等，说明噪声与动态范围测量的关系，某些内容是作者的研究心得和测量结果。

　　第九章和第十章也是本书的重点，其中第九章包括页面描述和输出两大重点内容，说明正因为从逻辑页面到物理页面才需要各种输出技术，印前处理结果的多目标输出需要不同页面描述语言的支持；第九章还讨论了完稿处理，希望为将要从事数字印前处理的图文专业学生提供最基本的思路。安排第十章的主要原因是考虑到数字印刷已经成为图文专业学生的重要就业方向，为此需要适合于数字印刷的色彩空间知识，懂得数字印刷前端控制和参数设置对确保印刷质量的重要性，希望学生掌握数字印刷机与打印机的区别。

本书的出版得到教育部图文信息处理国家级教学团队建设经费的支持，编写本书不仅因为包括图像捕获在内的数字前端处理对图文专业的重要性，也因为与彩色复制相关的知识是图文信息处理专业教学的关键所在。此外，在本书的编写过程中，作者所在学校的领导十分关心和支持，与兄弟院校教师的讨论也使作者受益匪浅，在此深表谢忱。

由于作者理论知识和实践经验的局限性，本书不足和疏漏之处在所难免，希望使用本书的广大读者和教师予以指正，作者在此预先对他们表示诚挚的谢意。

姚海根

2011 年 10 月

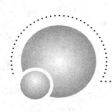

# 目 录

# 1
## 第一章

# 概　述

现代印前技术从桌面出版演变而来，大多以 Desk Top Publishing 的缩写 DTP 为桌面出版的简称。由于桌面出版的基本含义是借助于计算机及其外围设备和应用软件完成图书、报纸和杂志等纸张印刷品的总称，包含了数字印前操作的核心工具计算机、图文处理结果输出和打样等必须的硬拷贝输出设备（即计算机外围设备），以及完成印前作业任务必须的应用软件，因而桌面出版与数字印前已十分接近，视为印前技术的代名词亦无不可。

## 1.1　从制版到印前

桌面出版概念出现前很少有印前的提法，更没有数字印前的概念，制版才是印刷前期作业准备的习惯称呼。作者无意考证制版这一名称在何时出现，但印刷前期准备从制版改成印前并冠以"数字"两字却反映了该领域的革命性变化，使制版具有更丰富的内涵。

### 1.1.1　制版的技术地位

印刷从文字复制开始起步，可以追溯到印章刻制（治印）和盖印。在印刷术出现并不断地向前发展的相当长的历史时期内，制版和印刷间没有严格的分界线，所谓的印刷其实是制版和印刷的总称。印刷术由我国发明，更确切地说是我国发明了活字印刷术。然而，从今天我们对制版与印刷的工艺划分原则和它们的实际内涵看，活字印刷术或许更应该称为活字制版术，因为活字制作和合成属于拼版的范畴，而那时的其他印刷要素并未改变。

历史上的制版技术变革曾经对推动印刷发展产生过重大作用。以凹印为例，从意大利金饰品雕刻匠菲尼古拉发明凹版印刷开始，后来经历的一系列变革几乎都与凹印制版的技术发展有关，例如 1513 年德国雷福发明腐蚀凹版法，1826 年尼布斯发明照相凹版，1838 年俄国亚可比和英国史宾塞发明以雕刻凹版用电镀术复制成铜版，1852 年英国 Fox Talbot 发明照相凹版用网线制版术，1862～1864 年英国 Swan 发明碳素胶纸，1878 年捷克 Karl Klic 研究用格子网线在碳素胶纸上晒成网点，1895 年英国朗勃蓝德公司发明碳素胶纸照相轮转凹版制版法等，这些制版技术的发明都极大地推动了凹印的发展。

大批量复制和大批量传播是传统印刷的主要属性和特点。因此，传统印刷解决了文化积累和思想传播的重要问题，称印刷为"人类文明之母"一点也不为过。服务于大批量传播的每一件印刷品都是人类思想的结晶，通过数字印刷技术实现的按需印刷或按需传播又何尝不是如此，至于包装印刷品同样离不开思想的开路作用。值得注意的是，从思想到形成最终的印刷品对传统印刷来说没有直接的路可走，其间主要经历制版和印刷两大工艺过程。很明显，从思想转换到印刷品的任务主要由制版承担，印刷仅起复制作用。

由此可见，制版不仅是完成印刷品加工的先导工艺，没有制版就没有后续的印刷，因为制版处在复制工艺链的最前端，而传统制版工艺也包括产品设计的成分。更重要的问题还在于，如果说传统意义上的印刷活动也具有创造性，那么至少最富创造性的活动一定由制版来主导，制版的重要性也正在于此。

质量决定企业的兴衰，高质量是一切工业生产活动追求的根本目标，也是企业管理活动的最后归宿。印刷技术经历了无数的技术变革和技术创新，每一次变革和创新都极大地推动了印刷质量的提高，而每一次印刷质量的提高几乎都离不开制版的技术变革。从活字印刷开始到活版印刷，技术革命的核心在制版；摄影技术的发明与印刷技术的发展存在千丝万缕的关系，发明后不久就为印刷所用，演变成照相制版技术，照相分色与加网技术的结合更使彩色复制质量上升到前所未有的高度，可以实现真正意义上的高质量连续调图像复制了；电子分色机的发明，导致古老的印刷术与光电联系到一起，其意义并不简单地表现在印刷质量改善和制版工艺变革上，为现代数字印前技术准备和创造条件，才是电分制版的关键意义所在，因为光电技术是现代印前生产活动的技术基础。

### 1.1.2 现代印前技术的雏形

1872 年，德国钟表匠 Ottmar Mergenthaler 移民到美国，四年后的 1876 年时与美国华盛顿地区的法庭书记员 James O. Clephane（詹姆斯·克里凡）成为朋友，后者希望发明一种设备，能直接架通人类思想与复制品之间的桥梁。

Clephane 设想通过打字机和行式（整行）铸排机实现他的目标，这两种设备后来走过了各自不同的发展道路，打字机逐步演变到商业传播用途，行式铸排机则成为面向印刷业的专业制版设备。由于数字印刷技术的出现，两条不同的发展道路终于交汇到一起。

对今天的年轻人来说，打字机只能算是历史上用过的名词，与人们的学习和生活已经没有关系，但这丝毫不能掩盖其曾经的辉煌。图 1-1 给出了类型和品牌众多的打字机的例子，若仅仅从功能角度看，不考虑设备的自动化程度，则打字机可以算得上与 Clephane 理想最接近的设备，计算机应用历史上曾经起过重要作用的行式打印机就是在打字机的基础上改造而成的，后来从行式打印机发展到页式打印机，最终演变成数字印刷机。

图 1-1　打字机的例子

图 1-1 所示的机械打字机因价格便宜、操作简单而曾经风行一时。该图的顶部是打字机的活动部分（这里称为拖架），纸张夹在软质的圆形滚筒和色带（在图 1-1 所示的打字机上已拆除）之间，手指敲击键盘的力量转换成铅字打击色带的作用力。别看机械打字机的结构极其简单，且机械打字机完全靠手指的敲击力度使色带表面的油墨转移到纸张，但这种打字机却具备最基本的排版能力。尽管行距调整和换行等操作需要以手工旋转软质滚筒带动纸张和移动拖架的方式实现，段落首行空白只能靠按空格键设置，也没有自动完成的文本对齐控制，但通过打字机确实可以输出一般质量的印刷品。

发展到电动打字机，尤其是电子打字机（例如我国曾经使用过一段时间的四通中文电子打字机）出现后，排版的自动化程度大为提高，与今天的字符通过计算机键盘输入、由排版软件控制输出的工作方式已十分接近，复制质量也比机械打字机明显提高。

即使早期的行式铸排机，结构比起机械打字机要复杂得多，更不要说图 1-2 所示1965 年生产的莱诺铸排机了。由于这种设备兼有铸字和排字的双重功能，再加上复杂结构对精度的保证，从而使行式铸排机有条件发展成面向印刷的专业设备。

显然，行式铸排机的排字能力比打字机强得多，控制精度也更高。但除铸字外，仅就基本的排版能力而言，与打字机并无原则区别。

之所以说或者只能说以上两种设备可以算现代印前技术的雏形，是因为这两种设备已具备了现代印前技术的基本属性和核心功能，并非现代印前技术的全部能力。现代印前技术的基本任务归结为处理所有版式页面需要的元素，完成处理后"拼装"成与输出规格一致的页面，在计算机控制下记录到不同的介质，包括胶片、印版甚至纸张。如果以现代印前技术的完整能力

图 1 - 2　莱诺行式铸排机（1965 年生产）

衡量，则无论打字机或行式铸排机都相差甚远，因为这两种设备至少不能实现图像复制，更不具备高分辨率的记录能力。然而，现代印前技术的基本属性和核心能力究竟是什么？是激光照排机还是直接制版机？抑或是色彩管理技术？其实，这些令人"眼花缭乱"的东西都不能算。作者认为，现代印前技术的基本属性和核心能力表现在排版和方便地输出，是明显区分于以往的工作方式。打字机和行式铸排机与现代印前领域要求的全部能力确实存在很大的差距，因而只能算现代印前技术的雏形。

### 1.1.3　传统制版的现代印前元素

任何新技术都与相关的原有技术存在某种关系，某些新技术更从原有的相关技术继承和发展而来，数字印前技术同样如此。从这一意义上说，现代印前技术不是孤立的，传统制版技术中存在现代印前的元素，两者并不矛盾，也不能彼此割裂。

数字排版和拼版与传统工艺的不同，并非操作内容发生了根本性的变化，图文合一组成版面仍然是排版和拼版的操作内容，改变的是排版和拼版采用的工具和实现的途径。虽然劳动强度很高的手工操作为软件应用更轻巧的手工操作所取代，某些工作任务甚至无需手工操作，但图文组合的基本原则和方法没有改变。排版软件正是继承了传统制版的重要概念和主要规则，才能产生符合消费者要求的印刷品。

照相制版通过网屏对光线的分隔作用使连续调的原稿变换成离散形式的网点，网屏的概念为数字加网继承后演变成投影法网点结构的基础，根据网屏的构成特点预先设计好阈值矩阵，再通过阈值矩阵控制光线作用到胶片或 CTP 印版的开关动作，就能成像到不同的记录介质上，形成规定面积率的网点。当然，简单的继承不能形成新的技术，还需要发展和创新，例如对模拟传统网点生成方法和结构特征的数字加网技术而言，需要解决 15°角正切是无理数的问题，才能最大程度地减小甚至避免莫尔条纹对视觉效果的影响。

有人认为，电分制版和数字制版的根本区别，在于电分制版只能被动地接受电子分色机扫描部分的处理结果，原稿上有文字内容时必须加网，这显然不合理；发展到数字印前技术后，电分机的扫描和加网这两大主要功能彼此独立出来，扫描仪输出的数字图像文件可以由计算机作进一步的处理，文字则通过计算机植入，字符边缘的光滑性得以保留。以

上叙述说明，尽管现代印前系统的主要设备扫描仪和网点记录设备从电子分色机的扫描头和网点发生器继承而来，但由于经过了发展和创新，才能形成更高效的系统。

20世纪80年代中期到90年代末普遍使用的激光照排机是电子分色机终结的标志，也是激光记录技术在印刷领域取得新生命的开始。如果说激光照排机仅仅继承了电子分色机网点发生器的主要功能，则网点发生器从电分机独立出来的意义将大打折扣。事实上，激光照排机对电分机最有效的继承在于激光加网技术，一方面是因为激光加网技术在电分机上首先出现，更重要的是电分机激光加网技术的数字本质。

因此，电分制版包含的现代印前元素比其他传统制版技术更先进，几乎具备了现代数字加网的全部特征。例如，电子分色机网点发生器形成的网点由有限个激光光点堆积而成，这与现代数字加网算法生成调幅网点的方法完全一致；有限个激光光点的堆积应该按预定的规则通过控制器曝光，为此需要相应的半色调加网算法相配合，而半色调算法是预先定义的数字运算规则，可见适合于利用计算机实现，这与现代数字加网又有什么区别呢？长期以来，电子分色机的结构和操作特点掩盖了其工作本质，由于半色调算法固化在电分机的控制电路部分，导致许多人产生错觉，误认为一切功能的实现都是模拟的。

扫描仪是模拟原稿转换成数字图像的必须设备，可以说扫描仪的基本能力大多从电子分色机的扫描部分继承而来，即使平板扫描仪也如此。毫无疑问，继承电分机的扫描部分并使之与现代印前技术的生产特点符合，同样需要发展和创新。对此，传感器技术的快速发展和数字成像质量的不断提高，已经回答了这些问题。

### 1.1.4　萌芽状态的数字印前技术

根据大多数人的观点，桌面出版概念的提出大约在20世纪80年代中期，而发展到众多印刷从业人员或印刷企业普遍地采用，已经是90年代初的事了。几乎与此同时，字处理软件的应用正迅速地发展，使计算机应用从初期的科学运算进入经济建设以及办公自动化领域的主战场，从科学家到工程技术人员，从教师到一般的办公人员，都在积极地学习各种字处理器（Word Processor）的使用方法，输出不同类型的文档。

字处理程序如此地广泛流行和应用，源于字处理程序具备满足非印刷专业人员获得印刷品需求的能力，使排版和文档打印走出专业性很强的象牙塔，成为寻常百姓的实用工具。至于字处理程序快速发展的更深层次的原因，一方面是计算机应用普及的必然，另一方面也是数字印前技术成熟的前夜，结果必定会发展到输出精度更高的技术。

早在Microsoft Word普遍流行前，美国和欧洲国家的高校教师、科研人员和工程技术人员都喜欢用Wordperfect（常简写为WP）排版，原因在于WP提供丰富的数学公式排版功能，图1-3所示操作界面来自Wordperfect的DOS版本。由于字处理器良好的市场前景和适应"平民"使用的特点，吸引了众多公司开发不同的字处理器，除微软的Word外，还有美国等西方作家和文字编辑习惯使用的XyWriter，由Software Publishing Corporation设计的pfs:

图1-3　早期Wordperfect
操作界面

Writer，以及Lotus公司的AmiPro等，后者其实是专业排版软件了。

根据维基网站给出的解释，字处理器是一种计算机程序，用于"生产"任何种类的可打印资料，其中"生产"的含义包括版面合成、编辑、文本和段落格式化等。

与Word和Wordperfect等字处理软件流行的同时，市场上也出现过专业性更强的排版软件，其中最杰出的例子当数美国计算机教授高纳德编写的 TeX，在美国的学术界，特别是数学、物理学和计算机科学界十分流行。学术界普遍认为，该软件是很好的排字工具，处理复杂的数学公式时尤其如此。若利用诸如 LaTeX 等终端软件，则 TeX 可以排出精美的文字版面。据说 TeX 的稳定性相当高，高纳德悬赏奖励任何能够在 TeX 中发现程序漏洞的使用者或软件爱好者，因而迄今为止仍然有人使用。

字处理软件能实现专业软件的大多数功能，比起打字机和行式铸排机来当然更接近于现代印前技术所要求的能力。尽管如此，由于绝大多数字处理软件通过惠普的 HP PCL 语言控制输出，某些为印刷要求的高端功能无法通过 HP PCL 实现，因而字处理软件及其包含的全部能力的整体，只能说是萌芽状态的数字印前技术。

### 1.1.5　桌面出版与桌面印前

桌面出版曾经是印前技术革命的代名词。桌面出版是个人计算机和所见即所得排版软件产生的组合功能，用于在计算机上建立出版文档，适合于不同规模的出版需求。

有时，桌面出版也用于描述页面排版技巧。其实，排版技巧和排版软件并不局限于以纸张为信息记录载体的图书、杂志和报纸出版领域，同样的技巧和软件常常用于为销售点广告、促销海报、展览会内容介绍和户外广告等商业活动，也适合于包装设计。由于这一原因，桌面出版技术进入印刷领域后，印刷工作者主张以桌面印前 Desktop Prepress 或电子印前 Electronic Prepress 代替桌面出版，后来干脆改成数字印前，这当然是后话了。

多数人认为，桌面出版的准确时间应开始于 1985 年，与苹果计算机公司推出其所见即所得排版软件 MacPublisher 有密切的关系。由于 MacPublisher 运行于当时仅 128KB 内存的 Macintosh 计算机，仅提供有限的页面组版功能，以至于很少有人注意和提到它。据说 MacPublisher 软件最早大约出现在 1978 年到 1979 年，与当时学术界十分流行的 TeX 排字（排版）系统几乎同时进入市场，后者于 20 世纪 80 年代早期借助于 LaTeX 终端软件实现了功能扩展，从专长于处理复杂的数学公式发展到通用排版软件。

桌面出版市场启动于 1985 年。之所以如此界定桌面出版市场的启动时间，是因为苹果公司于 1985 年 1 月推出 LaserWriter 激光打印机，同年 7 月 Aldus 的 PageMaker 排版软件开始发售，它们无疑是桌面出版或数字印前技术的标志性事件。由于市场对计算机文字处理和排版的旺盛需求，应用的快速推进使 PageMaker 成为桌面出版的工业标准软件。

20 世纪 80 年代初期，排字操作仍然相当流行。由于排版软件在计算机屏幕上直接建立所见即所得页面版式的能力，以及按 300dpi 的精度打印页面技术的实现，导致排字工业或制版业的一场革命，对个人计算机的发展来说也意义非凡。因此，苹果 LaserWiter 和 Aldus PageMaker 的出现对现代印刷技术革命功不可没，除开始时用于图书出版外，报纸和其他印刷出版物也纷纷转移到使用基于桌面出版的工作流程。

回溯历史，桌面出版这一术语首先由 Aldus 公司的奠基者 Paul Brainerd（保尔·布雷纳德）在发售排版软件 PageMaker 时提出。他认为，市场必然青睐于中小企业有能力购买的排版软件和个人计算机，价格昂贵的商业排字设备终将退出历史舞台。

按照今天的标准，早期的桌面出版技术显得原始和粗糙，那时的 Macintosh 只有 512KB 的内存，由这种计算机以及 PageMaker 和 LaserWriter 组成的 512KB 系统无法支持排版和打印机输出的大容量数据流，软件频繁地崩溃在所难免；再加上 Macitosh 只支持 1 位的黑白显示模式，不能在屏幕上准确地控制字符间距和行间距等，更无法完成其他位置精度控制要求更高的操作，质量限制不可避免。然而，只要想到桌面出版开始的年代，就不能冠以原始和粗糙这样的贬义描述，而是为印刷和相关行业带来革命性的变化。

其实，仅仅 LaserWriter 和 PageMaker 根本无力支撑桌面出版，至于数字印前就更不用说了。桌面出版或数字印前技术真正的原动力"隐藏"在 LaserWriter 和 PageMaker 的后面，那就是 Adobe 公司的页面描述语言 PostScript。正因为 LaserWriter 及后继者 LaserWriter Plus 打印机的 ROM 内置入了 Adobe 公司提供的 PostScript 解释器（即栅格图像处理器），以及 Adobe 公司与 PostScript 同时推出的可缩放字库，才有可能输出高质量的文字。

LaserWriter 打印机的 PostScript 能力允许出版物设计者在"当地"硬拷贝输出设备上对反映图文处理结果的数字文件执行打样作业，合格的文件再传递给输出中心，在光学分辨率更高的设备上完成分色胶片输出，例如众所周知的激光照排机。

20 世纪 80 年代中期，基于 Macintosh 的桌面出版系统确立了市场的支配地位。进入到 1986 年，才出现基于 DOS 操作系统的 Ventura Publisher 排版软件，由于不能即时的屏幕显示，使用起来十分不便。与此相比，同时期的 PageMaker 已经提供模拟手工制版建立版式的"剪贴"功能，满足印刷要求的高端功能，以至于 Adobe 公司愿意收购 PageMaker，发展到今天这样更专业的 InDesign 排版软件。

## 1.2 数字印前的技术内涵

如前所述，数字印前技术源于桌面出版，与字处理应用有着千丝万缕的联系。因此，分析数字印前的技术内涵不能停留在数量和类型众多的设备层面，也不能平行地看待所有的相关技术。可取的方法应该是透过现象看本质，从字处理软件应用和桌面出版系统所具备的基本能力着手，以利于深入理解和合理地应用数字印前技术。

### 1.2.1 两种基本能力

20 多年时间的发展和历史积淀，导致数字印前技术形成辉煌灿烂的局面；新技术的不断推出和一路的高歌猛进，使印刷业及其从业人员有目不暇接之感。

检视数字印前技术 20 多年的发展史，可以归纳和总结出发展成果长长的清单。在"硬"的方面，初期从电分机独立出来的滚筒扫描仪已经为平板扫描仪取代，数字成像技术的高速发展使数字照相机成为数字图像的主要来源之一，目前更在研究和推广基于多光谱成像的色度扫描仪；激光照排机也是从电分机独立出来并经修改而成，曾经是印前图文处理结果唯一的高精度输出设备，但其技术寿命之短暂令人惊讶，十多年后就由直接制版机迅速地取代了；曾经风光一时的热升华打印机已成明日黄花，迅速地退出数字打样市场，只能让位于各种类型的喷墨打印机，墨水颜色超过六种毫不稀罕，质量完全满足打样要求。

在"软"的方面更是群星璀璨，数字半色调处理早就走过了单纯模拟传统调幅网点的初级阶段，除调频网以及调幅和调频结合的复合加网技术外，还出现了基于各种参数优化的数字半色调算法；页面描述语言及其能力不断改进，为实现页面输出稳定性和适应多目标输出而推进到 PDF 文件格式，除印刷和电子出版外还为医学、建筑和存档等领域所采纳，导致 Web 浏览器也不得不支持 PDF 格式；色彩管理技术已经走出印刷领域，稳步地推进到电视和多媒体等应用领域，不再单纯地服务于解决计算机屏幕显示与印刷品颜色尽可能一致的问题，致力于各种彩色设备的颜色表示一致性；由于数字工作流程的出现，不仅满足了印前高生产效率需求，也延伸到印刷和印后加工领域，正在向着按计算机集成制造系统的原则组织印刷品加工过程；图像质量分析技术在图像处理领域异军突起，在澄清了各种模糊观念的同时，开发出简单而有效的测量方法；等等。

　　尽管与数字印前相关的新技术如此之多，但技术之多必须回归到应用，回归到技术支持的基本能力，否则很容易在眼花缭乱的技术面前迷失方向。归纳起来，无论字处理应用或作为数字印前基础的桌面出版，两者之所以能取得成功，都应该归结到页面排版或拼版和硬拷贝输出这两种基本能力。注意，是基本能力，并非基本技术或设备，基本能力要靠一种或多种技术和相关因素的支撑才得以形成，其中必有起关键作用的技术。

　　例如，排版和拼版能力是众多技术要素的集合，即使通过字处理软件实现这种基本能力时也如此。硬拷贝输出能力与字处理应用类似，同样体现众多技术要素的集合，不仅要得到各种输出设备的匹配，更需要页面输出控制和数字半色调算法的支持。

### 1.2.2　系统构成

　　根据印刷对数字信息准备的要求，数字印前系统指为了以数字方式实现图文输入、图文处理和图文输出所需要的硬件和软件的集合，可以用图1-4说明。

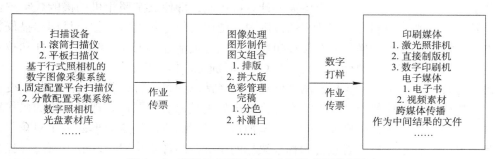

**图1-4　供墨与打印头套件分离的喷墨印刷设备**

　　图文输入中的文字输入相对简单，因而图1-4中没有列出。图像采集是图文输入最主要的内容，目前主要有扫描仪输入和数字照相机拍摄两大主要方法，扫描仪又可划分为滚筒和平板两大类型，其中平板扫描仪还可继续细分；数字照相机按传感器类型的不同分成Bayer传感器照相机和Foven X3传感器照相机，按配置不同也可划分成单镜头反光数字照相机、卡片型（紧凑型）数字照相机和介于上述两者之间的过渡型数字照相机；另一大类数字图像获取设备从数字照相机派生出来，都在行式照相机基础上组建而成，其中光源、行式照相机和其他部件固定配置成的系统称为平台扫描仪，也有分散配置的采集系统。

　　图文处理的内容最多，图1-4仅给出主要处理内容。以图像处理为例，凡图像数据采集完成后对输出成特定格式文件的编辑和加工均属图像处理范畴，比如分离成不同成分的抠像操作，包括路径抠像和通道抠像等；改善边缘质量的操作，主要途径有羽化、抗混叠和去条纹像素等；改变颜色组合效果的操作，例如通过融合模式设置实现的加厚和减薄等，为符合输出设备精度执行的操作，分成降低分辨率和提高分辨率采样两大类，为此需要规定合理的灰度插值算法；通道操作，包括通道分离、通道合成和专色通道定义等；图像模式变换操作，比如从其他模式变换到多色调图像和索引彩色图像等，以RGB图像到CMYK图像的变换最为复杂；色彩管理操作，包括为图像处理规定RGB工作色彩空间，改变ICC文件，以及利用已有的ICC文件完成分色等；色彩调整或校正操作，需要根据被处理的图像选择合理的调整或校正方法；致力于像质改善的操作，例如降低甚至消除噪声，尽量不影响清晰度的低通滤波，为提高清晰度的高通滤波等。

图文输出目前主要服务于印刷和电子两大媒体，其中针对印刷媒体的图文输出大多通过不同的硬拷贝设备实现，包括激光照排机、直接制版机和数字印刷机；由于电子媒体的类型越来越多，因而图1-4仅给出很少的例子，其中电子书以输出为 PDF 文件居多，输出成 XML 描述的文件也是不错的选择；跨媒体传播应用估计会逐步增加，为此需要按多目标用途预先考虑可能的输出方法；图文处理结果作为中间文件保存时，应该按文件内容和性质选择合理的文件格式，例如目前仅 PDF 一种格式已渗透和扩展到各种领域，包括服务于印刷的 PDF-X、适合于图书馆和档案馆等使用的存档文件格式 PDF-A、工程文档格式 PDF-E 以及服务于通用目标的可访问格式 PDF-UA 等。

### 1.2.3　核心生产工具

尽管计算机在图1-4中并未出现，但这并不影响计算机作为现代印前企业核心生产工具的技术和工艺地位。事实上，图文输入、图文处理和图文输出都需要计算机。

总体上，现代印前的任何操作都离不开计算机，因为所有印前操作都离不开数字，某些操作更是数字变换。图文输入设备需要计算机控制，即使数字照相机拍摄的数字图像也需要计算机，否则将限制在极其狭窄的范围内，使用价值必然大打折扣；早期扫描仪曾经内置专门的存储器，由于操作完全靠按钮实现而缺乏灵活性，因而是时代局限性和技术局限性的产物，不体现任何的优点，自从 TWAIN 界面标准推出后就难见踪影。

图文处理当然离不开计算机，图文处理工作者请求的每一种操作都建立在数字变换的基础上，以软件为载体的处理通过数字变换输出处理结果。以图像处理最简单的操作定义矩形选择区域为例，操作者借助于点击左键加拖动鼠标的方法规定矩形的两个对角点，图像处理或其他软件根据操作者点击和释放鼠标的坐标判断像素位置，以最小距离（比如欧几里德距离）产生最终矩形区域的像素坐标，利用计算机编程语言和显示系统的刷新功能按矩形的四边给出闪烁的"蚂蚁"线，指示当前定义的矩形选择区域。

图文输出设备必须在计算机的控制下才能工作。以字处理软件通过最简单的台式打印机输出处理结果为例，字处理软件内置的页面输出控制语言根据页面对象执行运算，变换成打印机可理解和接受的数据，传送到打印机执行输出；在页面输出期间，打印机和计算机不断地交换数据，其中打印机是忠实地执行计算机命令的"仆人"。

由于不同的操作有不同的运算规模，因而需要用不同处理速度的计算机执行。因此，图文输入、图文处理和图文输出对计算机运算速度的要求往往是不同的。一般来说，图文输入对计算机没有特殊要求，台式机甚至笔记本电脑都可以。数据采集区域更大的图像采集系统则不然，比如行式照相机和光源等部件分散配置的图像采集系统工作区域很大，现场采集时甚至会超过 A0 规格，此时普通台式计算机可能就不够了。

针对商业印刷市场的数字印刷机（例如彩色静电照相数字印刷机）工作期间的数据"吞吐量"相当大，为此需要专门的印刷服务器传输、接收、解释和管理数据。由于工作任务极其繁重，应该选择运算速度和硬件配置比台式机更快和更高的计算机。图1-5是彩色静电照相数字印刷机服务器（控制器）的例子，用于施乐的 iGEN4（爱将4）彩色静电照相数字印刷机。

图1-5所示数字印刷管理器的配置比普通台式机显然要高，例如双核 Intel E5450 处理器，运算速度高达 3.0G 赫兹，与 4.0GB 的高速内存等配合，安装 EFI 开发的数字印刷控制软件，就集成为 Fiery 工作站，显示器与工作站组成落地的塔式结构。

苹果公司的 MacinBtosh 计算机曾经在早期数字印前系统中十分流行，主要原因在于这种个人计算机操作系统的图形用户界面和系统底层对色彩管理的支持，目前色彩管理的技术基础 ColorSync 就源于 Macintosh 操作系统。许多人都认为 IBM 及其兼容机不适合数字印前应用，其实从 Windows95 开始 PC 机操作系统已经开始在系统级层面上支持色彩管理，到 Windows98 时已相当稳定。配置更高的数字印前系统甚至使用过 SGI 的低端工作站 Indy 和图形工作站 Indigo，后者以 IRIS Indigo 的名义进入市场，其中 Indy 工作站主要针对计算机辅助设计、数字印前和多媒体应用等领域，而 Indigo 则主要作为工作站使用。

### 1.2.4  数据采集

现代数字印前的数据采集主要体现在图像数据采集，其基本特点是数据量大、采集过程中容易受随机因素的影响、图像采集设备的类型众多、对数据采集的质量要求很高等。以上特点决定了采集图像数据需要相当高的技术水平，操作者应该对影响图像质量的因素有较全面和深入的理解。

图 1-5　数字印刷机服务器的例子

20 多年数字印前技术的发展历程中，图像数据采集发生了很大的变化，产品更新速度之快令人眼花缭乱。由于桌面出版诞生时代的原因，数字印前生产没有使用过飞点扫描器和析像管等"古老"的图像输入设备，可以说一开始起点就较高。

在数字印前发展过程中最得宠的图像数据采集设备当数滚筒扫描仪，以光电倍增管为光电转换元件。由于倍增器电极的倍增作用，光电倍增管非常敏感，一个初级电子会在外部电路中产生上百万个电子，这成为滚筒扫描仪在弱光条件下也能捕获信号的基础。这种扫描仪源于电子分色机的扫描头，经修改后可以和计算机连接，形成计算机控制下的数字图像捕获系统，例如图 1-6 所示的立式滚筒扫描仪。光电倍增管极高的信号放大效应和深暗环境适应能力使滚筒扫描仪成为高精度专业分色设备的代名词，为数字印前公司所钟爱。然而，由于现代图像传感器技术的高速发展，信号捕获质量越来越高、制造成本却逐年下降等各方面的原因，导致滚筒扫描仪风光不再，从本世纪初开始逐步退出市场。

平板扫描仪的出现预示着图像采集设备将进入寻常百姓之家。这种图像采集设备结构轻巧，可以放在桌面上使用，大约从 20 世纪 80 年代开始逐步流行起来，成为重要的计算机外围设备之一。若平板扫描仪配置向上凸起的盖子，则可以扫描高度方向尺寸不大的立体对象，图 1-7 给出了具有这种能力的平板扫描仪的例子。

图 1-6　立式滚筒扫描仪　　　　　图 1-7　平板扫描仪

图 1-7 所示的平板扫描仪只能称为准三维的立体扫描仪，工作方式类似于数字照相机拍摄静物那样。由于这种平板扫描仪光学系统配置的景深范围有限，被"拍摄"对象尺寸受到相当程度的限制，缺乏真正的立体扫描能力。

数字摄影技术的发展速度超过人们的预料，导致胶片照相机不可思议地退出市场。随着传感器信号捕获质量不断的提高，数字照相机的图像捕获质量也稳步提高，即使算不上高端设备的单镜头反光数字照相机也可用于输入原稿，甚至某些卡片机拍摄的照片也可勉强用作复制图像的素材。为了扩大市场，数字照相机制造商尽力赋予其更多的功能，例如许多紧凑型（卡片）数字照相机除拍摄静止照片外，还可以拍摄视频，甚至记录声音。数字照相机的尺寸虽然很小，但结构却相当复杂，图 1-8 是数字照相机被"肢解"后的结果。

图 1-8　拆卸成部件的数字照相机

图 1-8 的底部是镜头套件，左上角为集成了包含图像传感器芯片在内的集成电路，右下角为液晶显示屏。虽然数字照相机已局部地拆卸成几种部件的组合，但顶部集成电路组合的传感器却仍然能捕获有用图像，如同左下角液晶屏显示的那样。

数字照相机已走过了初级发展阶段，正进入各种高端应用，例如印刷业开始接纳的基于行式照相机的图像采集系统。由于某些系统的有效工作区域甚至超过 A0 规格，因而适合于需要捕获大幅面数字图像的应用，比如敦煌壁画现场扫描和大幅面画家作品扫描。

### 1.2.5　页面描述

前面曾经提到过，桌面出版和数字印前技术需要页面排版或拼版和硬拷贝输出两种基本能力。数字印前技术需要的基本能力很容易使人产生误解，比如认为激光照排机或直接制版机是不可缺少的。其实未必，没有激光照排机可以用直接制版机，即使两者都没有也可以用其他方法，例如通过喷墨打印机记录到胶片，或干脆改成数字印刷机输出。

页面排版或拼版和硬拷贝输出这两种基本能力都需要页面描述，因为排版或拼版操作必须遵守页面描述语言定义的规则，通过页面描述语言精确地定位各种对象，赋予文字以段落格式化和文本格式化的各种属性，控制文字的流向，形成需要的版面。由于页面描述通过页面描述语言实现，而页面描述语言又同时具备控制页面输出的能力，可见排版或拼版和硬拷贝输出这两种基本能力都需要页面描述的支持。单纯从操作步骤的前后顺序，以及排版或拼版和硬拷贝输出的操作内容看，排版或拼版与页面描述的关系最密切，而硬拷贝输出则属于页面输出的范畴。

本书中的拼版指页面基本对象按预先选择的输出设备规格合成为版面，因而与排版的含义基本相同。字处理应用是页面描述最好的例子，体现数字印前的基本能力。其实，编写字处理软件的基础是页面描述，尽管字处理应用的初期还没有 PostScript 页面描述，但其他页面描述语言已经产生，例如由 Epson 提出的 ESC/P 语言，全称为 Epson Standard Code for Printers，除排版外主要用于控制点阵打印机和少量喷墨打印机输出。

作为更高级的功能，拼大版为印刷业所需要。字处理应用通常并不要求系统提供拼大版的功能，这主要由字处理软件的市场定位所决定。字处理应用通过字处理软件实现，由于字处理软件面向数量极大的办公文档用户，因而输出排版结果的设备限制于办公室和家庭用的各种台式打印机，纸张尺寸不超过 A3 规格，没有必要提供拼大版功能。若再考虑到办公文档的装订要求不高，即使输出设备支持 A3 规格，也不需要折页等与装订方式有关的后处理操作，自然也没有提供拼大版功能的必要。

除拼大版外，字处理软件也缺乏其他印刷高端功能，例如补漏白（陷印）和高分辨率图像代换等。办公文档以单色为主，无须补漏白处理；即使对彩色文档，由于文档输出的质量要求不高，用台式彩色打印机输出即可，没有必要作补漏白处理。数字图像的分辨率按单位距离的加网线数确定，高分辨率的图像导致极大的数据量，如果排版时图像数据全部导入到页面，则庞大的数据量可能导致系统瘫痪。由于这一原因，专业排版软件往往会支持高分辨率图像代换技术，排版时显示高分辨率图像的低分辨率代表像，到输出时以高分辨率图像代换。以字处理软件执行排版操作时不排除需要插入高分辨率图像的可能性，但插入页面的图像尺寸往往较小，极少有插入满版图像的可能。

注意，以上列举的例子并不意味着字处理应用不具备排版或拼版的基本能力。事实恰恰相反，因为高端功能不属于基本能力的范畴，基本的排版或拼版能力并不需要高端功能。另一方面，只要具备了基本能力，其他能力很容易扩充。例如，字处理软件支持自动分页和页码连续生成，不同页面对象的正确定位，并按照输入文本的数量自动地移位，这些基本能力很容易扩展到拼大版，只要页面描述支持拼大版即可。

页面描述语言经历了从 ESC/P 码到 HP PCL 再到 PostScript 的发展过程，每一次页面描述语言的升级意味着描述和输出控制能力的提高，最终具备了与印刷要求的高端功能匹配的页面描述能力，字处理应用也"进化"到了专业排版和拼大版的阶段。

### 1.2.6　硬拷贝输出

硬拷贝输出能力从字处理应用一开始就有，问题在于支持到什么程度，以及支持何种类型和记录精度的硬拷贝输出设备，这要由页面描述语言来决定。例如早期硬拷贝输出设备点阵打印机以 ESC/P 码控制页面输出，激光打印机出现后诞生了 HP PCL 语言（含义为打印机通用语言），更高级的输出呼唤新一代的页面描述语言，于是出现了 PostScript 语言。

PostScript 语言的出现不仅推动了页面描述从普通向高级能力的转移，也推动了硬拷贝设备输出能力的发展，以至于成为划分硬拷贝输出设备的分水岭，即所谓的 PostScript 设备和非 PostScript 设备两大类型，前者支持更多的能力，非一般的台式设备能及。

由于模拟传统网点（调幅网点）的图像输出设备必须以许多记录点形成网点，因而对输出设备的记录精度要求极高，否则无法满足为高质量印刷品所要求的高加网线数。字处理应用则不同，虽然也支持图像插入和输出，但通过台式打印机实现时可以选择灵活的数字半色调处理机制，比如调用打印机的默认网点时输出质量也不错。

硬拷贝输出与设备类型有关，不同的硬拷贝输出设备适合于应用不同的机制，也决定了如何组织和排列数据。以点阵打印机为例，由于这种复制设备通过打印头撞击色带，并使色带油墨转移到纸张的方式建立硬拷贝输出结果，版式文件的数据沿页面宽度方向组织和排列，而打印头内的撞针沿垂直于页面宽度（打印头移动）的方向排列，故打印前需要将数据按撞针数量变换到页面高度方向，工作原理可以用图 1-9 说明。

从激光打印机和喷墨打印机等台式硬拷贝输出设备到高精度记录能力的激光照排机和直接制版机等都属于页式设备，由于记录方向与版式文件的排列方向一致，因而无需点阵打印机那样的数据变换，只须直接调用版式文件内的数据即可。此外，图像数据按版式文件完全相同的方式组织和排列，无须变换；文字和图形以矢量数据记录，组织和排列方式在输出前由栅格图像处理器的解释机制决定，可以保证与版式文件和图像数据的一致性。

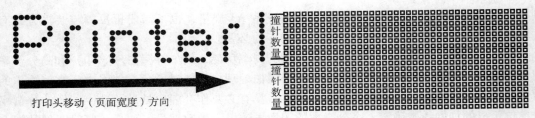

打印头移动（页面宽度）方向

图 1-9　点阵打印机的数据准备特点

硬拷贝输出设备通过各种类型的成像技术建立记录结果，其中以光记录技术居多，例如激光照排胶片记录和发光二极管 PS 版记录，即使热敏 CTP 印版也基于光记录，与光敏 CTP 的区别仅在于改用热激光器。其他记录技术还有静电照相、墨滴直接喷射、离子成像记录、照相成像记录、直接成像记录、热成像记录和磁成像记录等。其中，某些记录技术需要类似于印版的图像载体，例如静电照相的光导体和离子成像的绝缘体等；有的记录技术则无须图像载体，比如各种喷墨技术和直接成像记录。

### 1.2.7　软件的地位

模拟设备借助于开关箱和按钮等的形式控制有关参数，例如电视机的遥控器、电风扇上的各种按钮和传统印刷机的控制台等，用于改变画面亮度和色彩饱和度，设置是否摇头和风扇转速，控制输墨量和水墨平衡关系；等等。一般来说，几乎每一种模拟设备都有自己特有的控制方法，可控制的参数因设备的不同而异。

软件控制是数字设备的明显特点，从高端的激光照排机、直接制版机和数字印刷机到消费级电子产品的各种台式打印机莫不如此。软件产生作用需要借助于操作界面，是人机对话和交换信息的窗口，小到内容和形式都很简单的对话框，大到数字印刷机包含众多可操作内容并加以分级的复杂界面。某些硬拷贝输出设备具有明显而"外露"的软件操作界面，以面向商业印刷应用的各种数字印刷机最为典型；某些硬拷贝输出设备则没有明显的软件操作界面，似乎看不到软件的存在，但仍然有软件在起作用。

图像采集设备同样要由软件来控制，各种类型的扫描仪是突出的例子，尽管数字照相机的软件控制表现得不明显，但并非数字照相机不需要软件，而是软件已固化到照相机的集成电路芯片中了，比如基于 Bayer 滤色镜阵列传感器的去马赛克算法、转换到 JPEG 文件的数据压缩算法和锐化处理算法等，只是使用者感觉不到而已；数字摄影应用离不开软件，某些场合表现为外在形式，例如要求数字照相机捕获 RAR 数据文件时，图像捕获结果输出为 RAW 数据格式文件，而这种文件需要特殊的 RAW 转换器处理，以事后处理的方式将拍摄

图 1-10　照相机原始数据文件转换界面

参数应用到照相机原始数据上，图 1-10 给出了 RAW 文件操作界面的例子。

软件对图文信息处理的重要性更是不言而喻。要求大多数印前制作人员掌握图像处理的理论知识是不现实的，为此应当感谢 Adobe 公司，正因为 Adobe 的 Photoshop，才使普通印前制作人员也有能力处理图像，而这本来只有专业图像处理工作者才具备。

　　软件对数字印前如此重要，以至于离开软件将一事无成。正因为软件的重要性，才会有 2004 年德鲁巴国际印刷大展的软件创新技术会议和动态文档研讨会，原因在于生产工艺控制和企业管理过渡到以计算机为中心后，任何系统功能的实现主要体现在软件方面，为此需开发相应的软件，例如系统一级的软件包括数字工作流程、服务器和互联网解决方案，以及 PDF 技术的应用等；以数字工作流程为外在形式的计算机集成印刷系统除不可避免地消耗印版、纸张、油墨和辅助耗材外，还将消耗大量数字文档，为此必须建立动态文档生成和动态数据交换机制，包括 XML 出版、数据库出版以及基于 PDF（PDF/X）的服务器应用等。以上创新技术会议和动态文档研讨会关注的内容都涉及到软件。

## 1.3　技术发展与展望

　　2005 年 9 月，在国际印刷业界产生过深远影响和技术指导的 Seybold 研讨会因与会者和支持者缺乏而拉下了帷幕，有人称之为印前大地震。盛极一时的 Seybold 研讨会的谢幕是否意味着数字印前技术的发展走到了尽头？如果不是，那么数字印前技术的发展道路还能走多远？对此没有绝对的、固定不变的答案，应该具体情况具体分析。

### 1.3.1　数字印前系统的出现

　　印刷业内人士普遍认为，现代数字印前技术开始于桌面出版系统或桌面印前系统的成功推出，经 20 年左右的时间发展和积累而成。数字印前技术的成熟虽然是桌面出版系统推出以后的事，但以名称 3A（即首字母为 A 的 Adobe、Apple 和 Aldus）的三家公司发动的印前革命为主要标志，核心技术和关键是 PostScript 语言。

　　1982 年，施乐技术开发人员 John Warnock 决定离开该公司的帕洛阿尔托研究中心，他和 Chuck Geschke 共同创办了 Adobe 公司，并建立了一种新的页面描述语言，这就是后来成为许多人称之为事实上工业标准的 PostScript。

　　1985 年，苹果公司首先在其研制的 LaserWriter 激光打印机上配置基于 PostScript 语言的栅格图像处理器。由于 PostScript 语言的推出而导致 Type 1 曲线字体技术出现，圆满地解决了曲线字形轮廓的描述问题，字符描述和输出质量提高到前所未有的水平。尽管苹果的 LaserWriter 仅为激光打印机，但由于 PostScript 解释器的支持，这种打印机的功能超越以往任何的激光打印机和其他硬拷贝输出设备，成为激光照排机等高精度输出的前奏。

　　Aldus 公司 1984 成立于美国华盛顿州的西雅图市，以 15 世纪威尼斯印刷人和出版商 Aluds Manutius 的名字命名，主要从事软件开发。仅仅一年后的 1985 年，该公司就开始发售针对 PC 机开发的排版软件 PageMaker，全面支持 PostScript 页面描述语言。两年后的 1987 年，图形软件 Illustrator 最早的 Macintosh 发售；到 1990 年时 Photoshop 的 Macintosh 版本 1.0 进入市场。于是，数字印前系统的骨干软件全部就位。

　　1976 年，英国蒙纳公司将激光扫描技术应用到照相排字机上，研制成 Lasercomp 型激光照相排字机。早期激光照排机更像排字机，操作员坐在汉字终端前面，如同使用打字机那样，通过计算机编辑排版系统把书稿文本输入到计算机内。后来，激光照排机发展到真正的计算机外围设备，配置栅格图像处理器解释信息，这标志着激光照排技术进入到数字时代，得名计算机到胶片直接输出技术。商业上成功的第一代激光照排机制造商包括蒙纳、ECRM 以及后来为 Agfa 收购的 Compugraphic 公司。计算机控制激光照排机的诞生意味着数字印前系统需要的高精度记录设备已经解决，可以输出符合印刷质量要求的分色片了。

　　仅仅有图像处理、图形制作和排版软件肯定是不够的，还需要其他技术的配合，其中最主要的技术是数字加网算法。数字图像的像素值以大于等于零的正整数描述，例如 8 位量化的数字图像像素值可以取 0 ~ 255 之间的任意正整数，这种数值在输出前必须转换到网点表示，这称为像素的网点化操作。模拟传统网点的半色调算法按激光照排机的空间分辨率和印刷品要求的加网线数将记录平面划分成半色调单元，调幅加网半色调算法通过有限个记录点的堆积形成位置不变而大小可变的网点，面积率与数字图像的像素值对应。前面曾经提到过，早在电分机时代就已出现了激光加网技术，只要改成由计算机执行运算就可以直接移植到激光照排机上使用，因而加网技术实际上已经解决。

至此，数字印前系统全部必须的生产要素均已具备，不足之处在于当时的个人计算机运算速度还不够快，版式文件解释需要相当长的时间。但这不必担心，由于计算机技术的快速发展，数据处理速度很快就能够满足数字印前系统的要求了。

### 1.3.2 技术成型与稳定

早期栅格图像处理器的速度令人无法容忍，工作性能也不稳定，据说 20 世纪 90 年代中期的 RIP 解释 16 开四色版式文件需要 24 个小时的时间。最后能够输出合格的分色片算是幸运的，有时虽然结果出来了，但文字移位和乱码使所有的努力前功尽弃。开始时，栅格图像处理器分硬件、软件与硬件结合和纯软件 RIP 三种类型，考虑到仅仅靠个人计算机的 CPU 无法完成数据量极大的版式文件解释任务，于是有不少激光照排机的制造商采用了硬件 RIP 方案。因此，开始阶段的某些数字印前系统配置专用的栅格图像处理器，例如 AgfaStar 硬件 RIP 和 Hell 公司为大力神激光照排机配置的 Delta RIP 等。硬件和软件结合的栅格图像处理器通过硬件加速弥补个人计算机速度不足，例子有北大方正以数学协处理器对数据处理加速的 RIP。计算机 CPU 速度以令人不可思议的速度变化，到 Intel 奔腾芯片时基本上无须硬件加速也能胜任繁重的数据解释任务了，栅格图像处理器最典型的软件解决方案首推 Harlequin，算得上目前通用性最强的软件 RIP 了。

开始时，由于 PostScript 与生俱来的固有弱点，这就是 PostScript 作为计算机语言的固有属性，条件判断和循环无法避免，文字对象的页面相关性问题一度令人头疼，容易发生极限检验出错。由于 PDF 文件格式的推出，才彻底解决了页面相关性问题。Adobe 公司针对 PDF 文件的输出特点提出了 Extreme 结构，流程如图 1 - 11 所示。

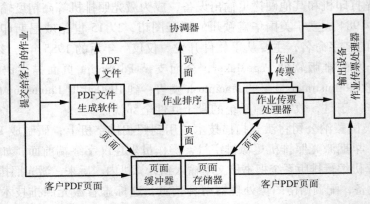

图 1 - 11　Adobe 公司的 Extreme 结构

图 1 - 11 所示的 Extreme 结构针对高性能的成像设备和印前工作流程开发，对台式打印机等低分辨率设备并不适用。Extreme 结构采用不同于常规 RIP 配置的工作流程，尽可

能早地在流程前端由规范化器（Normalizer）对 PostScript 数据作整体解释并转换为 PDF 格式，扫描转换可平行执行，产生更简单的 PostScript 文件，供以后成像时使用。

桌面出版概念刚提出时有不少激光照排机采用绞盘式结构，输出四色分色片时容易因走片机构工作的不稳定性而导致重复定位误差。也有采用平板式结构的激光照排机，胶片在记录期间保持为平面。无论绞盘式还是平板式激光照排机，通常使用从激光打印机借鉴而来的旋转镜扫描记录机制，由于激光束主方向以快扫描（页面宽度）方向的中心为定位基准，容易引起各扫描行边缘与中心部位的记录点形状不同，原因解释见图 1－12。

内鼓式和外鼓式激光照排机的出现彻底解决了记录点变形的问题，很少再有制造商提供绞盘式或平板式照排机了。至此，可以说数字印前系统高精度输出设备成型并稳定下来。

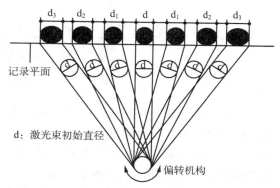

操作系统似乎与印前无关，但需知早期桌面出版系统都是基于 MacOS 的。由于 PC 机操作系统 Windows 缺乏底层支持，只能由应用软件采取打补丁的方法免为其难地参与数字印前作业；更新到 Windows 95 尤其是 Windows 98 后，才真正有条件参与数字印前领域，其中最重要的变化是操作系统对色彩管理的支持。

**图 1－12　扫描行不同位置上产生的记录点形状差异**

PC 机操作系统的变化也推进了应用软件的成型和稳定。市场竞争优胜劣汰的规律导致应用软件从开始时战国纷争的局面归结于大一统的 Adobe 世界。就图像处理软件而论，20 世纪 90 年代中期尚未 Photoshop 一花独放，其他软件还有 Aldus 的 Photostyler、Fractal 的 Painter、Micrografx 的 Picture Publisher 和 Zsoft 的 Paintbrush 等。大约到 20 世纪 90 年代末时，这些图像处理软件几乎都销声匿迹了，仅 Painter 适合于艺术家应用而幸存下来。大一统缺乏竞争当然不好，但结束战国纷争的局面也有利于应用软件的稳定。

### 1.3.3　高速发展期

从 20 世纪 90 年代中期到 21 世纪初前几年的大约 10 年时间内，数字印前领域发生了激动人心的变化，新技术、新工艺、新设备和新材料不断推出，呈现一派繁荣的景象。

技术和工艺方面，网点发生器从电子分色机独立出来后形成计算机到胶片技术 CTF 大约在 1995 年达到高峰期，与此同时计算机直接制版技术（参见图 1－13）出现，数字印刷开始初露端倪，进入印刷专业人士的视线；国际彩色联盟 ICC 成立于 1993 年，到 1998 年推出 ICC 1.0 版本，此后不同的色彩管理系统逐步出现，使印刷和相关产业的色彩管理有章可循；数字印刷从 20 世纪中后期开始逐步异军突起，按需印刷和可变数据印刷等概念的提出和实现给印刷业带来巨大的变化，印刷业的服务本质就此凸现出来，也给数字印前带来新的服务领域；计算机直接制版技术快速发展，制版工艺从分色片输出和晒版的两步操作合并成一步，印版质量大幅度提升；大约从上世纪 90 年代中期开始，计算机集成制造 CIM 和计算机集成制造系统 CIMS 等出现在国外印刷专业杂志上，开展了一场工作流程的大讨论，不久后就诞生了 PPF 和 JDF 标准，此后 CIP3 和 JDF 两个国际组织合并，建立了统一的数字工作流程标准 JDF；数字半色调处理从初期的传统网点模拟发展到创新阶段，调频网和复合加网技术不再是论文讨论的内容，为计算机直接制版和数字印刷大量采用；等等。从图 1－13 可看出技术更新速度之快，照相排字的技术寿命长达 30 年，计算机到胶片记录技术的寿命缩短到大约 20 年，真正的有效使用期仅 10 左右。

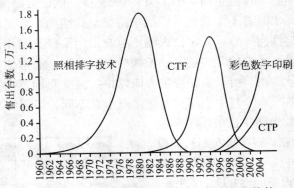

**图 1-13　硬拷贝输出技术的发展变化和趋势**

设备方面，激光照排机记录的分色片需要晒版才能转换成印版，小网点容易晒丢导致调频网点和复合加网技术无法应用；直接制版机出现后，省掉了晒版步骤，调频网和复合加网技术进入实用阶段；由于色彩管理的要求，以 X-Rite 和 Gretag Macbeth 为代表的彩色设备制造商开发成新的颜色测量仪器，例如屏幕色度计和分光密度计等，推动了基于 ICC 色彩管理技术的发展；传感器技术的快速发展不断地改善平板扫描仪的图像捕获质量，高精度平板扫描仪的出现淘汰了滚筒扫描仪；数字照相机的出现使印刷业拥有更多的数字图像捕获设备的选择权，到 21 世纪初时作为消费级电子产品的单镜头反光数字照相机已经能满足彩色复制对数字图像的质量要求；基于各种成像技术的硬拷贝输出设备爆炸式地增长，数字打样设备的种类越来越多，而价格却越来越便宜；数字印刷机从单色机走向彩机，静电照相和喷墨两大主流数字印刷技术都出现了符合商业印刷需求的生产型印刷机，由此也对数字印前处理提出了新的要求，印前处理结果应该与数字印刷机的复制特点吻合。

材料方面，桌面出版带动的印前技术革命不仅改变了印刷业的生产方式，也导致印刷业海纳百川地采用新材料，发展速度之快是以往任何时期都无法比拟的。例如，为了实现印版生产从胶片记录加晒版演进到计算机直接制版，需要研制新的不同于 PS 版的印版，于是诞生了适合于新技术和新工艺的 CTP 印版，最终归结到光敏和热敏两大材料；由于激光器发出的光束截面是圆形的，而记录点的理想形状应该取正方形，由此对光束形状控制提出了新的要求，一种新型薄膜晶体管材料进入技术开发者的视野，最终诞生了原克里奥基于光阀控制的方形激光点；喷墨打印机用于彩色数字打样以色域范围必须大大超过胶印机色域为前提，为此需要在四色基础上增加更多的彩色墨水，现在六色甚至更多彩色墨水的喷墨印刷设备已不再稀罕；液体显影早在 20 世纪 70 年代就出现了，基于液体显影工艺的彩色静电照相数字印刷提高到可与胶印媲美的程度应归功于 Indigo 公司，但其根本原因在于采用了电子油墨；固体墨粉因机械研磨制造工艺而尺寸无法缩小，此外还存在墨粉颗粒尺寸和形状的非均匀性问题，转移到纸张后很难控制，容易产生底灰而影响质量，改成化学制备工艺后墨粉材料可以加工得更小，尺寸和形状非均匀性也大大降低。

### 1.3.4　数字印前的市场变化

从 20 世纪 90 年代中期开始，由于新的生产方式与原有工艺强烈的冲突，印刷厂对制版部门的要求束缚了制版专业人员的手脚，数字印前的技术优势不能发挥，导致有不少制版部门从印刷厂独立出来，成立专业的印前服务公司。这种趋势从沿海地区开始，此后迅速地向内地省份扩展和蔓延，分布在全国各地的数字印前公司盛极一时。

数字印前公司曾经是高利润企业，说暴利也不过分。由于开始时掌握图像处理软件简单操作技能的人员都很少，以至于服务收费高得惊人。例如，作者 1996 年有机会去台湾地区的台北参加印刷高等教育研讨会，会议主办方组织到中国台湾著名印刷企业红蓝和沈氏两家公司参观和考察，问及以 Photoshop 编辑和加工数字图像收费时，答案是橡皮图章敲一下修掉一处斑点的报价竟达到 5 元新台币！那时数字印前企业日子的好过可见一斑。

随着数字印前技术的不断扩散，图像处理等软件变得"傻瓜"起来，印前操作从贵族演变成平民化。旺盛的市场需求强烈地刺激着数字印前应用软件的开发商，不少专业相当强的功能或者被取消，或者被屏蔽，导致没有受过专业训练的人表面上照样能从事专业的数字印前操作。数字印前的大众化趋势本身并非坏事，但也容易令人产生错觉，企业管理者觉得似乎非专业人员也能从事这一工作。于是，恶性竞争不可避免地出现了，相当数量的数字印前企业竞相压价，发展到难以为继的地步。企业缺乏资金，无法及时地更新设备，这严重地影响企业的生存能力，设备老旧和技术老化导致业务量明显减少，而业务量的明显减少使企业更无力更新设备和技术，由此引发了企业的恶性循环。

今天，服务于印刷厂的印前部门日子或许还过得去，但专业印前公司还保留多少家？专业印前公司的衰退（请注意不是印前技术的衰退）固然是恶性价格竞争的结果，但技术的发展和大众化或许起着更大的作用。有人曾经戏言，数字印前的衰退应该归罪于 Adobe 公司，也有人归结于盗版软件的四处扩散，但似乎并非完全如此。

Seybold Report 杂志在国际范围内对印刷业产生过深远影响，由于从来不登广告而在印刷业界享有盛誉，给出的专业评论和建议客观而公正，杂志的意见成为数字印前技术发展的风向标当然不足为奇了。由 Seybold Report 杂志举办于 1981 年的 Seybold 研讨会曾经风云一时，据说因缺乏印刷产业的支持而终于在 2005 年偃旗息鼓。

2003 年 7 月，Seybold Report 杂志的总编辑 George Alexander 在其"印前部门的下一步"一文中发出警告，印前企业将面临大地震。他将发展到高度成熟的印前产业比喻为处于两块累积了可激发地震能量的板块上方，离地震的日子当然也就不远了。有观察者认为，经过一波又一波新技术的洗礼，印前企业的人员越来越少，而计算机却越来越多。桌面出版系统的出现将制版部门"震"出印刷厂，成为专业输出中心是 20 世纪 90 年代初期到中期的事，一切还那样的记忆犹新，不久以后却不得不被"震"回印刷厂。

只要稍作留意，就不难知道现今的印前输出中心变得越来越少，原因有多个方面。硬拷贝设备输出速度大幅度提高是主要原因之一。例如，现在的全张直接制版机理论速度达到每小时出大约 53 张 CTP 印版，折合每小时输出 212 张 16 开分色版；以 20 世纪 90 年代中后期 4 开激光照排机理论速度平均每小时出 32 张 16 开分色片计算，生产效率提高 6.6 倍之多，客观上只需要数量较少的输出中心。分色片与 CTP 印版输出的不同之处还表现在，由于输出中心交货后的分色片必须经过晒版处理，即使印刷厂对分色片不满意，晒版时还可以采取补救措施；CTP 印版输出就不同了，输出中心生产的印版是不可修改的最终制版结果。因此，有效的解决方案应该是 CTP 印版在印刷厂输出，即使出现问题时也可以就近及时解决，可见某些输出中心回到印刷厂成为必然。

### 1.3.5  现状与前景

今天的专业印前公司（输出中心）或印刷厂的印前部门应该或者正在做什么？对此没有唯一的答案，选择也是多种多样的。应该做什么或者正在做什么完全由市场来决定，比如市场对集中形式输出 CTP 印版如同分色片那样输出那样有要求，输出中心仍然有自己的生存空间。然而，面对业务量急剧减少的局面，某些印前公司选择做印刷。

印前公司对复制参数及其相互关系的理解甚至比印刷公司还要深入，且熟悉各种数字技术和数字设备，因而改行做数字印刷是不错的选择，例如美国有不少数字印刷企业从数字印前公司改行而来。从印前改行的数字印刷企业适合从事高附加值的服务，快印不一定合适，按需印刷、可变数据印刷和数据挖掘等正可发挥它们的长处。

对于仍然从事数字印前业务的公司，必须注意服务至上的宗旨，分色片或 CTP 印版以及打样稿应视为服务的最终物质形态和服务目标的归宿，因而肯定不是服务的全部。印前公司的服务项目不仅要体现很高的专业水平，更应该体现在整个工作流程中。

归纳起来，数字印前公司的服务内容可划分为商业活动和生产活动两大方面，分别对应于管理层面和技术层面。在激烈的市场竞争中，所有的印前公司都意识到客户服务的重要性，十分重视与客户的沟通，比如了解客户的印刷需求、产品用途、印刷机规格、颜色喜好和质量指标等，必要时还得提供设计服务。

印前制作的大众化值得欢迎，但许多设计人员往往对后端印刷工艺了解不够，为此需安排专人帮助客户核对版式文件或其他类似文件后做完稿处理，包括版式检查，分色结果核对或重新分色，按印刷工艺、材料和设备精度作补漏白（陷印）处理，仔细检查页面对象（主要是高分辨率图像）与外部文件的连接关系，帮助客户校正色彩和核对专色，核对字体的有效性等。如果客户只提供排版文件，则必须按客户的装订要求和印刷机规格执行拼大版操作。色彩管理和数字打样也是客户服务的主要内容之一，但采用数字打样或传统打样应该由用户决定，为此有必要征求客户意见，提出打样流程的建议。只要完稿处理正确、合理，且配备了高性能超群的 RIP，就可以按客户要求的精度输出了。

数字印前与数字印刷本无鸿沟，两者间存在天然的"血缘"关系。数字印刷的主要特点是生产流程的全数字化，数字印刷机从能力和系统构成上看属多功能设备，某些系统整合了印前、印刷和印后加工三大印刷工艺，通常由数字前端系统、数字印刷机本体和印后加工设备组成，系统中的所有设备均可由计算机控制。数字前端系统包括几乎所有的印前功能，例如图文输入和编辑、拼大版、栅格化处理和加网等。数字印刷机本体是成像、输墨和转印功能高度一体化的设备，彩色数字印刷机通常带有各具特色的色彩管理系统或控制功能。不少数字印刷机具备印后加工功能，例如折页、分帖和装订。

软件技术的发展比硬件更快。软件开发商的全部努力归结为设计方便好用、尽可能降低操作要求但性价比又很高的产品，以吸引更多的人购买。例如，推出 PDF 文档格式是为了减少输出错误，使输出流程更为顺畅；色彩管理系统的开发目标在于解决计算机屏幕显示与印刷颜色的一致性问题，降低对操作人员专业知识的要求，只要借助于高度人性化的操作界面生成 ICC 文件，分色就不再是少数专业人员的"专利"技术；图形和排版软件的自动补漏白技术全部在后台进行，只需少量的手工干预；现今的大多数印前应用软件都内置了预飞检查功能，原本需要专业知识才能完成的文件检查变得高度自动化。

从全局的角度看问题，技术的发展永无止境，但可能转换其形态，正如蒸汽机车被电力机车取代、电力机车后又出现磁悬浮和高铁那样。印前技术始于胶泥活字排版，继而先后得益于摄影技术和电子技术而逐步"进化"到照相制版和电分制版。计算机是电子技术高度发展的产物，现代印前技术则是计算机高度发展的应用。

就具体的某项技术而言，必然会走到其尽头，比如照相制版几乎绝迹，激光照排分色输出已经逐步走出市场，这种趋势无法阻挡。热衷于某种技术的人们肯定会失望，因为世界上根本就不存在永远不需要更新和变革的技术。

　　数字印前技术的发展必然寻找新的方向，因而也不断地变换形式。今天的印前技术除自身的不断进步外，也正在或即将影响到其他工艺，其中对印刷的影响最大。种种迹象表明，数字工作流程是现代印前技术发展的必然归宿之一，它追求系统效率的最大化和生产成本的最小化，将彻底改变传统印刷的线性生产模式，逐步进入非线性生产模式，例如并行处理、重叠处理和迭代处理等。如果说 10 年前工作流程是成像技术领域的研究重点，则现在已到了收获的季节，商业数字工作流程软件不断推出与更新。

　　数字印刷和百花齐放的数字成像技术是印前技术发展的另一侧面，至少是印前技术推动的结果。如果没有数字印前技术，则市场和需求仍停留在原地，无法分解出按需印刷和可变数据印刷等新的市场；数字印前技术解决了页面描述、解释和高速输出问题，而高性能的 RIP 正是高产能数字印刷系统开发的前提。数字印刷这一概念作为专业名称出现在国际印刷专业舞台上始于 1981 年，而那正是数字印前技术开始收获的季节，两者在时间上的一致绝非偶然。因此，可以说数字印刷是印前技术形态转换的结果。

　　实际上，无论是硬件发展还是软件发展，追求的根本目标就是自动化，而自动化程度的提高必然导致手工作业方式的淘汰和新生产模式的建立。专业印前公司的生存时间到底有多久？能否继续存在下去？目前不能给出肯定的答案。可以预计的是，某些原先看起来专业性很强的作业内容必然会被淘汰出局，只能成为美好的回忆；但新的任务也会不断地出现，市场机会总是有的，关键在于如何把握。如果真的到了印前公司无事可做的地步，则新一代的技术必然已经出现，因而主要问题还在于角色转换和知识更新。

第二章

# 彩色复制原理概要

数字印前技术出现后，印刷技术的英文名称从 Printing Technology、Graphic Arts 改成 Graphic Communication，印刷业的基本工作目标也从忠实的图文复制演变到图文传播，这意味着印刷从被动地复制原稿进步到主动地参与传播，数字印前技术也确实拥有图文传播的能力。尽管如此，继续提倡忠实地复制固然已不合时宜，但彩色复制的提法并无不妥，即使工作对象变成了数字文件或数字原稿，正确甚至准确的彩色复制仍然重要。

## 2.1 某些重要概念

数字印前和数字印刷以计算机为主要生产工具，至少计算机是数字印前和数字印刷的主要生产工具之一。由于这一原因，许多以前无须了解的新概念出现了。解释所有与数字印前有关的概念根本不可能，比如仅仅数字图像处理就有许多概念需要解释。本节选择那些与数字印前关系最密切、也容易误解的概念作简单的解释，难免挂一漏万。

### 2.1.1 亮度与明度

英文中有两个单词都可以翻译成亮度，很容易混淆，它们是 Brightness 和 Lightness。讨论彩色复制需要区分 Brightness 和 Lightness。对于大多数彩色复制目的，这两个单词具有相同的意义，两者均指眼睛对于光强度刺激的感受，通常是非线性的。

然而，严格意义上的 Lightness 是相对亮度。换言之，以 Lightness 描述的亮度是物体相对于绝对白色参考物的明亮程度。因此，当人们以 Lightness 表示亮度时，从暗（Dark）到亮（Light）的范围具有限制于黑色和白色的特殊定义。以 Brightness 描述亮度时，颜色从深暗（Dim）到明亮（Bright）的范围没有现实世界限制。由此可见，人们可以测量 Lightness 并对其指派特定的数值，而 Brightness 则完全是我们头脑中的主观感觉。

根据美国 Federal Glossary of Telecommunication Terms（联邦通讯术语词汇）FS－1037C 对 Brightness 给出的定义，该名称只能用于非定量地与生理上对于光的感受相关联的场合，说明以 Brightness 描述的亮度无法测量，因为 Brightness 是非定量的生理感受。

虽然无法测量，只能是非定量的生理感受，但这并不妨碍在某些特定的情况下定量地描述某种颜色的明亮程度。如果以 $B_N$ 表示 Brightness，则 RGB 色彩空间中的 $B_N$ 可认为是红色、绿色和蓝色坐标的平均值，可以用公式表示为：

$$B_N = \frac{R + G + B}{3} \qquad (2-1)$$

Brightness 在 HSB 空间中也表示亮度，且同样可以根据颜色的红色、绿色和蓝色分量计算明亮程度，但计算方法与式（2－1）不同，改成：

$$B_N = \frac{\max(R, G, B)}{255} \qquad (2-2)$$

该式假定按 8 位量化，式中的 $R$，$G$，$B$ 取值范围在 $0 \sim 255$ 间。

英文中的 Lightness 有时也称为 Value 或 Tone，描述颜色的一种属性，或色彩空间的维度之一，定义为颜色亮度的主观感受，沿明亮到深暗轴的方向变化。各种颜色模型对这种属性使用明确的术语，例如孟塞尔颜色模型称 Lightness 为 Value，而 HSL 颜色模型和 Lab 色彩空间则使用相同的 Lightness 称呼；HSV 颜色模型也采用描述亮度的 Value 术语，但含义略有不同，低 Value 值的颜色接近于黑色，而高 Value 颜色则指饱和的纯色。

明度（Luminance）是发光强度的光度学衡量指标，以单位面积沿给定方向通过的光计量，描述光按给定封闭立体角通过或从特定面积发射的光的数量。国际单位制的明度以每平方米烛光表示，即 $cd/m^2$；厘米·克·秒制的明度单位则以熙提（Stilb）表示，数值上等于每平方厘米 1 个烛光，或 $10kcd/m^2$。

明度在几何光学中具有不变性，亦即明度是几何光学的不变量，这意味着对理想光学系统来说输出明度与输入明度是相等的。举一个例子，如果以镜头缩小图像，则由于发光功率浓缩到更小的区域，因而该图像的明度更高，但此时图像平面上的光线必须填充更大的封闭立体角，说明光线通过镜头时并无损失，其实缩小图像永远也不可能比原图像更亮。

### 2.1.2 非线性与 gamma

自然界的一切具有非线性特征，例如世界上不存在两片完全相同的树叶，即使双胞胎也有与生俱来的区别，对光记录技术或基于光的成像系统同样如此。人类对光敏材料的研究开始于 19 世纪 80 年代，由瑞士工业化学家 Ferdinand Hurter 和英国化学工程师 Vero Charles Driffield 两人完成奠基性工作，他们在 1876 年发表的论文中系统地总结了黑白感光药膜随光照强度增加而引起的密度变化规律，归纳成感光特征曲线。为了纪念他们的研究成果，胶片密度与曝光量取对数值之间的关系被后人称为 Hurter-Driffield 曲线，有时也简称为 H-D 曲线。可以认为，感光特征曲线的线性段是 gamma 概念的起源，此后发展到与显示器、数字照相机和扫描仪等现代设备有关的 gamma 概念延伸。值得注意的是，建立在光学原理上的数字成像系统使用 gamma 概念时与胶片摄影相比有很大的区别，不再是描述成像特点的曲线中的线性段，而是指系统输入/输出曲线整体的非线性特征。

不同的场合、不同的技术领域对 gamma 有不同的解释，例如传统摄影以 gamma 表示胶片感光特性的线性段，相对于胶片阶调响应的整体特征而言仍然反映密度与曝光量的非线性关系；图像处理领域以 gamma 定义数字图像中间调的输出与输入之比，描述像素值处理前后的非线性关系。由此可见，以"非线性"三字描述 gamma 对于两种数值关系的影响是恰当的，比如 gamma 校正与现代数字摄影和摄像领域的信号处理过程对应时，其含义是数字视频或数字摄影成像系统对于亮度（明度）或三刺激值的非线性编码和解码运算。

基于光信号到数字信号转换的图像传输和接收（信号处理）领域对 gamma 有一些约定俗成的称呼。信号处理以 gamma 值小于 1 的形式实现时称为 gamma 编码，由于这种编码过程通过具有压缩性质的非线性指数关系编码数字信号采集系统得到的亮度或三刺激值数据，所以也称为 gamma 压缩；如果信号处理时利用 gamma 值大于 1 的变换关系，则发生的过程与编码过程相反，往往称之为 gamma 解码，考虑到解码过程也具有非线性特点，且解码必然导致非线性的扩展，因而按非线性指数规律扩展的应用称为 gamma 扩展。

由于 gamma 等价于对比度，因而 gamma 值可用于对比度的量化处理，例如摄影胶片对比度的定量描述。根据前面提到的 Hurter-Driffield 感光材料特征曲线，若不局限于考虑曲线的直线段，如同电视信号处理那样从更广义的角度应用 gamma，则胶片的对比度可定义为对数空间输入/输出曲线的斜率，以下式所示的关系描述：

$$\gamma = \frac{\log V_{\text{out}}}{\log V_{\text{in}}} \qquad (2-3)$$

上式定义的关系称为通用 gamma。以该表达式描述成像系统的信号输入/输出关系时可带来不少优点，只需用 gamma 值就能恰当地表示信号特征，也适合于摄影胶片的特征描述，例如 gamma 小于 1 时以负片最为典型，当 gamma 大于 1 时通常对应于幻灯片。

计算机显示系统也存在 gamma 编码和解码问题，图像对比度同样可以按通用 gamma 公式（2-3）描述。从 sRGB 成为计算机显示器和因特网信号处理标准后，大多数计算机系统（即 Windows 操作系统）的图像按大约 0.45 的 gamma 值编码，解码时的 gamma 值取 0.45 的倒数 2.2；对 Macintosh 操作系统来说，由于显示器制造工艺的不同，对应于编码和解码的 gamma 值分别为 0.55 和 1.8，两者也大体上互为倒数。无论是 Windows 还是 Macintosh 操作系统，也不管编码和解码的 gamma 值取多少，图像文件（例如 JPEG 图像）中的二进制数据都经过明确的编码，这意味着图像数据承载 gamma 编码的数值，隐含式（2-3）所示的对比度关系，并非按线性规律描述光强度数据，运动图像文件（比如 MPEG 文件）同样如此。如果要求与输出设备的 gamma 值产生更好的匹配关系，则数字成像系统可以有选择地通过色彩管理技术对输入/输出关系实施进一步的管理。

### 2.1.3　gamma 校正

在最简单的情况下，所谓的 gamma 校正可以用下述指数表达式定义：

$$V_{\text{out}} = V_{\text{in}}^{\gamma} \qquad (2-4)$$

式中的输入值 $V_{\text{in}}$ 和输出值 $V_{\text{out}}$ 应该取非负的实数，预先确定的典型范围在 0～1 之间，可以用如图 2-1 所示的阴极射线管显示器 gamma 校正曲线说明。

公式（2-4）描述的关系与式（2-3）其实并不矛盾，只要对式（2-4）的两边同时取以 10 为底的对数，并略作调整就可得到公式（2-3）了。事实上，为了反映成像系统或显示器屏幕的非线性特点，公式（2-3）更适合于描述各种服务于不同数字信号处理应用的一般特征，例如通过表面上的线性关系表示图像的对比度。这里的"表面上"三字指如果忽略对数标记，则式（2-3）描述的关系似乎是线性的。

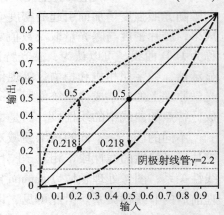

图 2-1　阴极射线管 gamma
校正曲线例子

为了与计算机操作系统的 gamma 编码一致，个人计算机（显示器）和台式打印机通常采用整体上按输入/输出的数据范围以近似于 2.2 的数值作 gamma 校正，与前面提到数据解码或扩展处理含义一致，如图 2-2 所示的非线性曲线关系那样。当低于 gamma = 0.04045 或 0.00313 的线性亮度时，曲线是线性的（在对数空间中表现为水平直线），意味着 gamma 编码值与亮度成比例关系，因而 gamma = 1。图 2-2 中的黑色实线表示 sRGB 标准色彩空间内非线性扩展编码的 gamma 校正关系，靠近实线的黑色虚线代表 gamma 值取 2.2 时的指数曲线，由于也变换到了对数空间，因而两者高度一致。

数字电视基于阴极射线管的电视接收机和监视器输出通常不需要作 gamma 校正，因为传输或保存为数字视频文件形式的标准电视信号已结合 gamma 编码压缩处理过，与阴极射线管再现电视画面时的 gamma 扩展编码具有足够近似的匹配关系。上述原则对模拟电视信号处理同样适用，实际取用的 gamma 值由电视标准定义，例如最常用的 NTSC 和 PAL 电视制式。一般来说，标准电视信号处理总是采用固定的 gamma 值，已成为众所周知的事实。

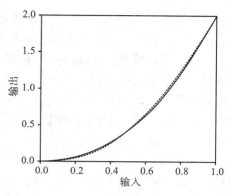

图 2－2　标准色彩空间的非线性解码/校正

### 2.1.4　黑色与白色

黑色往往指被研究对象的颜色。理论上，呈现为理想黑色的对象不发射或反射可见光谱范围内任何部分的光，意味着理想黑色对象将吸收发射光或反射光的所有频率成分。黑色有时也描述为非彩色或没有具体色相角的颜色，但实际应用时黑色可以作为彩色之一理解，比如使用黑猫或黑色油漆这样的提法，此时的黑色与理想黑色事实上有区别。

色彩科学中提到颜色和光时，黑色往往定义为没有任何可见光到达人的眼睛而产生的视觉印象。由于黑色颜料或染料吸收光，因而反馈给眼睛后看起来"像"黑色。不过，黑色颜料可以是几种颜料组合的结果，这些颜料吸收各自对应的光谱成分，以至于最后看起来也"像"黑色。若三原色颜料以特定的比例组合，因几乎不反射光而也可称为黑色。

黑色对于计算机屏幕显示的精度至关重要。通常认为，当黑色测量的变化超过 $\pm 2 cd/m^2$ 的明度单位时，说明系统需要作黑色标定；如果显示系统黑色标定所得变动量的绝对值小于每平方米 2 个烛光时，则意味着可以接受该显示系统对图像的显示效果；假定有用户能够标定到 $\pm 0.34 cd/m^2$ 这样的黑色水平，且确实已经标定到这种精度，那么此后任何彩色图像的显示效果都将是令人满意的。统计数据表明，前面提到的 $\pm 2 cd/m^2$ 那样的标定变动因子对普通阴极射线管显示系统来说或许永远都做不到，放大到 10 倍才差不多。

值得注意的是，黑色标定变动因子的大小与 ICC 文件无关，变动量的大小属于纯粹的显示器标定问题，更何况 ICC 文件内并不存在与显示动态范围有关的信息。

大多数人不认为白色是一种颜色，但事实上存在不同程度的白色或白色阶调。假定有两张不同造纸商提供白纸并排放置到一起，观察者将看到两种不同的白色，例如其中的一张看起来呈现明亮而带有蓝味的冷色调，另一张可能呈现暖色调的黄味。然而，若视野中仅有一张白纸时，则定义该纸张的颜色将变得十分困难。

白色可以定义和测量，标定显示器或打印机等彩色复制设备时往往需要定义和测量白色。当 CRT 显示器屏幕的三根电子枪发射 R＝G＝B＝255 的最高强度光线时，意味着此时显示的是最明亮的白色，这称为白点。如果两台显示器屏幕并排放置，且两者极尽它们的能力发射出最明亮的白色，则眼睛看到的白色很可能不相同，例如分别表现出冷色调和暖色调的白色，这意味着两台被观察的显示器有不同的白点。从色度学角度考虑，白点是可以描述和测量的，标定显示器时也确实需要定义白点的目标数值。

以上讨论中多次提到白点。毫无疑问，有白点就有黑点，但它们的意义何在呢？传统扫描工艺强调黑白场定标乃获得合理结果的首要任务，现在的问题是黑场或白场与黑点或白点间的区别是什么？场，应该理解为范围，到底有多大其实谁也不清楚。正因为通过传统扫描设备（例如电分机）无法确定目标黑色的具体范围，于是只能以"场"来表示。进入数字时代后，计算机处理信息需要知道确切的数值，若仅仅给定目标黑色或白色的大体范围，则计算机一定无法执行相关的运算。因此，数字印前操作不能以"场"来通知计算机黑色和白色的范围，应该使用准确的数字，而准确的数字代表色彩空间中的某个点，可见改用黑点或白点的称呼是合理的，表示的意思与黑场或白场没有原则区别。

### 2.1.5  清晰度与分辨率

使用清晰度这一术语时，往往主观成分占支配地位，因为清晰度本质上无法以定量的方式明确地描述，也不能测量清晰度的具体数值。大多数的人认为，清晰度与对比度和分辨率等概念存在一定的关系，至少从概念上理解确实如此，但无法定量地描述。与清晰度相比，对比度和分辨率可以用明确的数字表示。或许正是这一原因，人们才本能地想到在提到清晰度时与对比度或分辨率挂钩，例如高清晰度电视以分辨率作为判断准则。

考虑到清晰度的非定量本质，数字印前出现后以锐化程度（Sharpeness）描述对象及其边缘的清晰程度，以锐化（Sharpening）描述提高对象清晰度的处理。锐化处理到何种程度是可以定量描述的，空间域中执行锐化处理时需要数字滤波器，一方面因为数字滤波器由一组按规定次序排列的数字组成，另一方面也因为锐化处理结果产生明确的空间频率响应曲线，这种曲线由一系列与空间频率对应的响应值测量数据绘制而成，只要与锐化处理前的空间频率响应曲线比较，就可以定量地评价锐化处理结果了。

数字成像技术的发展导致人们以 dpi 这一指标衡量各种设备的成像精度，反映硬拷贝输出设备记录点或视频设备显示点的空间排列密度，描述各自独立的记录点或显示点在一英寸线长上可以排列的数量，例如计算机显示器、扫描仪、打印机、激光照排机、直接制版机和数字印刷机等。扫描时人们习惯上以 dpi 作为图像数字化转换精度的衡量指标，由此数字图像的分辨率也以 dpi 表示。

从 dpi 已经广泛使用的实际情况出发，数字成像设备制造商几乎毫无例外地用这种指标说明设备的细节表现能力，设备的使用者也习惯于 dpi 的指标性意义，很少有人会对此提出质疑。打印机从计算机外围设备起步，可靠性、输出速度和记录精度不断提高，逐步演变成数字印刷机。尽管打印机和数字印刷机都以 dpi 衡量设备精度，但这种指标的实质含义却发生了很大的变化，从开始时的分辨率发展到了寻址能力。

客观地说，寻址能力确实是硬拷贝输出系统的重要技术指标，它从一定程度上反映数字印刷机或打印机的记录精度。然而，寻址能力并不等同于分辨率，因为寻址能力仅仅反映设备的定位精度，例如激光打印机或静电照相数字印刷机扫描机构和纸张传动机构的定位精度，不能反映设备的物理记录精度。一般来说，硬拷贝输出设备的物理记录精度或分辨率取决于成像部件实际可产生记录点的尺寸，例如静电照相数字印刷机或打印机激光点的直径决定了单位长度内排列得下多少个记录点。

### 2.1.6  连续调与半色调

数字印前领域频繁地使用连续调和半色调这两个术语，英文以 Continuous Tone 词组和 Contone 单词表示连续调。一般来说，提到 Continuous Tone 时往往指模拟连续调原稿，而使用 Contone 时往往与模拟原稿转换所得或数字照相机输出的数字图像有关。当然，这样说并不意味着两种连续调提法绝对地相互排斥，混合使用的场合其实并不鲜见。

对模拟原稿来说，称得上连续调的基础在于，卤化银颗粒的几何测度如此之小，以至于如果不借助于光学显微镜或高倍放大镜，则视觉系统不能分辨相邻空间位置的颜色和阶调差异。以数字照相机拍摄时，由于物理场景的颜色和明暗程度等总是连续变化的，因而也可视为连续调"原稿"，与彩色底片或照片的区别仅在于数字摄影结果来自客观世界的物理场景，拍摄动作产生数字图像的直接结果。尽管彩色底片或照片也是拍摄结果，但必须经过扫描仪或数字照相机的处理，才能转换到数字图像。

如果在放大倍数一般（例如5～10倍的放大倍数）的放大镜下观察摄影结果，眼睛看到的将是连续变化的颜色，且同种颜色的层次变化也是连续的，因而摄影底片和照片得名连续调原稿。事实上，阶调的是否连续只有相对意义，视宏观还是微观环境条件下观察而定，前面提到的5～10倍的放大镜观察工具仍然属于宏观层面，若采用倍数更高的放大工具（例如电子显微镜或电子探针）观察，则很可能得出不连续的观察结论。

数字图像处理技术以及相应的图像数字化设备进入实际应用后，连续调这一概念有了新的内涵，从事印刷复制的专业人员们往往将扫描仪或类似设备产生的数字化处理结果也称为连续调图像。细想起来，这种称呼有其合理性，只要眼睛不能辨别相邻灰度等级或色调等级的区别即可。例如，以8位量化的数字图像的像素取值范围在0～255之间，而视觉实验已经证明眼睛能够辨别的层次数量不超过100个，由于8位量化的数字图像的相邻层次等级比眼睛可辨别的相邻间隔小，因而8位量化的数字图像同样可认为是连续调的。

半色调（Halftone）的称呼相对于连续调而言，并非阶调刚好是连续调的一半。半色调图像通过光学的和数字的方法获得，例如通过制版照相机网屏对光线的分割作用完成对连续调原稿的离散处理，或通过半色调算法将连续调数字图像以数字表示的像素值转换成相对应的不同尺寸的网点。以上两种处理分别采用模拟的和数字的方法，虽然工作原理有本质的区别，但都经历从连续表示到离散描述的过程。

传统制版技术称连续调图像变换到离散图像的结果为网目调，进入数字时代后仍然使用这种称呼并不合理。根据《辞海》的解释，网指绳线结成的捕鱼或鸟兽的用具，或形状像网的东西，例如蜘蛛网和电网。此外，网也指纵横交错而成的组织或系统，这种解释因网点的具象性而与网目调无关。网目的基本特征是其规律性，照相制版用网屏由两块刻有等宽黑白平行线的光学玻璃交叉成90°密合而成，隐含网孔规则分布的特点。

以数字技术模拟照相制版形成网点时，结果与通过网屏对光线分割作用形成的网点是类似的，因而可以称之为从连续调到网目调的转换，或者称转换的结果为网目调。然而，通过数字技术使连续调图像的像素值转换到点阵表示的方法很多，模拟传统网点仅仅是其中的类型之一。例如，最具典型性的调频网算法误差扩散以阈值矩阵控制数字图像的像素值转换到记录点的结果，以一对一（即一个像素产生一个记录点）的方式完成转换，这与调幅网点一对多（一个像素需要以多个记录点表示）的转换结果差异很大。如果说误差扩散算法多少还与调幅网点的形成过程有相似之处，基于优化处理的算法与调幅网点生成过程就根本不同了，这类算法利用生理、物理、工程和人类繁殖等的随机本质，以某种特定参数为优化处理的对象，当参数达到最优时即得到处理结果，例如神经网络算法、模拟基因突变的遗传算法、模拟金属再结晶的退火算法和模拟分子随机运动的布朗算法等，甚至产生了根据已有网点复制结果的直接二值搜索算法。考虑到数字算法的多样性，这些算法产生结果的方法与模拟传统网点的方法存在原则差异，以及算法结果与传统网点存在本质上的不同，再称之为网目调显然是不合适的，应该根据英文单词 Halftone 的基本含义直接翻译成半色调，并将通过数字算法从像素值到记录点的转换过程称为数字半色调。

## 2.2　基本要素分析

以得到彩色印刷品为最终目标的过程究竟要追求什么？或者说印刷过程要达到何种的目标参数，答案当然可以多种多样，例如追求页面对象的清晰度，希望印刷品的线条边缘保持原页面线条边缘的对比度，要求复制彩色对象的光谱成分，等等。毫无疑问，在所有追求的目标中，彩色复制的准确性是最重要的，因而讨论彩色复制原理就十分重要了。

### 2.2.1　概述

原稿类型算得上与复制效果联系最密切的因素之一，最终的复制效果与原稿的接近程度很大程度上取决于原稿。数字印前以处理数据为基本特征，所有的数字印前处理均可视为数字"游戏"，为此需要反映被复制对象空间和色彩特征的数字文件。目前，从模拟原稿经过数字照相机或扫描仪的转换并输出数字图像已成为得到数字文件的主要途径，由于拍摄模拟原稿时已经损失了部分信息，经过数字成像设备的处理后信息还会有所丢失，因为迄今为止的绝大多数扫描仪和数字照相机很难满足 Nyquist 采样频率的要求。用数字照相机拍摄物理场景也是获得数字图像文件的主要方法之一，如果数字照相机有足够的能力捕获场景所包含的主要信息，则以数字照相机直接拍摄物理场景的方法比起从模拟原稿转换得到的数字文件来，丢失的信息要少许多，至少只经历信息的一次损失。

某些数字文件由计算机软件直接生成，例如 Excel 形成的商业图形，这种数字原稿中包含的颜色与物理场景毫无关系，也就无须追求与原稿的接近程度了。

商业广告内包含五颜六色的文字并不稀罕，对这些颜色的使用目的在广告设计者的心目中，彩色复制工作者其实并不知道。为了复制出设计者心目中的颜色，彩色复制人员必须加强与广告设计者的沟通，其中最重要的是必须告诉广告设计者，某些颜色无法复制。

特定的颜色由特定的光谱成分构成，可以用色度值描述，虽然光谱成分与色度值间存在客观性的联系，但两者毕竟从不同的角度反映颜色属性，因而作为彩色复制的追求目标时必然导致不同的复制效果。

图文处理（尤其是图像处理）的工作基础至关重要，指图文数据变换依赖于何种工作色彩空间，因为工作色彩空间不同时，彩色数据的变换结果也将不同。目前，数字印前操作的大多数场合适于选择 Adobe RGB（1998）色彩空间，但硬拷贝输出设备的色域比胶印色域明显宽时，就应该选择其他更合理的 RGB 工作色彩空间了，例如 ProPhotoRGB。

如何捕获图像数据对最终的彩色复制效果影响相当大，由于现代彩色复制有色彩管理系统的参与，因而捕获数字图像时应该考虑到让色彩管理系统发挥更大的作用，为此需要按复制要求和系统配置确定合理的图像捕获原则。

除颜色问题外，印刷品加工还必须注意对比度和清晰度等细节，因为即使页面对象的色彩再现准确度很高，但对象边缘的对比度不够，或对象边缘（例如线条和文字边缘）粗糙和模糊，则不可能获得高质量的复制品，彩色复制效果也因此而大打折扣。确保图像复制的清晰度和对比度等涉及图像采集系统的空间频率响应特点，而了解系统的空间频率响应能力建立在测量基础上。获得良好彩色复制效果的另一重要问题是动态范围，关键限制因素不在原稿，而在图像捕获设备的实际能力，由于动态范围与噪声有关，因而图像捕获设备的测量内容还得加上噪声和动态范围。

### 2.2.2　黑白、三色、四色和高保真彩色印刷

黑白印刷肯定比彩色印刷简单得多，但不能由于简单而轻视黑白印刷，因为黑白印刷

是彩色印刷的基础，许多重要的工艺参数关系需要通过黑白印刷才能够掌握。毫无疑问，黑白印刷的白色对应于纸张，可见黑白印刷应理解为只使用一种油墨的印刷方法，未必一定要使用黑色油墨。因此，黑白印刷可作为单色印刷的代名词，但由于黑色油墨与白色纸张组合产生的印刷品传播效果最好，所以黑白印刷在单色印刷中最常见。

黑白印刷品以文字居多，但并不限制印刷黑白图像。根据数字印前的观点，黑白图像更应该称之为灰度图像。黑白印刷品包含图像时，同样需要半色调技术，与彩色印刷的区别仅在于黑白印刷只能复制出从白色到黑色渐变效果的图像。

理论上，彩色印刷只需使用青、品红、黄三色油墨即可。同样不能轻视三色印刷，原因在于三色印刷是四色印刷的基础。三色印刷（例如热升华和照相成像数字印刷等）的全部工艺过程可叙述为：透射或反射原稿通过数字照相机或扫描仪转换到数字图像，或者以数字照相机拍摄物理场景输出数字图像；按彩色复制设备的色域大小程度规定合理的 RGB 工作色彩空间，例如宽色域设备应规定为 ProPhotoRGB，目的在于作必要的图像编辑和加工时可以尽可能保留数字原稿内的信息，不至于发生色域裁剪；拍摄或扫描所得 RGB 彩色图像处理完成后直接传递给三色印刷设备，这些设备完全有能力生成 CMY 数据，通常无须色彩管理技术参与，因为三色印刷使用的油墨都以纯度很高的染料制成。

四色印刷仅仅比三色印刷多一种油墨，但第四种油墨的加入导致问题的复杂性。理论上本不应该限制第四种油墨颜色，未必一定要用黑色。现今仍然流行的四色套印工艺采用黑色油墨的理由并非黑色油墨那样顾及到转印效果，更多的是出于经济性的考虑，当然也与复制效果有一定的关系。传统印刷和大多数的数字印刷都基于四色套印工艺，比起热升华和照相成像数字印刷使用的三色印刷来要复杂得多，其中以 RGB 到 CMYK 的转换（也称数字分色）最为麻烦，尤以传统印刷需要生成四色印版而变得更加复杂。幸好，由于现代印刷有色彩管理技术的参与，许多操作无须人工干预。一般来说，为传统印刷准备的版式文件必须在输出到胶片或 CTP 印版前完成分色，服务于数字印刷的印前处理只要准备好版式数字文件就可以了，即可以直接传递给数字印刷机，因为商业彩色数字印刷机的数字前端系统都有内置的分色机制，分色操作较比数字印刷机的前端系统更合理。

大多数情况下四色印刷的效果令人满意。然而，由于彩色油墨光谱吸收特性的限制，自然界的某些颜色往往复制不出来，例如鲜艳的绿色和红色。追求尽善尽美的四色套印工艺并非印刷及相关专业工作者的根本目标，应该追求更合理的印刷工艺，复制出自然界中的所有颜色，这种工作目标归结为色域最大化，也称为高保真彩色印刷。由于四色套印工艺的固有缺点，只能通过其他途径扩展色域。目前，能付诸实施的色域扩展工艺采用在四种基本色的基础上补充其他油墨的方法，形成了特殊的油墨组合，包括红、绿、蓝油墨加四种基本套印色，橙红、绿、蓝、紫加四种基本套印色，以及橙、绿、黄、品红、青、黑色系等超过四种颜色的油墨应用方案。某些领域补充粉红（品红加白色）和浅蓝（青色加白色）油墨已经有一段时间了，确实能改善淡色调区域的色彩保真度；贺卡印刷领域通过补充浅色油墨扩展色域几乎是不成文的规定，配色方案之一为荧光型品红和黄色油墨、粉红油墨、常规青色油墨、淡蓝油墨和黑色油墨，四种基本套印色只使用青色一种。

Ball 曾展开过色域最大化的理论研究，认为黄色、粉红、紫色、青色和黑色五种油墨组合能产生范围最宽的色域，而黄色、杏色、粉红、紫色、青色和黑色组合在所有六色配色方案中的色域范围最宽。此后 Viggiano 等执行的实验研究项目总共评估了 17 种油墨的复制特性，结论是黄色、橙色、品红、紫色、青色和黑色配色方案产生的色域范围最宽。

### 2.2.3 灰色复制与彩色复制

对于以分析为基础的研究方法，灰度图像的复制特点具有典型意义，原因在于以独立的方式研究灰色复制工艺可以简化分析过程，即使对彩色复制也十分重要。此外，彩色印刷领域讨论的重要主题往往与灰色调的复制效果有关，即对于彩色印刷过程中发生的复杂现象简化为仅研究灰色阶调的变化规律。但是，即使只研究灰色复制也不见得很简单，因为灰度图像的内容各异，且变化规律也不尽相同，因而实际采用的方法不是研究灰度图像整体的阶调复制关系，而是在版式文件页面区域外附加灰梯尺，以测量和分析灰梯尺的阶调复制特点（密度）代替测量和分析灰度图像复制密度。这种研究方法以下面这样的假设为前提：图片原稿与复制品间的密度关系与灰梯尺原稿与复制品间的密度关系相同，尽管这一假设在某些情况下可能是不准确的，但却能提供足够正确的近似关系。

必须强调，灰色复制毕竟不同于彩色复制，后者常常会导致灰色复制时根本不存在或很少有可能出现的问题，其中以色彩平衡最为典型和重要，主要表现为复制品内彩色图像的灰色区域是否实现了色彩平衡。对彩色摄影（包括模拟和数字）而言，常规复制工艺的处理目标归结为产生令人赏心悦目的照片，其色貌很可能不同于被拍摄场景，因而宁可略微损失灰色区域的色彩平衡，以寻求通常需要的效果。

尽管如此，以传感器图像数据捕获为基础的复制工艺却不能这样处理，图片内的某些对象需尽可能模仿原稿，因为彩色摄影的复制（彩色数字摄影也可视为复制，但不同于胶片摄影加显影以及照片冲印的复制工艺）主体是场景，彩色印刷的复制主体却是原稿，如果说场景复制已经发生了色彩平衡损失，那末原稿复制不再允许这种情况的发生。以胶片摄影为基础的彩色复制而论，必须考虑到摄影底片和照相纸的色彩表现能力不同于印刷油墨与纸张组合，因而彩色印刷或许更应该强调"忠实"两字，即以尽可能接近的方式复制出原稿中的各种颜色。若对"忠实"两字作进一步的讨论，则还必须考虑到彩色图片内容的千变万化特点，且同一张图片也包含性质和色彩表现不同的对象。由此可见，所谓的"忠实"于原稿就整体而言无法做到，只能在某些关键对象上得到满足。

如此分析下来，彩色印刷的核心问题归结为选择图片中表现最显著的对象，使这些对象在复制品中的色彩表现尽可能与原稿接近甚至相同。尽管上述原则使复杂的复制关系得到简化，然而问题还没有得以全部解决，或者说只解决了原稿和复制品所包含的关键对象的色彩相似性问题，而色彩相似到何种程度（相似尺度）的掌握却是十分困难的，因而还必须选择能描述关键对象色彩表现特征的关键参数。从实际图像内选择关键对象并掌握相似性尺度其实做不到，图像内容千变万化，仅靠眼睛辨别很难行得通。因此，彩色复制实践采用检查灰梯尺和阶调梯尺的方法，以梯尺代替图像的关键对象。

### 2.2.4 理想彩色复制

在进入理想彩色复制的讨论前有必要搞清楚黑白阶调复制。注意，这里提到的黑白阶调复制并非指仅复制黑色和白色，而是指灰度图像的复制，应理解为从白色渐变到黑色的连续阶调复制，可见原稿也应该是黑、白阶调连续变化的对象，例如黑白照片。

对于以反射稿模拟复制品的印刷工艺，假设印刷工艺应该使复制品所有区域与原稿对应区域有相同的密度，尽管这种假设并没有严格的理论依据，但通过检验印刷品密度评价最终复制效果的方法一直在使用，并在复制实践中取得了良好的效果。

如果在包含图像原稿的页面边缘空白位置附加了灰梯尺，则认为复制得到的灰梯尺密度可用于评价复制工艺的成功与否。以灰梯尺研究复制工艺的优点在于，灰梯尺通常包含等步长密度的灰色块，测量复制品内这些灰色块的密度后就可以应用各种分析手段了。举例来说，根据复制得到的灰梯尺密度可以绘制成与原灰梯尺密度间的关系曲线，在此基础上分析和评价复制效果就方便多了。典型复制曲线如图 2 - 3 虚线所示，图中包含所谓的理想复制曲线，即一条从原点（左下角）出发向右上角倾斜的 45°对角线，以 A 标记。

理想彩色复制系统可叙述为：原稿阶调和色彩与半色调印刷品完全一致，遍及原稿的全部阶调范围，即原稿的任何密度值与复制品的对应密度值相等，如同图 2 - 3 中以虚线表示的 45°斜 A 那样。但是，理想复彩色制系统事实上不存在，复制品的最高密度通常低于理论最高密度，这种结论从大量实践而来，原因十分复杂，分析也非常困难。

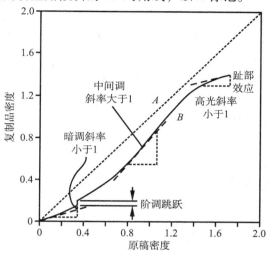

**图 2 - 3 典型复制曲线**

由于复制系统以及工艺水平等条件的限制，高光和暗调区域的对比度有损失，而中间调对比度则偏高。图 2 - 3 给出的曲线 B 代表实际复制品的密度分布规律，来自彩色摄影复制图片与原稿的密度测量数据，对彩色印刷有相当大的参考价值。对比度的高低可以用曲线上任意点的斜率衡量，斜率大于或小于 1 分别表示对比度增加或降低。曲线 B 两端的斜率明显小于理想复制曲线斜率 1，称为"趾部"效应；由于曲线 B 中间部分的斜率超过 1，且处于曲线的中间部位，故得名"肩膀"效应。半色调复制工艺常常在密度值约等于 0.3 处出现阶调不连续或跳跃，说明在该密度数值附近发生了相邻网点的连接。

只要原稿来自胶片摄影的底片或照片，则彩色印刷的高光和暗调区域的对比度损失很可能会类似于图 2 - 3 所示的彩色摄影复制曲线，需视数字图像捕获设备而定。比如，若原稿数字化时"继承"了摄影材料复制曲线的趾部（高光和暗调端）和肩膀（中间调）效应，则彩色印刷复制曲线与图 2 - 3 所示曲线 B 相似的可能性很高。

### 2.2.5 彩色校正的必要性

如果说在青、品红、黄三色油墨的基础上增加黑色多半是出于加深画面的考虑，其目的在于产生更深暗的外观，则如何准确添加黑色油墨的数量就很重要了。除非添加的黑色油墨数量很少，或采取了一定的校正措施，复制效果才会令人满意。如若不然，画面加深后产生的效果很可能适得其反，比如形成污泥状的画面。从这一角度考虑，将加入黑色视为一种校正措施也未尝不可，因为黑色油墨的加入必将导致其他三色油墨数量的减少。

假定三色印刷的理论分析能给出唯一解，则由于黑色油墨的加入而使问题变得比想象的更复杂，不仅因为四色印刷的理论分析难度大大超过三色印刷，且黑色油墨加入后解的答案不再是唯一的了。在三色印刷工艺中，与原稿包含的特定颜色匹配的三色油墨组合只能有一种，从而保证了解的唯一性。对四色印刷工艺来说，最干净的颜色既可以用最少数量的三色油墨和最大数量的黑色油墨复制，或反之；也可以通过这两种极端状态间的任何一种中间组合实现。从数学角度考虑，确定油墨数量的方程只有三个，需要求解的未知数却有四个，当然无法得到唯一解。可见，确实需要求解方程时必须作一定的假设，凡假设必然带有或多或少的任意性，但确保解的唯一性。保证解的唯一性的假设一定是以黑色油墨用量和三色油墨用量存在固定的关系为前提，使未知数从四个降低到三个。

对四色印刷实际使用油墨的大量测量数据表明，在青、品红、黄三种彩色油墨中，黄色油墨最接近于理想油墨，其光学特性接近于理想吸收光谱。这里提到的理想油墨指能够产生相当高的均匀密度的油墨，整体密度近似于可见光谱密度之和的三分之一，在其他两种油墨的吸收波长范围内的密度值为0。虽然理想油墨对实际应用来说不能产生最令人满意的结果，更何况理想油墨事实上也并不存在，但理想油墨确实为人们指出了改善油墨性能的总体方向，也是色彩校正的重要依据。

理论上的品红在 CIE 色度图中并不存在。根据 CIE 色度图给出的光谱轨迹，品红不能由单一波长的光线产生，只能通过混合舌形光谱轨迹底部"直线"部分两个极端点的红色光和蓝色光得到，以不同的蓝色和红色成分混合时可得到不同程度的品红。四色套印工艺使用的品红油墨的纯度不够高，除吸收绿光外也吸收少量的蓝光。基于这一理由，印刷业将吸收绿光、反射红光和蓝光的油墨命名为品红。如同品红油墨那样，青色油墨的纯度同样不够高。理想青色油墨应该只吸收红光，反射绿光和蓝光。然而，四色套印工艺使用的青色油墨除吸收红光外，也吸收少量的绿光。根据以上分析，印前处理阶段有必要执行彩色校正操作，因为四色套印工艺使用的油墨会吸收本来不应该吸收的色光。

黑色的加入可视为彩色校正措施之一，增加了问题的复杂性。彩色校正的必要性源于品红和青色油墨的光学特性偏离了理想油墨的吸收光谱，由于黄色油墨的光学特性与理想油墨十分接近，因而彩色校正的主要对象应该是品红和青色成分。当然，由于黑色的参与，不仅导致解的非唯一性，也导致彩色校正的复杂性。

### 2.2.6 不可复制颜色

不可复制颜色指原稿中包含的无法用四色套印油墨集合复制的颜色，与实际使用的四色油墨有关。换言之，如果原稿中的某种颜色为不可复制颜色，则该颜色超过了特定印刷工艺和材料组合可复制的色域。展开来说，如果原稿颜色比实际使用的油墨颜色清洁，按理应该在某一分色片内表现得比白色还要白，意味着这些颜色在阴图分色片中的密度比白色区域高（阴图片中白色显示为黑色），而在阳图分色片中则比白色区域的密度还要低。例如，假定油画内存在表现深海位置的蓝色区域，由于操作人员认为该油墨的整体色调偏离可复制的范围，此时执行彩色校正确实有其必要性；这样，在校正过的黄色分色版中对应于深海蓝色区域的颜色将表现得比白色还要白，于是成为不可复制颜色。

原稿包含比油墨复制能力更强的颜色时，这些颜色肯定在校正后分色结果的期望颜色范围外，在阴图分色片中表现得更亮，而阳图分色片中则更暗，例如原稿内的大红色在品红分色阴图片（经过校正）中的密度比测试色块图中的红色块密度低。在通常情况下，对这种现象可不予理会，因为这种颜色肯定会印刷成实地，色调稍淡的测试图红色块也将印刷为实地，而两者之间的差异并不明显。必要时可以恢复这种差异，方法是降低三色阴图分色片的对比度，或用手工方法校正。

原稿也可能包含比白色纸张更白或者比黑色油墨更暗的颜色，若确实如此，则这些颜色同样是不可复制的颜色。现代彩色印刷对某些业务追求更好的复制效果，对彩色油墨的价格并不在乎，此时将减少不可复制颜色的数量，因为四色油墨印刷的实地颜色比仅仅黑色印刷的实地颜色肯定更暗。原稿包含不可复制的白色和黑色时，必须十分小心地与校正过量产生的颜色区分开来，尽管两者都属于不可复制颜色，但形成的原因不同。

### 2.2.7　网点扩大现象

Murray-Davies 公式和纽介堡方程是对于性能表现完美的半色调工艺的理想描述，后者更是重要的分色基础。然而，不幸的是实际印刷图像永远也不可能达到理想程度，因而有必要对于 Murray-Davies 公式和纽介堡方程执行一定程度的修正，以获得可接受的印刷图像质量，处理过程中遇到的共同问题是网点扩大现象。

以单一油墨印刷半色调图像时，实际得到的图像往往比 Murray-Davies 公式预测的颜色更深暗，这种特点可以用图2-4演示，反映某数字印刷机复制灰梯尺后测量所得的不同网点面积率的输入/输出关系，图中的 F 表示传送给数字印刷机的网点面积率控制指令。

图2-4中的（a）代表由 Murray-Davies 公式预测的网点变化规律，而（b）则表示从印刷图像测量得到的结果。数字印刷机通过生成半色调网点响应栅格图像处理器按理想曲线复制网点面积率的控制指令，但对于灰梯尺色块的反射系数测量结果却表明几乎所有的灰色块都比预测结果更暗，这种现象并非数

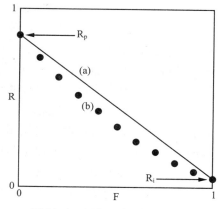

图2-4　网点扩大现象的例子

字印刷机才有，传统印刷同样存在。事实上，早在 100 年前商业印刷工作者就已经发现了网点扩大现象，区别仅在于那时还不知道网点扩大的潜在因素包括物理和光学两方面。早期印刷工作者认为图像印刷后变暗的原因源于印刷过程中半色调网点的扩张，纯粹由于机械作用的原因。如果这种假设成立，则印刷品内的实际网点尺寸必须大于名义或理论网点尺寸。也正因为基于这种认识，才产生了网点扩大这一术语。目前，网点扩大这一名词仍然广泛地使用着，但引起网点扩大现象的真正原因并不局限于机械因素，还应当考虑到其他因素，网点物理尺寸的增加只是因素之一。

我们应当感谢 Yule 和 Nielson，正是他们揭示了造成网点扩大现象的另一种主要因素，使人们知道油墨在纸张上的物理扩展仅仅是网点扩大来源之一。由于机械因素导致的网点扩大可叙述为，油墨在机械压力的作用下引起物理扩展，实际形成的网点面积将超过油墨覆盖的理想网点面积，增加的面积称为网点扩大值。即使仅仅考虑机械因素引起的网点扩大值时，由于图像区域的反射密度降低，导致图像整体变暗。

引起网点扩大的第二种主要因素是光学效应。如图2-5所示，观看图像时光线必须借助于穿过半色调网点或入射到网点间隔区域的方法进入纸张，该图 B 位置进入纸张的光线在纸张内四处散射，最终表现为网点之间的反射光。某些光线从 C 位置进入，散射到网点下方后被网点所吸收，导致

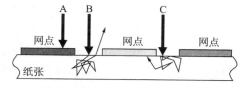

图2-5　光学网点扩大演示

网点吸收光线比例的增加，得到更暗的图像。这种使图像变暗的结果与物理网点扩大类似，常称为光学网点扩大，也称为 Yule-Nielsen 效应。

许多研究致力于物理和光学网点扩大探索，研究纸张和油墨特性，以及影响网点扩大的半色调图案结构等。大多数普通非涂布纸的物理和光学网点扩大值大体相同，涂布纸在某些场合的网点扩大效应更低一些；经专门设计的承印材料旨在使网点扩大最小化，尽可

能降低印刷过程产生的人工痕迹，因而网点扩大很小。如果喷墨印刷采用了特殊的承印材料，则网点扩大可明显降低。但不管采取了何种措施，总是能在印刷品中观察到一定程度的网点扩大。数字印刷机由于针对性的优化处理，从而有能力补偿网点扩大效应。

## 2.3 彩色复制的某些重要问题

如果加色混合也可以称为彩色复制，则彩色复制可划分成两种主要类型。但必须强调的是，加色复制和减色复制是两种有本质区别的复制工艺，前者通过色光混合产生千变万化的颜色，是计算机显示器、电视机和各种显示屏形成和传递色彩信息的基础。减色复制通过染料或油墨叠加混合出彩色效果，例如彩色印刷品是多色油墨在纸张表面以不同比例叠印的结果，模拟彩色摄影时代的承印材料（胶片或底片）由纸基和三层染料组成，借助于光线作用于彩色底片在照相纸上直接成像。进入数字时代后，彩色复制涉及的因素比以前大为增加，不可避免地需要使用加色设备，这就涉及加色复制。尽管如此，由于本书的讨论重点是减色复制，因而讨论彩色复制的关键问题时大多与减色复制有关。

### 2.3.1 灰平衡与色彩平衡

所谓的灰平衡指特定的印刷系统（包括设备、材料和工艺控制）以青、品红、黄油墨不同比例的组合得到各种灰色（非彩色）的结果。由于四色套印使用的彩色油墨与理想油墨总会有一定的偏离，因而等量的青、品红、黄油墨叠印往往不能得到灰色。灰平衡是各种彩色印刷所追求的关键目标，为此彩色印刷假定：如果原稿中的中性灰成分复制后仍然保持中性灰特点，则复制工艺就是成功的，色彩平衡也随之解决。换言之，彩色印刷对于原稿内关键对象的"忠实"表现简化为中性灰的正确表现，这一原则适合于几乎所有的彩色印刷工艺，当然也适合于各种类型的数字印刷。不仅如此，即使加色彩色复制系统也必须实现灰平衡，才能正确地复制彩色图像。很明显，加色彩色复制实现灰平衡比减色复制系统要简单得多，因为等量的红、绿、蓝色光必然混合出灰色。

根据中性灰表现正确推断彩色表现正确的假设没有理论证明的支持，但这并不妨碍这种判断准则的实际应用。如同几何公理那样，作为基本的客观事实和经历了无数次实践检验证明是正确的结论无须证明，和中性灰再现的结论类似，可以放心使用。

表面上，色彩平衡和灰平衡是两个不同的概念，但如果深入思考下去却发现这两个概念至少并不彼此矛盾。色彩平衡的核心问题是避免偏色，而偏色的产生与灰色不能正确重现关系极大。由此看来，讨论灰平衡和色彩平衡时两者不能割裂开来，由于研究灰平衡意味着研究色彩平衡，因而必须明确何谓色彩平衡，不能停留在偏色这一表面现象上。

当人们提到色彩平衡时，通常按彩色画面的总体感觉观察和判断。尽管何谓色彩平衡难以准确定义，也很难通过观察印刷图像的方法得出明确的结论，但以灰梯尺复制结果是否达到色彩平衡评价印刷图像的色彩平衡起码是合理的近似，因为灰梯尺的色彩平衡容易测量和判断。根据以上讨论可得出重要假定：若原稿中包含的所有中性灰色经复制系统的作用后仍然为中性灰，则可以认为复制结果实现了色彩平衡。换言之，只要原稿内包含的中性灰色达到了灰平衡，那么其他颜色的复制结果必定是正确的，色彩平衡也就实现了。

从前面讨论的内容不难知道，所谓的灰平衡实际上是指青、品红、黄三色油墨产生灰色时出现的数量不平衡关系。通过半色调技术印刷彩色图像时，为了能正确地复制出灰梯尺，青、品红、黄三色的加网半色调图像在同一位置的网点百分比应该不同。

彩色复制工艺实践表明，灰色区域黄色和品红版网点的尺寸大体相同，但如果印刷彩色图像时使用了带蓝"味"的品红油墨，则要求黄色版的网点尺寸大于品红版。经过长期的经验积累和实践验证，在青、品红、黄三种彩色油墨中，达到灰平衡所需的青版网点面积率最大，这意味着灰平衡的实现需要使用更多的黄色油墨。以上结论对传统印刷有效，对于数字印刷的有效性目前不能盲目地下结论，需要积累和不断的实践来证明。

对于传统四色套印工艺的灰平衡测量数据的统计结果表明，除高光区域外，青版网点面积率通常应该比品红版和黄版的网点面积率大 10%～15%，意味着灰平衡的实现需要消耗更多的青色油墨；在暗调区域，实现灰平衡的网点面积率在很大程度上取决于三色油墨消耗的相对数量和墨层厚度。另一方面，色调较淡区域的灰平衡或色彩平衡主要与油墨偏离理想油墨的非期望吸收系数有关，对于不同的印刷工艺要具体情况具体分析。

灰平衡以及色彩平衡的实现肯定要求青、品红、黄三色的网点面积率不同，其实网点面积率的差异究竟应该达到多少才是问题的关键，这对于彩色复制的成败至关重要，许多彩色复制工艺之所以不能成功，就是因为忽略了这种需求。例如，为了使彩色图像的青色分量达到平衡，需要一定数量的品红和黄色油墨，图 2-6 给出了绝大多数彩色印刷达到灰平衡时的典型三色油墨配比，以青色达到与理想油墨吸收特性匹配为基准。

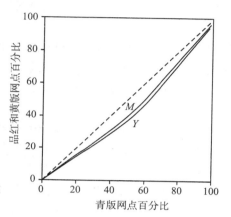

图 2-6　实现灰平衡要求的相对网点面积率

确定灰平衡的方法有两种：方法之一是印刷特殊的彩色测试图，其中包含灰色块，测量这些灰色块的密度值后即能作进一步的分析；第二种方法是测量并分析附加在彩色图像周边的灰梯尺各色块密度，或直接从彩色图像中寻找灰色区域并测量与分析。

### 2.3.2　等效中性灰密度

研究阶调复制规律时，以网点面积率衡量复制效果具有直观性，可见了解三种彩色油墨产生中性灰所需要的网点面积率或相对网点面积率十分重要。然而，研究阶调复制规律不能局限于网点面积率一种物理尺度，人们也希望了解与产生中性灰对应的密度，两者对阶调复制规律研究同等重要。考虑到研究密度与中性灰关系的需要，研究工作者提出了等效中性灰密度（Equivalent Neutral Densidy）的概念，取三个首字母简写为 END。

等效中性灰密度对初学者显得有点抽象，为此可通过类比法理解。大家知道，胶片摄影是光化学作用的结果，需利用显影剂处理才能转换成视觉可见的影像，体现拍摄结果的使用价值。显影剂的包装尺寸（容积）应考虑到使用者的需求，不能只提供一种尺寸，例如分成 1L 和 5L 两种包装。注意，这里的 1L 并非显影剂包装的本身尺寸，而是指显影剂与适量的水混合、配置成显影液以后的容积，因而 1L 的含义是包装内的显影剂等价于配置成 1L 的显影液，由此可引伸出等效容积的概念。类似地，这种思考方法可移植到灰平衡研究领域，例如在评价黄色油墨印刷成的色块如何产生灰平衡时可以将问题叙述为：若数量合适的品红油墨和青色油墨叠印到已有的黄色块上后能产生中性灰，则导致中性灰的密度是多少？这里，导致中性灰的密度被定义为黄色油墨色块的等效中性灰密度。

Evans 对于染料的等效中性灰密度的定义如下：如果通过叠印工艺能够使某一颜色的染料转换成中性灰，则参与叠印的基本套印色油墨数量恰好能产生中性灰的视觉密度称为该染料的等效中性灰密度。

引入等效中性灰密度的最大优点在于，这种方法给出了色彩平衡的直接信息。如果任意区域内三种彩色染料的等效中性灰密度相等，则该区域的颜色为中性灰。另一方面，一套染料在能够表示成等效中性灰密度前，首先应分析该染料集合实现灰平衡的能力。然而，考虑到一种油墨的等效中性灰密度与其他两种油墨的色彩表示特征有关，因而一开始就试图直接找到某种油墨的等效中性灰密度容易导致概念上的混乱。举例来说，以带有红"味"的品红油墨代替带蓝"味"的品红油墨时，产生中性灰所需的黄色油墨更少，隐含一种油墨的等效中性灰密度与其他油墨存在依赖关系。从另一种角度理解，上述结论意味着为了在一定数量黄色油墨的基础上产生中性灰，必然需要更多的带红"味"的品红油墨；若继续往下推断，则得出需要更多的青色油墨参与的结论，如此以三色油墨叠印的结果必然是产生更深暗的灰色。因此，当黄色油墨与带有红"味"的品红油墨一起使用时，黄色油墨的等效中性灰密度增加。由此看来，等效中性灰密度对同一种油墨并不表现为常数，而是随配套使用的其他油墨而变化。

以网点面积率描述色彩平衡最为常见，如果以密度表示是否可以？如果可以，接下来的问题是密度描述和网点面积率描述何者为优？

以密度代替网点面积率研究中性灰存在两大实际困难。首先，现代印刷机已经实现了自动化生产，连续的运转导致印刷品生产周期内几乎不会产生单色图像；其次，多色油墨叠印时容易出现露白，由于套印误差使得各色油墨不能准确定位，其结果是三色油墨叠印结果往往与单色油墨分别印刷的效果不同，这成为等效中性灰密度实际使用时的难题，原因在于等效中性灰密度以实际存在的油墨数量定义，即等效中性灰密度并非以其他油墨不存在时的当前油墨转移量定义。尽管如此，等效中性灰密度仍然具有积极意义，只要在确定等效中性灰密度前确认三色油墨套印正确，就可以充分利用等效中性灰密度的优点。

### 2.3.3 物理分色与数字分色

这里，定义借助于光学器件分解感兴趣对象基本颜色成分的方法为物理分色，例如通过制版照相机将原稿分解成红、绿、蓝三色的组合。物理分色基于视觉系统感受外部世界的三原色本质，据此分色设备往往使用红、绿、蓝三色滤色镜，从照相制版时代就开始了，一直沿用到现代扫描仪，以至于数字照相机以及从数字照相机派生出来的分色系统。

计算机进入印刷领域后，分色概念扩展到具有更丰富的含义，例如从 RGB 图像转换到 CMYK 图像也认为属于分色的范畴，常冠以数字分色之名。就数字分色的本质而言，实际上是色彩空间转换，得名数字分色原因可能是转换结果得到 CMYK 数据，这种结果与照相分色或电子分色机分色的结果具有一致性。这虽然是猜测，但并非没有道理，比如从 RGB 色彩空间转换到索引彩色空间为何叫数字分色？

为了指导物理分色，照相制版时代曾经使用过命名为 Lagorio 的测试图，利用这种测试图可以了解不同颜色对于不同滤色镜的响应方式。然而，若利用 Lagorio 测试图了解分色系统的光谱响应特征往往不够，因为 Lagorio 测试图只能给出离散的点，且由于测试图的几何尺寸而限制了可测量数据点的数量，不能满足全面分析和评价分色系统光谱响应特征的需要。更全面和更完整的分析和评价需要连续分布的曲线，如图 2 - 7 所示。

图 2 - 7 给出的曲线更适合于分色系统特性的基础分析，图中的曲线 A 代表全色分色胶片的典型光谱灵敏度特性，以波长与对数相对灵敏度关系曲线表示。该图很容易转换到以相对灵敏度描述的光谱响应曲线，只需计算图中纵坐标的反对数即可。测量时，以特定

级差排列的色块图放置在底板上，与胶片一起置于光谱分析仪内并使胶片曝光，由光谱分析仪对各波长测得的读数即可绘制成图 2-7 所示的曲线。因此，根据该曲线可以了解每一波长产生规定密度所需要的光能量；反之亦然，意味着通过这种曲线确定每一波长产生规定密度所需要的曝光量。

时代在进步，技术在发展，进入数字印前时代后已经无须图 2-7 所示的光谱灵敏度曲线那样指导照相分色了。尽管如此，由于包括扫描仪和数字照相机在内的图像捕获设备离不开物理分色，所谓的数

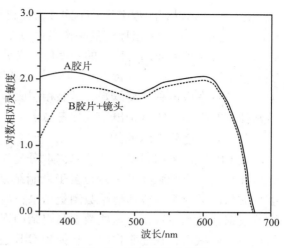

**图 2-7 光谱灵敏度曲线**

字分色不能从模拟原稿或物理场景获得分色结果，基于滤色镜的分色对这些设备仍然是必须的，因而有必要对分色系统的光谱灵敏度曲线有一定的了解。

### 2.3.4 分色效率

在照相制版阶段，分色和色彩校正是无法截然分离的两个过程，到了电分制版时期后仍然如此。今天以计算机以及扫描仪和图像处理软件（例如 Photoshop）实现这两种操作的人们或许会对此感到茫然。尽管早期阶段数字印前领域使用的扫描工艺仍然在分色的同时作色彩校正，但数字印前工艺本身却并不要求这样做，两者可以完全独立开来。色彩管理技术参与彩色复制流程后，扫描方法发生了根本性的变化，要求尽可能不要在扫描阶段执行色彩校正操作，根据印刷材料形成更合理的 CMYK 数据交给色彩管理系统去做。尽管扫描工艺发生了根本变化，但了解某些基本概念仍然有必要。

为方便讨论起见，这里假定讨论的对象是阴图分色片，与 CTP 印版成像特性匹配的阴图型印版可按分色片类推。在这种条件下，应该记录成类似于白色区域的颜色称为非期望颜色，而要求记录成类似于黑色区域的颜色则称为期望颜色。对品红印刷单元来说，非期望颜色为黄色、绿色和青色，因为这些颜色在品红版阴图分色片中记录为白色；品红印刷单元的期望颜色是品红、蓝色和红色，因为这三种颜色在品红版阴图分色片中记录成黑色。

继续以品红印刷单元为例。在三种期望颜色中，由于品红的吸收带宽最窄，因而记录为黑色最困难。换言之，只要品红能在分色片中成功地记录，则蓝色和红色这两种期望颜色的记录将不成问题。类似地，在红色、绿色和蓝色中，绿色在分色片中记录为白色最困难。因此，对于滤色镜的选择原则可归结为：在阴图分色片中将品红记录为黑色，而绿色则记录为白色，或者品红和绿色记录的尽可能接近于黑色和白色。

现在回到本小节的主题，即对于不同的波长如何合理地定义分色效率。最方便而实际的表示方法自然是将分色效率处理为无量纲数，例如下面所示的计算公式：

$$E = \frac{100\,(D_w - D_u)}{D_w + D_u} \qquad (2-5)$$

式中的 $D_w$ 和 $D_u$ 分别代表期望颜色（对应于前面讨论的品红）和非期望颜色（对应于绿色）的密度，这里的期望颜色由品红油墨产生，而非期望颜色没有品红油墨参与。以式

（2－5）为基础得到的数字指示不同波长光谱成分的相对分色效率，而光谱成分的绝对值（绝对分色效率）随墨层厚度的平衡条件改变而变化。

以期望颜色和非期望颜色的密度值定义分色效率虽然从方法上看很简单，但确实能反映分色效率的本质，设计数字照相机或扫描仪的滤色镜时往往需要知道分色效率。原则上，分色效率应该是越高越好，是照相制版时代决定复制质量的最重要因素，分色实践中常常使用窄带滤色镜就是出于这种考虑。

### 2.3.5　色差表示问题

按 CIE 色度系统设计的仪器可以取分光光度计或色度计两种形式，前者用于测量分光光度曲线，给出纸张和油墨，乃至于复制结果的光谱响应特征细节，往往包含 31 种或更多种波长的反射系数或透射系数测量结果；后者通过三色滤色镜得到被测量对象的反射系数或透射系数测量数据，这些数据与眼睛的视觉属性相关。由分光光度数据或色度计读数可获得三刺激值，在通常情况下转换到 CIE 色度坐标 $(x, y)$，与明度反射系数或相对明度 $Y$ 一起使用。由于色度数据和明度数据的描述性并不强，色度数据应该转换成控制波长和激励纯度（Excitation Purity）或色纯度（Colorimetric Purity）才更合理，两者大体上分别对应于视觉系统的色相和饱和度感受。但如此处理在总体上效果未必能令人满意，因为色度数据与明度数据的相关性并不好，特别是色彩饱和度的相关性较差。尽管完整的国际照明委员会参数集合能提供对于颜色的明确定义，也不能不考虑到个别参数与视觉感受无法很好地对应起来，例如在给定的控制波长下色相以某种程度与激励纯度和明度相关。

以图形方式表示油墨颜色和色差可能是最合理的选择，而完整地表示颜色要求具备三维图形关系，考虑到这样的表示方法未必方便，因而大多数人习惯于将色度系数 $x$ 和 $y$ 绘制成色度图的方法，对明度系数 $Y$ 或者省略，或者以数字的形式添加到色度图中。但是，由于多种无法预计的原因，可能导致对色度图的误解。注意，这样说的意思并非意味着要否定色度图，而是讨论色度图的适用场合，希望人们对色度图有更好的理解，避免不分场合地使用色度图，因为色度图毕竟是一种非常有用的工具。

首先，当一种油墨比另一种油墨的纯度更高时测量数据点将靠近光谱轨迹，有可能是偶然性的高纯度，这与印刷墨层的浓密程度有关。为了克服辨别纯度真伪的困难，有必要印刷成几种不同的墨层厚度，然后将该油墨的色度图绘制成图 2－8 所示曲线的形式（墨层厚度对色度的影响），而不是仅仅表示成色度图上的一个点，图中的符号"×"、"●"和"○"分别代表密度值等于0.7、1.0 和1.3。

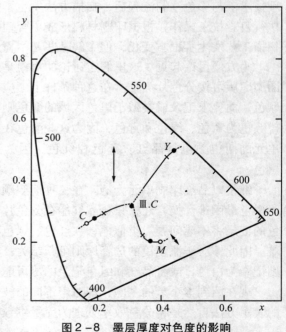

图2－8　墨层厚度对色度的影响

其次，图 2－8 形式的色度图上两个点之间的距离并不代表颜色间的视觉差异，即使明度相等时也是如此。例如，图 2－8 中不同的箭头长度代表相等的视觉差别，绘制箭头长度的依据来自 MacAdam 数据。从图中可以看到，品红区域内的给定距离（沿箭头指示方向）代表的视觉差异相当于绿色区域相同距离代表视觉差异的 5 倍。

第三，图 2 - 8 所示的色度图并没有给出与颜色清洁度有关的信息，因为颜色的清洁度取决于饱和度和明度两者间的关系。

第四，图 2 - 8 所示色度图上位置在同一点的油墨（色度位置重合的油墨）不仅有可能在明度上有差异，也可能在色彩饱和度上出现差异，以及很小的色相差别，因为油墨的饱和度和色相特征与明度有关，而明度在色度图上无法表示（明度垂直于纸张平面）。

根据上面介绍的色度图基本特点可得出如下结论：尽管 CIE 系统能提供与色彩定义有关的信息，但专家们并不赞成用图 2 - 8 所示的色度图绘制油墨的色彩关系，甚至也不能用于表示任何的表面颜色（指复制到记录介质表面的颜色）。然而，这并不意味着色度图一无是处，事实上在许多领域都值得使用，比如用来表示光源颜色。

### 2.3.6 分色设备的密度相关性

胶片彩色摄影结果的获得包括场景拍摄和底片成像结果转移到照相纸两大主要过程，其中场景拍摄的结果形成与场景有关的光化学密度，可以用透射密度计测量，并据此评价光化学成像效果；成像结果转移到照相纸后，眼睛通过光对于彩色照片的反射产生视觉感受，可见此时应改成以反射密度计测量，并根据反射密度评价复制质量。

利用扫描仪从彩色底片或彩色照片转换到数字图像前，底片的光化学密度以及照片的反射密度已经形成，密度测量和质量评价方法与胶片摄影的两大主要过程相同；扫描结果常常用作印刷工艺所需的数字原稿，彩色复制密度以反射密度计测量和评价。这种复制流程与胶片摄影的区别是，彩色照片是胶片摄影的最终结果，对印刷来说则是原稿，由于扫描仪无法捕获原稿内的全部信息，因而彩色复制品与场景的差异更大。

以数字照相机拍摄场景时，拍摄结果与场景的接近程度取决于数字照相机，不能像胶片摄影得到的彩色底片那样用透射密度计测量，以反射密度计测量也不合适，必须按国际标准化组织开发的有关标准测量和评价。数字图像进入彩色复制流程后，一直到最终复制品输出的质量控制、密度测量和评价等与扫描加彩色复制的流程相同。显然，数字摄影加彩色复制的工作流程关键在数字照相机能否捕获尽可能多的场景信息。

任何以印刷工艺为基础的彩色复制品都是三幅或四幅单色图像叠印的结果，每一幅单色图像对应一种油墨，而油墨在印张平面上的分布状态与网点尺寸有关，面积率大的网点产生的密度高，反之则低。印刷品以凹印工艺产生时，油墨分布取决于网穴尺寸。

可见，在研究彩色复制工艺时可以将问题分解成两部分，或者说提出并解答下面两个问题：首先，印刷工艺通过网点的尺寸变化复制原稿阶调和颜色，而最终印刷品的阶调和色彩变化又取决于各单色图像的网点面积率，那么组成彩色画面的三幅或四幅单色图像的网点面积变化如何反映到对于光线的反射特性上；其次，既然彩色画面是三幅或四幅单色图像叠印的结果，这些单色图像以何种方式结合起来就显得至关重要了。

以密度表示印刷品对于光线的反射特性简单而方便，单色图像的叠印效果、网点面积与色彩的关系以及单色图像的组合关系等也容易解释，因为彩色复制品的反射密度测量需要使用红、绿、蓝滤色镜，而印刷品的视觉感受源于红、绿、蓝色光的叠加。因此，在提到印刷品的颜色时实际上已经隐含了其三原色分量的组合方式，但如果用密度来评价印刷品的色彩表现，则应该考虑测量密度时使用的滤色镜是否与眼睛感受颜色的特征相关。问题到此还没有结束，因为仅仅研究测量印刷品密度滤色镜的光学特性是不够的，由于彩色复制的源头在场景拍摄或扫描，因而研究数字照相机和扫描仪等分色设备的滤色镜的光学特性才更有意义。若进一步分析下去，必须考虑分色用滤色镜需要什么样的光学特性，对此没有更好的判定原则，唯一需要遵守的原则就是滤色镜应该与眼睛的工作方式一致。

如此看来，彩色复制品密度与分色设备存在很强的相关性，展开对于印刷品密度的讨论必须与分色工艺联系起来。其实，只要质量控制以密度测量数据为主，那么从质量控制的角度考虑也应该这样做。彩色复制系统的工艺链组合对最终的复制质量至关重要，而控制各工艺环节的关键参数取决于质量保障的主要措施，其中最重要的是与处理色彩有关的生产环节。基于数字照相机或扫描仪的彩色复制工艺的关键环节，在于获取数字原稿的过程在图像捕获设备的色度系统，认识到这一点很重要。虽然数字照相机或扫描仪的光谱响应可能与眼睛的光谱灵敏度不一致，但幸运的是，对于绝大多数颜色，数字照相机或扫描仪"看"这些颜色的结果与眼睛的视觉感受很接近。

总之，对于数字照相机或扫描仪获取数字原稿为源头的彩色复制工艺，尽管数字原稿经历各种工艺环节的作用，但作为彩色复制结果的印刷品的反射密度其实已经隐含在数字照相机拍摄的场景或扫描仪捕获的数字图像内。

## 2.4 彩色复制的基本特性与类型

技术的发展使彩色复制领域使用的技术、工艺、设备和材料都发生了很大的变化，需要人工干预的操作越来越少，色彩管理系统的出现深刻地影响着彩色复制工艺，印刷这一古老而往往被人误认为手艺的领域正在向真正的工程技术迈进。因此，根据目前的技术水平和装备条件，讨论多年前由 Robert Hunt 提出的六种彩色复制类型显得特别有意义。此外，印刷走向真正的工程技术的困难在于油墨叠印关系的复杂性，其他工程领域赖以为基础的某些基本规律对套印未必适用，从而也有简单讨论的必要。

### 2.4.1 比例规则

任何信号（信息）处理系统都必须有输入和输出，且绝大多数信号处理系统追求按输入信号成比例地输出处理结果的能力，衡量信号处理系统是否具备按比例输出处理结果的能力时适合于使用比例规则，更通俗的称呼是线性规则。

比例规则或线性规则用到彩色复制领域时，下述两个基本问题十分重要：首先，网点面积率改变必然导致密度变化，当网点面积率按某种步长增加时，如同信号处理系统那样的彩色复制系统是否能够同步地按比例增加反射密度；其次，油墨的网点面积率改变时必然引起密度变化，现在的问题是不同的油墨作用到纸张后的反射密度是否按相同的规则响应网点面积率的改变。回答这两个问题并不容易，原因在于油墨转移到纸张后网点面积率与反射密度间的关系比其他领域更复杂，为此有必要作简单的比较。以牛顿第二定律为例，无论物体的大小如何变化，只要物体受到力的作用，该物体必将产生加速度，且加速度的大小与作用到该物体的力的大小成正比。牛顿第二定律也可以描述为，物体受力的作用后按比例地产生加速度，或者说牛顿第二定律符合比例规则。

对基于油墨、纸张和印刷机的信息记录组合的印刷系统来说，比例规则在严格意义上并不成立。尽管如此，从实际的角度考虑，反射密度与网点面积率关系以及油墨组合密度与各色密度之和近似地服从比例规则。由于彩色复制过程中影响比例规则成立的因素如此之多，以至于常常会出现网点面积率与反射密度的非线性关系。

根据 Beer 定律，通过透射光观看单色染料（例如观看单色透明底片）时，染料在给定波长下的密度正比于该染料的浓度。由此可以推论：染料在两种不同波长下的密度之比保持为常数，即染料的浓度改变时两种给定波长的密度比例保持不变，这也相当于认为透明底片服从比例规则。上述结论严格成立的前提，是观看染料时使用单色光，且只能用于光的透射而不是光的反射，适用于连续调图像而不能严格地适用于半色调图像。数字照相机或扫描仪中使用的滤色镜通常包含很宽的波长范围，或者说这些滤色镜的光谱响应灵敏度范围很宽。然而，对基于印刷工艺的彩色复制而言大量涉及的是反射光，且处理对象往往是半色调图像，因此无法满足严格意义上的比例规则。

导致比例规则不成立的因素很多，例如分色设备滤色镜的带宽效应、作用到彩色复制品光线的一次表面反射、光线在纸张内部的多次反射、半色调图案记录点的分布规则、单位面积内分布的记录点数量等。

简单地理解，光线作用到印刷品表面后，仅仅部分光线发生一次表面反射，尽管发生一次表面反射的光线占入射光的大多数，但总有部分光线进入纸张内部。这样，即使彩色复制系统原来能满足比例规则，由于光线的"分流"必然导致比例规则失效。

如果说一次表面反射不能反射全部的入射光导致比例规则不成立，那么光线进入纸张后的多次反射更是雪上加霜。如同图2－5所示那样，光线进入纸张后将相对于纸张纤维的不同排列方向发生复杂的反射；不仅如此，由纸张反射的光线中有相当部分的光线没有直接合并，而是在油墨层和空气组成的界面上反射后回到纸张/墨层界面，并发生比一次表面反射更复杂的第二次反射，且其中有一部分光线不能脱离油墨层。每当光线反射回纸张/墨层界面时，光线将穿过光吸收材料（油墨层）二次，且每当发生二次反射时一定有更多的光线被吸收，从而增加了墨层的反射密度。可以肯定的是，这类密度的增加与油墨层吸收的光线数量不成正比例关系，导致密度值与网点面积率间的比例规则不成立。

测量结果表明，半色调网点（指调幅网点）图案也会影响比例规则的是否成立，但网点图案导致的比例规则失效与一次表面反射和多次内部反射导致的比例规则失效的方向是相反的，将严重地限制高光区域颜色的"清洁"度，减小可复制颜色的色域范围，当油墨密度高到足以复制高饱和度颜色时影响将特别大。半色调网点图案导致的比例规则失效将增加复制水彩画的难度，复制其中的明亮色调颜色时变得特别困难，这也是为何半色调复制品颜色质量不如连续调原稿的主要原因。

调频网不存在加网线数的概念，缘于记录点出现位置的随机性，因而加网线数对比例规则是否成立的影响通常相对于调幅网点而言。当调幅网点的加网线数提高时，比例规则失效变得不明显起来，因为在此情况下光线能产生更强的穿透力，有利于保持网点面积率与印刷品反射密度的线性关系。

光线通过墨层后进入纸张，在光线由纸张反射并再次通过墨层前，精细的半色调网点图案变得具有漫反射特点，某些通过网点图案区域开口部分的光线发生合并。根据Clapper和Yule以及Yule和Nielsen的研究成果，由于在推导Clapper方程时假定纸张内部发生完全漫反射，从而得出高加网线数条件下比例规则几乎不受影响的结论。但实际情况却表明，光线在纸张内部仅产生不完整的漫反射，且漫反射的程度与加网线数有关，半色调图案的比例特征占支配地位；换言之，实地颜色比起高光颜色来更"清洁"。尽管如此，高加网线数对比例规则失效的影响确实较小，可以用图2－9所示的测量结果说明。

图2－9不能精确地表示预测密度（根据网点面积率计算的密度）与实际测量密度之间的关系，但作为高、低加网线数影响比例规则失效程度的比较还是可以的，图中比较了

每英寸150线加网和65线加网印刷品表现在比例规则上的区别。

### 2.4.2 叠加规则

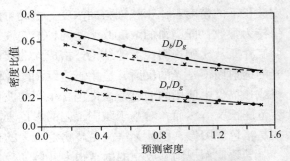

图2-9 加网线数对比例规则失效的影响

叠加规则或叠加原理对数学的工程应用具有十分重要的意义，下面以线性系统为例说明叠加原理的基本含义。任何处理系统按对于信号的响应特点可划分为线性系统和非线性系统两大类型，其中线性系统具有可叠加的性质。设系统 $S$ 的输入信号为 $X_1(t)$，经处理后产生的输出信号为 $Y_1(t)$，可表示为：

$$X_1(t) \xrightarrow{S} Y_1(t) \qquad (2-6)$$

若另一个输入信号 $X_2(t)$ 经该系统处理后产生输出信号 $Y_2(t)$：

$$X_2(t) \xrightarrow{S} Y_2(t) \qquad (2-7)$$

且当该系统具有下述性质时：

$$X_1(t) + X_2(t) \xrightarrow{S} Y_1(t) + Y_2(t) \qquad (2-8)$$

则称信号处理系统 $S$ 为线性系统。注意，式（2-8）的两边应该理解为信号的线性叠加，例如 $X_1(t)$ 和 $X_2(t)$ 两个信号的线性组合 $A_1 X_1(t) + B_1 X_2(t)$ 形成的输入信号经系统 $S$ 处理后产生的输出信号是分别处理 $X_1(t)$ 和 $X_2(t)$ 时输出信号 $Y_1(t)$ 和 $Y_2(t)$ 的线性组合 $A_2 Y_1(t) + B_2 Y_2(t)$。

叠加原理成立时，数学处理变得十分方便和简单。基于相同的理由，如果多色油墨叠印到纸张后符合叠加原理，则意味着多色油墨叠印产生的密度将等于这些油墨分别印刷后产生的密度之和。但遗憾的是，多色叠印形成的最终密度没有如此简单。通过分色滤色镜测量叠印组合产生的彩色印刷品密度后发现，组合密度值通常会明显低于相同数量油墨分别印刷产生的密度之和，说明多色叠印"拥有"更多的条件导致叠加规则失效。

以英国标准为例，考虑在铜版纸上以凸版印刷工艺叠印三色油墨，通过蓝滤色镜测量所得的黄、品、青三色油墨的密度分别为1.06、0.69和0.42，若叠加规则成立，那么三色叠印的组合密度应该等于2.17，但实际测量密度却为1.38。

影响叠加规则失效的因素甚至比影响比例规则失效的因素还要多，例如印刷色序对叠加规则失效的影响。图2-10按英国凸版印刷标准给定的数据绘制，由于绘制该图时没有考虑到黑色，因而表示三色油墨套印的叠加特性，密度数据以蓝滤色镜测量而得。

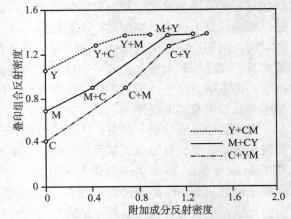

图2-10 凸版印刷青、品红、黄油墨三色叠加的密度特征

图2-10意在说明三色印刷系统的任意一种油墨与其他两种油墨之一的组合，以及三色油墨组合叠印后所形成密度的叠加特征。组合密度可以用三色滤色镜中的任意一种滤色

镜测量，但为了简单起见，图中仅给出蓝滤色镜测量结果，联结各点的折线指示不同叠印组合形成的密度轨迹，表示以不同次序叠印时三色叠印密度出现较大差异。

四色叠印的密度组合规律更复杂。本小节并不打算讨论导致叠加规则失效的细节，只是希望告诉读者多色印刷密度叠加规律的复杂性，这对于深入了解基于密度测量和控制的印刷工作流程是必要的，尤其是目前大多数企业仍然在使用基于密度测量数据检验和控制质量的情况下，更应该了解多色印刷叠加规则不成立的结论。

### 2.4.3 独立于设备的彩色复制与途径

20 世纪 90 年代早期，虽然计算机已进入彩色复制领域，但那时独立于设备的彩色复制系统尚未出现，然而这并不影响彩色复制的照常进行，事实上电视、印刷或摄影等领域都可以通过各自的系统复制出令人愉快的颜色。这并不奇怪，因为那时多种类型和性能表现不同的输入和输出设备客观上限制了各种系统的彩色复制性能，彩色成像设备往往由技术熟练的人使用，从而不必担心最终的复制效果。

由于个人计算机和低成本彩色成像设备的快速发展，许多没有受到过专业训练的用户进入彩色复制领域，开始自己使用各种类型的彩色成像设备，例如拍摄数字图像的数字静止照相机和输出数字图像的彩色打印机。以因特网为代表的网络环境的高速发展更使彩色成像设备不再孤立地存在，而是通过网络实现了彼此的连接，彩色图像可以传输到世界的每一个角落。在这样的多媒体环境下，颜色的一致性问题日益突出，彩色成像设备无法跨越不同的记录介质和设备产生一致的颜色。对开放系统而言，在良好定义规则的基础上交换彩色图像数据显得特别重要。因此，如果不能定义良好的规则，那么在不同的设备间产生一致的颜色并不现实，因为规则是颜色一致的保证。

图 2-11 或许可用于阐明独立于设备的彩色复制的概念，通过定义互换的色彩空间实现设备间的信息沟通，也描述了设备信号传输给所定义的互换色彩空间的方法。

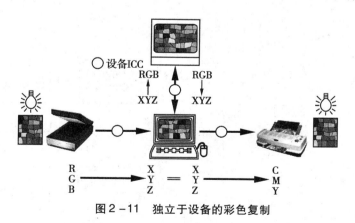

**图 2-11 独立于设备的彩色复制**

事实上，图 2-11 代表后面将要讨论的由 Robert Hunt 提出的六种彩色复制类型之一，称为色度彩色复制。按图 2-11 给定的彩色复制工作流程，输入设备（例如数字照相机或扫描仪）信号或者与设备有关的颜色先转换到独立于设备的颜色，随后从独立于设备的颜色转换到输出设备（包括台式硬拷贝输出设备）信号。显然，完成以上转换过程需要色彩管理技术的参与，目前大体上有两种色彩管理类型获得独立于设备颜色的环境。

类型一：以包含颜色特征信息的设备 ICC 文件从与设备有关的信号转换到色度值，即色彩管理系统利用输入设备 ICC 文件从与设备有关的颜色转换到独立于设备的颜色，此后通过输出设备 ICC 文件从独立于设备的颜色转换到输出设备信号，后者再次得到与设备有关的颜色。

类型二：定义互换色彩空间，目的在于通过输入设备和输出设备自身完成复制工艺所要求的颜色信息转换。这种实现方法的典型代表有国际电信联盟定义的高清电视标准、彩色传真机标准和国际电工联合会建议的 sRGB 色彩空间，后者适合于多媒体应用。

### 2.4.4 彩色复制类型

随着色彩管理系统或标准的可互换色彩空间应用的不断扩展，终端用户已经有能力在不同的记录介质和设备间获得独立于设备的环境。然而，颜色与设备的无关性仅当观察条件可控制和相同的色域范围前提下，才能保证获得相同的色貌。在深入开展与对应彩色复制相关问题的讨论前，有必要提到 Hunt 定义的六种彩色复制类型。

Robert Hunt 在发表于摄影科学杂志上的 "Objectives in Colour Reproduction" 一文中按彩色复制目标归纳成六种类型，分别命名为光谱复制（Spectral Reproduction）、准确复制（Exact Reproduction）、色度复制（Colorimetric Reproduction）、等价复制（Equivalent Reproduction）、对应复制（Corresponding Reproduction）以及偏好复制（Preferred Reproduction）。后来，这六种彩色复制类型编入他的 "摄影彩色复制" 一书中。

彩色复制的目标归结为在另一种记录介质上重复（再现）感兴趣对象的物理属性或颜色信息。对画家绘制的艺术品而言，画作的光谱要求能准确地复制出来，在任何照明条件下观看时原稿和复制品应产生相同的视觉感受。在日常光照条件下，人们希望从摄影照片中看到的天空带有更多的蓝味，而草地则看起来更有绿味。由此可见，彩色复制目的强烈地依赖于特定的应用。图 2－12 给出了彩色复制的一般流程，包括光谱复制和三原色复制。

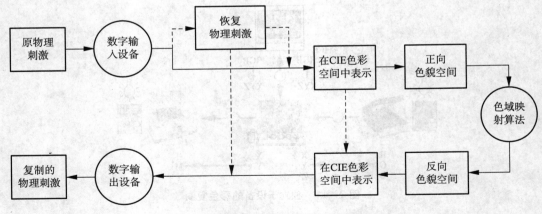

图 2－12　彩色复制的一般流程

#### 1. 光谱彩色复制

若原稿和复制品的光谱功率分布相同，则可以实现光谱彩色复制。在这种情况下，所有观察者在相同观看条件下感受到的颜色应该匹配，目前的大多数彩色摄影、彩色显示和彩色打印设备无法实现光谱彩色复制。根据光谱彩色复制定义，要求照明体颜色和观察者颜色视觉彼此独立，是 "贴现" 同色异谱的唯一途径，因而目前更具吸引力。

2. 色度彩色复制

如果通过使用 CIE 标准观察者数据对原稿和复制品的三刺激值计算结果相同，则现实世界的正常观察者的感受效果往往可以达到良好的匹配。色度彩色复制定义为复制颜色具有与原稿相等的色度和相对明度，不要求原稿和复制品的光谱相同；恰恰相反，原稿和复制品的光谱通常情况下可能有明显的差异，但由于在某些照明体下原稿和复制品是同色异谱的，因而两者的光谱差异可忽略不计。当照明体改变时，同色异谱匹配必将消失。根据色度彩色复制定义，可以使用常规色差计算公式。

3. 准确彩色复制

顾名思义，既然称得上准确彩色复制，就要求图片颜色的复制结果与原稿场景的颜色具有相同的色度和绝对明度。上述定义导致复制品和原稿颜色有等价的外观，即两者的色貌等价，眼睛观看复制图片时的适应状态与观看原稿场景时相同。

4. 等价彩色复制

定义为复制图片观看条件下所看到复制品颜色的色度和绝对明度与原稿场景颜色有相同的色貌，即原稿与复制品的色度和绝对明度的色貌等价，不像准确彩色复制那样要求色度和绝对明度相同。对等价彩色复制来说，观看原稿和复制品时所处照明体的颜色和光照强度差异，以及观看原稿和复制品时的周围环境差异，都具有重要的实践意义。

5. 对应彩色复制

关键当然在"对应"两字，定义为图片条件下观看时复制品的色度和相对明度与原稿颜色有相同的色貌，但要求观看原稿使用的照明体产生与观看复制品时相同的平均绝对明度水平。对应彩色复制具有许多超过等价彩色复制的优点，如同色度彩色复制超过准确彩色复制的优点那样，通过使原稿颜色和复制品颜色与参考白色关联起来的方法，观察者得到的感受将不再是孤立的，而是处在环境提供的参考框架内。

6. 偏好彩色复制

定义为复制品颜色绝对地或相对于白色偏离原稿颜色的色貌，以便使观察者产生更令人愉快的视觉感受结果。例如，蓝色的天空和色彩艳丽的衣服通常为现实生活所偏爱，彩色成像系统可以修正到提升天空的蓝色程度及衣服的饱和度，从而恰当地复制出观察者偏爱的颜色，与观察者期望的复制颜色更一致。偏好彩色复制相比于其他五种彩色复制类型可能具有很重要的实践意义，但由于存在"故意"为之的畸变，因而并不像其他彩色复制类型那样追求某种程度上颜色或色貌的一致性，可表示为其他五种彩色复制类型的基于心理物理实验的变换，最终的复制效果必然与原稿存在差异。

### 2.4.5　色度彩色复制与准确彩色复制

除光谱彩色复制外，其他类型的彩色复制都基于视觉系统对物理刺激的三原色和眼睛的适应特征，实现这些复制类型色彩再现意图的数学方法是相似的，区别在于某些彩色复制类型的数学方法与色貌模型有关，某些彩色复制类型使用的数学方法则取决于观察者的个人偏好，所有的算法均可表示为线性的和非线性的变换。光谱彩色复制独立于视觉系统，旨在重现物理刺激的光谱功率分布（Spectra Power Distributions）。只要光谱彩色复制能够实现，则其他五种彩色复制类型实现起来就很容易了，只需作进一步的变换即可。

印刷机输出的彩色复制品不同于其他彩色复制系统，因为印刷品加工以原稿（摄影照片或艺术家作品）为复制工艺的出发点，并非拍摄原稿时的场景。原稿往往代表复制结果的期望外貌，复制结果通常要在标准照明条件下评价。因此，印刷机输出的彩色印刷品是特殊类型的彩色复制品，一般情况下无法实现 Hunt 提出的全部六种彩色复制类型。

根据上一小节给出的色度彩色复制定义，要求复制颜色与原稿具有相等的色度和相对明度，为此应该"容忍"参考白色的绝对明度差异；当原稿和复制品输出到类型区别很大的记录介质时，例如胶片原稿和纸张复制品，则按独立的参考白色处理将是合适的。色度彩色复制与光谱彩色复制的最大区别在于后者的限制过于严格，由于对原稿和复制品具有相同的光谱功率分布的要求很难满足，因而色度彩色复制显得更现实。

准确彩色复制应用于要求复制品与彩色原稿视觉匹配的场合，原稿可以是艺术家的画作、从市场购买的彩色各种样张或彩色摄影照片，前提是原稿和复制品应该在相同的条件下观看。根据 Hunt 的建议，准确彩色复制条件定义为原稿与复制品颜色具有相等的色度和相对明度，以及两者颜色具有相等的绝对明度。与色度彩色复制定义比较后不难发现，准确彩色复制在色度彩色复制两个基本限制条件的基础上增加了"相等的绝对明度"限制条件，与"相等的色度和相对明度"一起，构成"准确"两字的明确含义。如果按准确彩色复制原则加工印刷品，则观看原稿和复制品时眼睛对原稿和复制品必须相等地适应，即眼睛对周围环境的颜色和明度，以及观察角度等产生相同的反应。观察者视觉应该与国际照明委员会提出的标准观察者要求一致，在相同的环境下准确地感受复制品。

### 2.4.6 对应彩色复制

目前的大多数数字成像设备（数字照相机和扫描仪）按三原色原理复制彩色，因而基本上属于同色异谱匹配，并非光谱匹配，基于光谱彩色复制原则的印刷品加工基本上行不通。此外，对这些彩色数字成像设备来说，偏好彩色复制也不合适，原因在于这些设备要求实现屏幕软显示和硬拷贝输出之间的匹配。然而，考虑到显示软拷贝图像通常属于自我发光类型，显示图像和硬拷贝图像的观察条件通常是不同的，此时色度彩色复制或准确彩色复制虽然有实现的可能性，但即使能实现也不足以反映系统的工作特点。目前，大多数色彩管理系统假定按色度彩色复制类型工作，要求用户的观察条件在某种程度上得到控制。如果观察条件发生了变化，则必须考虑对应彩色复制，如图 2 – 13 所示。

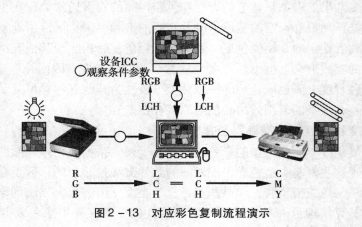

图 2 – 13 对应彩色复制流程演示

根据 Berns 于 1992 年提出的建议，实现"对应彩色复制"的工作流程可归纳成下述两个主要特征：彩色所见即所得，意味着要求计算机系统有真彩色显示能力，且计算机操作系统应更新到图形操作系统；观察条件独立于彩色复制过程，即原稿转换到数字图像后在屏幕上显示的光照条件与硬拷贝输出图像的观察条件彼此不相关，数字图像捕获设备输出的彩色图像通过设备 ICC 文件从 RGB 空间转换到 LCH 空间，再利用输出设备 ICC 文件从 LCH 空间转换到 CMYK 色彩空间，转换过程由色彩管理系统控制。

上述工作流程反映以下信息转换机制：完成从设备有关的颜色转换到独立于设备的颜色后，再通过色貌模型从独立于设备的颜色转换到独立于观察条件的颜色，为此需要使用观察原稿图像时的观察条件参数；完成上述转换后，利用复制图像的观察条件参数转换到独立于输出设备的颜色，最后再转换到与输出设备有关的颜色。

为了实现真正意义上的对应彩色复制，需要解决下述技术性问题：

（1）成像设备的稳定性和均匀性。

（2）要求成像设备具有精确的色度特征。

（3）设法补偿不同成像设备间的色域差异。

（4）补偿不同观察条件下的色貌差异。

首先，参与复制过程的所有彩色设备必须具备时间稳定性，必须能够在整个成像区域内有均匀的色彩表现，这种条件可视为色度彩色复制和对应彩色复制所使用的彩色成像设备的必要条件或技术前提。对应彩色复制的另一重要前提是成像设备精确的色度特征，否则色彩管理系统将无法准确地从设备有关的颜色转换到独立于设备的颜色，也不能保证独立于设备颜色的环境。

其次，必须补偿成像设备间的色域差异。一般来说，不同的彩色成像设备有可复制颜色构成的不同形状和尺寸的色域，某些颜色无法由最终的输出设备复制出来，这种情况下要求复制出相同的颜色是不可能的。因此，色域映射目标并非原稿和复制品之间颜色的准确一致，应该改成尽可能使复制品与原稿的图像外观（色貌）相似，这种复制概念由 Morovic 命名为同色异谱所见即所得。

最后，对应彩色复制必须补偿眼睛对观察条件的色度适应性。视觉系统根据周围环境条件改变其锥状细胞的感觉灵敏度，由此获得独立于观察环境条件变化的颜色感觉或色觉稳定性。除设备的特征化色度数据外，也需要获得观察条件参数和补偿色貌变化的方法。

### 2.4.7 优化彩色复制与偏好彩色复制

优化彩色复制通常应用于复制系统容易对原稿形成限制条件或复制系统可能导致原稿畸变的场合，此时需要在两者间取得良好的折衷，或者对原稿作出必要的调整、校正。优化这一术语指特定环境条件下可能取得的最好的复制效果。考虑到影响复制结果的环境条件多种多样，因而有必要作进一步的说明，复制过程对于原稿与复制品间取得最佳折中会产生贡献的因素包括两者的观察条件、复制品相对于原稿的缩放比例、观察复制品和原稿时所处的周围环境条件、复制品和原稿的表面特征、特定原稿（特别是彩色透射稿）的色度和阶调畸变等，虽然不能等量齐观地看待，但影响肯定存在。

尽管 Hunt 并未使用"优化"一词作为彩色复制目标的类型，但他在对复制目标分类时使用的术语之一确实适用于优化彩色复制。由 Hunt 采用的术语是偏好彩色复制，用于描述用户偏好的原稿或场景与复制品间的颜色畸变。例如，无论天空和水在拍摄原稿时呈现为何种颜色，印刷明信片通常要求将它们复制为清澈的蓝色。有时，原摄影照片可能包含用户偏好的畸变，但某些场合引起的畸变未必为用户喜好，比如光电复制阶段导致的畸变。

校正彩色复制的含义是复制过程中执行了某种调整操作，以纠正存在于原稿中固有的非期望的畸变。摄影照片内的非期望畸变包括因曝光错误导致的高光太亮或暗调太暗，以及由于处理方法不恰当、不合理的滤波、错误的光照条件设置和粗心大意的原稿保存等引起的偏色。如果摄影底片药膜的色彩灵敏度和染料吸收特征有问题，则完全有可能在复制品上产生特定形式的畸变。其他可能引起畸变的因素还可能来自图像捕获系统。

折中彩色复制反映优化彩色复制的第三方面，目标在于强调复制品特殊部分相对于其他部分的阶调和颜色关系，旨在提高给定印刷图像感觉的优异程度。取得原稿和复制系统输出结果间的折中时应考虑两者的色域差异，原稿与复制品间的最大密度差，因复制品尺寸相对于原稿尺寸不同而导致的观察结果异常，透射型原稿与反射型复制品（周围环境条件、光源色温、光照强度和彩色质量）间的感觉差异，原稿与复制品间的表面特征差异等。此外，原稿与复制品之间的图像结构（锐化程度、分辨率、颗粒度和莫尔条纹）差异也可能影响复制品部分内容的期望颜色。

随着个性化需求的发展，优化彩色复制有可能成为大多数通过印刷工艺获得彩色复制品的复制系统设计者所追求的目标。有必要指出，优化彩色复制是分色期间对原稿调整和处理的结果，旨在实现折中彩色复制、创造性彩色复制和偏好彩色复制的目标。

### 2.4.8 彩色复制算法

众所周知，复制彩色图像时人们宁可引入系统性差异，也不愿追求所谓的严格的色度匹配，原图像和目标图像以不同介质记录时这种处理原则显得尤为重要。以硬拷贝输出图像复制为例，现在的彩色打印机已经能用于产生大面积的均匀颜色，消费品包装上经常会出现这种彩色复制结果，在此情况下或许需要使三刺激值与参考颜色匹配。如果输入图像记录在彩色透明薄膜表面，或要求复制成印刷出版物，则两者的匹配并非想象的那样容易，因为透明薄膜可通过的明度范围大约为 $1000:1$，而印刷出版物的明度范围通常在 $100:1$ 左右。由于这一原因，两种图像必须经过不同的处理，人们称之为色彩再现意图。

图像复制往往"故意"追求不同于原稿的效果，当原稿和复制记录介质具有不同的明度范围表示能力时尤其如此，这种"故意"的追求旨在改善复制品的感觉质量。

如今"色域映射"这样的学术用语已普遍流行，与早期彩色复制研究领域以"彩色复制算法"这一短语描述原稿和复制品颜色的关系相比，有研究者觉得"彩色复制算法"的表达方式更准确，因为"色域映射"描述的主体是颜色的映射或色彩空间的转换，并非色域本身，准确度反而不如"彩色复制算法"高。因此，这里提到的"彩色复制算法"并非针对复制设备计算工艺参数，而是如何实现从一种色彩空间转换到另一种色彩空间的彩色数据转换算法。以"彩色复制算法"代替"色域映射"其实也说得通，因为色彩管理参与下的彩色复制取得成功的关键正在于色域映射。

Gentile 等人曾经检验过多种类型的彩色复制算法，他们在研究彩色复制算法时对各种彩色坐标使用了不同的计算原则和方法，最后归结为色域裁剪（Gamut Clipping）和色域压缩（Gamut Compression）两大主要类型。他们的结论建立在印刷品测试样张心理测量评价的基础上，参与视觉实验的观察者倾向性地将完美（理想）复制评语"授予"彩色图像的饱和度分量，只要图像颜色没有超过复制设备的色域，则执行彩色复制算法时将颜色裁剪到复制设备的色域极限，而亮度和色相在执行彩色复制算法期间保持为常数。

Viggiano 和 Moroney 认为，彩色复制算法具有两种部件或成分是合理的，可使得现代彩色复制研究更富有成果。第一种成分以术语"通用彩色复制算法"命名，适合于应用到所有颜色；第二种成分可称为超色域映射（Out – of – Gamut Mapping），用于经过通用彩色复制算法处理的颜色，这些颜色超过了设备色域的范围。通用彩色复制的特点在于颜色的广泛适用性，主要目的是针对大多数颜色提供"偏好"映射，这对于减少大量色域外颜色的影响确实是有利的，同时也能满足许多观察者的视觉偏好。

图 2 - 14 给出了基于色域映射的彩色复制数据流程，从原稿颜色到复制品颜色需经过多种变换过程，注意图中通用彩色复制算法将应用于所有颜色，而超色域映射仅仅应用于落在复制色域范围外的颜色，两者承担的任务和所处的工艺位置都不相同。

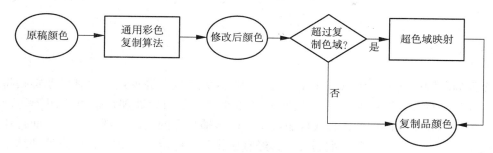

**图 2 - 14  彩色复制数据流程**

图 2 - 14 所示的两分叉处理方法允许在选择映射本质时有附加的灵活性，例如压缩明度的同时部分地压缩饱和度，通用彩色复制算法主要用于色域压缩，对于 CIE LAB 的裁剪用作超色域映射。一方面，对于饱和度的局部压缩大到足以减小超过色域颜色的数量；另一方面，对于饱和度的局部压缩又足够小，以避免过度压缩。

ICC 建议的绝对色度法中的通用彩色复制算法部分允许参考白色的绝对明度差异，原稿和复制品记录在类型区别很大的介质时，对这种色彩再现意图建议最好按独立的参考白色处理，比如硬拷贝输出原稿与屏幕显示介质组合。绝对色度法色彩再现意图对应于 Hunt 提出的色度彩色复制，仅仅高光明度区域的差异在色域映射后发生变化。

以绝对色度法为色彩再现意图时，复制品中的三刺激值正比于原稿内的三刺激值，比例常数与参考白色明度色域映射前后之比相等。若原稿和复制品以类似的介质记录，或者原稿和复制品并排地比较，则应该对原稿和复制品使用相同的参考白色，由此可知色域映射目标确定为复制相同的三刺激值，对应于 Hunt 提出的准确彩色复制目标。

相对色度法色彩再现意图的通用彩色复制算法部分对白点的明度和色度差异具有补偿效应，复制效果与 Hunt 提出的等价彩色复制类似，因为这种色彩再现意图使用了某种形式的自适应算法。国际照明委员会在 CIE LAB 公式中使用的简化 von Kries 自适应模型对大多数记录介质表现良好，该模型导致复制品三刺激值正比于原稿三刺激值，但比例常数对每一个三刺激值却并不相同。以上特点意味着允许色域映射算法补偿白点的色度和明度，据说可以通过 CIE LAB 颜色匹配原理证明。

第三章

# 数据与文件

今天的印刷业已成为信息产业成员之一。根据大多数人的观点，信息产业特指将信息转变为商品的行业，数字印前从事数据采集和处理，得到的处理结果可应用于印刷品加工、电子媒体和跨媒体传播，转换成服务于不同传播目标的商品。现代数字印前行业面对各种类型的信息，需要以数字数据表示，经有序排列后组成数字文件，成为处理结果保存和应用的物质载体。印前处理的基本信息按数据性质分成矢量和点阵两大类型，前者对应于文字和图形，后者指图像，由于描述方法的不同，文件数据量差异很大。

## 3.1 基本概念

桌面出版系统的出现引发了一场印前技术革命，最根本的变化在于从模拟生产方式转移到以计算机为重要的生产工具，因而所有操作都建立在数据基础上。若没有了数据，很难想象数字印前企业或印刷厂的印前部门能生产出合格的印版。

### 3.1.1 模拟数据与数字数据

在各种数字技术大行其道的今天，模拟数据仍然是必须的，因为我们的日常生活和工作都离不开它们。模拟数据也称为模拟量，是相对于数字量而言的，其关键特征是数据的取值范围连续地变化。因此，模拟数据应理解为可以在特定的区间产生连续改变结果的变量或者数值，例如变压器的输出电压、非数字型体温计给出的温度指示等。

模拟设备通过控制箱、旋钮和控制台等形式实现要求的操作，例如通过传统印刷机的控制台的墨斗键调整各色油墨的给墨量。虽然模拟数据在连续变化的范围内取值，但模拟数据往往具有不确定性，比如某些模拟测量设备以仪表盘的形式输出测量结果，使用者根据仪表盘的指针位置估计输出值，得到的读数具有不确定性。

模拟数据的不确定性也表现在缺乏深度利用价值，其可用范围总是有限的，很难利用模拟数据诱导出反映问题本质的其他数据。换言之，由模拟设备输出的模拟数据通常只有直接使用价值，主要原因是模拟数据大多来自手工操作，数据量有限，无法利用数据的相关性推导出更能反映本质的结果。举例来说，密度计属于典型的模拟测量仪器，以手工定位的方式测量目标位置的密度，由于各测量点数据缺乏相关性，因而无法根据密度计输出的有限测量数据计算填充区域的噪声功率谱。

数字数据是对于人们感兴趣对象的定量描述，即数字数据以定量为基本特征。数字数据也称为数字量，当然是相对于模拟量而言的，需通过与应用目标适应的采样、测量和模/数转换过程才能得到。数字数据往往具有大批量采集的特点，例如扫描仪按给定的抽样频率从模拟原稿采集数据，输出的图像文件由大量数字数据组合而成。

与模拟数据不同，数字数据具有确定性，反映对于被考察对象的确定性描述。数字数据还具有不连续的特性，因为数字数据往往通过离散过程得到。因此，执行数字印前操作时应该注意数字数据的确定性和离散性，甚至某些习以为常的提法也应当改变，比如通过 Photoshop 定义黑色和白色时，仍然称之为黑白场定标显然是不合适的，称为黑点和白点才更合理。正如前面曾经提到过的那样，场应该理解为范围，具有不确定性。

模拟数据和数字数据是可以相互转换的，数字照相机和扫描仪捕获图像数据是最好的例子。传感器接收来自原稿或场景的反射光，使之从光信号转换到电信号，输出为连续变化的电压，注意此时的电压为模拟数据；数字照相机或扫描仪通过模/数转换器根据连续变化的模拟电压数值作量化处理，转换成离散形式的数字数据。显然，由于模拟数据可以在连续变化的范围内取值，而转换到数字数据时必须给定明确的数字量，因而从模拟数据到数字数据的变换过程必然引起量化误差，这种误差是无法回避的。

### 3.1.2 数字文件

文件的提法早就有了，提到文件的句子可以说比比皆是。按常规理解，文件往往指具有符号的一组相关联元素的有序排列，可以包含范围广泛的内容。系统和用户都可以将具有一定独立功能的程序模块、一组数据或一组文字命名为文件。根据 ISO/TS16949 标准，文件定义为以文字或图示的形式描述管理内容或业务内容、通过规定的程序由具备资格的人员签署发布、要求接收者据此作出规范反应的电子或纸质文档。

数字印前以数字文件为处理对象。数字文件等价于计算机文件，虽然也属于文件的范畴，但数字文件的载体与通常意义上的文件载体不同。数字文件以计算机硬盘为载体，保存于计算机上的信息集合。数字文件的类型众多，主要文件类型有系统文件、程序文件和文本文件等。由于数字印前处理针对印刷媒体和电子媒体应用，因而涉及的文件类型也与这些应用有关，例如版式文件/排版文件、作业传票文件和 PDF 文件等。

Windows 操作系统使用的文件除文件名外，允许以不超过三个字母的长度指示文件的类型或性质，比如数据经压缩处理过的图像文件以 JPEG 格式保存时，规定扩展名为 .jpg。图形界面计算机操作系统会赋予文件以特定的图标，与安装的相关应用软件有关。

对于数字文件的认识，无论国内或国外都呈现与电子文件相互混用的状态。尤其是国内对于数字文件的定义，很大程度上只是把电子文件的定义换成数字文件。例如我国《电子文件归档与管理规范》国家标准中，电子文件定义为"在数字设备及环境中形成，以数码形式存储于磁带、磁盘、光盘等载体，依赖计算机等数字设备阅读、处理，并可在通信网络上传送的文件"。澳大利亚将数字文件定义为"利用计算机技术生成、传送和维护的文件，它们可以是以数字格式生成的文件，以及由其他格式转换过来的数字格式的文件，例如扫描纸质文档生成的数字文件"。美国国家档案和文件管理局 NARA 在 2003 年 9 月 27 日的一份报告中对电子文件给出如下定义：电子文件是一种数字格式的文件，并需要电脑的运用。这种定义与我国对电子文件和数字文件的认识类似。国际档案理事会 ICA 对电子文件的解释与美国 NARA 基本相同，电子文件定义为"用数字计算机操作、传输和处理的文件"。综合以上观点，电子文件与数字文件并无严格区别，作为数字印前工作者只要知道数字文件是主要处理对象就可以了，重要的问题在于应该知道如何得到相应的数字文件并加以恰当的处理，更重要的问题还在于如何管理数字文件。

数字文件以二进制的形式存储、传输和变换，因而文件内容是 0 和 1 的组合，只能由计算机识读和处理。磁记录介质以两种不同的方式存储和读取数字文件，计算机领域早期曾经使用过磁带记录数字文件的方法，由于磁带机层层卷绕、彼此覆盖的特点，只能采用顺序存取方式；磁盘的记录介质展开成平面，可以实现随机存取方式。顺序存取和随机存取虽然仅一词之差，但文件读写操作却有天壤之别。例如，传统电视编辑通过素材录像带编辑和合成节目，由于录像带以顺序存取方式工作，因而只能实现线性编辑，工作效率极低，因为编辑和合成节目时需要不断地进带和倒带寻找和定位内容；计算机参与电视节目制作后就大不相同了，磁盘的随机存取方式使电视节目制作实现了非线性编辑。

由于文件内记录内容的不同，处理的方法也不同，借助于应用软件处理数字文件（例如图像文件）时还取决于使用什么样的软件。数字印前处理的内容十分丰富，不仅有图文处理，更有作业管理、数据解释和转换、页面输出控制、色彩空间变换等内容，涉及很专业的知识领域，要求印前制作人员深入了解如此众多的知识是不现实的，也毫无必要。印前制作人员只需对自己正在处理的内容有一般性的了解即可，关键在于处理结果的应用目的。举例来说，印前制作人员为印刷准备图像时无需掌握图像处理理论知识，也无需熟悉计算机编程，只要知道具体的操作方法和图像用途就可以了。

数字文件通常由计算机自动生成，数字印前处理很少需要操作人员以手工方式形成数字文件，例如通过计算机编程的方法得到数字文件。印前制作人员具备以人工干预的方式获得数字文件当然是好事，但这种要求显然太高，借助于应用软件更合理。例如，数字印前处理人员通过 Photoshop 打开图像文件，在 Photoshop 内执行各种针对印刷品或跨媒体传播目标有关的图像处理操作，处理结果按应用目标保存为数字文件。

### 3.1.3 文件使用与管理

数字印前处理以数字文件为工作对象，硬拷贝输出设备以"消耗"数字文件为代价转换到模拟形态的记录结果，例如通过激光照排机、直接制版机、数字印刷机或打印机等记录到胶片、印版或纸张类介质，因为眼睛看不懂一大堆由 0 和 1 组成的数字集合。数字印前取得的成果扩展到印刷乃至于印后加工后，出现了数字工作流程，数字文件的重要性变得更加突出，数字工作流程不仅要"消耗"数字文件，更需要通过数字文件控制工作流程，以提高工作效率。为此，数字工作流程需要工艺数据文件和作业传票文件等。

为了合理地使用数字文件，必须知道文件格式，以及各种文件格式的区别和优缺点。文件格式与文件的使用目标密切相关，因为文件保存的内容往往由文件格式决定，也可能涉及信息是否完整。关于文件内信息完整性的典型例子是图像文件，由于数字图像以离散的点阵数据描述的重要特点，数字图像文件的数据量相当大，数据压缩是必要的；基于信息保持和非保持两种原则的数据压缩方法有着本质的区别，例子有无损压缩的 LZW 和有损压缩的 JPEG，若能够在严格意义上利用图像数据行、列的相关性，则 JPEG 压缩同样可以做到不丢失信息，但遗憾的是这种可能性很小。对于 JPEG 图像数据压缩算法的"恐惧"其实并无必要，因为 JPEG 大量压缩的毕竟是数据的相关性。

某些文件格式具有基础特征，例如 Windows 操作系统图像数据交换格式 BMP 和 Mac OS 操作系统图像数据交换格式 PICT 等。这些文件格式既作为系统级的数据交换使用，也可按普通格式操作，数字印前制作人员只要知道它们的特性就可以，不必深究。

与应用目标结合对数字文件的合理使用至关重要，因为这涉及此后的工作效率。例如，即使同样选择 JPEG 格式保存图像处理结果，用于印刷或制作光盘的 JPEG 图像和用于因特网传播的 JPEG 图像应该在保存时选择合理的参数：一方面，由于数字图像在印刷流程中无法避免的传输和变换，信息丢失可以理解，因而保存 JPEG 图像时应尽可能规定低的压缩系数或尽可能高的图像质量；另一方面，印刷用图像并不以网络传递为主要目标，网络传输要求可以忽略，但主要用于因特网传输的 JPEG 图像不能这样处理，应该在保存为 JPEG 图像时选择累进编码，并规定扫编次数，如图 3 – 1 所示的参数设置。

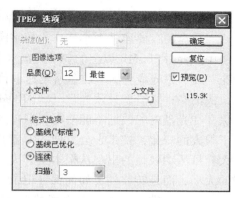

图 3 – 1　选择累进编码保存 JPEG 图像

注意，图 3 – 1 中的"连续"两字系中文版翻译之误，英文原文为 Progressive，应该是累进的意思，即 JPEG 图像的四种数据编码方法之一，通常称为累进编码。

数字印前处理需要使用大量的数字文件，处理结果作为数字文件保存后的数量也十分惊人，因而数字印前处理人员面临文件管理的巨大挑战。得益于磁盘文件随机存取的优点，计算机按倒放的树状结构分级保存数字文件，这种结构如同保存纸质文件先按文件柜分成文件大类、每个文件柜划分成多格、再向下细分保存文件那样。

数字文件管理应遵循以下两大原则：首先，文件的命名便于记忆，为此不要接受操作系统的默认命名，应该自己给文件起个容易记忆的名字，建议文件命名与内容有关，以后即使不打开文件也知道文件内容；其次，保存起来的文件要容易查找，为此需要正确的归类和分级保存技巧，根据文件目录（例如 Windows 的文件夹）能快速地找到需要的文件。考虑到某些应用只提供英文版本，不支持中文命名，例如数字印刷机操作界面往往只提供英文命令等，此时文件应该以英文命名，也必须遵循容易记忆和查找两大原则。

### 3.1.4　数据传递

数字印前作业形成的数据传递有三层意思：首先，处理步骤产生的中间数据，无须保存为数字文件；其次，在相同计算机上的数据传递，包括应用程序间的数据交换，处理结果保存为数字文件后在当前计算机内部的复制和移动等；第三，图文处理或其他操作获取的数据保存为数字文件后的整体传递，比如排版结果保存为合理的版式文件或扫描仪捕获的图像数据选择与应用目标匹配的格式保存，此后再通过特定的载体或方式传递。

对于第一种数据传递，由于操作系统和应用软件都提供处理中间数据的机制，因而用户不必关心如何传递处理过程产生的中间数据。从操作系统层面上考虑，中间数据不应该保存为数字文件，往往放到专门开设的数据缓冲区内；应用软件内部的中间数据处理采用与操作系统类似的机制，例如 Photoshop 通过剪贴板和历史记录缓冲区临时保存中间数据，历史记录包括快照和历史记录画笔形成的中间数据。

第二种数据传递方式中的本机文件复制和移动属于基本操作，无须多说。应用程序间的数据交换大多通过剪贴板实现，无论 Windows 和 Macintosh 操作系统均如此。至于如何实现应用程序间的数据交换和信息共享，通常采用对象连接与嵌入技术，由于有关的概念和实现技术比较复杂，将专设一节详细讨论。

第三种方式以数字文件为工作对象，通过网络或有形载体的形式传递到目的地。数据传递载体也是数据记录载体，记录到载体上的数字文件就容易传递了。数字印前技术的发展历程中曾经使用过各种类型的数据记录载体，图 3 – 2 罗列了其中的主要

图 3 – 2　数据记录载体

形式。

软盘的存储容量太小，作为数字印前的数据记录载体显然不合适；早期数字印前处理使用过容量 200MB 以上的 MO 光盘（也称磁光盘），由于可靠性较差、数据容易丢失而昙花一现；磁光盘为 ZIP 磁盘所迅速取代，存储容量大约 100MB，因可记录的数据量太少也很快消失；紧凑型只读光盘（CD-ROM）的信息存储容量比 MO 和 ZIP 都大，主要缺点是保存在光盘内的数据不能改写，但曾经在数字印前领域流行过。现在，数据记录载体发生了很大的变化，携带十分方便的 U 盘广受喜爱，数据记录容量早就超过了 CD-ROM 光盘；大容量活动硬盘的出现从根本上解决了数据记录和传递载体问题，关心的焦点不再是容量的大小，而是转移到了如何保证记录在硬盘上的数据安全性。

数字文件"搬运"曾出现过有趣的要求。大多数输出中心接受专业排版软件生成的版式文件，不接受 Word 的排版结果，因为输出中心只配备能解释 PS 或 EPS 文件（后来增加 PDF 文件）的栅格图像处理器。然而，家庭和办公室普遍以 Word 排版，客观上有直接从 Word 文件输出的需求。某些小型输出中心，尤其是附属于出版社的输出中心看中了这种特别的市场，购买专门解释 Word 文件的栅格图像处理器。由于 Word 版式与安装 Word 的计算机环境存在强烈的相关性，同一 Word 文件在不同计算机环境下排版结果会变化，比如某页在甲计算机上明明占 30 行，到另一计算机上时可能占 29 行。针对 Word 文件的输出中心为不改变用户版式，保持原来的页面关系，要求用户将计算机搬到输出中心，在用户计算机环境下输出 Word 文件。虽然搬运计算机辛苦些，但输出很稳定。

通过网络传递文件有两种常用方式：与远程终端的数据传递以因特网为宜，大容量文件的搬移已基本解决，即使作为电子邮件的附件发送，也可以达到 2GB，借助于文件传输协议的数据搬运量更大；本地数据传递以 Intranet 网居多，也称内部网，一种由公司或机构建立的内部信息交换和通信系统，可利用 TCP/IP 享受因特网的基本服务；也可以使用从内部网发展成的外部网 Extranet，性质上是内部网向其他人群和公司（例如客户、经销商或供应商）的扩展，它给予确定的用户以有限的数据访问权限，即只能访问相关的数据。

### 3.1.5 数据压缩

数字印前领域处理的文件信息量往往大得惊人。以 16 开标准版心尺寸 145mm × 214mm 的 8 位量化 CMYK 彩色图像为例，假定图像输出时不出血，要求按每英寸 150 线印刷，图像质量因子取 2，采样频率应该取 300dpi；版心尺寸换算成英制后约等于 5.7 英寸 × 8.4 英寸，据此可算得该 CMYK 图像的数据量 = $3 \times 8 \times 300 \times 5.7 \times 8.4/8 = 43092$KB，约 42MB。若数字图像采集时选择按 16 位量化，则数据量将增加到 84MB。注意，这仅仅是一幅图像的数据量，需知道数字印前处理涉及的图像远远不止一幅，数据不作压缩处理时对系统性能的影响很难估量。为了减轻系统的负担，降低数字文件的存储容量需求，数据压缩很有必要。

常用的数据压缩算法有行程长度编码 RLE、以算法提出者命名的 LZW、由联合图片专家组提出的 JPEG 和索引彩色压缩等。上述压缩算法中的 RLE 和 LZW 属无损压缩类型，而 JPEG 和索引彩色图像则属于有损压缩算法之列，但两者存在很大差异。

一般来说，无损压缩算法的压缩率较低。行程长度编码特别适合于包含大面积单色成分的图像，这种算法建立一系列的数值对，由颜色值和像素数组成，它们描述了在同一像素行上具有相同颜色值的像素；另一种无损压缩算法 LZW 于 20 世纪 70 年代发明，目前还在继续发展中，基本工作原理归结为文件中的重复数据放在一起实现数据压缩。例如，用户利用 Photoshop 定义的 Alpha 通道内包含大量黑白像素，如果记住了这些黑色像素和白色像素的位置，则相当于记录每一个像素的颜色值。

JPEG 压缩算法已广泛流行，不仅仅数字印前处理领域，其他应用也使用 JPEG 文件，包括彩色图像的网络传输。这种数据压缩算法由联合图片专家组提出，已形成标准，专家组成员来自国际标准化组织和国际电话电报咨询委员会。根据 JPEG 标准，运行模式也称数据编码，包括顺序编码、累进编码、无损压缩编码和分层编码。其中，顺序编码指对于数字图像的每一颜色信号分量按从左到右、从上到下的次序执行一次扫编，也称为单遍扫编；顺序编码对 JPEG 压缩算法来说是基本要求，对一般应用已经够用。累进编码以多遍扫编的形式编码图像数据，每做一遍扫编，图像质量就提高一步，由此方法得到的图像在显示时有从粗糙到精细的过程，例如 JPEG 图像通过网络传输时宜采用累进编码。JPEG 以算术编码实现无损压缩，经这种压缩算法处理后再重构的图像数据样本值与源图像的数据样本值完全相同。分层编码的意思，是按空间分辨率高低的层次编码图像数据，类似金字塔的层次结构那样，以适应网络速度和终端设备分辨率的要求；分层编码的优点主要表现在工作效率，因为使用低分辨率图像时不必对高分辨率的源图像作解压缩处理。

许多人对 JPEG 图像有"恐惧"感，不分场合地认为 JPEG 图像永远经过有损压缩，从而得出数字印前不能使用 JPEG 图像的错误结论。从前面介绍的四种编码方式可见，其实 JPEG 也可以是无损压缩的；即使按有损压缩处理，也要看压缩比或压缩率，因为 JPEG 允许用户在图像质量和压缩比之间权衡，可以用图 3-3 说明。

索引彩色是图像模式之一，也可以压缩图像数据，例如从 RGB 图像转换到索引彩色图像后实现的数据压缩。为了保存 RGB 图像每一像素的颜色信息，必须记录红、绿、蓝三个主色通道各自的像素值，以 8 位量化时必须记录成类似于

图 3-3　选择 JPEG 压缩时的质量与压缩比权衡

R=120、G=175、B=85 这样的形式，因而记录一个像素需要 3 个字节。从 RGB 图像转换到索引彩色图像时，有关的应用软件将根据当前处理的彩色图像内容组建彩色表，足以反映该图像的主要特征；由于彩色表中只包含 256 种颜色，且索引彩色图像只记录索引号，即彩色表中的颜色编号，因而记录每一个像素只需要 1 个字节，这同样可以压缩图像数据量。当然，从 RGB 图像转换到索引彩色图像后，文件只能有 256 种代表性的颜色，可见索引彩色图像也是有损的。

### 3.1.6　数据变换

数字印前处理过程中需要数据变换的场合很多，规模最大的数据变换要算从矢量或点阵到对应于记录点数据的栅格化转换了，与输出目标设备的记录精度有关；图文处理过程中执行的每一步操作也几乎离不开数据变换，只是规模不同于栅格化转换而已。

经过变换的数据类型可能改变，也可能保持不变，例如为提高分辨率或改变物理尺寸而执行的对 RGB 图像的灰度插值计算，变换前后数据的 RGB 描述性质不变；某些操作可能导致数据类型的变化，比如从 RGB 图像转换到 CMYK 图像后，原来在 RGB 色彩空间中定义的数据映射到 CMYK 色彩空间，由于 RGB 像素值用三个数字描述，转换到 CMYK 空

间后改成用四个数字表示，数据类型当然随之而变。

　　数据的栅格化处理是最具挑战性的数据变换任务，需要按被处理对象的数据类型作相应的转换。数字图像的像素值被赋予点阵属性，不管量化位数是多少，每一个像素均采用多值表示法，即像素可以取某一特定范围内的数字，例如 8 位量化数字图像的像素值在0 ~ 255的范围内取值；硬拷贝输出设备通常只有二值表示能力，为了模拟多值表示像素的颜色和阶调变化，需要执行多对一的映射，即一个像素要用多个记录点表示。

　　矢量对象某种程度上类似于模拟量，例如定义一条直线时操作者只要告诉应用软件该直线的开始点和结束点坐标位置就可以了，无须描述中间经过了什么地方。因此，定义矢量对象时不必顾及设备的记录精度，到输出时按设备分辨率执行即可。矢量数据的栅格化处理本质上完成从数学描述到"落实"记录点位置的转换，栅格图像处理器根据设备的记录精度在二值平面上产生沿水平和垂直方向等距离分布的采样点，按照描述矢量对象的数学公式形成矢量对象的记录点表示。由于矢量对象经过的轨迹未必与二值平面上的采样点位置重合，因而"落实"到采样点时需要采用特定的算法。

　　对发生数据变换的操作需要谨慎，否则有可能导致不可预计的结果。举一个例子，操作者打算借助于 Photoshop 放大当前选择区域，这种操作涉及灰度插值计算，为此需要对当前选择区域作重新采样处理；由于 Photoshop 总是将优选项设置中规定的插值算法当作默认方法使用，如果当前的优选项设置中规定了双线性插值，则必须考虑到该插值算法具有低通滤波效应，原来清晰的对象将因此而变得模糊。

　　对于数据类型将发生改变的操作同样需要谨慎，从 RGB 图像到索引彩色图像的转换是很好的例子。原来的 RGB 图像以三个数字描述数字图像的像素值，三个数字分别对应于各自的主色通道，即红、绿、蓝通道各一个；变换到索引彩色图像后，像素的描述性质发生了本质变化，因为索引彩色图像记录的彩色表中各色块的索引号，与利用红、绿、蓝三个数字描述的像素值根本不同，需要处理图像时读出索引号，再根据索引号按图索骥般地找到相应的色块，并据此恢复该像素的 RGB 数据。

## 3.2　应用程序间的数据共享

　　计算机用户当然希望应用程序之间能互读文件，彼此交流和共享信息。可惜的是并非所有的应用程序都能做到这一点，原因在于某些应用程序定义并使用专有的文件格式，甚至数据格式也是封闭的，这些文件和数据格式设计得只能供特定的程序使用。计算机及各种不同类型的应用软件发展到今天这样的程度，每一个应用软件都号称是开放的，封闭的文件格式已越来越少，实现应用程序间的信息共享不再困难。

### 3.2.1　剪贴板数据共享法

　　即使 PC 机图形操作系统出现前，剪贴板（Clipboard）就已经有了，那时作为数据拷贝并转移到其他应用软件的工具。图像操作系统出现后，剪贴板作为必要的功能提供，由于隐藏在后台而使用户感觉不到剪贴板的存在。操作系统版本的不断更新使剪贴板的用途更为广泛，因赋予点击鼠标右键带出菜单的功能而越来越容易使用。剪贴板确实是重要的数据共享工具，不仅可以在不同的应用程序间转移信息，也可以在文件中使用。

　　根据 Windows 帮助文件，剪贴板即数据的临时存储区域，用于将数据从一个地方复制或移动到另一处。另一种解释或许更有专业性，认为剪贴板是功能和信息的集合，用于实现在应用程序间转移数据。从性质上看，剪贴板属于用户驱动型，接受转移数据的软件或转移出数据的软件仅对用户的请求作出响应，因而剪贴板总是被动的。

剪贴板具有公开性。由于剪贴板中的数据存放在全局内存中，因此大多数 Windows 应用软件都可以访问其中的数据，在遵守相关 API（应用程序编程接口）函数约定的前提下，应用程序可以自由地打开剪贴板，读取剪贴板内的数据或清空剪贴板等。

剪贴板的另一重要特点是独占性。既然剪贴板是公开的，那么多个应用软件同时访问剪贴板时必然会导致冲突，比如数据互相覆盖。因此，操作系统规定应用软件对剪贴板的访问是独占性的，当一个应用软件打开剪贴板之后，其他软件就不可以再访问剪贴板，直至前一应用软件关闭对剪贴板的使用为止。操作者在使用剪贴板时不会感觉到受其他应用软件的影响，这是因为剪贴板内的数据操作都在内存中进行，速度非常之快，遇到处理特大块的数据时，应用软件还可以选择延时处理机制以保证速度。

剪贴板对数据类型（格式）几乎没有限制，这称为剪贴板的多元性。因此，剪贴板中可以同时存放多种格式的数据，各自放在全局内存的不同位置。剪贴板中的数据可以是标准格式或预定义格式，例如文本、图像和 Wav 数据；也允许临时存储非标准格式或用户自定义格式数据，比如 Word 中的域和公式、Excel 中的图表等。

剪贴板数据具有临时和永久的双重属性，数据一旦复制或转移到了剪贴板，就将一直存在下去，这意味着允许无限次地使用剪贴板上的数据，除非剪贴板接受了新的数据、通过应用软件关闭了剪贴板或退出操作系统。剪贴板需要利用系统资源（内存以及硬盘的虚拟内存区）来临时保存这些信息，数据量过多时容易导致速度变慢。

为了从应用程序将数据复制或转移到剪贴板，首先应选择需要复制或转移的数据，比如图像的局部或整体、文本块、图形对象等；此后执行应用软件编辑菜单中的 Copy（复制）命令或 Cut（剪切）命令，用快捷键操作时按"Ctrl + C"键或"Ctrl + X"键。复制或转移到剪贴板的数据可随时使用，为此需执行应用软件编辑菜单中的 Paste（粘贴）命令，也可以利用快捷键 Ctrl + V 访问该命令。某些应用软件对剪贴板数据设计了特殊的粘贴方法，往往服务于特殊的需要，例如 Photoshop 提供利用剪贴板数据的 Paste Into 命令，意味着剪贴板上的图像数据粘贴到当前选择区域内，超过选择区域的图像不出现，因为选择区域相当于蒙版。

剪贴板还有复制对话框或屏幕显示内容的功能，按 Alt + PrtSc 键可以将当前对话框或操作界面复制到剪贴板，无法复制的屏幕显示内容可利用直接按 PrtSc 键的方法复制；完成以上操作后转到需要粘贴对话框或屏幕显示内容的应用软件，再按 Ctrl + V 键粘贴即可。

### 3.2.2　动态数据交换

通过前面的讨论可以看到，剪贴板提供了一种应用软件间交流数据的方法，但剪贴板的缺点也很明显，每次只能保存一项内容，当新的内容被复制或转移到剪贴板上后，原来的内容就被"冲洗"掉了。此外，通过剪贴板粘贴到文档中的内容不能改变，要求修改时必须返回到原来"创造"剪贴板数据的应用软件，修改完后在复制或转移到剪贴板，切换到当前文档再次粘贴。那么有没有一种方法可以动态地传递信息，不需用户干涉。回答是肯定的，那就是被称为动态数据交换和对象连接与嵌入的技术，使应用软件间的数据共享变得更容易。关于对象连接和嵌入将在下一小节讨论，本小节先介绍动态数据交换技术。

动态数据交换（Dynamic Data Exchange）性质上属于 Windows 产品开发时制定的应用程序/软件间的通信协议，是 Windows 软件开发者最引为自豪的突出特性之一。为了便于理解动态数据交换，有几个基本概念需要介绍。

对象：任意的信息块，可以小到仅一个字符，一个图形元素，也可以大到一整幅的图像或整个电子表格。

源文档：对象开始建立时所在的文档。

目标文档：接受和安置对象的文档。

客户：接受对象的应用程序或应用软件。

服务器：产生对象的应用程序或应用软件。

动态数据交换建立在 Windows 内部的消息/数据处理机制上，两个 Windows 应用程序通过相互之间消息的传递来完成一次动态数据交换对话，这两个程序即前面提到的服务器和客户。根据前面给出的定义，动态数据交换服务器是存取并处理那些对其他 Windows 应用软件来说有使用价值数据的软件，动态数据交换客户则是请求服务器为其工作的应用程序或软件。通常情况下，从宏观上看每一个独立的 Windows 应用程序（软件）在同一时间既可以是某一应用软件的客户，也可以是其他应用软件的服务器。

启动支持动态数据交换的应用软件时，作为服务器的应用软件可马上开始将数据（名字和数据文件）传递给已打开并支持动态数据交换的 Windows 应用软件（客户），而客户则能请求把信息发送给其自身的数据文件。在交换信息的过程中，客户应用软件总是启动通信，而服务器应用软件只是对客户的请求作出简单的响应。一旦用户完成了客户与服务器间的连接，就不再需要用户干涉了。附带提一句，一个客户应用软件可能同时与几个服务器应用软件通信（交换数据），而一个服务器也可同时为几个客户软件提供数据。

例如，希望将 CoreDRAW 建立的图形显示在 Word 文本内，并希望每当 CoreDRAW 图形发生变化时 Word 文档中的图形也要自动更新。这当然需要 Windows 的支持，操作系统通过告诉 Word 字处理软件，服务器应用软件的名称为 CorelDRAW，以及该软件的数据文件存放地址，就可从 Word 软件启动通信，由服务器软件提供图形。

实现动态数据交换技术需要在客户应用软件和服务器应用软件间建立动态连接，使用的连接可以有三种类型，分别为冷连接（Cold Link）、温连接（Warm Link）和热连接（Hot Link）。其中冷连接类似于剪贴板传送，只能传送一次数据，此后不会再次传送；温连接仅在客户请求时才传送数据；热连接则是动态的，如果服务器中的数据发生了变化，就会再次传送。究竟支持何种类型的传送与应用程序有关。

由于应用软件不同，实现动态数据交换（需建立动态数据连接）的方法也不同，下面的例子试图在 CorelDRAW（服务器）和 Word（客户）间建立连接，基本步骤如下：

（1）分别启动 CorelDRAW 和 Word。

（2）在服务器应用软件 CorelDRAW 中建立图形。

（3）选择建立的图形，并从 CorelDRAW 的编辑菜单中选择拷贝或剪切命令，将选择的图形数据复制或转移到剪贴板上。

（4）从客户应用软件 Word 的 Edit（编辑）菜单中选择 Selective Paste（选择性粘贴）命令，某些应用软件可能提供 Paste Special 命令（比如 CorelDRAW 作为客户应用软件时即出现该命令），在随即出现的对话框中核准 Paste Link（粘贴连接）项，再从对话框的粘贴对象列表中选择 CorelDRAW 图形对象，最后点击 OK 钮确认。

现在，已经在服务器应用软件 CorelDRAW 和客户应用软件 Word 间建立了连接，以后如果在 CorelDRAW 中修改了图形，并保存修改结果，则 Word 中显示的图形也会相应改变。从以上操作步骤不难看出，由于粘贴时选择了"粘贴连接"方法，因而在建立服务器和客户应用软件间的初始连接后即可实现动态数据交换，其中剪贴板起媒介作用。

若上述例子中的 CorelDRAW 和 Word 彼此交换角色，即 CorelDRAW 和 Word 分别作为客户软件和服务器软件，则用户在当前 Word 文档（新建立文档或已有文档）中选择的对象（例如文本块）通过拷贝或剪切命令复制或转移到剪贴板之后，只要从 CorelDRAW 软件的 Edit 菜单中选择 Paste Special 命令，就可以实现动态数据交换了。

需要说明的是，动态数据交换技术支持的数据总量是否有限制视 Windows 版本而定，早期 Wiondows 规定不能超过 64KB，实际上是剪贴板的数据容量。最新的 Windows 版本对复制或转移到剪贴板的数据量似乎没有限制，但即使不限制剪贴板数据量，过多的数据也可能导致动态数据交换发生问题。

### 3.2.3　对象连接与嵌入技术

对象连接与嵌入（Object Linking and Embedding）从多媒体借鉴而来，是 Windows 的一组服务功能，提供了一种以源于不同应用软件的信息建立复合文档的强有力方法。在对象连接和嵌入系统中，对象可以是几乎所有的数据类型，例如文字、点阵图像和矢量图形，甚至于声音、注解和录像剪辑等均可。对象被赋予了智能属性，即参与连接和嵌入的对象本身带有计算机指令。智能对象同许多应用软件中的数据文件相反，比如 dBASE 文件的数据带有固定的格式，其他应用软件使用 dBASE 数据时需要知道它的格式。然而，智能对象却带有描述自身内容的信息，别的应用软件在使用智能对象时从对象本身就能够很容易地找到有关的信息，这对用户来说自然提供了最大的方便。

Windows 中的文档可看作包含许多不同对象类型的复合文档，每种对象都带有解释其自身内容所需的信息，它们可以驻留在系统的任何部分。打算编辑对象时，只要在该对象上双击鼠标左键就可以了。这样，只要 Windows 应用软件支持对象连接和嵌入技术，就不再是单一的用于建立、编辑和报告数据的程序，而是一种访问和处理对象的工具。由于一个对象还可能嵌套在其他对象内，从而使对象连接和嵌入成为很有吸引力的技术。

对象嵌入和对象连接是两种不同的共享数据的方法，在某一应用软件内嵌入对象后代表该对象的数据复制到当前应用软件内，使得当前处理的文档数据量增加，如果被嵌入对象的数据量太大，则很可能导致系统崩溃；以对象连接的形式实现数据共享时，将在服务器软件和客户软件间建立动态连接关系，对于源文档的修改会及时地反映到目标文档。

绝大多数 Windows 应用软件都支持对象的嵌入，即使象 Photoshop 这样的图像处理软件也可以。或许是因为图像处理的特殊性，才导致对象连接和嵌入方面的单向性。对只支持对象嵌入的应用软件来说，从源文档编辑中以拷贝或剪切命令复制或转移到剪贴板的数据可以复制到目标文档，但仅仅接受数据，修改后的结果无法体现到源文档。例如，用户可以从 Word 文档中选择图像，复制或转移到剪贴板；转到 Photoshop 窗口，执行打开新文件命令，立即按 Ctrl + V 键或执行编辑菜中的 Paste 命令，即完成了对象的嵌入。

某些软件具有"天生"的对象连接能力，比如 Microsoft Word。启动 Photoshop 后打开已有的图像文件，按 Ctrl + A 全部选中该图像，再按 Ctrl + C 键将图像数据复制到剪贴板；转到 Word 窗口，光标定位到需要插入图像的某一位置，按 Ctrl + V 键粘贴图像，这种操作本该属于对象嵌入；双击粘贴得到的图像，这将导致自动转回到 Photoshop 窗口，因为对图像的双击鼠标左键操作建立了与 Photoshop 的连接关系，即相当于执行了对象连接操作；对源图像执行某种操作，比如调整颜色；再返回到 Word 窗口，刚才 Photoshop 中对于图像的修改已体现在 Word 文档中了。

### 3.2.4　关于对象连接的讨论

值得注意的是，即使应用软件支持对象连接，对于源对象的操作也是有限制的。仍然以 Word 与 Photoshop 为例，如果图像已粘贴到了 Word 文档内，且通过双击鼠标左键的方法建立了 Word 内图像与 Photoshop 的连接关系，假定执行了改变图像数据量的操作（例如提高了图像分辨率），转到 Word 窗口后看不到变化。之所以如此，是因为 Word 文档接受的图像数据来自剪贴板，取决于从 Photoshop 复制或转移到剪贴板的数据量，一旦剪贴板被这些图像数据占领，别的数据无法进入，但对于这些图像数据的修改是允许的。

某些应用软件提供"插入"菜单，若其中有"对象"菜单项，则意味着该软件一定支持对象连接，这同样可以用 Word 说明。从 Word 编辑菜单中选择"对象"项，导致进入与插入对象操作有关的对话框，可能因 Word 的不同版本而异，图 3 - 4 是典型例子。

可以与 Word 文档建立连接关系的对象都将出现在图 3 - 4 或类似对话框的对象类型列表中，取决于用户计算机安装了哪些应用软件，以及这些应用软件

图 3 - 4　对象插入对话框

生成的文档是否支持与 Word 建立连接关系。应当引起注意的是，虽然某些应用软件生成的文档类型可能出现在对象插入对话框内，但需视生成被连接文档的软件版本，未必具备真正的对象连接能力，PDF 文档是其中的例子之一：假定从可插入对象列表中选择 Adobe Acrobat Document，插入硬盘上已有的 PDF 文档，若建立被插入文档的软件版本与用户计算机上安装的 Acrobat 软件兼容，则该 PDF 文档可以成功地插入，且立即启动 Acrobat；请求插入的 PDF 文档尽管由类似于 Acrobat 的软件生成，但如果该软件与用户计算机安装的 Acrobat 不兼容，则 Windows 因无法找到需要的源应用软件而只能拒绝，比如由 Acrobat Exchange 生成的 PDF 文件。

Word 对象插入对话框列表中有的应用软件可能属于 Word 的附件，比如 Microsoft 公式编辑器。选择插入公式后，将立即进入公式编辑操作界面，完成公式编辑后在公式区域外的任一位置上点击，即可成功地返回 Word 操作界面。此后请求重新编辑公式时可双击已有公式对象，进入公式编辑器操作，因为该公式已建立了与公式编辑器的连接关系。

### 3.2.5　特殊操作

Windows 应用软件对操作系统基本性能的支持可能很不相同，前面所举的 CorelDRAW 和 Word 可认为是对于动态数据交换和对象连接与嵌入技术支持最彻底的应用软件。某些应用软件对动态数据交换和对象连接与嵌入技术的支持有限，或许是因为这些应用软件用作数字印前处理专业工具的缘故，特别是 Adobe 开发的图像处理、图形和排版软件。下面将以 Illustrator 为例说明 Adobe 印前应用软件的数据处理方法。

Adobe 软件遵守对象嵌入的共同规则，从其他应用软件嵌入对象总是允许的，即使从 Word 这样的软件也可以。但 Adobe 数字印前软件确实有一些特殊之处，比如提供导入（置入）文件命令和处理、查看及其他相关操作的连接面板。

关于 Photoshop 的数据共享特点已经在前面有所提及，一般来说 Photoshop 因其图像处理的特殊性而只能通过粘贴的方法而共享其他应用软件的数据，遇到像 Word 那样的应用软件时，可以利用双击 Word 文档图像的方法建立动态连接关系，使用户在 Photoshop 中执

行的图像编辑操作结果体现在原来的 Word 文档中。注意，对象的这种动态连接具有明显的单向性，即 Photoshop 的编辑结果可以为 Word 共享，但 Photoshop 不能共享用户在 Word 内所执行的编辑操作的结果，因为 Word 是字处理软件的关系。

某些 Adobe 软件支持对象连接与潜入技术，包括排版软件和图形软件，前者的例子有以前曾经流行过的 PageMaker 和现在的 InDesign CS 版本，图形软件的例子是 Illustrator，该软件也可以用来排版，几乎所有的图形软件都具有这种特点。

Adobe 排版软件和图形软件支持对象连接与嵌入技术与其他软件的区别主要体现在对象的连接。首先，通过导入（置入）命令放到页面的对象属于连接性质，但试图以双击导入对象的方法建立与生成被导入文件应用软件的动态连接关系将是徒劳的，因为 Adobe 排版软件和图形软件建立的连接关系并不指向生成导入文件的应用软件，而是建立指向外部文件的指针；其次，操作者认为被导入对象（文件）的数据量很小，以至于不影响排版或图形操作速度时，可以通过连接面板将连接改成嵌入，此后代表被导入对象的数据将全部搬运到当前排版软件或图形软件正在处理的文档内；第三，既然 Adobe 排版软件和图形软件仅仅建立指向外部文件的指针，因而需要修改被导入对象时必须启动生成该对象的应用软件，或其他可以实现相同编辑功能的软件，完成修改后以相同的名字保存，返回 Adobe 排版软件或图形软件，再通过连接面板重新连接一次。

数字印前技术应用的早期经常听到用户到专业印前公司输出排版文件时出错，比如页面上的图像输出质量低劣，原因大多是导入到页面的对象失去了与原文件的连接，硬拷贝输出时只能以排版时用作参考的低分辨率代表像代替。另一种误解是认为导入 Adobe 排版软件或图形软件页面的对象总是与外部文件存在连接关系，因而到专业印前公司输出时必须同时带上该外部文件，但事实上即使原来连接的对象也可以改成嵌入。

对象导入 Adobe 排版软件或图形软件后，在软件的工作窗口内显示连接面板，就可以执行相应的操作了，包括从对象连接改成对象嵌入、显示连接信息、查看连接到排版软件或图形软件源文件的信息、显示丢失的连接和修改的连接，以及建立重新连接关系等。

老版本 Adobe 排版软件置入 JPEG 图像时只要产生与外部文件的连接关系，排版文件的数据量不会增加；改成对象嵌入后，排版软件或图形软件将对 JPEG 图像作解压缩处理，全部图像数据写入当前文件，保存后的结果文件数据量必然大大增加。新一代的 Adobe 排版软件和图形软件已不同，但嵌入和连接的图像仍然会影响最终结果文件的数据量。

## 3.3 矢量数据与图形

数字印前处理涉及的矢量数据（Vector Data）大多与计算机图形学有关，是图形软件描述对象的基础。典型可缩放字符的轮廓通常以二次曲线或三次曲线与直线的组合表示，可见字符轮廓的描述方法与图形类似，因而矢量数据也是文字轮廓的描述基础。字符与常规图形的主要区别表现在字符被赋予特殊的属性，成为文本对象格式化处理的基础。

### 3.3.1 基本概念

物理学中的矢量指既要有数值大小、又需要方向才能完全确定的物理量，例如物体或质点运动的速度和加速度。代数法则不能用于矢量运算，需遵循特殊的运算法则，比如矢量的加法适用平行四边形法则；矢量与矢量的乘积可能构成标量（只有大小、没有方向的物理量），也可能产生新的矢量；标量与矢量的乘积恒为矢量；等等。

向量这一术语在数学中比矢量用得更广泛，含义差不多。数学中的矢量抽去了以方向和大小定义的量的物理本质，不存在速度、加速度一类的物理概念。三维（立体几何）中的矢量可解释为根据物体的几何性质而确定的一种定位方法，主要通过线性相关和线性变换求解几何问题；线性代数在有限维向量空间中讨论数据运算规则，问题的求解也要用到线性相关和线性变换这样的手段，没有三维的限制。

数字印前处理之所以强调矢量数据，是因为需要与点阵数据描述的图像比较，避免图文处理操作人员混淆矢量与点阵数据的区别。数字印前技术发展的早期曾经有矢量图像和点阵图像之说，所谓的矢量图像指的就是以矢量数据描述的图形。

与图像不同，图形是面向对象的，因而有时也称为面向对象的矢量图像，在数学上定义为一系列由线连接的点所构成的形状。以矢量数据描述的图形文件由有限个图形单元构成，这些图形单元称为对象；每个对象都是自成一体的实体，具有颜色、形状、轮廓、大小和屏幕位置等属性。印前制作人员无需知道计算机内部的运算规则，因为图形文件中的任何对象都由图像软件赋予不同的属性。由于所有的对象都是自成一体的实体，因而图形对象在变换过程中不会失去其属性，不可能从图形转换到图像。

矢量数据通常在直角坐标系中形成，通过点的水平和垂直坐标表示几何图形的位置和形状，其中的几何图形是抽取掉物理实体、仅有抽象意义的对象，而描述对象的位置和形状的数据即称为矢量数据。以计算机图形学地理应用为例，矢量数据通过记录坐标的方式尽可能将地理实体的空间位置表示得准确无误。抽取物理实体图形的抽象性可以用图3-5说明，图中所示的彩色静电照相数字印刷机结构表达得十分清楚，虽然印刷部件的物理实体形

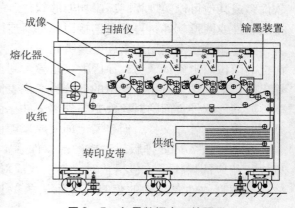

图3-5　矢量数据表示的图形

态已抽取掉，但专业人员很容易知道该图表示的意思。

### 3.3.2　矢量数据的基本特点

与计算机应用联系起来时，矢量数据是计算机中以矢量结构存储的内部数据，也是计算机图形学发展的产物。矢量数据分成点数据、线数据和面数据三种主要类型，其中点数据结构可以直接用坐标值描述，即记录每一个点的水平和垂直坐标位置；线数据结构以顺序坐标链为基本特征，顺序坐标可以是均匀间隔和不均匀间隔的；面状数据结构反映对象的轮廓特征，也称为多边形数据，通常用边界线描述。

矢量数据的组织形式较为复杂，以弧段为基本逻辑单元，而每一弧段通过两个或两个以上相交的节点所限制，并利用两个相邻的多边形属性描述弧段关系。

基本图形（对象）单元包括点、直线、矩形、多边形、椭圆和曲线等，由这些基本图形单元可构成复杂图形。所有的图形都可以用数学公式描述，例如通过圆心坐标位置和圆的半径可以定义圆形对象，规定两个端点的坐标位置以定义直线等。

计算机处理的对象以矢量数据存储时具有数据量小的优点，数据项之间的拓扑关系可以从点坐标链中提取出某些特征，从而得到更有利用价值的信息。

与点阵描述的图像相比，以矢量数据描述的图形至少有下述优点。

（1）表示相同的实体时需要保存的信息量小，即矢量数据文件比点阵数据文件小，且文件包含的数据量与被描述对象的大小无关。

（2）矢量数据描述的图形可以无限地放大，放大后仍然保持平滑。

（3）由于构成图形的线条抽象为零宽度的数学实体，因而放大后构成图形的直线与曲线都不会成比例地变粗或变细，但在计算机屏幕上显示时可能会略有变化。

（4）保存到文件的对象参数可以在需要时随时修改，但对象参数经修改后不会因对象的移动、缩放、旋转和填充等操作而导致绘制精度的降低。

（5）由于图形以矢量数据描述，因而与设备无关，便于实现栅格化转换。

（6）从造型角度看，阴影可以抽象为形成阴影的光线，所以矢量图形的阴影渲染结果更接近真实物体，即使以简单的线条和少量的层次也可取得不错的效果，如图3-6所示。

图3-6　以简单的线条和少量层次
描述的汽车

矢量数据的优点众多，但不见得全部都是优点。矢量数据的主要缺点表现在数据编辑、更新和处理数据的软件较复杂。矢量数据的编辑和更新对印前制作人员或许感到抽象和难以理解，然而对于处理矢量数据的软件却并不陌生，例如以面向对象的软件CorelDRAW或其他类似软件绘制复杂图形时，太多的操作步骤可能导致速度明显变慢。

### 3.3.3　图形属性

图形作为客观世界物体和现象的抽象描述，以直观的方式刺激人的视觉系统而成为人类表达和交流信息的重要工具。从广义的角度理解，凡是能在人的视觉系统中形成视觉印象的客观对象均可称为图形，比如自然景物、照片和底片、印刷品、机械结构和建筑结构图、生产工艺流程图、指纹图、艺术家用不同工具绘制的各种美术作品，以及用数学方法描述和生成的几何图形等。狭义的图形比较抽象，仅致力于描述对象的主要特征，比如办公桌框架的长方形、电风扇轮廓的圆形和钟表指针的线条形等。

毫无疑问，图形是计算机图形学研究的主要内容，数字印前处理涉及图形时无需考虑如何以矢量数据描述图形，只需熟练地掌握图形应用软件就可以了。早在计算机图形学出现前，人类就已经在使用和研究图形，其中最常见的是用数学方法描述图形，比如平面几何和立体几何研究几何图形的基本特征和相互关系，而解析几何则着重研究以代数方程或解析表达式描述的方法完成与平面几何等学科类似的任务。在上述学科中，客观对象的具体形态经过了抽象处理，归结为简单的点和线，且几何学中的点和线没有大小，只有位置和长短的概念，所以没有具体的物理意义。但是，任何对象的几何属性都是从源对象抽取出来的，足以胜任描述源对象基本形状和相互位置关系的任务。由此看来，几何属性是图形的基本特征，也是将客观世界的不同源对象抽象为几何形体的主要依据。

计算机图形学研究的图形不能只局限于单纯地用数学方法描述图形，即不能只研究图形的几何属性。因为几何形体虽然来自客观世界，但它只是客观对象的高度抽象表示，没有包括诸如物体颜色和层次变化、物体所处的光照条件、构成物体的材料和表面特性等非几何属性。正因为如此，计算机图形学研究和描述的对象比起仅包含几何属性的图形来说更具体、更直观、更接近于它所表示的客观对象。此外，在抽象基础上对于物体的夸张描述和表示也是艺术创作的需要，惟有如此才能源于生活而又高于生活，才能使计算机图形作品具有更强的艺术表现力和艺术感染力。

图形由几何和非几何要素构成，其中刻划对象轮廓形状的几何要素称为几何属性，俗称为图形的轮廓线属性，例如点、线、面和体。不过，计算机图形软件产生的轮廓线又与数学上研究的纯几何图形不同，它可以赋予轮廓线以不同的颜色、线型以及装饰属性。图形的另一个构成要素是非几何属性，用来描述反映物体表面材料的特殊质地以及因表面材料和粗糙程度不同而产生的对光线的不同反射和吸收能力等自然现象。这些自然现象在视觉系统中产生的效果最终可归结为颜色和层次变化，可能有相当复杂的外观表现，通常称为图形的填充属性。图形的轮廓线和填充两大属性形成了对客观世界对象的生动描述，但由于图形不像图像那样需要尽可能忠实地记录，因而更富抽象意义。

### 3.3.4 图形的栅格表示

用于描述直线（注意并非几何学中的直线，实际含义是直的线条）的数据很简单，只要规定它的两个端点位置就可以了，无须顾及该直线"走"过什么样的道路，因为该直线的中间形态完全由它的两个端点确定，这就是图像的矢量特点。

然而，任何直线与光栅设备（例如计算机显示屏幕和打印机）联系起来时，如何描述直线不是用简单的数学方法可以解决的，因为直线"走"过的位置通常与显示屏和打印机等输出设备的栅格点不重合，这种特点可以用图3-7说明。

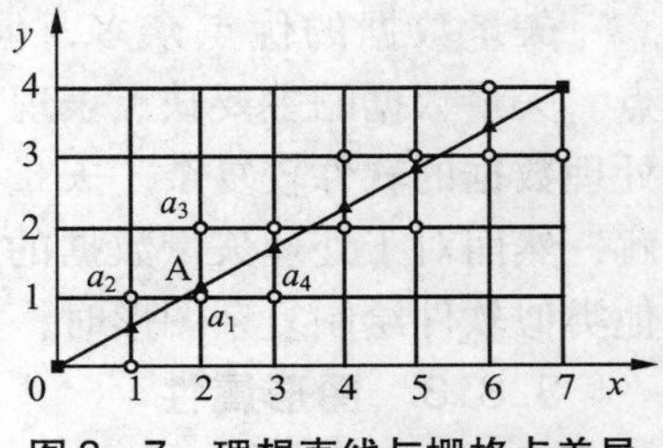

图3-7中的一条直线由两个端点定义，左下角和右上角端点的位置分别在（$x$，$y$）坐标系的原点和(7,4)，

图3-7 理想直线与栅格点差异

图中以实心正方形表示。假定该直线需要在计算机屏幕上显示（以打印机输出时与屏幕显示类似），由于屏幕的显示点通常沿水平和垂直方向的间隔相等，所以各显示点位置由等间距的水平线和垂直线的交叉点定义，问题归结为如何在显示屏的栅格平面上表示这条直线。从图3-7不难看出，该直线只有两个端点与显示点重合，但仅仅靠这两个点不可能完整地显示它，因为任何图形对象都必须通过有限个显示点的集合才能完整地表达出来，对图中的直线来说由于穿过8个栅格，因而显示点的数量为8个。

图3-7以三角形表示直线与显示器屏幕栅线的交点，这些点之所以都标记在坐标系的垂直线上，是考虑到确定显示点的位置时往往按水平坐标增量判断垂直坐标。显然，这些三角形点的位置都不在栅格点上，不妨称之为待定显示点。假定要求确定具体的待定显示点为图中的 A 点，实际显示点应该在点集（$a_1$，$a_2$，$a_3$，$a_4$）中确定，因为这四个点都有可能成为最终确定的实际显示点。如果靠眼睛观察，待定显示点 A 的实际显示点当然应该在 $a_1$ 位置，但对计算机来说四个位置都可以，为此需要适合于计算机执行的算法确定待定显示点的实际位置。如果计算机按人的思路判断，方法可能是唯一的，但计算机图形学找到了多种确定实际显示点位置的方法。以坐标增量法为例，假定按"四舍五入"法决定实际显示点位置，则水平坐标增量取1时沿垂直方向判断所得的实际显示点位置如图3-8中实心正方形标记所示。事实上，直线的每一个点都需要在栅格平面上判断。

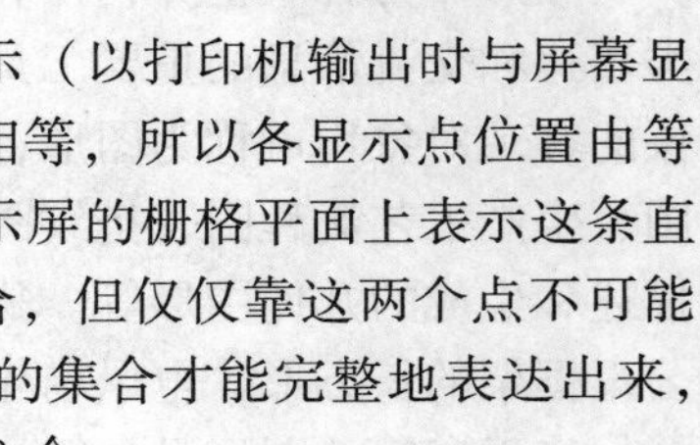

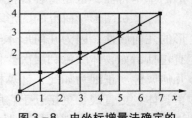

图3-8 由坐标增量法确定的实际显示点位置

上述以适合于计算机工作方式寻找显示点（对打印机来说为记录点）的过程称为图形的栅格化，也是从矢量数据变换到栅格数据的过程。

## 3.4 点阵数据与采集方法

与图形的抽象性相比，图像要具体得多了。图形的抽象特性基于数学公式描述的表现方法。图像之所以比图形更具体，是因为图像的逐点描述方法，只要每一个点与客观世界足够近似，则所有的描述点的集合就能够反映客观实际。图像的逐点描述方法需要不同于图形的数据结构，常称为点阵数据。

### 3.4.1 数据描述特点

数字图像由有限个点的集合构成，每一个点称为数字图像的像素，通过图像采集设备从模拟原稿或物理场景转换而得，像素值的大小与模拟原稿或物理场景有关，反映模拟原稿或物理场景空间位置离散后所得各小方块的平均亮度或色度信息。

由于数字图像具有位映射（Bit Map）性质，因而数字图像的每一个像素包含的信息量决定于描述像素的位数。例如，黑白原稿经扫描仪转换所得数字图像的每一个像素以8位映射时可以在0到$2^8-1$的范围内取值，可以表示256个层次等级，如此产生的结果称为8位量化的灰度图像。彩色图像的位映射比灰度图像更复杂些，必须对反映模拟原稿或物理场景颜色和层次变化的三原色分别作位映射，假定各主色通道仍按8位映射，则彩色图像每一个像素的各主色均分别在0到$2^8-1$的范围内取值，可表示256个色调等级。主色通道色调等级以不同的数字组合起来，可以表示$2^8 \times 2^8 \times 2^8 = 2^{24}$种颜色。

由于像素所代表的原稿或场景中的小方块的尺寸很小，在正常距离上观察时无法分辨相邻像素的差异，因而为视觉系统感受成连续调效果。数字图像具有离散本质，放大后可以看到像素代表的小方块，像素确实是离散的点，如图3-9所示。

图3-9的左面按100%的比例显示，眼睛得到连续调印象；该图的右面给出了以800%的比例显示产生的画面，正方形的像素清晰可见。从图3-9还可以体会到数字图像的数据描

图3-9 像素的离散本质

述特点，为了尽可能真实地反映原稿或场景的颜色和层次变化，数字图像必须逐点记录数字成像设备赋予的像素值，为此需要采用点阵数据结构，点阵图像因此而得名。

### 3.4.2 点阵数据的组织

数字图像的点阵数据来自数字照相机或扫描仪对二维成像平面的空间离散操作，模拟原稿或物理场景按采样频率划分成水平和垂直距离相等的栅格，每一个正方形栅格平均亮度或色度由数字成像设备的传感器捕获，先后完成从模拟光信号到模拟电信号、再从模拟电信号到数字信号的转换，实现以上转换的过程称为图像的数字化。

数字图像的每一个像素按从左到右、自上而下的次序采集，像素的允许取值范围由数字成像设备决定，按操作者给定的量化位数决定具体数值。为了合理地表示图像，所有的点阵数据必须合理地组合，尽管理论上存在各种各样的表示方法，但合理的数据组织方法显然应该是数组，即代表像素颜色和层次差异的数值按信号采集时的规则作有序排列，处理结果存放到一维或多维的数组内。为了更通俗和便于理解的原因，存放灰度图像或彩色图像像素值的数组也称为通道，彩色图像的每一个通道代表一种主色。

数组或通道也对应于成像平面，灰度图像的成像平面只有一个，彩色图像的成像平面可能有三个或四个，但考虑到基于三刺激原理的物理分色只能采集到三原色信息，因而从数字成像角度看彩色图像的成像平面应该是三个。

从数学角度考虑，点阵数据应该按矩阵的形式组织，便于运算和处理时充分利用线性代数领域的研究成果和运算规则，表示成下面这样的由点阵数据构成的矩阵：

$$g = \begin{bmatrix} g(1,1) & g(1,2) & \cdots & g(1,N) \\ g(2,1) & g(2,2) & \cdots & g(2,N) \\ \vdots & \vdots & \vdots & \vdots \\ g(M,1) & g(M,2) & \cdots & g(M,N) \end{bmatrix} \qquad (3-1)$$

式中的 $g$ 代表数字图像的一个数组，或某一主色通道内存放的数据集合；该式右面的矩阵由若干个像素值构成，已经转换成离散形式，矩阵中的每一个元素对应于数字图像的每一个像素，以像素所在的行号和列号标记像素在二维成像平面上的位置。

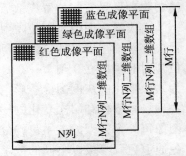

图 3-10 成像平面与数据组织

由于彩色图像的数字成像平面有三个，因而必须以三个数组（即三个矩阵）描述数字图像各像素的颜色和层次差异，按图 3-10 所示的形式组织。

图 3-10 中的矩形表示成像平面，左上角的等间隔水平和垂直交叉线代表由数字成像设备划分成的栅格，每一个栅格转换成像素，按从左到右、自上而下的规则组织成矩阵。

### 3.4.3 连续数据与离散数据

理论上，任何模拟原稿或物理场景的颜色和层次变化可以用连续函数描述，即二维平面上分布的颜色和层次变化可以用 $z=(x,y)$ 的形式描述。很遗憾，这种想法在实践中行不通。首先，原稿和场景数量众多，不可能用统一的数学公式表示；其次，再简单的原稿和场景都包含复杂的颜色和层次变化，更何况观察者根本就不知道颜色和层次是如何变化的，即使专业的图像处理工作者也不知道，希望找到合理的数学公式犹如登天。由此可见，试图通过特定的连续函数描述图像并不现实，数字图像也不可能用连续数据表示。

既然试图以连续函数描述数字图像的想法不现实，那就只能以离散的数据表示了。好在离散形式的数据也可以尽可能忠实地反映原稿或场景的颜色和层次变化，由此可认为找到了表示图像的合理方法。数字图像的离散本质有两层意思，即空间位置的离散和数字化以及像素值的离散和数字化，分别称为数字图像的抽样和量化。

图像的点阵数据由数字成像设备自动地生成，相当于完成从连续函数描述到离散数据表示的数学变换。模拟原稿或物理场景的光强度可以想象为沿二维平面的连续分布，任意点的亮度或主色分量色调表现仅仅是位置的函数，与其他因素无关，因而可写成 $z=f(x,y)$ 这样的连续函数形式，其中 $z$ 为像素值，可以在三维空间中表示，如图 3-11 所示。

以黑白原稿扫描为例，数字成像设备的传感器捕获原稿位置 $(x,y)$ 的亮度信号 $z=f(x,y)$，并从亮度信号变换到电信号 $e=f(x,y)$，注意到此时的电信号仍然是连续的，且反映原稿本质的信号分布规律未变，因而仍然可以用原来的函数符号 $f(x,y)$ 表示；扫描仪的模/数转换器接收来自传感器输出的电信号，从连续量的 $e=f(x,y)$ 变换到离散量的 $g(i,j)$，此时的 $g$ 代表矩阵符号，连续位置 $(x,y)$ 也改成离散标记 $(i,j)$。形成离散数据时，模/数转换器将传感器输出的连续电信号 $e = f(x, y)$ 划分成 $k$ 个区间，数字图像的像素值按所在区间取整数，在大多数离散位置 $(i, j)$ 上得到的像素值不等于电信号函数值，从而引起量化误差。

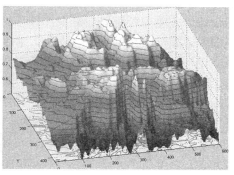

图 3-11　像素的数值分布

以上主要描述像素值的离散和数字化，都在模/数转换时完成，其中的离散过程即模/数转换器将连续电信号划分成 $k$ 个区间的过程，区间数量取决于量化位数；数字化过程对应于像素按传感器输出值和所在区间取整数，结果为非负的整数。除上述像素值的离散和数字化外，获得离散数据离不开空间位置的离散和数字化，此过程由扫描仪执行，按用户规定的分辨率划分成 $M$ 行、$N$ 列的栅格阵列，形成栅格表示的成像平面，这样就完成了空间位置的离散；扫描仪赋予每一个栅格以唯一的编号，该过程对应于空间位置的数字化。

### 3.4.4　数字成像技术

成像与印刷存在密切的关系，印刷的大多数结果来自成像过程。成像通常被定义为对象外在形式的表示或复制，特别是对象的视觉表示，例如图像的形成。根据成像原理的不同可以分类成不同的成像方法，包括：数字成像，以建立数字图像为最终目标，以扫描和数字摄影最为常见；医学成像产生人体或部分人体的图像，用于诊断或检查疾病；雷达成像需要使用成像雷达，利用成像雷达不仅可获得物体的位置和运动速度，也能够获得该物体的图像；复印成像指通过电子或机械的方法复制图文，电影拍摄、静止照片摄影和静电照相是复印成像的主要类型；光学成像涵盖相当宽的范围，利用紫外光、可见光和红外光等获得成像结果，使用的光源类型不同时，可成像的对象和成像结果也各不相同。

数字成像即数字图像捕获，指建立数字图像的过程，除利用各种类型的扫描仪捕获数字图像外，以物理场景数字成像最为典型，目前已全面替代胶片摄影。使用数字成像这一术语时常常假定隐含或者包括了与成像密切关联的过程，例如图像处理、图像数据压缩、成像结果保存、图像打印和显示等。从这种角度看，数字成像的综合性很强，以上列举的图像处理和图像数据压缩等都可以属于数字成像研究的内容。

20 世纪 60 年代到 70 年代期间，数字成像技术开始发展起来，那时的主要目的是避免胶片照相机操作方面的薄弱环节，由于科学和军事的需要启动数字成像研究。从开始研究数字成像到数字技术真正成熟的时间并不长，总共也就二三十年的时间，数字成像设备已经十分便宜，且价格越来越低，以至于取代了胶片摄影。

数字摄影技术正在大踏步地前进，其主要优点是数字成像结果（称为数字摄影照片）可以从物理场景直接建立，为此需要使用数字照相机或具有类似功能的设备。另一种产生数字图像的方法基于扫描仪捕获，成像精度往往高于数字摄影，图像来源也与数字摄影不同，通常来自模拟记录介质，例如彩色底片、摄影照片和印刷品等。许多技术性（具有技术意义）的图像需要通过非图像数据的复杂处理过程才能获得，捕获图像的设备也不同于数字照相机和扫描仪，比如计算机断层扫描设备、军事上使用的侧扫描声纳和雷达望远镜等特殊设备，非图像数据经过复杂的处理后转换成数字图像形式。气象雷达是非图像数据转换成图像形式最典型的例子，现代人对于电视新闻报道中天气预报节目出现的大气云图已经司空见惯了，电视机屏幕演示的天气图像是雷达映射的结果。

数字图像可以从几何模型计算而得，甚至由数学计算公式产生图像，以这些方式形成的图像或许更应该称为人工图像，颜色和层次变化需要使用称之为"渲染"的技术。

### 3.4.5　点阵数据与矢量数据变换

一般意义上的数据变换与计算机科学和统计应用有关。常规数学（例如初等数学的代数和几何，以及高等数学的微积分和场论等，不包括线性代数）以连续函数为研究对象，无须数据变换，或者根本就不存在数据变换问题；计算机处理的数据都是离散型的，即使计算连续函数时也要变换到离散域中执行，因而需要数据变换；统计应用涉及的数据往往也是离散类型的，一般的数据变换统计应用包括排序、分类和计算平均值等，更深入的数据分析和处理需要数理统计工具，例子有概率计算和数据分布估计等。

本小节的讨论主题当然与计算机科学有关，这种领域的数据变换可划分成以下两大主要步骤：首先是称为数据映射（Data Mapping）的过程，指数据单元从数据源映射到符合使用目标的数据，为此必须发生数据目标对于源数据的捕获；其次是生成数据编码，为此需要变换程序，以建立符合实际需要的数据，可以由计算机方便地执行。由于数字印前处理涉及的数据变换不改变数据性质，因而重新生成数据编码并无必要。

矢量数据由数学公式定义，需要数据时按定义对象的数学公式计算即可。因此，矢量数据变换以数学公式为主要工作对象，通常无须变换数据本身。从实际的角度看，数字印前更需要变换矢量数据描述的图形，例如对图形执行缩放、旋转和移动操作后如何描述新的图形。由此可见，服务于印前制作的矢量数据变换其实应该是图形变换，而图形变换的核心问题是变换导致的变化，包括位置、尺寸和形状等，解决这些问题并不困难。

数字印前领域确实存在更复杂的矢量数据变换，最重要的例子是图形的栅格化，从图形的数学公式描述变换到栅格点表示以及函数值到栅格点的正确定位。关于图形的栅格表示已经在矢量数据部分较为详细地讨论过，此处不再赘述。

点阵数据变换明显不同于矢量数据或图形变换，不可能通过改写数学公式的方法达到数据变换目标。由于点阵数据的特殊性，变换数据时必须逐个执行，且使用目标不同时变换结果的差异可能相当大。点阵数据变换以大规模为主要特征，为此需要比执行矢量数据变换更多的处理时间。举一个最简单的例子，图形从当前位置移动到其他位置时只需计算该图形到达目的地后的关键位置即可，比如圆形移动后只需知道圆心位置就可以了，只要圆的形状没有变化，则根据同样的数学公式就能得到新位置的圆形。

同样的例子用到点阵数据时就不同了，假定仍然变换圆形，由于描述圆形需要一系列的点，且仅仅描述圆形轨迹还不够，轨迹的周围像素也必须明确地定义，从而在变换点阵数据时涉及很大的运算工作量。变换圆形仅仅是点阵数据变换的简单例子，事实上点阵数据变换还必须承担更复杂和专业的任务。色彩调整或校正对数字印前应用来说是"家常便饭"式的操作，属于典型的点处理运算，但由于调整或校正的方法和目标不同，计算工作量往往要大大超过矢量数据变换；插值计算是增加或减少数字图像像素数量的唯一方便和实用的方法，为了提高图像的分辨率或增加图像物理尺寸，对于一个像素点的插值计算需要与周围像素结合起来考虑，这种操作称为区处理。

更复杂的点阵数据变换的例子有数字图像的半色调处理，尽管像素的半色调化也属于点处理的范畴，但由于从像素的多值表示到多个记录点描述是一对多的映射，因而不仅涉及复杂的数字半色调算法，也要判断不同半色调算法所得结果的优劣。

第四章

# 数字图像采集系统

数字图像采集系统可定义为用于从不同图像源捕获数字图像的硬件和软件的集合，典型例子有扫描仪、数字照相机以及数字照相机基础上集成的系统。仅仅光学部件和传感器等硬件无法完成图像捕获任务，数字图像采集必须有软件参与，例如扫描仪离开驱动软件无法工作、数字照相机缺乏内置软件的支持不能有效地输出拍摄结果。

## 4.1 数字成像的技术基础

发展到今天这样的程度，数字成像已经奠定了良好的技术基础，从传感器制造到系统的阵机集成，从光电倍增管发展到 CCD 和 CMOS 技术，从 Bayer 彩色滤波器阵列传感器到三层叠加光敏传感器，从三原色数字成像发展到多光谱成像等。

### 4.1.1 马赛克传感器

目前，消费电子产品市场的数字照相机多种多样，从结构简单的紧凑（卡片）型到单镜头反光数字照相机，其中绝大多数数字照相机的结构本质惊人地相同，成像原理基于马赛克传感器阵列完成从光信号到电信号的变换。

马赛克传感器是彩色滤波器阵列加 CCD 或 CMOS 传感器的总称，其中的 CCD 称为电荷耦合器件，而 CMOS 则是互补金属氧化物半导体的意思。因此，所有马赛克传感器都采用在传感器表面覆盖彩色滤波器阵列的结构形式，其主要优点表现在集分色和光信号捕获功能于一体，因而有时也称马赛克传感器为彩色滤波器阵列传感器。

既然马赛克传感器都要覆盖彩色滤波器阵列，则成像性能和质量应该主要取决于传感器类型了，但关于 CCD 和 CMOS 孰优孰劣的讨论似乎至今尚无定论。有人认为，如果从实用的角度考虑，比较 CCD 和 CMOS 传感器技术其实如同决定苹果和橙子何者更好那样，两者对用户来说都是好东西，关键在于如何扬长避短，通过应用表现各自的优点。

以 CCD 元件作为存储器的原始构想由美国贝尔实验室的 Willard Boyle 和 George Smith 两人共同完成，大约在 20 世纪 60 年代晚期，那时他们开始为计算机构想新型存储器电路。后来的研究表明，由于他们构想的存储器电路具有转移电荷以及与光产生光电交互作用的能力，因而也可应用于其他领域，例如信号处理和成像。对于新型计算机存储设备的早期期望可以说包罗万象，但绝大多数希望化为泡影。但幸运的是最后终于发现 CCD 作为图像传感器使用比存储器更重要，导致 CCD 成为满足各种电子成像探测器要求的候选者，具备替代胶片的能力，推动了数字摄影这一充满希望的领域。

有趣的是，几乎在探索 CCD 技术的同时也有学者在研究 CMOS 成像装置，但由于当时半导体加工工艺的限制，以至于 CMOS 成像装置的性能十分可怜。然而，按当时的技术水平和工艺条件，只要采用了最优的半导体制造工艺，已经有希望制造出低噪声、高均匀性和优异整体性能的 CCD 成像装置。技术发展的步伐不可能停顿下来，随着 CMOS 成像装置提到议事日程，设计者们意识到应该放弃原来的标准逻辑电路和存储器制造工艺，才能生产出低噪声的高性能 CMOS 成像装置，他们也开始针对 CMOS 传感器的特点采用最优的模拟和混合信号工艺，与 CCD 成像装置十分相似。

CCD 和 CMOS 传感器都用于承担数字成像必须的光电转换任务，从而应该执行相同的操作：①生成和收集电荷，此乃光信号转换到电信号的前提，生成和收集到的电荷数量与作用到传感器的光强度是否成比例衡量传感器的线性度；②测量收集到的电荷并转换成电压或电流信号，这种操作要求在传感器的电荷集聚期内完成，其结果是形成电荷包，所谓测量收集到的电荷指对于电荷包内的电荷数量计数；③输出结果信号，传感器的电荷集聚期结束后便进入电荷输出期，按电荷包内的电荷数量转换成电压或电流输出。

与传感器制造商没有利益关联的专家们认为，按目前 CCD 和 CMOS 传感器技术的发展现状，如果以容积衡量传感器的制造成本，则两者旗鼓相当。绝大多数使用传感器的领域以性能为主要考虑因素，这些领域的关键决策考虑并非 CCD 和 CMOS 孰优孰劣，而是与传感器将要承担的工作任务的适应性有关。

CCD 和 CMOS 传感器都以生成和收集信号电荷为首要任务，这种操作以像素为单位执行，为此需要确定按像素生成和收集电荷的装置，并确定电荷收集装置的结构，通常被称为像素设计，这对基于 CCD 和 CMOS 传感器构造的成像装置来说是相同的。像素设计可以在光门（也称光阀）和光电二极管间选择，光门的主要优势在于填充因子大，导致传感器像素可以利用更多的入射光子，这对传感器性能的充分发挥至关重要；光电二极管的结构比光门略为复杂，不会因多门结构而导致感光灵敏度下降，但对于那些传感器中所有像素的感光灵敏度都略低的区域，这种优点会有所偏离。

### 4.1.2 彩色滤波器阵列

即使不考虑 CCD 和 CMOS 的性能优劣，作为采集光信号并转换到电信号使用的关键成像部件，传感器必须捕获经分色处理的光信号，为此需要在 CCD 或 CMOS 传感器的表面覆盖彩色滤波器（滤色镜）阵列。早在 1976 年柯达的 Bryce E. Bayer 提出的彩色滤波器阵列（Bayer Color Filter Array）设计就已获得美国专利，采用图 4 - 1 所示的排列方案。

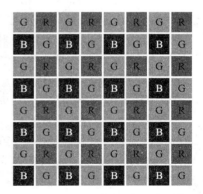

图 4 - 1 由 Bayer 提出的滤色镜
排列方案

图 4 - 1 当然不能代表彩色滤波器阵列的全部排列形式。举例来说，某些数字照相机不使用 RGB 滤波器而采用 CMY 方案，因为青、品红、黄滤色镜能透过更多的光线，有的数字相机甚至会增加第四种颜色做色光混合。无论采用何种方式来排列滤色镜，彩色滤波器数字照相机的每一个光敏传感器元件由于受滤色镜的限制而只能捕获一种主色信号，这成为所有彩色滤波器数字相机的共同特征。这样，经过红、绿、蓝滤色镜作用的 CCD 或 CMOS 传感器单元产生的色调值正比于到达相应传感器的色光强度。

之所以需要图 4 - 1 所示的彩色滤波器阵列结构，是由于传感器的单色本质，即电荷生成对所有的光波分量机会均等；传感器单色本质更深层次的原因在于 CCD 和 CMOS 传感器以硅片为关键材料，而硅片是无法区分红色光子、绿色光子和蓝色光子的。

从图 4-1 不难看出，按 Bayer 原理排列的彩色滤波器阵列形成马赛克结构，这种结构可以与传感器的像素单元形成对应关系。彩色滤波器覆盖到传感器表面的方案大体上有三种：①每一个传感器像素的上方以独立的彩色滤波器覆盖，这种方案看似简单，但如果对位置配准精度的要求很高，则实现起来并不容易；②称为复合滤波器，采用这种方案时彩色滤波器阵列通过芯片包上的覆盖玻璃形成马赛克传感器；③得名单片电路滤波器，其实际含义是彩色滤波器阵列直接覆盖到硅片上。

### 4.1.3　多重芯片棱镜分色系统

Bayer 彩色滤波器阵列并非数字摄影领域光信号分色的唯一选择，至少有其他分色结构取得过专利授权，例如 2000 年授予 Frank A. Duva 和 Andre P. Galliath 两人的美国专利，尽管按单元化离散电子元件阵列的名称申报专利，但多重芯片棱镜系统（Multiple - chip Prism System）更反映该专利的技术本质。由于这种分色元件阵列加工成芯片，以非导电的耐高温环氧树脂粘结到传感器集成电路表面，因而两者的组合仍然称得上马赛克传感器。

多重芯片棱镜系统借助于彩色通道直接分色产生图像，工作原理如图 4-2 所示。以分色棱镜构造的成像装置并非想象的那样复杂，其实相当简单。由于分色结果传递到传感器后与传感器的像素单元一一对应，从而使传感器的空间分辨率得以保持。

棱镜分色确实带来成像装置的简单性，但棱镜本身却并不简单，因为使棱镜与传感器对准粘结的工艺要求很高的精度，对准不良或精度不高的棱镜均会导致在数字图像内形成彩色

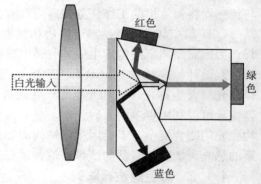

图 4-2　棱镜分色工作原理示意图

条纹，甚至有可能导致色度失真。理论上，传感器像素尺寸相同时多重芯片棱镜分色系统应该在低照度条件表现出更高的灵敏度，原因在于照度低条件下滤波器内的光损失应该更少，但付诸实施时这种优点未必总能体现出来。分束棱镜通常包含吸收滤波器，因为即使简单的折射也可能导致分色精度不够。

棱镜分色法容易引起光学系统的复杂化，以至于可能明显地限制照相机镜头选择。考虑到图 4-2 所示的棱镜分色系统需要附加光路，这对拍摄所得的所有彩色图像来说均会增加侧向和轴向失真的可能性，其中沿光轴方向的失真导致每一种颜色要求不同的焦距。尽管 CCD 传感器可以相互独立地移动每一种颜色的焦点，但侧向失真将对于每一种颜色产生不同的放大作用。如果采用了专门为多重芯片棱镜分色系统设计的镜头，则侧向和轴向失真现象是可以克服的，然而这种专用的照相机镜头很少，灵活性差，且价格昂贵。

### 4.1.4　以硅滤波器构造的传感器

长期以来，研究人员试图寻求不同的捕获主色光谱信息的方法，产生了 Bayer 彩色滤波器阵列和多重芯片棱镜分色技术，其他方法也从未放弃过，例如制造传感器的硅质材料本身作为分色滤波器使用。由于可见光的长波分量（红色）比短波分量（蓝色）能够穿透硅更多的深度，因而借助于硅片彼此堆叠的方法可以在硅作为传感器主要材料的同时用作滤波器，这种结构已经在 Foveon X3 传感器上实现。客观地说，以硅作为滤波器使用的思想并不新，例如柯达早在 20 世纪 70 年代就获得专利授权，遗憾的是从未进入市场。

Foveon 公司设在美国硅谷，由加州理工学院著名固体物理电子和大规模集成电路设计专家 CarverMead 教授创办于 1997 年，公司名字源自生理学名词 Fovea Centralis，视网膜中央下凹（视线最集中敏感的地区）之意。五年后的 2002 年，公司公布了 X3 技术。

Foveon X3 传感器性质上属 CMOS 图像传感器之列，由美国国家半导体公司和 Dongbu 电子有限公司设计，用于数字照相机信号捕获，现为 Sigma 公司的分支机构。该传感器采用光点（像点）阵列布置方案，每个光点阵列由三层垂直堆栈（结构如图 4-3 所示）的光电二极管构造而成，组织成二维的栅格排列（图 4-3 中无法画出）。

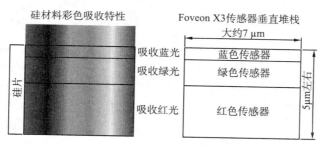

图 4-3 Foveon X3 传感器光谱吸收原理与结构示意图

Foveon X3 传感器三层堆栈中的每一层对不同波长的光作出响应，这意味着每一层光电二极管堆栈具有不同的光谱灵敏度曲线，原因在于不同波长的光将贯穿这种光电二极管堆栈硅半导体材料的不同深度。完成光信号捕获后，再由数字照相机的电子线路处理来自三层光电二极管堆栈的信号，得到最终的红、绿、蓝三种加色主色图像数据。

图 4-3 之右用于说明 Foveon X3 图像传感器的分层结构，意味着每一个输出像素的硅半导体薄片划分成三层传感器，按传感器各主色的光吸收水平探测颜色，确定由传感器描述的红色、绿色和蓝色的纯度和色彩强度。事实上，使用 Foveon X3 传感器的照相机报告的每一个输出像素的属性决定于照相机内置的图像处理算法，根据光电二极管堆栈感受到的"数据"以矩阵运算构造出各 RGB 颜色。

由于 Foveon X3 传感器三层堆栈硅片的深度小于 5μm，因而聚焦和色度失真效应可以忽略不计。考虑到最深层次红色传感器层对光子的收集深度与其他类型的 CMOS 和 CCD 传感器收集深度，所以在长波区域可能发生一定程度的电子漫射和清晰度损失。

### 4.1.5 两种传感器的性能比较

目前，消费电子产品市场的数字照相机大多采用 Bayer 彩色滤波器阵列传感器（下面简称为马赛克传感器），占有绝大多数的市场份额；基于 Foveon X3 传感器构造而成的消费级数字照相机市场份额很小，仅 Sigma 一家公司提供。尽管如此，考虑到马赛克传感器和 Foveon X3 传感器的基础结构差异相当大，对两者作简单的比较是必要的。

马赛克传感器的每一个像素按 Bayer 原理在传感器的上方覆盖红、绿或蓝单色微滤色镜，用于记录入射光线中某一种主色光的强度值，这种传感器的显微结构如图 4-4 所示。根据感光材料对入射光线中不同波长成分的敏感程度，马赛克式传感器的红、绿、蓝像素比例分别确定为 25%、50% 和 25%，最终形成的彩色图像每个像素的 RGB 值由数字照相机内置的图像处理算法根据该像素周围像素色光的光量模拟计算而得。

Foveon X3 传感器与马赛克传感器的操作特点很不相同，该传感器利用硅对于不同波长光线的吸收特性沿垂直方向分别记录红、绿、蓝色光的强度值，其中蓝色光在离硅基板表面 0.2μm 处吸收，离硅基板表面 0.6μm 处吸收绿色光，而红色光则在离硅基板表面大约 2μm 处吸收。由此可见，这种传感器的每一个像素记录了完整的色光信息，无须通过去马赛克算法模拟实际的色光强度，工作原理与胶片感光很相似。以 Foveon X3 传感器捕获光信号时，每一个像点与各光电二极管堆栈的输出水平有关，三层堆栈中各光电二极管捕获的信号组织起来，即得到 Foveon X3 传感器的 RGB 输出颜色值。

图 4-4　马赛克传感器的显微结构

由此可见，上述两种传感器的操作过程很不相同，导致几种明显不同的结果。

由于 Foveon X3 传感器无须去马赛克处理就能产生全彩色图像，不存在马赛克传感器容易产生的彩色锯齿效应，也就不需要抗混叠滤波器减轻这种彩色膺像，原因在于 Foveon X3 传感器每一种主色的光电二极管几乎不发生混叠现象，通过显微镜头在特定的区域集成图像，面积与传感器排列间隔几乎一样大，从而消除了引起彩色锯齿效应的可能性。

Foveon X3 传感器与马赛克传感器的另一区别表现在前者可以检测出更多进入照相机的光子，马赛克传感器的光子检测能力不如 Foveon X3 传感器。原因在于彩色滤波器覆盖在传感器的每一个光点上，仅一种主色光通过，其他两色被吸收；由于吸收掉了两种主色成分，导致传感器收集的总光量减少，使撞击到传感器单元上的大部分色光信息遭到破坏。虽然 Foveon X3 传感器具有更强的光线收集能力，但各层对于相应颜色的清晰度响应与理想状态仍然有区别，为此需要以矩阵运算指示传感器原始数据的色彩信息，以便在标准色彩空间中产生彩色数据，但可能在低光状态下增加颜色的噪声。

两家独立于数字照相机制造商的评价机构执行的测试结果表明，配备 Foveon X3 传感器的 Sigma SD10 照相机以较高的 ISO 等价速度拍摄时，比某些马赛克传感器单镜头反光数字照相机出现更多的噪声感，以色度噪声表现得特别明显。另一家评估机构认为，配备 Foveon X3 传感器的数字照相机若曝光时间较长，则噪声感会随之增加。然而，这些评估机构对于噪声是否由 Foveon X3 传感器的固有属性或照相机图像处理算法引起未表明态度。

### 4.1.6　成像方法

成像方法往往与传感器结构有密切的关系，下面以 CCD 传感器为例加以说明。

交插转移 CCD 结构（Interline Transfer CCD Architecture）可以补偿帧转移 CCD 的许多缺点，成像装置对传感器的每一个像素单元结合使用相互独立的光敏二极管以及相关的并行读出 CCD 存储区域形成复合结构；两个区域的功能以金属性蒙版结构隔离，放置到光屏蔽范围内，以并行的方式读出 CCD 单元捕获的信息。

像素被蒙住的区域沿光敏二极管定位，以交替并行阵列横跨 CCD 阵列垂直轴长度，阵列中的光敏二极管组成图像平面，通过照相机或显微镜头等光学元件收集投射到 CCD 表面的光子。收集结束后的图像数据由图像阵列转换成电压信号，再以并行转移的方式使数据快速移位到每一个像素单元的邻近 CCD 存储区域，像素单元的存储部分用作灰度等级单元簇，以不透明的蒙版覆盖每一个 CCD 的红色、绿色和蓝色光敏二极管单元；这些像素单元组合起来，以形成从串行移位寄存器到阵列栅格顶部的垂直列。

帧转移 CCD 传感器（Frame Transfer CCD）具有类似于全帧 CCD 的结构，这些器件包含的并行移位寄存器划分成两个独立而几乎相同的区域，分别称为图像阵列和存储器阵列。这种传感器的图像阵列由光敏二极管寄存器组成，用作图像平面，如同交插转移 CCD 结构那样也通过照相机或显微镜头收集投射到 CCD 表面的光子。代表图像数据的光子收集结束后利用图像阵列转换成电压信号此后数据快速地从图像阵列并行地转移（移位）到存储器阵列，为串行移位寄存器读出作好准备。大多数帧转移 CCD 结构设计方案的存储器阵列没有光敏性，某些阵列也不配备集成光线屏蔽装置，能够在全帧或帧转移模式下运行。

借助于机械快门的作用，帧转移 CCD 能用于快速捕获两幅有前后关系的图像，对要求在不同发射和激励波长下同步捕获图像的某些领域具有特殊的意义。帧转移 CCD 结构的主要优点表现在传感器无须快门或同步选通照明就能够运行，有利于提高工作速度，获得更高的帧速率。帧转移 CCD 结构的主要缺点是容易引起图像拖尾，且制造成本也较高。

全帧 CCD 结构（Full Frame CCD Architecture）以高密度像素阵列为主要特征，能够产生目前技术条件下最高分辨率的数字图像。由于这种传感器结构设计简单、可靠性高和容易制造的优点，导致全帧 CCD 结构的流行，历来为传感器元件制造商所广泛采纳。全帧 CCD 的像素阵列由并行移位寄存器和串行移位寄存器等组成，通过照相机镜头或其他光学元件以光学方式将图像"投射"到并行移位寄存器；像素阵列中的所有光敏二极管共同作为图像平面，在照相机曝光期间探测光子，整个图像的一小部分"存放"到对应的像素单元内，四个覆盖红、绿、蓝三色彩色滤波器的 CCD 构成像素单元。

全帧 CCD 结构的填充因子高达 100%，因而从曝光到被拍摄物体成像期间整个像素阵列都用于探测入射光子。全帧像素阵列尺寸通常取 2 的幂，例如 512 × 512 像素、768 × 768 像素和 1024 × 1024 像素等，以简化像素阵列的存储器映射过程和图像处理算法。由于像素阵列用于图像信号探测和读出，所以必须利用机械快门或同步选通照明防止大多数曝光周期内的拖尾效应。并行寄存器读出期间光敏二极管受到连续的照明时容易引起拖尾，且拖尾效应沿穿过并行阵列的电荷传输方向。

三次顺序通过彩色 CCD 成像（Sequential Three – Pass Color CCD Imaging）系统利用旋转色轮捕获三次连续曝光信息，以获得彩色数字图像所必须的 RGB 色彩特征，如图 4 – 5 所示那样。三次顺序通过彩色 CCD 成像技术的主要优点体现在可以充分利用 CCD 成像芯片整个像素阵列的能力，采用每次通过一种主色分量的方法。

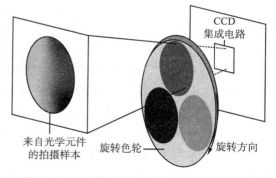

图 4 – 5　三次顺序通过彩色 CCD 成像结构

基于硅材料的 CCD 传感器缺乏通过入射光子区分像素单元彩色信息的能力，即使改变通过 CCD 器件的电磁辐射能量，也不能借助于波长的大小确定彩色分量，因为如此产生的自由电子和空穴对彩色分量是不敏感的。典型顺序彩色成像系统的设计方案和工作原理已经在图 4 – 5 中给出，图中表示红色滤波器处于工作状态，来自镜头等光学元件的红色光分量通过滤色镜照射到 CCD 传感器表面。这种技术的主要优点在于能够充分利用 CCD 传感器芯片的像素阵列，获得最高的 CCD 传感器分辨率，与 CCD 阵列的尺寸相等。

三次通过捕获所有的图像信息后，彩色信息脱离芯片并重新组合，处理方式如同其他

CCD 结构那样。这种系统的主要缺点是需要相对长的曝光时间，才能累积彩色成像必须的三种彼此独立的彩色阵列，要求被拍摄对象几乎处于静止状态，且要求旋转色轮机械部件在工作时没有振动。与一次捕获色彩信息的照相机相比，三次顺序通过彩色成像 CCD 系统的色轮相位只能缓慢地改变，分辨率很难提高。然而，目前这种成像方法的大量应用结合使用快速切换的液晶阵列屏幕捕获三种主色，在几个毫秒的时间内就可以完成，从而加快了三次顺序通过彩色 CCD 成像结构的推广速度，尽可能避免机械振动风险。

### 4.1.7 多光谱成像

自从摄影技术发明以来，大多数博物馆采用传统的胶片摄影术捕获艺术家的作品。发展到数字成像高度成熟阶段后，艺术品的数字存档依赖于扫描仪或数字照相机。胶片摄影具有高分辨率的优点，能产生最佳的明度（阶调）复制效果，主要缺点是彩色质量较差。胶片摄影结果由基于三原色信号捕获的扫描仪或数字照相机转换到数字图像后，阶调和色彩信息必然进一步减少，以至于与画家原作相去甚远。

由于多光谱成像（Multi - spectral Imaging）技术的出现，胶片摄影加三原色数字成像的缺点可能要画上句号了，例如英国国家美术馆已经开发形成的多光谱数字成像系统和 IBM 的色度扫描仪。英国的多光谱成像系统使用 7 个光谱通道、量化位数 12 的数字照相机，安装到特殊的扫描设备上，可以覆盖大多数尺寸很大的油画等艺术品。经过合理的信号和空间处理后，这种多光谱成像系统输出按 10 位量化的 L ＊ 以及 11 位量化的 a ＊ 和 b ＊ 信号，组建成特殊的彩色图像。至此，可以说英国国家美术馆已经能成功地实现各种类型艺术品的色度图像存档，并以多光谱成像技术为欧洲的其他国家提供服务，在预先定义的彩色复制质量要求和观看条件下精确地在屏幕上显示，或通过硬拷贝设备输出。

目前，大多数博物馆和美术馆以常规技术捕获彩色图像，此后通过 Photoshop 调整图像的阶调和颜色。这种以视觉判断为基础的调整可以产生令人愉快的结果，但按照色彩精度衡量往往令人无法接受，并非科学的态度，更像手艺的运用。

Francisco H. Imai 等人在接受美国国家美术馆多光谱成像课题时发现，英国国家美术馆开发的多光谱成像系统过于复杂，为此提出了两种不同于英国国家美术馆的多光谱成像方案，据说系统复杂性比英国国家美术馆明显降低。方法之一是基于宽带图像捕获技术，结合使用大量的着色滤波器或不同的着色光源，系统捕获的图像通过先验的着色剂信息转换到"光谱反射率"图像。第二种方法采用窄带图像捕获系统，尽管与第一种方法相比需要耗费更多的时间，但系统的性能表现更稳定，无须有关着色剂的先验知识。

课题组成员决定以美国国家美术馆馆藏的 1889 年梵高自画像检查方法的可行性，方法之一实现时采用行扫描照相机扫描背与玛米亚 4 寸和 5 寸常规照相机的组合加柯达明胶滤色镜，卤素灯照明，利用偏振光学元件降低镜面高光反射，可捕获 12 位多通道图像，但成像质量之差超过原先的预料。方法之二在实现时动用了黑白卤化银负片，利用液晶场效应滤色镜衰减胶片的高速曝光速度，显影后的胶片通过尼康 Super CoolScan LS - 2000 扫描仪转换到数字图像；根据对梵高自画像的分光光度测量结果确定用六种颜料配制成墨水，以六色喷墨打印机输出数字图像，再测量喷墨图像后发现光谱特性与梵高自画像相似。

为了验证方法二（窄带方案）的可靠性，课题组确定用更专业的多光谱成像系统对梵高自画像作数字化转换，为此使用了 IBM 的中等分辨率多光谱数字摄影系统，得到经过暗电流校正的 12 位量化数字图像；多光谱成像系统捕获的多通道图像与 IBM 色度照相机拍摄的三原色色度图像组合起来，最后以 Epson Photo Style 1200 六色喷墨打印机复制组合所得彩色图像，除 CMYK 四色墨水外另加橙色和绿色墨水，精度达到 $0.12\Delta E^{*}94$。

## 4.2 数字照相机

数字照相机的诞生、成熟和大规模应用，以不可思议的速度发展；数字照相进入寻常百姓之家，意味着胶片摄影时代的终结。数字图像捕获质量的不断提高，更使得数字摄影成为数字图像除扫描仪输入外的另一重要来源，某些方面甚至出现代替扫描仪的趋势。

### 4.2.1 分类

数字照相机能够完成对胶片照相机来说无能为力的任务，比如图像记录完成后立即在屏幕上显示，在尺寸很小的记忆卡上保存几千幅图像，记录带有声音的视频，删除图像以释放存储空间等。数字照相机还可以结合到其他设备使用，范围从个人数字助手和移动电话（常称之为照相电话机）到车辆，甚至哈勃宇宙望远镜和其他天文设备本质上同样属于数字照相机，仅数字照相机针对应用的特殊设计方面有区别而已。当然，由于数字照相机的结构和类型不同，功能也各不相同，图像捕获质量甚至有天壤之别。

紧凑型数字照相机在消费电子产品市场最为常见，人们因这种数字照相机的形状类似卡片而称之为卡片机。由于紧凑型数字照相机的尺寸设计得相当小，便于携带，特别适合于偶然事件和快照拍摄，由此而得名"瞄准拍摄"照相机。

在所有的数字照相机类型中，卡片机的尺寸最小，厚度往往小于 20mm；有些紧凑型数字照相机比喻为小巧玲珑也不为过，甚至可称之为超紧凑数字照相机。这类照相机通常设计得容易使用，但以牺牲先进的功能和图像质量为代价，换得照相机的紧凑性和简单性，拍摄结果往往只能保存为 JPEG 一类的有损压缩图像文件格式。

大多数紧凑型数字照相机内置低功率的光灯，足以拍摄近距离对象；由于紧凑型数字照相机大多配置活动图像预览屏幕，非常适合于缺乏摄影知识的消费者使用。尽管具有宏能力，但紧凑型数字照相机拍摄活动图像（视频）的能力有限；某些紧凑型数字照相机可能提供聚焦功能，即使如此往往也不如过渡型和单镜头反光数字照相机。紧凑型数字照相机的主要优点之一是景深较大，允许拍摄较大距离范围内的对象。

得名 Bridge Camera 或类单镜头反光照相机（SLR-like Camera）的原因在于这种设备介于紧凑型和单镜头反光数字照相机之间的过渡性，无论从外形、结构、图像捕获质量和价格等方面均具有过渡特点。过渡型数字照相机通常配备所谓的超聚焦（Superzoom）镜头，提供相当宽的聚焦范围，典型范围在 $10:1\sim18:1$，但以某种程度的图像画面的几何失真为代价，包括桶形失真和枕形失真，具体的失真程度与镜头质量有关。

既然过渡型数字照相机介于紧凑型数字照相机和单镜头反光数字照相机之间，图像捕获质量接近单镜头反光数字照相机，因而这种数字摄影设备已经有资格归入到较高端的数字照相机之列。从图 4-6 所示的富士 FinePix S9000 照相机看，过渡型数字照相机的外形类似于单镜头反光数字照相机，确实具备某些单镜头反光数字照相机的先进功能，但拍摄操作仍然具有紧凑型数字照相机的基本特点，最反映本质的是传感器尺寸小。

过渡型数字照相机缺少单镜头反光数字照相机必须具备的镜面和反光系统，仅仅安装固定镜头，即不可交换的镜头，因而通常用于拍摄带声音的视频，场景由液晶显示屏或电子寻像器看到的画面构成；某些过渡型数字照相机可能提供用于广角或远摄镜头转换的适配器，可以附加到主镜头上，但毕竟与单镜头反光数字照相机不同。这种数字照相机的操作速度往往比真正的单镜头反光数字照相机慢，不过这并不妨碍它们有能力捕获质量良好的图像。某些高端型号的过渡型产品的分辨率可以与低档乃至于中等范围的单镜头反光数字照相机媲美，不少型号甚至可以保存 RAW 格式图像。

单镜头反光数字照相机在胶片单镜头反光照相机的基础上设计而成，尽管结构比紧凑型数字照相机复杂得多，比过渡型数字照相机也要复杂一些，从外形或许看不出来，但性质上属于数字照相机是毫无疑问的。由于这种数字照相机十分重要，故专设一小节讨论。

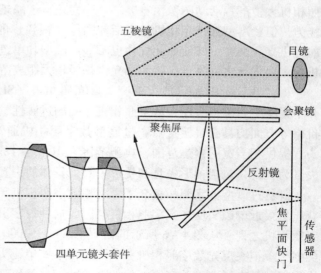

图 4-6　过渡型数字照相机的例子

### 4.2.2　单镜头反光数字照相机

单镜头反光数字照相机的基本工作原理如下：出于观察被拍摄对象的考虑，通过附加镜头入射到镜面的光发生反射，光线的行进方向与镜面垂直；从镜面反射的光经过五棱镜的两次反射，调整到与摄影者眼睛的观察角度匹配；在曝光期间，镜子套件向上摆动，如果摆动停止下来或者摆动幅度比开口宽度小，则光圈变窄，快门打开，使镜头能够将光线投射到图像传感器上；此后，第二次快门动作盖住图像传感器，意味着曝光过程结束，镜子在快门复位的同时降低其位置。以上镜子向上翻转的周期称为反光镜中断或黑视，快速作用的镜子和快门与照片拍摄动作同步，不存在任何的延时。

所有上述动作自动地发生，时间周期控制在几毫秒之内。单镜头反光数字照相机根据这种时间概念设计，可以在 1s 的时间内重复完成大约 3~10 次组合动作。

与紧凑型数字照相机不同，单镜头反光数字照相机内的镜子排列方式通常排除了照片拍摄前从液晶显示屏上观看场景的能力。尽管如此，在特定的限制条件和光学寻像器（反光镜）丧失能力的情况下，许多最近推出的单镜头反光数字照相机提供在拍摄前预视场景的功能，允许将液晶显示屏用作寻像器，方式与常规的紧凑型数字照相机类似。

单镜头反光数字照相机利用镜子在寻像器内显示将要被捕获的图像，光学组件的横截面（侧视图）如图 4-7 所示，工作原理如下：来自被拍摄对象的光线通过四单元镜头套件，光线入射到反射后发生反射并进入五棱镜；反射镜必须与入射光线或镜头套件轴线形成准确的 45°角关系，光线在进入五棱镜前先投射到表面"粗糙"的聚焦屏幕上；此后，来自聚焦屏幕的光线通过会聚镜的作用形成聚焦光束，进入五棱镜后将发生两次内部反

图 4-7　单镜头反光照相机光学系统横截面

五棱镜
目镜
会聚镜
聚焦屏
反射镜
焦平面快门
传感器
四单元镜头套件

射，被拍摄图像在目镜的作用下投射到摄影工作者的眼睛，实现寻像器功能。

单镜头反光数字照相机通常使用下述三种聚焦方式：首先是自动聚焦，为此需按下数字照相机的 AF 按钮，与自动聚焦胶片照相机的工作原理相似；方法之二采用所谓的半步聚焦，即通过按下快门一半的方法达到聚焦效果，紧凑型数字照相机用得更多；第三种方法基于手动操作，拍摄者通过旋转镜头筒身调节环的方法实现手工聚焦。

完成图像拍摄后，反射镜按图 4 - 7 中箭头所示的方向向上摆动，此时焦平面快门打开，被拍摄图像投射到传感器上，并由传感器捕获；上述动作完成后焦平面快门关闭，反射镜返回到原来位置，与四单元镜头组件重新形成准确的 45°夹角，等待下一次曝光。

现在已经可以对单镜头反光数字照相机配备"实况"预视功能了，预视图像取景时使用光学寻像器或液晶显示器。大多数摄影爱好者更喜欢使用显示器，光学寻像器在某些场合对操作者不方便，拍摄者必须尽可能贴近照相机并通过光学寻像器观看被拍摄对象。以水下摄影为例，单镜头反光照相机应该封闭在防水的塑料套内，此时更适合于通过显示屏取景。使用"实况"预视的缺点之一，在于无法应用相位检测自动聚焦系统，为此非单镜头反光数字照相机只能采用对比度更低的聚焦系统。

某些单镜头反光数字照相机的"实况"预视系统利用主传感器为液晶显示器提供被拍摄图像，工作方式与非单镜头反光数字照相机（例如卡片机）类似；有的"实况"预视系统采用不同的设计原则，由第二组传感器提供预视图像。以第二组传感器形成"实况"预视图像可能形成下述优点：首先，曝光和提供"实况"预视图像要求主传感器连续工作，热量堆积变得很难避免，从而导致最终图像内出现附加噪声；其次，由于主传感器和第二组传感器各自承担不同的任务，因而自动聚焦速度更快。

大多数入门级单镜头反光数字照相机使用五面镜，代替传统的五棱镜。五面镜大多采用塑料，因而比五棱镜的重量更轻，制造成本自然也更低，寻像器内产生的图像更暗。

### 4.2.3 数字照相机的工作流程

专业杂志和相关国际标准倾向于使用 Digital Still Camera 的称呼，即数字静止照相机之意。这种数字摄影设备的工作原理很不同于传统照相机，后者利用化学反应捕获图像，通过药膜层使图像定影到胶片。传统摄影用胶片表面的药膜由含银的盐类物质（卤化银）构成，卤化银颗粒对光线产生的量子效应有很高的灵敏度，代表场景构成特征的光强度的空间变化撞击到胶片，形成明暗变化的摄影照片。

数字照相机的成像原理基于光电转换元件，也称为图像传感器或光敏检测器，数字照相机利用图像传感器捕获代表场景特征的光强度的空间变化，传感器将光信号转换到模拟电信号，再转换到数字信号，此后利用图像处理算法重构由传感器提供的数据，按空间采样次序组织成数字图像，马赛克传感器数字照相机的整体工作流程如图 4 - 8 所示。

CCD 和 CMOS 这两种传感器制造技术都已发展得很成熟，目前的倾向

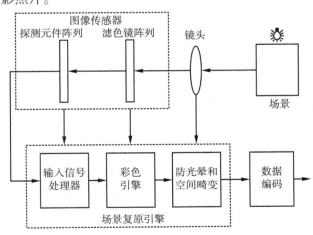

**图 4 - 8 数字照相机的工作流程**

性意见认为，随着成像性能的不断改善，预计CMOS未来将使用得更普遍，但在高端数字照相机市场可能无法替代CCD传感器，因为CCD对微小的光强度变化十分敏感。

完成光电变换后，数字照相机的场景复原"引擎"读出图像的每一细胞，即保存在CCD或CMOS传感器内的累积电荷。对CCD传感器来说，电荷沿芯片传输，在CCD阵列的某一个角上读出，由模/数转换器从代表像素明暗的电压值变换到数字值。对大多数CMOS传感器而言，对应于每一个像素有多个晶体管，对转换所得电信号作放大处理，通过数量众多的导线移动电荷。由于代表像素值的电荷可以各自独立地读出，因而CMOS方法的灵活性要更高些。考虑到CCD的制造工艺相当特殊，沿芯片传输电荷时不会发生畸变，从高保真度和光灵敏度两方面确保高质量成像效果。以常规工艺制造的CMOS芯片与集成电路没有原则区别，可以在相同的硅生产线上加工而制造成本低廉，与CCD相比极其便宜。

### 4.2.4 数码背的意义

当数字照相机变得越来越普及时，许多摄影工作者纷纷提出问题，即他们的胶片照相机能否转换到数字照相机。答案既肯定也否定。对大多数35mm胶片照相机来说，答案是否定的，因为改装工作量大，且成本太高，特别是镜头与照相机的匹配问题。为了将大多数部件转换到与数字照相机的工作方式相适应，必须有足够的空间安装电子器件和预览拍摄效果的液晶显示屏，且应该去除胶片照相机的背面，才能安装数字装置。

数字照相机背俗称数码背，并非简单地将胶片单镜头反光照相机的机身直接用到数字照相机就可以了，必须按数字摄影的成像原理和工作特点结合起来。

数码背是一种特殊的装置，它依附于照相机的后背上，位置与传统照相机的底片夹一致，其中包含可捕获电子图像的传感器。例如，图4-9给出了尚未装配的柯达DCS 420数字照相机，由改进后的尼康N90机身（左）和数码背（右）组成。配置数码背的照相机使原来针对胶片设计的照相机具备数字摄影能力，形成专业级的数字摄影设备。

图4-9　胶片照相机机身加数码背的例子

许多早期单镜头反光专业数字照相机从35mm胶片照相机发展而来，例如NC2000和柯达DCS系列。由于技术水平的限制，那时还没有数码背的概念，照相机的机身只能安装到尺寸更大的数字装置上，后者的尺寸比照相机自身还要大。这类单镜头反光数字照相机在制造厂装配，并非零配件市场的改装结果。

值得注意的例外是称之为EFS-1的数字装置，由Silicon Film公司在1998~2001年期间开发而成。这种数字装置用于插入到胶片照相机内，代替胶片捕获图像，照相机的信息捕获能力达到1.3兆像素分辨率，可以拍摄24幅数字图像。以该数字装置装配而成的单镜头反光数字照相机证明了它的价值，于是有了Silicon Film公司2002年再一次推出的EFS-10数字装置，分辨率达到10兆像素，成为真正意义上的数码背了。

符合数码背概念的单镜头反光数字照相机如图4-10所示。开始时只有少数35mm胶片照相机由制造商生产与其配套的数码背，莱卡成为提供数码背的著名例子。中等规格和大规格照相机通常指可以安装35mm以上尺寸的胶片，这类胶片照相机的产量很少，配套用数码背的制造成本甚至超过 1 万美元，这些照相机倾向于高度模块化设计，为满足各种应用需求而提供各自独立的操作手柄、胶片背、卷片机构和镜头等。

图 4－10　符合数码背概念的单镜头反光数字照相机

之所以需要数码背的理由，是因为尽管数字照相机的使用方式更先进，但利用胶片照相机拍摄数字图像的能力具有许多优点。一方面，同一架照相机既可以用于胶片拍摄，也能实现数字摄影，这当然是人们良好的愿望；另一方面，带有先进功能的照相设备在数字照相机上却尚未实现，例如具备同时拍摄胶片和数字图像能力且可以立即观看拍摄结果的设备。有了适用于所有记录介质和大规格照相机的数码背，已经大量投资于胶片照相设备的用户可以转换到数字拍摄方式，可以继续使用自己喜欢的照相机和熟悉的工具。

### 4.2.5　数字图像捕获方法

自从数码背进入实际应用后，出现了三种主要的图像捕获方法，基于 Bayer 技术的每一种捕获方法都建立在传感器与彩色滤波器硬件配置基础上。

数码背通常使用扫描和非扫描两种传感器排列方式。其中，传感器以非扫描方式排列的数码背配置类似于大多数其他数字照相机使用的光电转换器件，组织成正方形或矩形像素阵列。传感器按扫描方式排列的数码背操作方式更类似于典型纸质文档扫描仪，由成像用传感器窄条组成，工作时沿图像区域移动，如同平板扫描仪传感器阵列对原稿扫描那样。传感器的排列方式与图像捕获方法关系相当密切，由此产生了三种主要捕获方法。

第一种捕获方法通常称之为一次拍摄，即数字照相机图像传感器的曝光次数，这里的曝光指光线通过数字照相机镜头后作用于图像传感器，类似于光线通过传统照相机镜头后对于胶片的曝光作用。一次拍摄图像捕获系统可能使用带有马赛克类型 Bayer 排列彩色滤波器阵列的 CCD 图像传感器，或使用三组相互独立的图像传感器，每一组传感器捕获的信息对应于红、绿、蓝加色主色之一。由于三组传感器负责捕获各自对应的主色强度或色调，因而来自场景的光线需要由滤色镜分解成各主色分量，曝光到传感器后分别捕获各自的主色信号，由数字照相机内置的软件组合成为彩色数字图像。

数字照相机的第二种图像捕获方法得名多次拍摄，因为在该捕获方式下传感器按三次或多次镜头光圈打开的次序曝光，形成数字图像。目前有几种应用多次拍摄技术的实现方法，其中最常用的方法是使用带有三个滤波器的单个图像传感器，每一个滤波器对应 RGB 主色之一，放置在传感器的前面，依次从被拍摄场景获得加色主色信息。另一种多次拍摄方法利用带有 Bayer 滤波器排列的单个 CCD 传感器，在镜头的聚焦平面上移动传感器芯片的物理位置，以多次捕获的图像数据"拼装"成高于 CCD 传感器分辨率的数字图像。上述两种多次拍摄实现技术组合起来便产生第三种版本，但芯片上没有 Bayer 滤波器。

第三种方法称为扫描，因传感器在镜头焦平面上移动而得名，工作方式与台式扫描仪传感器十分相似。以线性排列或三次线性排列的传感器仅使用一行光电探测器，或使用对应于三种加色主色的三行光电探测器。在某些场合，扫描动作借助于旋转整个数字照相机得以实现，这种数字旋转行传感器照相机提供很高的整体分辨率。

对于给定捕获方法的选择很大程度上由数字照相机的主要用途决定。除一次拍摄数字照相机外，试图捕获移动对象并不合理。尽管如此，多次拍摄数字照相机也可以实现相当高的色彩保真度，捕获图像的分辨率可能很高并形成很大数据量的文件，配置扫描背的多次拍摄数字照相机对商业摄影工作者同样有吸引力，用于拍摄静止对象和大规格照片。

### 4.2.6 结构与传感器尺寸效应

单镜头反光数字照相机使用的图像传感器按制造成本和目标市场组织生产，由于目标市场和成本控制的要求不同，因而传感器尺寸大小也不同。尽管数字摄影技术产生的时间不长，但成熟得却相当快，形成了尺寸范围不同的图像传感器序列。尺寸较大的传感器通常用于中等规格的数字照相机，以通过数码背与照相机配合使用最为典型。

与紧凑（卡片）型数字照相机相比，通常情况下单镜头反光数字照相机使用的图像传感器尺寸要大得多，比过渡型数字照相机的传感器尺寸也明显大。例如，柯达的 KAF 3900 型传感器尺寸达到 50.7mm×39mm，而许多紧凑型数字照相机则采用 1/2.5 英寸传感器，面积仅全帧（亦称全幅）传感器成像面积的 3% 左右，即使号称高端紧凑型数字照相机的传感器尺寸也不大，例如佳能 PowerShot 和尼康 CoolPix 分别采用成像面积大约等于全帧面积 5% 和 4% 的图像传感器。由于传感器尺寸的不同，拍摄效果也各不相同。

除中等规格（尺寸最大）单镜头反光数字照相机外，最大尺寸传感器更适合于配置成全帧画面，成像面积与 35mm 传统胶片照相机（使用 135 胶片）相当，标准图像格式（尺寸）或面积为 24mm×36mm。具有全帧成像面积能力的传感器通常用于价格相当昂贵的单镜头反光数字照相机。大多数现代单镜头反光数字照相机采用尺寸更小的传感器，即通常称之为 APS-C 尺寸的传感器，成像面积近似于 22mm×15mm，比 APS-C 胶片成像面积尺寸略微小一些，大约是全帧图像传感器成像面积的 40%。单镜头反光数字照相机使用的其他传感器尺寸还有四分之三系统，全帧画面尺寸的 26% 左右，大约为 SPS-H 传感器全帧画面的 61%，基本上相当于另一种著名传感器 Foveon X3 全帧画面 33% 的成像面积。图 4-11 给出了数字照相机传感器的相对尺寸，从中也可以理解为何数字照相机价格相差悬殊。

传感器尺寸往往决定图像质量，因为大尺寸传感器成像时的噪声低，而感光灵敏度则更高，导致捕获的数字图像色调值更准确，从而有利于得到更宽的动态范围。此外，传感器尺寸也与景深有关，尺寸越大的传感器导致越"浅"的景深。所有紧凑（卡片）型数字照相机和大多数单镜头反光数字照相机配置的传感器尺寸通常小于 36mm×24mm 画面尺寸的 35mm 胶片，这必然会影响捕获图像的高宽比和照相机的使用方式。

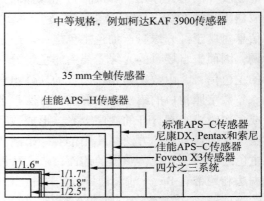

图 4-11　数字照相机传感器相对尺寸

当光圈尺寸给定时，随着成像区域面积缩小，照相机和镜头组合的景深范围增加。由于紧凑型数字照相机的设计目标是快照型画面拍摄，虽然照相机的成像面积缩小，但由于导致景深范围增加，反而成为优点了。与大尺寸图像传感器比较，紧凑型数字照相机的聚焦范围内允许更大的图像面积，照相机的自动对焦系统不需要承担拍摄精确到产生高质量图像的任务。相反，为了建立某种效果，摄影工作者往往会限制景深范围，例如从背景分离出拍摄主体。当照相机的成像面积小于 36mm×24mm 时，往往要求照相机镜头提供范围更宽的光圈调整余地，以获得同等程度的聚焦效果。

与单镜头反光数字照相机等价的观察（拍摄）角度相比，紧凑型数字照相机镜头的光圈景深要大得多。例如，配置 2/3 英寸传感器和 6mm 镜头的卡片机视场类似于配置 24mm 镜头的 35mm 胶片照相机。假定紧凑型数字照相机的裁剪因子等于 4，且镜头光圈等于 $f/2.8$ 时，则景深与镜头光圈设置为 $f/11$ 的 35mm 胶片照相机类似，两者相差 4 档光圈。换一个角度思考，若紧凑型数字照相机和 35mm 胶片照相机的镜头光圈均设置到 $f/2.8$，并聚焦到对准到离开照相机 1m 的被拍摄对象，且这两种照相机镜头都调整到相同的拍摄角度，则 35mm 胶片照相机必须使用焦距更长的镜头，才能对相同距离上的被拍摄对象形成相同的拍摄角度，此时紧凑型数字照相机可以达到 2m 的景深，但 35mm 胶片照相机的景深只能达到 0.3m，单镜头反光数字照相机的景深范围与 35mm 胶片照相机类似。

传感器尺寸对视场角度的影响以裁剪因子表示，有时也称为焦距放大器或乘法器，含义如下：对于给定焦距的镜头，如果该镜头拍摄的画面能够放大到与其等价镜头焦距的全帧画面尺寸，则放大系数称为裁剪因子。由于典型 APS-C 传感器的裁剪因子在 1.5 ~ 1.7 之间，因而焦距等于 50mm 的镜头将产生与安装 75mm 到 85mm 镜头的 35mm 照相机相同的视场。四分之三系统数字照相机的传感器更小，裁剪因子大约为 2.0。

某些单镜头反光数字照相机使用原来为胶片照相机设计的镜头。如果数字照相机的成像面积小于这种镜头在胶片上的成像面积，则必然引起裁剪视场的结果。由于裁剪效应可以按镜头焦距的增加计算，因而通常称这种视场裁剪为焦距乘法器。镜头并非针对较小的成像面积设计，且同时使用了与 35mm 胶片照相机兼容的镜头适配器时，如果仅仅利用了镜头的中心部分，则可产生有意义的副作用，图像质量的某些方面就会得到提高。

只有价格昂贵的单镜头反光数字照相机才配置尺寸 36mm × 24mm 的全帧传感器，与 35mm 胶片照相机比较，可以消除视场减小和裁剪问题。

### 4.2.7 去马赛克处理

去马赛克处理属于数字图像捕获后算法，也称为彩色插值算法。只要数字照相机的光电转换元件表面以 Bayer 彩色滤波器阵列覆盖，就需要在完成拍摄后对数字照相机捕获的数字图像执行去马赛克处理，紧凑型、过渡型和单镜头反光数字照相机无一例外。

为了降低成本，许多数字照相机使用单一传感器的技术方案，为此需要在传感器上覆盖起分色作用的彩色滤波器阵列。数字成像的发展历史中曾经出现过不同的彩色滤波器阵列布置方法，如同贴瓷砖图案那样排列，图 4 - 12 是早期方案的例子之一。

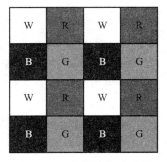

图 4 - 12　早期彩色滤波器排列图案

在图 4 - 12 所示的彩色滤波器排列方案中，红色、绿色、蓝色和白色滤色镜等量分布，称为 RGBW 彩色滤波器图案。由于 Bayer 彩色滤波器阵列的绿色占被覆盖传感器总面积的 50%，红色和蓝色各占传感器总面积的 25%，两个绿滤色镜以及红滤色镜和蓝滤色镜各一个组成基本感色单元，于是根据图 4 - 1 给出的排列次序命名为 GRGB 排列。

从图 4 - 1 容易看出，彩色滤波器（滤色镜）安排在 CCD 或 CMOS 传感器的上方；来自被拍摄对象的光经过滤色镜的过滤作用，传递到传感器阵列，由红、绿、蓝三色光以各种强度组合成彩色像素，如图 4 - 13 所示。传感器捕获的色光信号强度取决于入射光强度，转换成电信号输出后再经 AD 转换器从模拟信号变换到数字信号，形成数字图像。这种处理方法的优点在于只需一组传感器阵列，用于生产单芯片数字照相机。

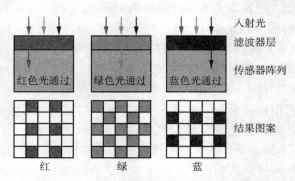

图4-13 滤波器与传感器像素阵列横截面

  配置 Bayer 彩色滤波器阵列的数字照相机输出的原始数据称为 Bayer 模式图像。由于每一个传感器像素只能"记录"三种颜色之一，因而仅凭这些单色信息无法得到彩色结果。根据图4-1和图4-13所示的 Bayer 传感器排列特点和滤波结果，每一个传感器像素只包含一种主色信息，其他两种主色信息被"遗失"了。为了得到全彩色图像，必须设法找回那些被"遗失"的信息，为此需要利用合理的插值算法估计被"遗失"的彩色数据，以建立红色、绿色和蓝色的完整图像平面。用于找回被"遗失"彩色数据的插值计算称为去马赛克处理，得名的原因是 Bayer 彩色滤波器排列成马赛克那样的图案。

  直观地思考，彩色信息不完整的图像去马赛克处理可视为灰度插值计算的扩展。去马赛克处理包括两个相互关联的插值过程：首先是梅花状五点排列像素的插值计算，目的在于重构被"遗失"的一半绿色像素，为何需要梅花状五点插值计算容易从图4-13得到启发，因为每一个绿色信息"遗失"的像素周围都有四个均匀分布的未丢失信息的绿色像素；其次是矩形插值计算过程，用于重构被"遗失"的四分之三红色和蓝色像素。显然，由于绿色滤波器的排列密度是红色和蓝色的两倍，意味着绿色的采样密度也是红色和蓝色的两倍，因而从周围的四个绿色像素找回被"遗失"的绿色数据效率更高；其他两种主色因滤波器排列密度低的原因，数据恢复的误差更大。

  无论五点插值还是矩形插值都可以利用标准的灰度插值算法予以实现，比如双线性插值、双立方插值和边缘方向插值。其实，去马赛克处理涉及的插值计算相对简单，面对的主要挑战是主色通道内部和主色通道之间依存关系的外推问题，以得到更小的重构误差。

  最简单的去马赛克处理以单通道插值方法找回被"遗失"的信息，意味着每一个主色通道各自独立地计算，无须考虑主色通道间的相关性。若采用双线性插值技术，则由于这种插值算法固有的低通滤波性质，因而有利于抑制删除搭接高频成分引起的频率混叠。主色通道内插值（Intra-channel Interpolation）总体上不考虑通道间的相关性，只能算次优的插值方法，因为本质上主色通道间确实是相关的。因此，如果去马赛克处理能够有效地利用主色通道间的相关性，则可以明显改善去马赛克处理图像的质量。

  顺序去马赛克算法目前使用得相当普遍，关键因素是由于红色和蓝色通道比绿色通道更容易引起频率混叠。根据视觉系统感受信息的特点，眼睛对明度最敏感，由此可将绿色通道作为明度通道处理，而红色和蓝色则视为色度通道。由于经绿色滤波器过滤后的图像平面最接近于全分辨率图像，因而只要充分利用作为明度通道看待的绿色通道信息，就可以恢复出质量更高的红色和蓝色信息。

#### 4.2.8 预捕获图像处理算法

在数字照相机的预捕获阶段，即恰好在实际图片捕获前，控制电路从传感器连续地读出并输出电压信号，同时执行必要的分析，以确定白平衡、曝光和聚焦三个参数。之所以要采用这种分析步骤，是因为这三个参数将决定最终图像的质量。

自动白平衡（Auto - White - Balancing，常缩写成 AWB）用于自动地补偿场景中占支配地位的颜色。视觉系统具有称之为色彩恒常性（Color Constancy）的重要特征，眼睛通过色彩恒常性自动地补偿场景中占支配地位的颜色，特别是白色永远被感受为白色，与场景照明光源的光谱特征无关。当场景被捕获后变换成彩色图像时，照明与场景的因果关系将消失殆尽，此时也不存在任何的色彩恒常性起作用，从而要求通过白平衡补偿颜色。自动白平衡依赖于对图像的分析，以便实现场景白色与参考白点的匹配。本质上，白平衡调整试图减少颜色，使图像不受环境光的影响。

经典技术以场景能量的简单而整体性的尺度分析各种色度通道的相对分布，或试图将白色适应到特定的光照条件，例如太阳下山时的场景白色。自动白平衡处理对大多数光照条件足以产生良好的拍摄效果，但如果图像内不存在接近白色的颜色，则场景中原来不是白色的颜色在图像内将显示为白色，此时该图像的白平衡不正确。此外，在白色荧光灯或其他类似的光照条件下拍摄时，自动白平衡或许不能产生期望的效果。在这种情况下，某些照相机提供利用白色表面的可能性，快速地根据白色表面获得正确的白平衡；或者使用预先设置的白平衡，为入射光选择色温。预设白平衡还有其他用途，比如利用预设白平衡对太阳下山的图像复制更多的红色，或在人工光线下捕获暖色调的艺术效果等。

自动曝光（AutoExposure）用于确定"撞击"到传感器的光量，此时传感器本身用作光计量器。对数字照相机而言本不存在曝光的概念，所谓的曝光指到达图像传感器的光产生类似于传统摄影对胶片的作用，将决定最终捕获图像的明暗程度。当数字照相机的快门打开时，光线撞击图像传感器。如果有太多的光线进入快门并撞击到传感器表面，则数字照相机将拍摄到过度曝光的照片，似乎经过漂白而退色。撞击到图像传感器的光线太少时，则产生曝光不足的照片，深暗而缺乏暗调细节。为了测量来自场景的反射光，数字照相机几乎毫无例外地采用内置的测光表，以部分场景的测量数据估计被拍摄场景的整体光线分布差异。大多数测光表可以读出整个图像面积的数据，但给予场景底部以更多的重视，因为如此处理可以降低明亮天空导致照片曝光不足的可能性。有的测光表也重视图像面积中心部位光线的强度，这基于重要对象往往处于画面中心的假设，这种测光表称为中心加权测量系统。某些测光系统允许用户选择小面积场景，直接以点计量器测量光线，处于这种模式下时仅测量照相机取景器中心部位的部分场景反射光。

与其他预捕获图像处理算法相比，自动聚焦（Auto-Focus）技术更具专有属性，因数字照相机制造商的不同而变化。自动聚焦算法直接影响拍摄结果的锐化程度，大体上是两种功能的组合：先测量画面后抽取高频成分，可以由标准的高通滤波算法实现，或采用更符合数字摄影特点的专业算法；根据抽取出的高频成分确定画面的整体清晰程度，并在此基础上改变聚焦设置参数，到测量值达到最大值为止。

#### 4.2.9 捕获后算法

图片拍摄一旦完成，紧接着就要执行一系列不同的运算，例如缺陷校正、降低噪声和色彩校正等，用于补偿或增强传感器输出的数据。捕获后的图像处理涉及方方面面，发生在传感器输出数据到最终应用的各种过程，如同图 4 - 14 所示的典型的成像流程那样。

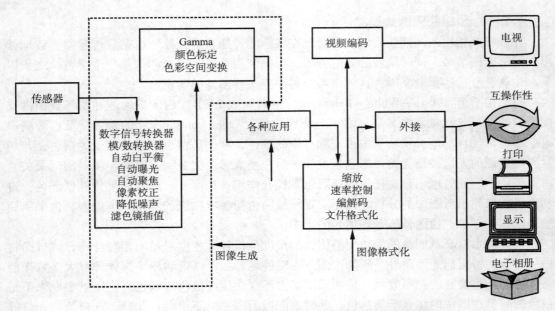

**图 4 −14 数字照相机典型成像流程与捕获后图像处理**

缺陷校正管理像素缺陷，可能来自传感器，也可能与存储器保存的图像相关，作为组合在芯片上的整体性系统考虑缺陷校正解决方案时，传感器和存储器都将作为系统的一部分参与缺陷校正，因而各种因素的相互关系也变得更复杂。

降低噪声是为了使电子信号误差或干扰限制到不可察觉的程度，通常针对来自数字照相机的最终图像执行这种操作。噪声可视为传感器和数字信号处理系统工作性能的函数，由于传感器和数字信号处理系统置于数字照相机内，因而降噪的结果倾向于解决或消除电子信号误差。存在于数字图像内的可察觉噪声往往受到温度和 ISO 灵敏度的影响，温度越高时噪声越明显，温度较低时影响越小；对 ISO 灵敏度而言类似，即感光灵敏度越高导致更明显的噪声，灵敏度设置得越低时噪声的可察觉程度越小。

色彩校正以数学运算的方式对颜色执行简单的调整，通常采用分别计算红、绿、蓝三色通道的方法，在输入 RGB 信号各主色成分相对值的基础上建立新的 RGB 输出。由于数字照相机三原色成像的本质，组建 RGB 新输出值的操作也称为彩色混合。

数字照相机图像处理流程的关键点在于算法本身，当然也取决于图像处理算法的执行对象，即图像数据类型。经典图像处理算法对彩色图像应用简单的运算方法，以相同的方式处理每一个彩色平面（成像平面）上的图像数据。处理图像的同时也要求考虑到降低噪声时，应该选择降低噪声但不会导致对象边缘平滑的算法。一般来说，所有的图像处理算法均适用于灰度图像，彩色图像可重复地对各主色分量应用算法，复杂程度比处理灰度图像更高，有可能在对象边缘引入伪彩色膺像，值得注意。

对数字照相机来说，更好的解决方案改为在 Bayer 图案域内执行图像处理，其优点是所有的后续算法将从无噪声数据得益。与 RGB 域内执行相比，在 Bayer 图案域内执行图像处理的复杂程度大为降低。开发图像缩放算法时，这种思路也值得考虑。此外，图像处理算法应该适应新的不同于 RGB 域的环境。若考虑到有助于明显提高最终图像的质量，则努力是值得的，更何况由于计算复杂程度的降低，处理时间也将明显减少。

## 4.3 扫描仪

与数字照相机相比，扫描仪更早地出现在数字印前舞台上。然而，仅仅短短的 20 年多一点的时间，声名显赫并以捕获高质量图像著称的滚筒扫描已成明日黄花，曾经为印前处理人员所钟爱的专业平板扫描仪也正淡出市场，让位于新的扫描设备。与此同时，扫描仪性能评价进入定量分析阶段，数字成像国际标准的建立为这种趋势起到了推波助澜的作用。

### 4.3.1 扫描仪发展概述

如同其他技术或设备那样，任何新技术/设备的产生都有历史渊源，因而可以说新技术从老技术继承而来。追踪图像输入设备的发展历史，可以认为扫描仪是早期远距离照相输入设备（传真电报设备）的继承者。早期远程照相输入或传真电报设备使用由旋转滚筒（鼓）组成的设备，以单一的光电探测器向远程传送信号，开始时这类设备的标准转速在每分钟 60 ~ 120 转，以后出现的新型号的运转速度提高到大约每分钟 240 转。

早期"扫描仪"借助于模拟信号振幅调制技术实现对信号的线性编码，通过标准话音电话线路传送经过调制的模拟信号，由远程的信号装置接收，根据信号强度同步印刷到特殊的纸张上，色调深浅与原信号成正比。从 20 世纪 20 年代开始到 90 年代中期，这种系统一直在新闻印报业使用。当处理对象为彩色照片时，由红、绿、蓝三个滤色镜过滤的图像连续地向远程传送，由于技术的局限性和出于传送成本的考虑，只有特殊的新闻事件才会用该方法传送彩色照片。图 4 – 15 给出的照片演示 Belinograph 传送装置和它的发明者。

图 4 – 15　早期"扫描仪"及其发明者

20 世纪 80 年代时，扫描仪是计算机外围设备中的贵族，即使平板扫描仪也价格不菲，滚筒扫描仪更不用说了。现在，扫描仪已变得相当普及，不仅专业领域在使用，家庭和办公室也到处可见平板扫描仪的影子，成为消费电子产品之一。

现代扫描仪的发展得益于图像传感器制造技术和成像质量的快速进步，走过了从滚筒扫描仪到平板扫描仪的发展道路，目前正向大规格平台式扫描仪、基于行扫描照相机的数字图像采集系统和色度扫描仪的方向发展。滚筒扫描仪从电分机上独立出来，可见其历史比平板扫描仪悠久得多，以光电倍增管实现从光信号到电信号的转换。滚筒扫描仪并非光电倍增管而得名，由于扫描前原稿需要安装到作旋转运动的零件表面，才得到滚筒扫描仪这一称呼。滚筒扫描仪广受数字印前工作者的青睐，被视为高质量图像扫描设备的代名词，但进入本世纪后这种扫描设备被逐步边缘化，现今只能在二手货市场才能找到。

由于平板扫描仪装稿方便，用于从纸质或其他记录介质转换到数字图像很合适，因而发展速度非常快，以至于不知不觉间已经淘汰了滚筒扫描仪。作为计算机外围设备使用的非光电倍增管扫描仪从手持设备起步，由于一次扫描覆盖的宽度有限，因而必须借助于专门的软件将多次扫描结果拼接起来，质量无法得到保证，很快从市场消失成为历史的必然。尽管如此，手持式扫描仪确实算得上平板扫描仪的"先驱"，因为这两种扫描仪的工作原理并无原则区别，只是从手工移动扫描头发展到精密机械加电子控制驱动。

平板扫描仪从早期的文本扫描"进化"到各种应用，形成庞大的平板扫描仪家族，例如用于纸质和类似记录介质原稿的反射型图像扫描仪，针对各种底片（透射）原稿的专业胶片扫描仪，适合于文档高速输入的文档扫描仪等。可扫描对象也发生了很大变化，例如用于将三维对象表面特征转换到平面状数字图像的三维扫描仪，在工业设计、试验与测量、矫正术、游戏和其他领域均得到应用，成为扫描仪活跃的分支之一。

### 4.3.2　滚筒扫描仪

历史上首先开发成功的图像输入设备正是滚筒扫描仪，由 Russell Kirsch 领导的团队于 1957 年研制而成，第一台滚筒扫描仪为当时的美国国家标准局开发。该设备扫描的第一幅图像是 Kirsch 只有三个月大的儿子 Walden，得到大约 5cm$^2$ 大小的图像。由于当时技术水平的限制，世界上第一幅扫描图像边长方向仅包含 176 个像素。

这种扫描仪大多以光电倍增管完成从光信号到电信号的转换，光电倍增管也是滚筒扫描仪有能力捕获高质量图像的基础保障。即使按目前的技术水平和认识，滚筒扫描仪仍然算得上具有最高分辨率捕获能力的数字图像输入设备，扫描前需要将摄影彩色照片或底片用胶带或夹持等方法安装到旋转滚筒表面，以超过每分钟 1000 转的速度旋转。滚筒扫描仪利用直径很细的光束投射到原稿表面，尺寸小到可以单独地聚焦一个像素。由于这种扫描设备的照明光源固定在滚筒内部的轴心上，因而扫描透射原稿时光束从滚筒内部直接投射到原稿，扫描反射稿时需要附属机构的帮助，或另行配置光源。

倍增电极是光电倍增管的核心部件，多个倍增电极沿光电倍增管轴向排列。由于倍增电极的多次倍增作用，光电倍增管对来自原稿的光信号非常敏感，一个初级电子会在外部电路中产生上百万个电子。这种高敏感度使光电倍增管在弱光下非常有用，例如光源照射到原稿的深暗区域，也是滚筒扫描仪获取高质量数字图像的基础。

滚筒扫描仪因清澈的丙烯酸扫描鼓而得名，允许安装的原稿尺寸与滚筒扫描仪制造商和型号有关，例如 A4 规格滚筒扫描仪通常允许安装大约 11 英寸×17 英寸的原稿。滚筒扫描仪的主要特点之一是彼此独立地控制采样区域和光圈尺寸的能力，扫描仪编码器的工作区域与样本尺寸对应，由编码信号建立像素。滚筒扫描仪的光圈不同于照相机，事实上一直处于打开状态，通过光圈的光线由扫描仪的光学元件处理。扫描黑白和彩色负片原稿时，光圈和采样尺寸控制能力对于从平滑分布的胶片颗粒提取信息特别有用。

根据滚筒轴线与地面的几何关系，滚筒可以平行或垂直于地面放置，这样就有了卧式和立式滚筒扫描仪之别。由于位置关系不同，安装要求和占地面积也不同，立式滚筒扫描仪显然有节省空间的优点，而卧式滚筒扫描仪则更容易实现滚筒的平稳运转。图 4-16 给出了卧式滚筒扫描仪的例子之一，安装在滚筒上的是反射原稿。

图 4-16　水平安装滚筒扫描仪

有资料表明，许多主流制造商在 1995 年时生产各种型号的滚筒扫描仪，那时正是滚筒扫描仪发展的黄金时代，参与制造滚筒扫描仪的公司众多，包括德国的 Danagraph（后来转让给丹麦 Scanview 公司）和 Linotype - Hell（后来为海德堡收购）、日本的富士和网屏、美国的 Howtek、Isomet 和 Optronics、英国的 ICG（Itek Colour Graphics）等。

到 2003 年时，滚筒扫描仪仍然在使用，但已经被压缩到狭窄的空间。由于某些制造商退出滚筒扫描仪生产领域，导致二手市场十分活跃。然而好光景的持续时间太短暂，大约到本世纪最初的 10 年快结束时，滚筒扫描仪终于退出市场，要买也只有二手货了。

### 4.3.3　平板与平张进给扫描仪

如果对原稿安装平台与扫描头运动的相对位置不作区分，则更普遍使用的称呼是平板扫描仪。这里之所以使用平板和平张进给两种称呼，是希望将两种信号采集原理相同、仅原稿安装平台与扫描头运动相对位置关系不同的扫描仪归入同一类别，由于原稿安装平台呈平面状，因而原稿展开后可以与装稿平台良好地贴合。信息记录在纸张和胶片等介质上的模拟原稿在这两种扫描仪上很容易安装，无须卷绕到滚筒表面。

需要区分两种类似的扫描仪时，英文采用 Flatbed Scanner 和 Sheet – fed Scanner 两种称呼，前者也称为台式扫描仪，进入工作后原稿安装平台固定不动，扫描头相对于原稿运动；后者直接翻译出来应该是平张进给扫描仪，工作时扫描头固定不动，原稿安装平台相对于扫描头运动。可见，两种扫描仪其实没有原则区别，仅动和静止的关系不同，统一称之为平板扫描仪也无不可，如同本书前面一直使用的名称那样，此后仍然称为平板扫描仪。

回顾平板扫描仪的发展历史，不能不提到 Eikonix 系统，因为正是该公司首次为印刷工业开发和制造了基于 CCD 传感器的平板扫描仪。图 4 – 17 给出了早期平板扫描仪的结构配置示意图，为了简化结构而采用移动扫描平台但固定 CCD 传感器阵列的方法，这种结构就是前面提到的平张进给，目前已很少见到，网屏的彩仙平板扫描仪属于这一类别。

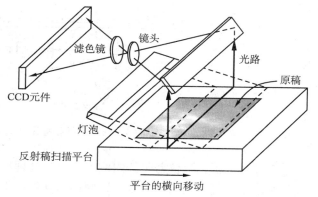

**图 4 – 17　早期平板扫描仪的基本配置**

从图 4 – 17 可以看到，平板扫描仪的光源照射模拟原稿，对应于原稿每一个离散位置的平均反射光或透射光强度经过镜头的处理，由滤色镜分解成三原色信号，分别由三组 CCD 传感器捕获，形成基本的图像信号后再作进一步的处理。由此可见，平板扫描仪的内部不存在数字照相机那样按 Bayer 规则排列并覆盖到传感器上方的彩色滤波器阵列，基础图像数据直接从传感器输出信号组合而成。

平板扫描仪往往按原稿性质的不同分类，用于完成从模拟反射原稿（彩色照片和印刷品等）到数字图像转换的平板扫描仪称为反射型扫描仪，而用于输入透射模拟原稿（彩色底片和透明薄膜等）时得名透射型扫描仪。许多平板扫描仪具有双重能力，即可以扫描反射原稿，也可以扫描透射原稿，老式两用扫描仪输入透射原稿时需安装透射稿适配器，新型两用平板扫描仪已经无须这样麻烦了，只要选择原稿类型即可启动扫描。

平板扫描仪的操作过程大体如下：打开电源，并检查扫描仪是否已经与计算机物理地连接；启动扫描前，原稿放置到扫描仪的玻璃板（装稿平台）上，被扫描面向下，因为扫描仪的照明光源位于玻璃板下方；扫描仪顶部的盖子用不透明材料制成，通常情况下应该在装稿完成后放下，以便扫描仪排除来自周围环境光的干扰，确保捕获数据的正确性；大多数场合应执行预扫描操作，以便扫描仪从原稿读取数据，经分析后确定适合于非专业人员的默认扫描参数，同时也为了确定实际的扫描区域；利用扫描驱动软件工作窗口的选择工具定义感兴趣的扫描区域，排除原稿无须扫描的区域，以加快扫描速度；通过扫描控制软件设置扫描参数，驱动扫描仪工作。大多数平板扫描仪允许在打开盖子的状态下工作，有时可能需要如此操作，例如从不能破坏的图书选择某些页面扫描。

启动工作后，平板扫描仪的传感器阵列与光源沿玻璃窗口长边方向一起移动，按顺序从预先定义的扫描区域读取原稿信息。由于光线透过玻璃板遇到原稿后反射，因而仅传感器才能够"看"得见原稿的被扫描区域，在扫描驱动软件的作用下组建成数字图像。

### 4.3.4 平板扫描仪结构与工作原理

平板扫描仪由实现光电转换的 CCD 或 CMOS 传感器阵列、反射镜、扫描头、玻璃材质的原稿安装平台、照明光源、收集光线的镜头、盖子、用于分色的滤色镜、驱动扫描头的沿稿台长边方向运动步进电机、稳定杆、传动皮带、电源、接口界面和控制电路等构成。图 4－18 以极其简单的形式给出了平板扫描仪的结构和工作原理示意。

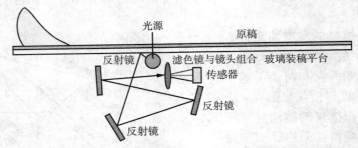

**图 4－18　平板扫描仪结构与工作原理示意图**

大多数平板扫描仪盖子的内侧为白色，处理成黑色的占极少数；盖子的作用在于为扫描仪驱动软件提供均匀的背景，以便扫描软件用作确定被扫描原稿尺寸的参考点。安装在扫描头顶部的光源用于照明原稿，型号较新的平板扫描仪采用冷阴极荧光灯泡或氙灯，老型号平板扫描仪往往使用标准荧光灯。扫描头事实上由传感器阵列、反射镜、镜头和滤色镜等组成，由步进电机通过传动皮带驱动扫描头沿装稿平台长边方向运动；扫描头与稳定杆紧密地连接在一起，以确保扫描时不发生抖动和运动偏差。配置两面或三面反射镜取决于扫描仪结构，用于反射来自原稿的光线；无论配置多少面反射镜，总是由光路上的最后一面反射镜将光线传递到滤色镜及镜头组合，分色后的单色光最终为传感器所捕获。

平板扫描仪的真实（物理）分辨率（也称硬件分辨率）取决于以下两大因素：沿矩形装稿平台的短边方向，分辨率由该方向上排列的传感器数量确定，例如每英寸排列 300个传感器时可认为平板扫描仪的水平分辨率为 300dpi；沿装稿平台的长边方向，平板扫描仪的分辨率由步进电机的运动精度决定，比如步进电机能够以 1/300 英寸增量（步长）的精度传动时，则认为该扫描仪的垂直分辨率等于 300dpi。

光电转换元件采用 CMOS 传感器时，扫描过程借助于可移动的红、绿、蓝三色发光二极管完成，这些发光二极管起滤波和照明的双重作用，也相当于光线开关。为了收集（集中）由发光二极管发出的光线，这种平板扫描仪也需要以单色光电二极管与 LED 连接。

CCD 传感器在扫描仪中的使用方式称为固体状态线性阵列，即使早期的普通扫描仪每一个阵列包含的传感器数量也可能达到大约 8000 个，专业扫描仪包含的 CCD 传感器自然就更多了。这里，之所以使用"固体状态"一词是因为 CCD 传感器不能以独立的形式存在，只能彼此集成在一起；而"线性阵列"的意思是 CCD 传感器集成时没有采用等距离的排列方式，而是按位置重要性设计 CCD 元件的排列密度。

平板扫描仪从传感器阵列读取红、绿、蓝颜色数据，由专门算法处理，以校正不同的曝光条件。处理结束后，由扫描仪的输入/输出界面将处理好的数据传输给计算机，现代扫描仪通常提供 SCSI 或 USB 标准的双向并行端口界面。颜色位深度取决于扫描仪的传感器阵列特性，但至少应达到 24 位，高质量型号扫描仪的位深度达到 48 位，甚至更多。

由于步进电机的可变速度和发出的音调，因而平板扫描仪具有人工合成出简单乐谱的潜在能力。上述特性可以应用于硬件诊断，比如惠普 Scanjet 5 能够"演奏"大家熟知的乐曲 Ode to Joy（欢乐颂），只要打开扫描仪电源，按住扫描钮，并将 SCSI 地址设置到 0，则该扫描仪就开始播放欢乐颂。出于活跃气氛的目的，几种平板扫描仪品牌的某些型号提供播放 MIDI 音乐的功能，现在已经有基于 Windows 和 Linux 操作系统的扫描软件配售。

### 4.3.5 文档扫描仪

针对存档需求的纸质文档扫描或数字化对扫描设备提出了许多与图像复制扫描不同的特殊要求。尽管纸质文档以通用目标平板扫描仪输入并无不可，但利用专门设计的扫描仪执行相同的任务时效率肯定更高。服务于档案馆和图书馆等数字存档的专用输入设备称为文档扫描仪，图 4 – 19 所示的文档扫描仪由柯达公司生产。

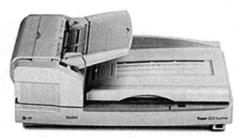

图 4 – 19　文档扫描仪的例子

扫描大量的文档时，扫描仪的速度和纸处理能力显得十分重要，对于扫描分辨率的要求不如图像复制那样重要，按正常分辨率扫描即可。事实上，文档扫描仪的分辨率往往在300dpi 左右，过高的分辨率对文档扫描并无多大实际意义。

文档扫描仪配置有文档进给装置，通常比复印机或通用目标扫描仪输纸盘大。这种设备的扫描速度高，每分钟 20 ~ 150 页都有可能。文档扫描仪的双面高速扫描和纸处理能力也为数字印刷前端系统所需，例如施乐静电照相数字印刷机的 Freeflow 工作流程往往配置高速扫描仪，用于对纸质文件作快速扫描输入，经前端系统按装订方式拼版后输出，以满足已有纸质文件的数字印刷要求。文档扫描仪通常只支持灰度图像扫描，但也有不少支持彩色图像的文档扫描仪。由于纸质文件数字存档扫描的特殊性，许多文档扫描仪支持双面扫描的工作模式。设计精致的文档扫描仪内置固化成设备功能的软件，用于直接清除不符合存档要求的扫描结果，删除偶然出现的"标记"等，这种结果即使对于图片作业也是不可接受的，因为文档扫描时出现的"标记"导致无法与期望的细节可靠地区分。

某些文档扫描仪硬件有足够的能力以更高的分辨率扫描，但数字存档扫描分辨率通常取 150 ~ 300dpi，如此产生的文本图像足以阅读，也适合于 OCR 软件处理。选择合理的分辨率有利于降低对存储空间的要求，过高的分辨率毫无必要。

文档扫描仪的数字化结果通常会利用 OCR 技术进一步处理，以建立可编辑和可搜索的文件。大多数使用 ISIS（分级链接状态路由协议）或 TWAIN 设备驱动程序的扫描仪以TIFF 格式保存扫描结果，以便扫描页面可以进给到文档管理系统，用于处理存档和扫描页面读取。JPEG 压缩算法在处理图片方面表现出高效率，但对文本文档并不需要，原因在于歪斜的页面边缘通常会呈现锯齿外观，如果对这样的区域作有损压缩处理或保存为有损压缩的文件格式，则明亮背景上的实地黑色（或彩色）文本数据压缩必然损失细节而无法识别。

虽然输纸和扫描可以自动地执行，且速度很快，但必要的准备工作和文件索引仍然十分重要，需要手工操作的配合。扫描准备工作涉及手工检查待扫描的纸张，确认页面排列次序正确，无折叠，书钉已清理干净，不能留下任何有可能导致卡住扫描仪的缺陷。此外，某些工业部门要求对文档按贝茨编号法（Bates Numbering）排序，或给予扫描文档识别编号，以及标记文档的扫描日期和时间等，例如法律和医学。

索引标注涉及与文件相关联的关键词，以便通过内容快速提取文档，这种处理有时可以在一定程度上做到自动化，但手工操作毕竟很难避免。实践中经常采用的方法是利用条形码识别技术，操作时带有文件夹名字的条形码插入存档文件、文件夹和文档组。借助于自动化的批扫描技术，文档可以保存到合适的文件夹内，并针对集成到文档管理系统软件的要求建立索引。

### 4.3.6 行扫描照相机

行扫描数字照相机（以下简称行扫描照相机）指包含以行扫描工作方式捕获图像信息的数字摄影设备，由图像传感器芯片和聚焦机构等组成，这类特殊的数字照相机几乎可以在符合工业设置参数的条件下独立地使用，具有与工业生产目的广泛的适应性，例如用于状态检测和现场分析。行扫描照相机不同于普通数字照相机的特别之处在于其良好的固定条件，不存在手工拍摄时容易发生的画面抖动现象。普通数字照相机即使安装到三角架上，仍然有可能受到周围环境的干扰，靠手工调整的固定效果与按照工业标准的固定具有本质的差异。因此，行扫描照相机的工作稳定性很高，可以捕获稳定的移动对象数据流。

与视频照相机（电视摄像机）和快速拍摄的数字照相机不同，行扫描数字照相机仅使用一个像素传感器阵列，用以代替常规数字摄影设备矩阵排列形式的传感器。来自行扫描照相机的数据与扫描一个像素行的频率相同，且具有与行扫描相同的等待和重复频率，通常由计算机处理，收集一维数据以建立二维图像，并按工业目的作图像处理。

行扫描技术能以极快的速度、很高的采集精度捕获图像数据。据统计，行扫描照相机收集到的图像数据可以在1s不到的时间内达到超过100MB甚至更多的程度。正因为这种原因，基于行扫描照相机构造的集成系统往往以流式数据为输出目标，这符合现代计算机技术信息处理要求，系统价格可以为多数人接受。

行扫描数字照相机适合于工业包装物拍摄，可以集成自适应聚焦机构，在聚焦范围内扫描长方体包装物的六个面，无须考虑被拍摄对象的尺寸，也不必顾及拍摄角度。行扫描照相机捕获的二维图像可以包含一维和二维条形码、地址信息和能够通过图像处理方法处理的图案等。由于图像表示成二维数据阵列，因而与扫描仪和常规数字照相机捕获的图像数据的排列方式一致，同样适合于视觉系统阅读，可以在计算机屏幕上观看。

行扫描照相机的空间分辨能力相当高，因而某些数字印刷质量检测和评价系统开发商利用这种设备测量和分析印刷品，据说精度可以达到$1\mu m$。图像经过数字印刷机的作用后转换成印刷品，图像单元（例如线条）的复制效果必然偏离理想形状，但由于偏离的程度用一般仪器很难测量，从而成为行扫描照相机的用武之地。行扫描照相机可以在相当高的放大比例下工作，捕获单一而无须重新"装配"的高分辨率图像，所有行数据采集后由专门的软件合成为图像。数字印刷质量分析系统常配置成被测量样本放在行扫描照相机的下方、二维图像随被测量样本移动而逐行扫描的方式捕获图像数据。很明显，对这种配置来说，成功的图像捕获要求被测量样本运动和照相机的图像捕获频率同步，由系统的运动控制机制予以保证，通过耦合编码器实现与照相机曝光频率的同步。若图像捕获系统不能达到理想同步的程度，则图像捕获过程将导致不稳定的记录点位置误差，由于图像捕获运动控制与曝光频率不同步引起的某些问题可以用图 4 - 20 说明。

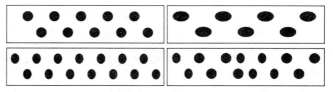

图 4 - 20 同步与不同步图像捕获例子

图 4 - 20 的左上角、右上角、左下角和右下角分别代表理想记录点分布、样本运动速度太慢、样本运动速度太快和样本随机运动导致的记录点分布。由于图像捕获频率与被测试样本运动不同步，造成记录点方位比（宽度与高度之比）差异和记录点间隔不同。

只要使用图像捕获与被测量样本运动良好同步的行扫描照相机，则捕获的图像不会出现图 4 - 20 所示那样的畸变，可以在高放大比例下得到大面积的"无缝"连接图像。

### 4.3.7 平台式扫描仪

许多包含数字照相机的设备按集成形式组建，大到 A0 甚至更大规格的平台式扫描仪，小到集成数字摄影功能的手机。某些集成数字照相机的产品更强调使用的方便性，有限的存储能力，图像质量退居次要地位；对平台式扫描仪这样的大型设备而言，使用的方便性退居次要地位，信号捕获质量才是重点考虑因素。

平台式扫描仪（Platform Scanner）和按照翻拍要求配置的移动扫描系统大多在行扫描数字照相机的基础上构造而成，具有扫描幅面大、适应性强和配置灵活的优点，适合于从现场和大规格平面原稿精细地采集信息。

行扫描照相机集成为平台式扫描仪后，由于光源相对于被扫描对象是固定的，可以形成与环境照明的固定关系，有利于稳定地采集图像数据，平台式扫描仪的主要特点归结为选择性地将行扫描设备与数字摄影的优点结合到一起，一方面继承了行扫描设备结构优点带来的长处，另一方面也充分发挥了数字摄影设备不受空间条件制约的优点。

图 4 - 21 是行扫描照相机基础上集成的平台式扫描仪的例子，主要组成部分包括行扫描图像捕获组件（基于 CCD 的行扫描照相机及照相镜头），以及照明系统、基于吸气原理的装稿平台、立柱、主机和支架等，通常具有在机白平衡处理能力。

根据图 4 - 21 所示的平台式扫描仪制造商提供的数据，图像捕获能力达到 14000 像素 ×26640 像素，可扫描区域的长度和宽度分别达 1.5m 和 1m，允许接受 150mm 以下厚度的原稿。该扫描仪工作时装稿平台沿支架的长度方向作一维的水平移动，行程可达 3m。由于行扫描图像捕获组件沿支架的宽度方向不作一定，因而每次扫描时沿支架宽度方向的捕获能力必然受到限制，边界效应（空间非均匀性的一种）很难避免。

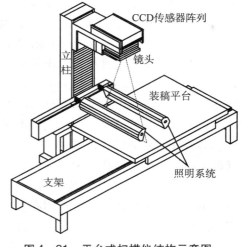

图 4 -21 平台式扫描仪结构示意图

### 4.3.8 移动式扫描系统

若改变行扫描照相机与其他部件的集成方式，追求系统对现场操作环境的适应性，满足某些领域对数字图像采集的特殊要求，则可以得到各种"散装"系统。

以上假设并非空想，事实上数字图像采集市场确实存在各种各样相当"个性"化的需求，例如图书馆和档案馆馆藏平面艺术品的数字存档，画家创作的大型画稿，绘制成壁画的现场数字图像采集，乃至于数量众多的立体艺术品三维扫描等。由于现场环境条件和限制性因素的特殊性，按照"散装"原则集成的系统要求必须与平台式扫描仪有所区别，比如移动式扫描系统必须考虑到现场光照条件的变化对采集数据的影响，系统结构与现场环境的适应性和匹配要求，以及系统安装与现场环境匹配的灵活性等。扫描子系统位置相对固定的"散装"系统与现场条件匹配比较容易，但也必须注意扫描现场的光照环境，尽可能避免环境光与扫描子系统的交互作用，为此可以对"散装"系统所在的室内环境作特殊的处理和安排，例如墙壁"油漆"成中性灰色，系统尽可能安装在房间角落等。图 4-22 是移动式扫描系统的例子之一，适合于安装在室内环境下使用。

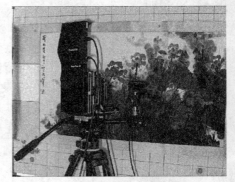

图 4-22　移动式扫描系统的例子

图 4-22 所示的移动式扫描系统与被扫描对象集成为相对松散的形式，按照传统翻拍采集信息的原理集成，用于从大规格模拟原稿采集图像数据，适合于艺术家大规格画稿等高端字画彩色复制市场。这种系统也适合于某些特殊行业的特殊原稿扫描，比如木质纹理、大理石花纹、墙纸压纹和皮革花纹等大规格对象的图像数据采集。为平板扫描仪所要求的预扫描和精扫描、对焦、定标和层次调整等在机操作仍然由软件实现，软件更专业而已。

据供应商介绍，图 4-22 所示移动式扫描系统的行扫描照相机可以捕获近 4 亿个像素，扫描结果可直接转移到 Photoshop；系统具备光平衡控制能力，尽可能使周围环境对扫描结果的影响最小化；具有电源和色温波动的补偿功能，采集图像的条带效应小；等等。

### 4.3.9　平板扫描仪的光学配件与光源

毫无疑问，平板扫描仪最核心的部件非传感器莫属。为了获得高质量的扫描图像，大多数平板扫描仪选择 CCD 传感器，很少有采用 CMOS 传感器的。两者的主要区别如下。

CCD 和 CMOS 成像装置用于将光信号转换成电荷，并处理成电子信号。在 CCD 传感器中，每一个像素的电荷通过有限数量的输出节点（通常只有一个）转移，变换成电压信号后保存到缓冲区，再从芯片作为模拟信号传输出去。所有传感器像素都"投身"于光子捕获，输出信号的均匀性相当高，且信号的均匀性是决定图像质量的关键因素。对 CMOS 传感器而言，每一个像素都有自己的电荷到电压转换机制，传感器通常也包含放大器、噪声校正和数字化处理电路，因而 CMOS 芯片输出的是数字"位"。这些功能增加了 CMOS 传感器设计的复杂性，也减少了捕获光子的有效面积，若考虑到 CMOS 传感器的每一个像素都承担自身的变换任务，则可以想象 CMOS 传感器的输出信号均匀性较低。

一旦确定了采用 CCD 传感器，接下来的主要问题就是如何保证安装 CCD 传感器"拖板"的高精度定位能力了，原因在于平板扫描仪的垂直分辨率完全取决于步进电机及相关传动机构的运动精度，达到最佳状态时垂直分辨率可以是水平分辨率的 2 倍或 4 倍。

如果没有镜头的配合，则工作稳定性再高的 CCD 也无济于事。为了减少扫描图像内出现几何畸变的可能性，以什么样的原则确定"最佳光斑"尺寸至关重要，因为仅仅配置加工精度很高的镜头是不够的，还应该实现精确的光学镜头与"最佳光斑"尺寸的配合。如图4-23所示，镜头对准精度高乃高质量图像捕获的第一要素，否则无以达到镜头与"最佳光斑"尺寸的良好配合，自然也不能有效地控制捕获图像的锐化程度。

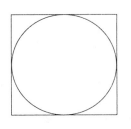 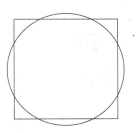

较小的"最佳光斑"　　　　　　更大的"最佳光斑"
容易引起边缘畸变　　　　　　使边缘畸变最小化

**图4-23　更大的"最佳光斑"不容易引起边缘畸变的说明**

由于"最佳光斑"尺寸大于像素面积，因而不容易引起图像的几何畸变和失真。一般来说，平板扫描仪的镜头应该按CCD传感器设计，直接从市场采购的镜头因缺乏与CCD传感器匹配的"个性化"特点，导致高质量的像素捕获缺乏基础保障。

现代平板扫描仪大多只使用一个照明光源，其主要优点在于可以快速地捕获红、绿、蓝三色数据，不会导致彩色"鬼影"效应。以扫描三维物体为例，仅使用单一的白色光源时，尽管被扫描对象完全有可能存在非平直的表面，但由于光源的单一性，因而总能做到准确的对准。以三个相互独立的光源照明三维对象时就不同了，三支灯泡准确地对准相同位置是相当困难的，很容易导致从非平直表面反射的光线无法准确地对准。

### 4.3.10　聚焦与镜头系统

平板扫描仪的聚焦方法已经发生了相当大的变化。以Epson制造的平板扫描仪为例，由于设计了多种聚焦机制，图像捕获质量因此而得到明显的改善；代表性的技术包括固定聚焦系统、自动聚焦光学系统或双重聚焦机制，其中自动聚焦光学系统可以在自动聚焦和手动聚焦间切换。

使用固定聚焦类型时，镜头设置到固定距离，有利于记录清晰的影像，因为被扫描对象从镜头到玻璃装稿平台的距离固定不变。使用固定聚焦系统的产品例子有Epson公司生产的Perfection和GT系列平板扫描仪，最新的Epson扫描仪则采用固定聚焦点，刚好设置在玻璃装稿平台的上方，适合于胶片原稿的优化扫描。

自动聚焦光学系统往往用于高端彩色复制领域用扫描仪，可以在自动聚焦模式和手动聚焦模式间切换，其主要优点如下：①自动或手动光学聚焦系统给用户以精确控制锐化程度的权利，特别适合于扫描高度方向尺寸不大的准三维物体和透射原稿；②涉及处理来自准三维对象扫描的图像时，用户可以规定聚焦点，使得扫描仪能捕获三维对象所处背景的清晰细节；③扫描安装在专用稿架上的透射原稿或彩色幻灯片时，为了捕获这些原稿中丰富而生动的细节，用户可以将聚焦距离设置为2.5mm，以补偿玻璃稿台与原稿间的距离。

某些平板扫描仪采用双聚焦机制，例如Epson的Expression系列。这类扫描仪往往配置自定义胶片保持架，适合于扫描透射原稿，允许用户设置扫描仪的聚焦距离，以补偿扫描仪玻璃装稿平台与原稿间2.5mm距离可能引起的副作用。开发这种技术主要为了避免出现牛顿环效应，类似于出现在肥皂泡中的彩虹。

　　某些平板扫描仪采用双镜头系统，比如 Epson 扫描仪，可以按用户的期望分辨率由扫描仪从两种镜头中作出自动选择，如同图 4 – 24 所示的信号捕获原理那样。

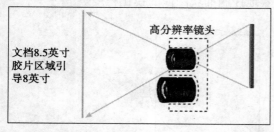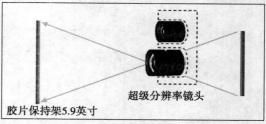

**图 4 – 24　双镜头系统信息捕获原理**

　　据 Epson 提供的资料，双镜头系统中的高分辨率镜头用于捕获离镜头距离较近的玻璃稿台上的反射原稿，而超高分辨率镜头适合于扫描幻灯片和胶片，由于多个小尺寸原稿需要使用专门的胶片保持架集合到一起，导致原稿离镜头的距离更近，这相当于在放大透射原稿的条件下扫描，因而有可能提高扫描分辨率，至少有理论上的可能性。

# 5 第五章

# 图像数据采集

文字、图形和图像这三种主要图文复制对象中，文字和图形复制相对简单，且由于文字和图形以矢量数据描述，文字除光学识别技术获取外，通过键盘输入的数据采集相对简单，而图形的数据采集几乎不用考虑，利用图形软件定义图形即可；图像以点阵数据描述，由于图像数字化随机过程的本质，图像数据捕获的可变性很大，尤其受到设备、图像采集技术和采集参数的影响，且考虑到传递和变换过程中极容易丢失信息，以及图像复制过程中众多的关联因素和设备差异的影响，因而必须在图像数据采集时保证其正确性。

## 5.1 数据采集的基本考虑

为了捕获质量良好的图像数据，符合彩色复制对图像数据的要求，必须考虑到影响数据采集结果最基本的因素，例如现有图像数据采集技术的优缺点，捕获数字图像时尽可能与后端的印刷设备和工艺条件等匹配，捕获的图像与原稿或物理场景的接近程度，确定正确而有效的图像捕获工作流程，注意图像数据采集过程中不可避免的因素等。

### 5.1.1 密度与色度原始数据

与设备无关的颜色要求所有彩色成像设备以 CIE 色度术语产生数据。现在，扫描仪和数字照相机已成为数字印前彩色成像链条上的重要环节之一，若要求图像捕获设备输出的彩色数据与设备无关，则设备应该按色度规则工作。但不幸的是，或许受传统摄影和印刷也以密度衡量复制质量的影响，大多数商业平板扫描仪不能直接输出色度数据，这些设备按彩色密度计工作原理捕获原稿信息，模拟商业印刷用扫描仪的工作方式。数字照相机受到扫描仪相当大的影响，存在与平板扫描仪类似的问题。如果设计和制造平板扫描仪时以直接输出色度数据为工作目标，则应该提供广泛范围的光谱响应选项。

今天，对于那些缺乏特殊技巧的人来说，彩色图像扫描和打印设备功能日益完善，操作变得十分简单，但如何通过简单过程实现预定的复制目标却变得充满困难。即使对那些掌握专门技巧的用户来说，同样对如何合理地利用貌似简单的设备复制出高质量的图像感到迷惘。问题到底出在哪里？简单地说，原因在于典型台式设备并不按 CIE 色度规则工作，导致数字图像捕获和打印过程在许多因素的干扰下变得错综复杂起来，其中最主要的问题出在图像数据采集设备上，包括平板扫描仪和数字照相机。

为了产生与设备无关的颜色，彩色复制系统的所有"部件"必须按 CIE 定义的基于色度描述的通用"语言"规则处理问题。对作为图像数据采集设备使用的扫描仪和数字照相机来说，这种要求意味着扫描仪或数字照相机应该针对特定的 CIE 照明体输出 CIE $XYZ$ 三刺激值数据，或按色度规则输出 RGB 值。显然，图像采集系统输出 RGB 值的重要前提是必须对 XYZ 三刺激数据执行线性变换。

为了满足按色度规则输出 RGB 数据的要求，整体上扫描仪或数字照相机的光谱响应函数必须是 CIE 彩色匹配函数 $x(\lambda)$、$y(\lambda)$ 和 $z(\lambda)$ 的线性变换。然而，由于设计者按彩色密度计规则优化平板扫描仪、甚至数字照相机，力图模拟印刷领域高端扫描仪的密度捕获能力，因而台式扫描仪领域按色度规则的技术开发进程障碍重重。按彩色密度计方法设计和制造扫描仪对商业印刷来说能产生立即可利用的结果，问题在于大量已经在使用的非色度数字图像捕获设备，试图从现有设备捕获的数字图像产生正确的色度数据异常困难。从非色度扫描仪推导出色度数据的经验方法在一定程度上取得成功，然而获得最佳的结果却需要掌握被扫描色料（着色剂）的知识。

同色异谱问题束缚了人们的手脚，使得以经验方法标定扫描仪蒙上阴影。在彩色复制工艺使用扫描仪的场合，同色异谱现象以两种方式出现：首先，平板扫描仪输出的相同的三个彩色数据组视觉上引起差异，这种现象最近获得了扫描仪色域限制的代名词，扫描由不同色料集合组成的颜色时同色异谱问题有相当的普遍性，比如照相纸染料和某些打印机染料；其次，尽管两组不同的色料组成的两种颜色视觉上是匹配的，但扫描仪却会输出不同的数据集合。在这一问题上灰色会引起麻烦，由三种或更多的色料构成灰色时同色异谱现象更令人头疼。当然，如果使用的色料是唯一的，则问题就变得特别麻烦。

### 5.1.2　色度图像采集设备与多光谱成像

捕获良好的数据对最终成像结果乃至于复制效果至关重要。然而，既然视觉系统基于三原色感知颜色的工作原理，那么究竟什么因素刺激了多光谱成像的需求和发展？为何捕获比三原色通道要更多的数字信息？答案很简单，那就是为了得到更准确/精确的颜色。值得指出的是，除捕获可见光范围内的信息外，多光谱成像也包含捕获超过视觉感受区域光谱信息的系统，例如遥感系统包含对红外线敏感的数据通道，有助于补充或增强成像系统所捕获的视觉光谱范围内的图像数据，以得到更忠实于自然场景的颜色。

若给定相同的观察条件，则基于色度设计原则的扫描仪基本上可以"看到"类似于眼睛看到的现实世界。如同上一小节提到过的那样，出于实际原因的设计原则，平板扫描仪通常不具备色度扫描仪（Colorimetric Scanner）的响应能力，往往要求执行彩色校正的操作步骤，由此涉及彩色查找表或三维查找表等复杂的处理过程，通过合适的查找表将彩色校正结果应用于扫描仪捕获的数据，以改善扫描仪的彩色匹配能力。值得注意的是，彩色校正或标定只提供局部解决方案，对于特定的光源和扫描软件"推导"的原稿记录介质类型才有效。在大多数情况下，平板扫描仪捕获的图像数据和质量是可以接受的。然而，如果原稿使用的色料集合发生了变化，有时甚至很微小的变化，例如彩色胶片或纸张批量彼此间的差异，则至少从技术角度考虑需要不同的彩色校正。

三色通道图像捕获显然限制了其高保真彩色再现能力，对那些采用多种颜料创作的艺术品原稿来说尤其如此。现在，多光谱图像捕获技术和相应的系统已经用于直接输入精细艺术品原稿，读者不必对此感到大惊小怪。根据英国伦顿国家美术馆和意大利佛罗伦萨的 Uffizi 艺术馆的使用经验，多光谱成像系统能够更精确地估计 CIE 三刺激数据，在整体光谱重构的基础上估计每一个像素值，从而获得更好的捕获效果。整体光谱重构的主要优点在于可以校正图像捕获和显示用照明间的差异，要求的标定比常规扫描仪少得多，取决于被扫描对象和标定用测试图使用了相同或类似的材料。已经构造成的或建议构造的多光谱成像系统采用 5~16 个独立通道的形式，通道数量的多少和它们的光谱特征，以及光谱或色度数据的回归处理方法等，都是目前研究的主题。

多光谱系统很耗费计算时间，原因在于有大量的信息需要处理，需要以特定的算法将捕获的信息转换到光谱数据或色度数据。多光谱成像同样存在位分辨率问题，如同三原色成像系统那样，目前取得的一致意见是每通道 12 位捕获已经足够。虽然从光谱角度重构数据比常规扫描仪更复杂，但文件数据量却不会减小，反而更多。另一方面，色度数据可以保存到三个 8 位通道，这与常规成像系统相比差别不大。为了保持更高的色彩精度，已经采用了 32 位分辨率的图像表示方法，其中 L* 通道 10 位，而 a* 和 b* 通道分别为 11 位。

### 5.1.3　平板扫描仪光源的输出光谱

平板扫描仪在封闭环境下运转，与数字摄影相比受到的环境干扰小得多，但不能因此而绝对相信任意平板扫描仪输出的数字图像。原因很简单，既然封闭环境给平板扫描仪带来少受干扰的优势，就应该考虑这种优势因何而来。如果说平板扫描仪之关键部件传感器相当于视觉系统的眼睛，那么眼睛将以何种前提条件感受颜色。很明显，封闭环境中即使存在丰富多彩的颜色，但没有光的照射眼睛将什么都看不见；假定封闭环境中只有发射特定光谱的灯泡照射到被观察的物体，眼睛只能看到该物体的红色成分。因此，平板扫描仪不仅要有高灵敏度的传感器，也需要发射光谱正常的光源。

色彩管理技术已成功地应用于彩色复制流程，对于彩色复制"参与者"的标定问题也变得日益重要起来，于是出现了不同的平板扫描仪标定方法。值得注意的是，现今几乎所有的扫描仪标定均以正确的光源照射为前提，因而如果光源的发射光谱不正确，则很难产生正确的标定结果。图 5-1 所示曲线来自对某一平板扫描仪光源的测量数据，由于在大约 580nm 位置出现发射光谱很高的峰值，图像捕获结果必须据此修正。

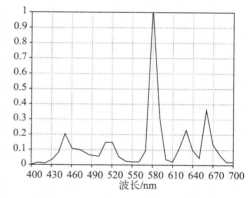

图 5-1　扫描仪灯泡输出光谱测量
数据的例子

图 5-1 演示的平板扫描仪照明光源输出光谱用分光辐射度计测量，这种仪器采用并行信息捕获方法，俗称快扫描。通常，分光辐射度计由观察测试图的目镜组成，带有可以聚焦观察光圈的机构，包含固定的多色仪（即衍射光栅），用于将 380～780nm 范围内可见光谱的大多数分量分散到光电二极管阵列探测器上。

平板扫描仪允许在盖子打开的条件下操作，这给照明光源光谱测量带来方便。测量时往往以标准白色漫反射体为"接力棒"或"光线转移站"，将来自扫描仪灯泡的入射光反射到分光辐射度计的光圈范围；从测量结果的正确性角度考虑，白色漫反射体需安装得大约与扫描头的运动方向成 45°夹角；分光辐射度计的目镜轴线尽可能与白色漫反射体对准，且目镜轴线与白色漫反射体平面垂直。光源发射光谱测量应该在暗房内执行，目的在于避免受到其他入射光的干扰。为了消除可能出现的因光源不稳定性导致的初始偏差，测量前应该先打开平板扫描仪照明灯泡，时间至少提早 10min。

扫描仪灯泡输出光谱测量数据反映其光谱辐射数值，每 2nm 波长测量一个数据，测量范围从 380～780nm，仪器输出读数按瓦特/立体弧度/平方米单位计量。通过在 400～700nm 范围内以 10nm 间隔取值，测量数据转换成 31×1 矢量，此后再除以灯泡辐射光谱峰值对数据作归一化处理，于是得到图 5-1 所示的测量结果。

### 5.1.4 传感器光谱响应

确保平板扫描仪读数正确的第二关键因素是传感器的光谱响应，由于大多数平板扫描仪选择 CCD 传感器，因而本小节以 CCD 传感器为例说明如何测量光谱响应。执行常规扫描程序时，灯泡光线入射到待扫描的测试图表面，再从测试图表面反射并投射到扫描仪的 CCD 传感器上，且光线投射到传感器前需经过扫描仪光学反射镜和镜头组件的作用。为了确定扫描仪 CCD 传感器的光谱响应，需要将 400～700nm 可见光范围波长的光束直接入射到 CCD 传感器上，为此可使用类似单色器一类的仪器，要求单色器内置能输出特定波长光束的光导纤维，且单色器输出波长间隔以不超过 10nm 为宜。

由于测量对象和测量目标的差异，用于测量平板扫描仪 CCD 传感器光谱响应特性的实验装置必然与测量扫描仪灯泡输出光谱成分的实验装置有所区别。此外，执行传感器光谱响应特征测量的环境条件也与光源发射特征不一样，主要表现在：①来自单色器的光束沿垂直于装稿平台的方向入射到扫描头；②在测量扫描仪 CCD 传感器的光谱响应特性期间需关闭扫描仪灯泡，这可通过修改扫描仪驱动程序编码的方法实现；③测量应该在暗房环境下执行；④扫描仪的 Gamma 设置功能打开，暗调校正功能关闭；⑤扫描仪的信号捕获分辨率设置到 150dpi；⑥扫描仪提供文档页面自动进给功能时建议在该模式下操作。

在正常工作状态下，只要进入扫描仪的文档页面进给模式，则扫描头可以在玻璃装稿台面的一端保持固定状态，待扫描文档页面从扫描仪顶部的稿盘进给，而扫描好的页面由底部稿盘自动接收。若被测量平板扫描仪不提供文档页面自动进给功能，就需要另行设法使扫描头保持固定在一端的状态，这其实并不困难。由于测量扫描仪 CCD 传感器的光谱响应（即光谱灵敏度函数）特征时并不存在待扫描的文档，因而扫描头的位置固定便成为相当有用的功能，容易实现相关器件的参数设置。测量时的扫描结果在 400～700nm 的可见光范围内以每 10nm 波长的间隔取样，保存为未经数据压缩的 TIFF 文件格式。

作为数字图像输入设备的平板扫描仪的最终输出读数由红、绿、蓝三色通道组成，正常工作状态下由这三个主色通道数据组合成彩色图像。为了测量平板扫描仪 CCD 传感器的光谱响应特征，单色器输出光强度应该与扫描仪的捕获信号取得协调关系，为此需设置单色器的输出光强度，需确保最大程度地利用红、绿、蓝数据的动态范围，覆盖由扫描捕获的所有可能的 RGB 值，这些 RGB 数据来自扫描图像的像素颜色，可以从扫描图像中获取。

由于扫描前已经打开了扫描仪的 Gamma 校正功能，因而单色器的输出信号经过扫描仪的 Gamma 校正处理，并由这些经过扫描仪 Gamma 校正的红、绿、蓝颜色值确定扫描仪传感器的光谱响应，即光谱灵敏度函数。

图 5-2 给出了某平板扫描仪 CCD 传感器红、绿、蓝三色通道测量数据，它们代表该扫描仪所用 CCD 传感器的光谱响应特点，在扫描仪未经标定和灯泡关闭的条件下测量。

图 5-2 的纵轴代表扫描仪 8 位量化的

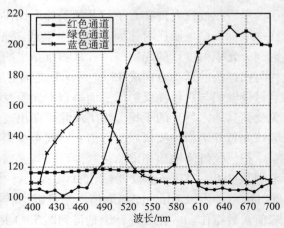

图 5-2 平板扫描仪传感器对单色输入的光谱响应

数字输出值，可见被测量扫描仪 CCD 传感器对原稿红色成分的响应能力最强，缺点是光谱响应范围过宽；传感器对绿色的响应较为正常，与最高理论数字输出值 255 的差距不大；该扫描仪 CCD 传感器对原稿蓝色成分的光谱响应能力很不够，仅达到最高理论数字输出值的一半多一点。

### 5.1.5　采样定理与 Nyquist 频率

Nyquist 采样定理认为：若信号以 $d_{scan}$ 的速率采样，且带宽严格地限制于不超过 $d_{scan}/2$ 的截止频率 $f_c$，则可以不失真地重构原模拟信号。以上描述可以用更通俗的语言表示：若原信号的最高频率为 $f_c$，则当采样频率大于等于 2 倍的信号最高频率（即 $2f_c$）时，就可以由抽样信号不失真地恢复原信号。换言之，只要数字成像系统的采样周期小于等于原信号周期的一半，就可以由采样数据重构原模拟信号。如果以 $f_N$ 标记捕获图像时操作者实际规定的采样频率，则称采样频率之半 $f_N = d_{scan}/2$ 称为 Nyquist 频率，例如若以 300dpi 的采样频率扫描，则 Nyquist 频率 $= f_N/2 = $（300/25.4）/2 $\approx 5.9$ cycles/mm；这种标记经常出现在扫描仪或数字照相机空间频率响应曲线图上，此时的 $f_N = d_{scan}/2$ 虽然命名为 Nyquist 频率，但并非满足采样定理的频率，而是实际设定的采样频率的一半。对数字照相机来说不存在由拍摄者设定采样频率的问题，至少到目前为止还没有可以在拍摄前由操作者设置采样频率的数字照相机，出现在空间频率响应曲线上的 Nyquist 频率永远取 0.5 cycles/pixel。例如，对于像素间距为 5μm 的数字照相机来说，由于每毫米的 $d_{scan} = 200$ 像素，或每英寸的 $d_{scan} = 5080$ 像素，因而 Nyquist 频率 $f_N$ 为每毫米 100 线对，或者每英寸 2540 线对。

超过 $f_N$ 的信号能量导致混叠，表现为以重复图案出现的低频信号影像，以视觉上感受得到的莫尔条纹为典型。以非重复图案形式出现时，频率混叠表现为锯齿形的对角线。当高频波段与显示器屏幕的低采样频率交互作用时也可以看到频率混叠现象，大体上发生在每英寸 80 像素分辨率的显示器屏幕上。图 5－3 演示超过 Nyquist 频率时如何导致混叠。

**图 5－3　频率混叠现象演示**

在图 5－3 所示的简化例子中，传感器像素以白色和青色相间的区域表示，即 1、3、5、7 为青色，2、4、6、8 为白色。根据前面的定义，Nyquist 频率以每 2 个像素为 1 个周期；顶部代表原信号区域，由于以每 4 个像素为 3 个信号周期，因而信号频率等于 2/3 的 Nyquist 频率；底部区域表示传感器对信号的响应，考虑到传感器响应是 Nyquist 频率的一半（即 4 个像素 1 个周期），因此不满足采样定理要求，必然发生频率混叠。

图 5－4 比图 5－3 更能说明问题，从明度（亮度）按对数规律变化的测试图以数字照相机拍摄而得，可以清楚地看到频率混叠引起引起的莫尔条纹，出现在 Nyquist 频率附近的位置，即图中标记为 50 的右侧，其实际含义为 Nyquist 频率之半。

其实在拍摄图 5－4 所示的图像时使用

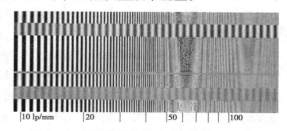

**图 5－4　调制传递函数测试图的频率混叠**

了质量等级优异的镜头，但对于降低莫尔条纹没有实质性的好处。为了尽可能消除频率混叠的影响，最根本的措施当然是设置满足采样定理要求的采样频率，可惜的是采集图像前并不知道原信号最高频率。根据已有从数字照相机拍摄实践总结得的经验，即使数字照相机无法满足采样定理的要求，也可以通过改变光圈的方法降低莫尔条纹对视觉的影响，因为在适当的光圈尺寸下发生的衍射充当有效的抗混叠滤波器的角色，使莫尔条纹表现不明显。某些数字照相机和平板扫描仪的传感器具有抗混叠或低通滤波器，以降低超过 Nyquist 频率的响应，减少出现频率混叠的可能性。当然，抗混叠滤波器会导致图像略微模糊，相当于降低图像分辨率。

由于 Foveon X3 传感器在每一个像素位置上对红、绿、蓝三色均保持合理的灵敏度，虽然没有抗混叠滤波器，且 Nyquist 频率处的调制传递函数较高，但由于传感器按单色的形式组织，即没有马赛克传感器那样的 Bayer 彩色滤波器，因而频率混叠不容易察觉。

### 5.1.6　性能测试

高质量的图像捕获需要高质量的成像设备，然而究竟什么样的数字成像设备才称得上高质量？面对制造商强大的宣传攻势，普通消费者淹没在许多貌似合理、但又极其不合理的一大堆概念中。例如，数字照相机制造商提出有效像素的概念，但对何谓有效像素却不作必要的解释，提供的数字大得惊人，如今几百万像素已不过瘾了，超过千万有效像素的数字照相机可以说比比皆是。

扫描仪市场应该比数字照相机更成熟，但局面不见得比数字摄影市场好多少。号称最高分辨率接近 10 000dpi 的平板扫描仪已经出现，价格绝对便宜，比如销售价格不到千元的平板扫描仪号称主扫描（水平）和副扫描（垂直）方向的分辨率达到 4800dpi 和 9600dpi，即使滚筒扫描仪"看到"如此高的扫描精度也只能自愧不如。

从现实的角度看，是否需要如此高的成像精度（有效像素或分辨率）值得怀疑。印刷应该算得上对图像分辨率要求最高的领域之一，即使以每英寸 200 线加网，按质量因子 2 考虑时也只需 400dpi 的分辨率，这远远低于制造商提供的成像精度。既然如此，动辄 1000 万以上像素的数字照相机和接近 10 000dpi 分辨率的平板扫描仪是否有必要？它们的实际需求又在哪里？想象不出如此高的成像精度针对什么样的市场。

数字成像设备的制造商们不仅随心所欲地标榜分辨率和有效像素，也任意夸大数字成像设备的动态范围、清晰度和量化位数，似乎一夜间出现了数量众多的高端成像设备。通过多年的理论研究和实践，图像质量分析技术取得了长足的进步，建立在科学基础上的系列国际标准已经由 ISO TC42 技术委员会开发成功，制造商们宣称的性能参数或者受到这些标准的支持，或者遭到反驳，一个由消费者主导的数字成像设备市场即将到来。

ISO TC42 制定的与数字成像有关的标准目前总共有 8 个，从公众感兴趣的主要技术术语定义到性能指标的测量方法，其中有的标准已经过修改。随着这些标准逐步为专业工作者到广大普通消费者熟悉和接受，未来的数字成像设备市场将发生根本变化，不再由制造商单独说了算，设备的使用者也有自己的发言权，冲动的购买行为将越来越少。

数字成像设备产品说明书或产品宣传广告上标榜的成像参数往往靠不住，实际的成像技术参数应该由用户测量。对数字印前领域来说，经过了将近 30 年的发展，连工作流程都已经实现了数字化，购买和使用数字照相机和扫描仪时却缺乏定量分析的概念，没有养成定量检测和评价的习惯，仍然止步于定性描述，是无论如何也说不过去的。按理，数字印前的一切都应该建立在数字化基础上，不能只满足于激光照排机、直接制版机和色彩管理等数字化。数字成像设备处于工作流程的前端，设备的工作方式当然是数字化的，问题在于如何以数字的方式测量和评价设备性能。

根据 ISO TC42 已经正式颁发的 8 个数字成像国际标准，测量方法已经标准化的性能参数包括光电变换函数、空间频率响应、噪声、动态范围、曝光速度和输出灵敏度等。分析 ISO TC42 数字成像系列标准涉及的范围，可以发现主线是信号和噪声，数字成像设备捕获数据质量的高低决定于信号质量，但往往受到噪声的干扰。成像信号质量的优劣将决定设备所捕获图像数据的正确性和可靠性，例如动态范围和空间频率响应等都应该由良好的信号质量来保证。然而，任何数字成像设备的输出信号均不可避免地受到噪声的干扰，从而降低捕获图像质量，比如使动态范围变窄，因为数字成像设备的实际动态范围与噪声间存在密切的关系，这已经为理论研究和大量实践所证实。

## 5.2 RAW 数据捕获

彩色复制的"参与者"越来越多，彼此间的影响也越来越复杂。传统制版以操作人员良好的专业知识保证工作质量，从工作流程一开始就采取各种质量控制措施。在数字印前的早期阶段，图像数据采集从一开始就针对印刷设备和工艺，属于典型的 CMYK 规则。色彩管理参与到彩色复制工作流程后，再也不能使用源头 CMYK 图像采集规则了，否则色彩管理技术将变得毫无用处。色彩管理不仅要求放弃 CMYK 数据捕获，也要求捕获更适合于色彩管理的图像数据，因而如何扫描或拍摄至关重要。

### 5.2.1 关于 RAW 数据

RAW 数据一词起源于数字摄影。现在，对于那些从胶片记录转移到数字成像的专业摄影工作者们来说，对英文单词 raw 和 data 的组合（用作专用名词时写成 RAW 数据）不再陌生，他们知道其含义为照相机原始数据，意味着数字成像设备捕获的图像数据没有经过任何的编辑加工和处理，通常是针对数字照相机而言的。

从历史的角度看，当 RAW 数据这一称呼开始出现在数字摄影领域时，人们往往会将它与各种专用文件格式名称关联起来，例如佳能的 CRW 文件和 CR2 文件、美能达的 MRW 文件、奥林巴斯的 ORF 文件和尼康的 NEF 文件等，而照相原始数据文件则是这些文件的共同称呼。虽然不同的数字照相机制造商赋予 RAW 数据文件以不同的名称，但所有的照相机原始数据文件却共享某些重要的特征，这些图像文件保存的由传感器捕获的原始数据未经数字照相机软件的处理，当然去马赛克处理除外。

在 RAW 数据文件出现前，图像处理工作者只能被动地接受数字成像设备（以扫描仪最为典型和常见）输出的彩色数据，通过图像处理软件编辑和加工图像，曾经是 Photoshop 的一统天下，但目前在美国市场 Photoshop 正面临 Picture Window Pro 的挑战。由于照相机原始数据概念和相应文件格式的出现，导致图像处理工作流程的变化。对专业摄影工作者来说，他们完全有能力摆脱被动接受数字图像的局面，在打开 RAW 数据文件时有目标地将照相机设置参数的作用效果加到数字图像；或根据拍摄所得数字图像的颜色和阶调改变曝光参数，主动地按图像的使用目标和复制精度要求规定合理的 RGB 工作色彩空间、改变数据和选择位分辨率等。

根据 RAW 数据本来的含义，由于数字照相机输出的 RAW 文件记录的应该是数字照相机传感器（光电转换元件）捕获的数据，因而扫描仪输入模拟原稿的工作方式类似于数字照相机拍摄场景时，原始数据捕获的概念可以扩展到扫描仪。如同数字照相机的拍摄结果仅仅记录成传感器捕获的 RAW 数据文件那样，如果由扫描仪传感器捕获的原始数据也可以保存起来，则扫描仪使用者也能够实现 RAW 数据捕获。两者的区别在于，要求数字照相机输出原始数据文件时，该照相机必须提供格式支持，对拍摄者的操作技巧没有任何的特殊要求；扫描仪的诞生时间比数字照相机早，那时还没有商业色彩管理系统，也从未针对扫描仪设计过专门的图像格式，因而对 RAW 数据捕获是有操作要求的。

### 5.2.2　RAW 数据的来源

除每一个像素的灰度（色调）值外，大多数照相机原始数据格式图像在元数据内含有所谓的解码器环（Decoder Ring），用于"搬运"或"改变"覆盖在传感器顶部的彩色滤波器的排列，把每一个像素代表的颜色告知原始数据转换器。当然，所谓的"搬运"和"改变"绝对不可能针对物理上的彩色滤波器阵列，只是"搬运"和"改变"对应于彩色滤波器阵列的传感器输出的数据。此后，原始数据转换器利用单色性质传感器输出的图像数据从灰度原始捕获信号转换到彩色图像，这就是所谓的去马赛克处理，通过插值计算为每一个像素补足"丢失"的彩色信息，计算的依据是当前处理像素的邻域像素，见图 5-5。

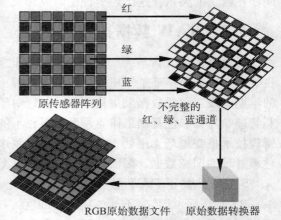

图 5-5　从单色原始数据到彩色原始数据

照相机原始数据图像文件由两种不同类型的信息组成：其一是像素值，它用来描述与拍摄场景对应位置的颜色和层次，由传感器捕获；其二是图像元数据，这种信息反映捕获图像时的有关参数，由数字照相机在每一次捕获信号时建立。例如，无论是采用原始数据捕获还是 JPEG 格式捕获，这两种图像格式都包含 EXIF（可交换图像格式，Exchangeable Image Format）元数据，用于记录拍摄参数，例如照相机型号和系列号、用户设置的快门速度和光圈、焦距，以及拍摄时是否启用了闪光灯。此外，照相机原始数据文件也包括某些附加元数据，原始数据转换器需要这种数据，以便从原始捕获信号转换到 RGB 图像。

拍摄原始数据图像时，白平衡设置对照相机捕获的像素没有影响，仅仅在原始数据文件内简单地记录为元数据标签。某些原始数据转换器能读出元数据标签，用作原始数据图像的默认白平衡参数，必要时操作者可以覆盖这种参数；有的原始数据转换器则可能完全忽略元数据标签记录的白平衡参数，在分析图像的基础上确定白平衡数据。

### 5.2.3　默认数据捕获

紧凑型数字照相机属于典型的默认数据捕获，操作者其实什么也不要做，看到需要拍摄的场景及时按下快门即可，输出结果多是 JPEG 图像，仅数据压缩比不同而已。单镜头反光数字照相机使用户有更多的选择和控制权，所谓默认数据捕获就是按下快门后听凭照相机调用内置的各种自动处理功能，拍摄结果输出为 JPEG 或 TIFF 图像，大多数单镜头反光数字照相机的拥有者就是以这种方式使用自己的照相机的，这当然无可厚非。然而，为专业用途购买单镜头反光数字照相机时，实在想不出为何要采用默认数据捕获方式，拍摄结果保存为照相机原始数据格式图像岂不更好。

　　平板扫描仪与数字照相机的默认数据捕获存在某些差异，其中最主要的差异是扫描仪通过制造商提供的扫描驱动软件操作。自从 TWAIN 接口标准出现后，扫描驱动软件按相同的标准开发和设计，完成数字图像采集设备与计算机间的信息和数据交换，适用于平板扫描仪和数字照相机等所有光栅化数据采集设备。随着平板扫描仪具备消费电子产品和专业应用设备的双重属性，几乎所有的平板扫描仪都提供初学者级和专业级扫描模式，用户选择的扫描模式不仅影响如何建立 ICC 文件，更影响平板扫描仪捕获的图像数据。

　　所谓默认数据扫描指不改变扫描控制软件操作界面上的任何参数，以这种模式扫描时应该从预扫描操作开始，由扫描仪捕获模拟原稿低分辨率图像，在分析预扫描图像数据的基础上自动地确定"扫描仪认为合理"的参数，显示在扫描控制软件的操作界面上。注意，尽管 TWAIN 界面标准的制定为扫描仪制造商提供了统一的信息和数据可交换的扫描控制软件的开发和设计准则，但这并不意味着限制所有的扫描仪制造商提供形式完全相同的扫描控制界面，更不是要求所有的扫描仪制造商采用统一的默认扫描参数。事实恰恰相反，该标准不但允许不同的扫描仪制造商提供富有个性化的操作界面，甚至"鼓励"扫描仪制造商们提供更多的自动化功能，而扫描仪的自动化功能就是由默认参数体现的。

　　由于提供扫描仪的制造商不同，在如何确定默认扫描参数上也必然各不相同。某些平板扫描仪操作界面上的大多数扫描参数由使用者设置，可以"放权"到色彩校正和亮度/对比度调整等相当高端的能力，只留下少数项由扫描驱动软件决定；某些扫描仪的"自动化"程度太高，以至于一切由扫描驱动软件代劳，只要用户点击预扫描按钮即可，此后的操作全部由扫描驱动软件自动决定。由于如此决定的默认扫描参数建立在分析预扫描图像数据的基础上，因而对不同原稿确定的默认扫描参数往往是不一样的。

　　面对不同的应用和图像捕获要求，究竟按默认参数扫描还是其他参数扫描应该由用户决定，重要的问题在于平板扫描仪捕获的数据是否可靠。不少用户对扫描仪过分信赖，自然而然地认为扫描仪捕获的数据总是正确的，实际情况未必如此。图像数字化属于典型的随机过程，传感器采集光信号并转换到电信号充满着随机性。换言之，对于同样的模拟原稿，两次扫描产生的结果完全有可能不同。下面做一个简单的实验：先启动 Photoshop，接通扫描仪电源，检查扫描仪与计算机连接无误，让扫描仪热机 20min 以上；启动扫描软件并执行预扫描操作，在软件操作界面的图像预览窗口内定义感兴趣的扫描区域；接受由扫描驱动软件确定的全部默认扫描参数，仅仅规定扫描分辨率和缩放比例，立即启动扫描，得图像文件一；退出扫描驱动软件，再次启动扫描驱动软件，确认第一次扫描时的所有默认扫描参数没有变动，启动扫描，得图像文件二，由于扫描区域不变，因而前后两次扫描的数据量完全相同；转到 Photoshop 窗口，图像二复制图像一窗口，上面的图层（即图像二）工作模式设置为 Difference，结果如图 5-6 所示。

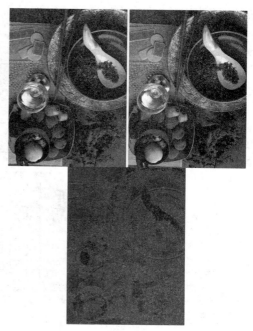

图 5-6　扫描仪捕获数据误差的例子

图 5-6 之左和中代表第一次和第二次扫描所得图像，右面是两次扫描图像以 Difference 模式合成的结果，为使读者看得更清楚而加亮了画面。若传感器输出信号没有误差，则两次扫描图像以 Difference 模式合成后，按理画面应一片漆黑，因为两者的差值应该等于零。实际合成结果表明，正因为两次捕获的图像数据不同，才形成图 5-6 之右所示结果。

### 5.2.4　数字照相机 RAW 数据转换

RAW 文件这一概念出现在数字照相机诞生的年代，指图像传感器捕获的信息未经处理的数字输出结果，即未经处理的数据。现在，即使专业的数字摄影研究者对于 RAW 文件有两种不同的看法，对应于两种稍有区别的称呼，它们分别为 Camera RAW 和 Bayer RAW 文件。采用 Camera RAW 文件称呼时，认为传感器捕获的连续形式的电信号由模/数转换器量化成数字输出值，并经过去马赛克处理，但照相机设置尚未作用于数据，源数据可能由 Bayer 传感器捕获的信号转换而来，也可能来自非 Bayer 传感器；使用 Bayer RAW 文件这一称呼时，说明经模/数转换器量化处理后输出的数据来自Bayer传感器，但由于尚未经过去马赛克处理，因而也称为标准 RAW 数据图像文件。

根据对于两种 RAW 文件的认识，只要称之为照相机原始数据的 RAW 文件，则 RAW 数据捕获并不排斥数据编码，这意味着所有数字图像采集系统输出照相机原始数据前都必须是编码传感器捕获的数据，关键在于将数据编码成未经拍摄参数作用的文件，这种能力对 RAW 数据捕获的实现至关重要。显然，为了确保传感器所捕获数据的"原汁原味"，原始数据编码与输出某些特殊文件格式（例如 JPEG 格式）的数据编码完全不同，属于直接编码类型。由于这一特点，目前的绝大多数应用软件不能读懂 RAW 文件，因为这些应用软件没有针对照相机原始数据的解码器，为此需要处理 RAW 数据的转换软件。

传感器顶部覆盖 Bayer 彩色滤波器阵列时，颜色的排列次序 RGRGRG……，GBGBGB……，RGRBRG……，GBGBGB，……，循环往复。鉴于目前尚没有将红、绿或蓝映射到像素位置的通用标准，因而图 5-7 所示的四种布置方法都有可能。

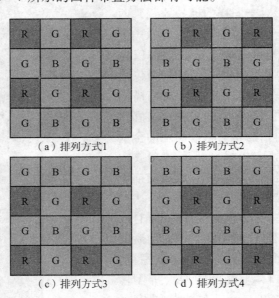

（a）排列方式1　　　（b）排列方式2

（c）排列方式3　　　（d）排列方式4

图 5-7　四种可能的像素排列

图 5-7 表示 Bayer 彩色滤波器覆盖到 CCD 或 CMOS 传感器顶部的四种可能，只需观察该图包含的每一组 4×4 传感器像素的组合方式即可理解。图中四种排列方式的四个传感器像素都能确保绿色像素 50%，红色和蓝色像素各 25% 的 Bayer 彩色滤波器排列规则，区别仅在于三种颜色交换了排列次序，根据规则都是允许的，对最终数据可能有影响。用于处理 RAW 文件的专门软件往往提供检查 Bayer RAW 文件的传感器像素排列方式，这种功能对专业的图像处理工作者和软件开发者才有用，普通用户只需懂得如何利用 Bayer RAW 解码软件转换到通用图像格式就可以了。

由于数字印前应用软件不能直接处理 RAW 文件，必须经转换后才可以使用。对于照相机原始数据文件 Camera RAW 的转换相对简单，图像处理软件通常都提供 Camera RAW 插件，因而只需在插件的专用界面上执行各种操作就可以了。使用时应当注意，即使作为主软件的 Camera RAW 插件，操作时也需要许多专门知识，难度不亚于某些应用软件。

若用户正在处理的是 Bayer RAW 文件，则一般的 Camera RAW 插件可能还不够，或许需要专门的 RAW 数据处理软件，使用这类软件要求更多的专业知识。

RAW 数据捕获是确保图像符合使用要求的过程，最后总要转换到常用的图像格式，例如 JPEG 和 TIFF 格式等。照相机原始数据文件（即 Camera RAW 文件）无须去马赛克处理，转换过程相对简单；对 Bayer RAW 文件来说，转换过程涉及去马赛克处理。

### 5.2.5 扫描仪的数据捕获和转换特点

平板扫描仪捕获数字图像的工作方式多少与数字照相机类似，但平板扫描仪使用传感器的方式与数字照相机差异相当大。平板扫描仪不采用在 CCD 或 CMOS 传感器顶部覆盖 Bayer 彩色滤波器阵列的方法，而是在传感器前端的光路必经之处放置整体性的滤色镜，大小足以覆盖固态传感器芯片面积，来自模拟原稿的光线先经过滤色镜分解成红、绿、蓝三种主色，再分别照射到相应的传感器上，如图 5-8 所示那样。

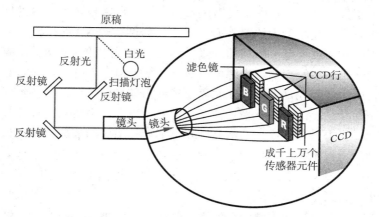

**图 5-8 平板扫描仪的光学元件配置**

平板扫描仪之所以没有采用在传感器顶部覆盖 Bayer 彩色滤波器的方法，与平板扫描仪的基本设计思想有关。为了降低制造成本，平板扫描仪按线性规律将传感器排成行，通过步进电机驱动内置传感器的扫描头，垂直方向的分辨率决定于传动机构的精度。由此可见，反映平板扫描仪捕获图像数据本质的是"扫描"两字，而"拍摄"两字则反映数字照相机的数据捕获本质，行排列和面阵排列决定了两种数字成像设备的原则区别。

既然平板扫描仪不存在 Bayer 彩色滤波器阵列，也就不存在马赛克传感器结构，自然就没有对图像数据作去马赛克处理的必要，这一特点意味着平板扫描仪捕获的图像数据可直接使用，导致平板扫描仪与数字照相机的另一区别。

理论上，平板扫描仪传感器捕获的数据同样属于 RAW 性质的，可能是已经形成了完善的制造工艺，因而不采用直接编码成扫描仪 RAW 数据文件的工作机制，代之以由扫描仪的电子线路完成数据类型转换，最终输出成 RGB 图像文件。事实上，平板扫描仪输出的图像文件来自对传感器捕获数据两个阶段的处理：首先，传感器捕获的信息先在扫描仪内部完成从 RAW 数据到 CIE *XYZ* 数据、再到从 CIE *XYZ* 数据到 RGB 数据的转换，该过程由平板扫描仪的硬件完成；其次，硬件部分完成的 RGB 编码数据还需经过扫描仪驱动软件的处理，按照用户规定的扫描参数改写像素值，其实大多数场合按扫描仪制造商设定的默认扫描参数输出结果图像。因此，受到平板扫描仪数据处理方式的限制，所谓的 RAW 数据捕获不可能像数字照相机那样彻底，或许更应该称之为"准"原始数据捕获。

## 5.2.6　扫描仪 RAW 数据捕获的重要性

根据现代色彩管理技术的基本原理，倘若用户扫描仪、显示器和输出设备建立了高质量的自定义 ICC 文件，则可以实现色彩管理参与下的彩色复制工艺，且 RGB 扫描体现超过直接扫描成 CMYK 数据的许多优点，更适合于色彩管理工作流程使用。有必要说明，色彩管理需要扫描仪提供 RAW 数据，而 RAW 数据扫描与 RGB 扫描并不相同，只有当两者取得协调和一致时，即扫描仪输出 RGB 图像且按 RAW 数据捕获扫描，最终得到的彩色数据才符合色彩管理的需要。用户选择的扫描模式将影响色彩管理系统生成的 ICC 文件包含的内容，甚至影响 ICC 文件的质量，从而影响色彩管理的最终效果。

良好的"准"原始数据或"准"RAW 数据捕获应该保持模拟原稿的全部阶调值，色彩变化与原稿尽可能一致，不应该执行扫描仪支持下的色彩调整或类似处理，不能按扫描仪制造商为驱动软件设定的默认参数（即初学者模式）扫描，当然也不能接受扫描驱动软件在分析预扫描图像数据基础上确定的默认扫描参数。考虑到包括照片冲印在内的彩色复制工艺所用白色纸张的亮度值大约覆盖 15 个恰可察觉差异 JND 的范围，因而几乎所有扫描仪的阶调范围针对白度可能值最高的纸张设计，可以在各种白度间自动或手工地调整。

另一重要问题是，尽管扫描仪光源可以做到基本上恒定不变，但来自纸张的反射光线却在改变角度，因为任何人都无法保证原稿安装到扫描平台后可以保持绝对的平直，不存在任何形式的皱褶和微小的起伏不平。针对这种使用特点，平板扫描仪往往设计得能对于白度逐步增加的纸张提供单调增加的信号，要求平板扫描仪的响应范围可以包容彩色复制工艺可能使用到的所有纸张。平板扫描仪的上述特征无疑对专业扫描工作者提出了相当高的要求，也是色彩管理需要 RAW 数据扫描支持的重要原因之一，因为只有 RAW 扫描输出的数据才真正体现纸张的基本光学特性。

即使平板扫描仪的传感器在封闭环境下运转，但按线性规律排列的线阵平板扫描仪传感器对原稿深暗区域的响应能力仍然较差，数字照相机也存在类似的问题，其实并非传感器排列方式的原因，关键在于传感器自身的能力。根据 5.2.3 节提供的简单实验结果，平板扫描仪传感器捕获的信号带有随机性。因此，为了尽可能降低甚至消除叠加到最终扫描图像的噪声信号，获得无噪声的"洁净"扫描结果，仅仅寄希望于平板扫描仪配备高质量的传感器肯定是不够的，还应该充分利用平板扫描仪传感器的有效动态范围，不要浪费传感器在抽样过程中所获取信号带宽的任何部分及相应的数据。只有这样，色彩管理技术才有用武之地，才能针对彩色复制要求、按规定的色彩再现意图完成图像数据从 RGB 到

CMYK 空间的色域映射，获得理想的复制效果。

长期以来，印前领域已经习惯于直接扫描到 CMYK 数据，因为 CMYK 扫描工作方式有现成的扫描工艺作参考。对色彩管理参与的彩色复制工艺而言，这种扫描模式必须放弃，因为此时的输出图像数据已经过扫描仪或扫描驱动软件的处理，不仅有悖于色彩管理要求 RAW 数据扫描的原则，也浪费了扫描仪传感器捕获信息的带宽范围。

### 5.2.7 RAW 数据扫描要点

绝大多数平板扫描仪的驱动软件操作界面都有"预览"或"预扫描"按钮，许多操作者都习惯于先点击预览按钮，规定扫描区域位置和大小后再执行正式扫描，但这显然不符合 RAW 数据扫描原则。一般来说，当用户执行预扫描操作时，扫描驱动软件在分析操作者选择的子采样图像（即用户规定的扫描区域）数据基础上自动地确定该区域的阶调范围，并由此确定默认扫描参数，将锐化和对比度增强等调整到与被扫描区域相适应。因此，不要认为关闭了扫描驱动软件的默认参数后启动预扫描、再接着正式扫描可以捕获"准"原始数据了，恰恰相反，此时平板扫描仪输出的 RGB 数据与默认参数扫描类似。

为了获得平板扫描仪传感器捕获的"准"原始数据，建议不要执行预扫描操作，为此可先将扫描区域定义得与驱动软件提供的最大扫描尺寸一样大，这样做虽然会增加扫描图像的数据量，但可以确保捕获"准" RAW 数据，以后有的是机会裁剪图像。扫描前应仔细检查驱动软件界面上的所有参数，只要有可能，就应该关闭平板扫描仪制造商为扫描驱动软件设定的默认设置参数，例如默认选择的阶调或颜色增强、非线性的 Gamma 映射、包括 USM 在内的锐化处理和反差压缩等，甚至连去网功能也应该关闭。若确实有必要执行预扫描操作，则同样应仔细地检查扫描软件操作界面上的当前参数，发现后予以关闭。某些平板扫描仪配置的驱动软件有非常奇怪的特点，每次扫描结束后在分析所捕获图像数据的基础上自动地确定默认扫描参数，对此只能不厌其烦地重复关闭。上述要求意味着用于色彩管理的图像需按专业级模式扫描，而数据的加工处理则交给色彩管理系统执行。

按 RAW 数据捕获原则扫描对色彩管理功能的有效发挥至关重要，否则很可能得到范围狭窄或内容缺失的数据，尤其在被扫描原稿的高光和暗调端。举例来说，某平板扫描仪制造商设计的扫描控制软件提供类似于 Photoshop 的 Levels 界面，按预扫描图像数据确定默认扫描参数，比如铜版纸印刷品原稿经预扫描后，根据扫描数据将 Input 的暗调、高光和 Gamma 值分别默认设置为 50、234 和 1.07，而 Output 区段的暗调和高光则分别默认设置成 18 和 255，这意味着平板扫描仪捕获图像数据的暗调数值从 0 ~ 50 的像素将映射到 18，其余数值均被裁剪掉了；高光数值从 234 ~ 255 的像素全部映射成 255，裁剪量超过 20 个灰度（色调）等级，如此规模的裁剪令人惊讶。此外，虽然 Gamma 值设定为 1.07 不会导致传感器捕获数据严重的非线性变换，但交给色彩管理系统处理岂不更好。

色彩管理技术参与下的彩色复制应尽可能避免像素裁剪。丢弃数据很方便，恢复起来不仅是不方便的问题，事实上被裁剪掉的数据根本就无法恢复。

显然，如果按 RAW 数据捕获原则扫描，关闭了驱动软件的默认扫描参数，则由扫描仪传感器捕获的"准"原始数据均将得到保留，即保留了原稿几乎全部的阶调值和彩色变量特征。虽然在类似 Photoshop 的应用软件中打开 RAW 数据捕获输出的图像时，看起来显得一定程度的"呆板"或饱和度略有不足，但却是原稿阶调和颜色特征的真实表示。如果将扫描仪 ICC 文件指定给了按 RAW 数据捕获得到的彩色图像，且显示器 ICC 文件和观看图像的环境条件良好时，屏幕显示结果应当与原稿很接近。当然，对初学者来说因缺乏专业知识而只能按默认参数扫描，此时自动曝光和对比度增强等功能应该打开，而色彩管理功能则必须临时性地关闭，此时扫描结果将显得亮丽和色彩饱和，然而图像包含的某些颜色极有可能发生了像素值"裁剪"或"塞"进了不正确的颜色。

## 5.3 RGB 编辑与 RGB 扫描

数字印前技术的出现改变了传统制版的工作方式，计算机的参与使加色设备成为彩色复制的重要成员，由此引起即将发生的巨大变革。回想刚应用数字印前技术时，不能不提到在工作流程一开始就将原稿扫描成 CMYK 图像的做法，其优点在于有利于避免引入结果不可预测的颜色，缺点是限制了彩色数据的利用价值。加色设备和减色设备颜色合成原理的差异曾一度困扰着印前工作者，显示器参与彩色复制也因此而广受质疑。色彩管理技术的日益成熟解决了这种矛盾，但对于图像数据捕获和图像编辑却提出了新的要求。

### 5.3.1 复制工作流程的变化

基于 ICC 标准的色彩管理技术的出现，不仅解决了加色设备和减色设备呈色原理不一致的矛盾，有可能在计算机屏幕上模拟彩色图像的印刷效果；色彩管理技术更大的意义在于释放数字印前技术最大的能量，无须为避免工作过程中引入不可预测颜色而在流程前端直接扫描到 CMYK 图像，因为 RGB 扫描比 CMYK 扫描更容易，且 RGB 编辑更合理。

因此，我们应该感谢基于 ICC 的色彩管理技术，使得图像扫描、处理、存档和合成等都操作可以在 RGB 模式下完成。从工作流程的角度考虑，现代印前工艺的前端应该延伸到市场调查、产品设计和商务活动等作业任务；狭义的数字印前工艺应该忽略这些任务，因而数字图像捕获处在工作流程的最前端，在缺乏有效工艺措施的前提下，模拟原稿直接扫描到 CMYK 图像实属无奈之举。这种工作流程所有的缺点都源于一开始就使用 CMYK 数据的基本指导思想，复制目标限制于特定的设备和材料，缺乏灵活性和适应性。

从今天的角度分析，早期引入 CMYK 数据相当于在复制过程的最前端对彩色图像规定了使用某种设备、材料和工艺组合的 ICC 文件，由此得名早期联编工作流程。由于过早地限制彩色数据类型，导致此后的所有操作都必须与 CMYK 数据打交道，例如图像处理操作人员应该在 CMYK 色彩空间中定义颜色，这对未接受过专业训练的操作人员要求显然太高而又不现实。早期联编工作流程适合于单一目标的彩色复制，往往与特定的印刷设备或印刷工艺标准直接挂钩。早期联编工作流程的明显优点在于图像处理阶段与最终输出的一致关系，有利于避免图像处理人员在工作过程中引入超过输出设备色域的颜色，也不必担心数字图像包含的某些颜色在印刷机上复制不出来。

早期联编的基本特点可以归纳为 CMYK 扫描和 CMYK 编辑。从工作流程的整体上分析，过早地使用 CMYK 数据确实没有太多的优点，但在数字技术刚进入印前制作领域时却十分强调，能够熟练地在 CMYK 环境下操作也为熟悉印刷技术的专业人员引以为豪。随着数字印前技术的普及，尤其是数字印前应用软件的普及，有更多的非专业人士和相关行业加入到基于印刷的彩色复制行列，这值得肯定，印刷业应该敞开大门欢迎。然而，软件应用的普及不能解决所有问题，只要 CMYK 扫描和 CMYK 编辑仍然是数字印前工艺的主流，则压在他们身上的这座大山总搬不掉。

如同早期联编工作流程以 CMYK 扫描和 CMYK 编辑为主要特征那样，色彩管理技术支持下的工作流程应归纳为 RGB 扫描和 RGB 编辑。由于 RGB 图像的众多优点，基于 RGB 扫描和 RGB 编辑的工作流程效率更高，质量更容易得到保障，对操作人员的专业知识和技能限制也更少。基于印刷的彩色复制工作流程进入 RGB 扫描和 RGB 编辑后，有利于数字印前制作接纳更多的新技术，服务于更多的领域，印刷的发展之路必将越来越宽阔。

以 RGB 编辑取代 CMYK 编辑是色彩管理最容易引起争议的方面，这意味着图像润饰和色彩校正等操作都必须使用 RGB 数据，导致大多数印刷领域的扫描仪操作者、印刷图像处理工作者和印刷品设计者必须改变以往的工作方式，体现数字印前真正的价值。

### 5.3.2 RGB 编辑的主要理由

讨论新的工作流程时，按理应该是 RGB 扫描在前，RGB 编辑在后。颠倒两者的次序，改成先 RGB 编辑再 RGB 扫描的主要理由，在于新的工作流程需要 RGB 编辑，扫描后几乎所有的中间处理过程都建立在 RGB 数据变换的基础上。因此，流程前端的 RGB 扫描并非故意为之，而是 RGB 编辑的基本要求决定的，即没有 RGB 编辑就没有 RGB 扫描。

由于印刷前需要分色，印刷时使用 CMYK 四色油墨，因而许多人很自然地认为印前图像编辑理应属于 CMYK 处理的范畴。然而，现今隐含在图像编辑后面的真实目标却并非想象得那样理所当然，编辑后的图像用于印刷仅仅是选择之一，人们往往更关心原稿扫描后校正过程中发生的问题，关切的程度远远超过复制过程本身。以摄影原稿为例，胶片药膜仅仅由三层染料构成，在红、绿、蓝光线的作用下感光。由此可见，在 RGB 图像模式下校正摄影时可能发生的错误显得更合理，效果肯定比 CMYK 模式好。

回顾数字印前的发展历史，基于 RGB 数据的图像编辑曾一度缺乏有效的控制手段，与直接以 CMYK 模式编辑相比存在更多的不确定性，容易在编辑和色彩校正过程中引入不可预测的颜色。然而，今天的技术已经与以前大不相同了，我们应当感谢国际彩色联盟定义的 ICC 色彩管理标准和苹果公司的 ColorSync 技术。现在的印前工作者不必关心最终以何种形式输出图像，重要的问题在于 RGB 色彩空间变成最合乎逻辑、最强有力、最方便、效率最高以及用户操作最友好的图像编辑途径，而图像输出方式则降到次要地位。

对于 RGB 模式下编辑彩色图像的主要优点的简单解释，归结为操作者在 ICC 工作流程中工作的基本特点，从 RGB 数据到 CMYK 数据的转换过程可以精细地调整，有条件以准确的方式复制编辑时出现在计算机屏幕上的"理想" RGB 图像。可以说目前具备编辑所有 RGB 图像的能力，直到出现在屏幕上的彩色图像看起来效果令人满意为止，至于 RGB 色彩空间与 CMYK 复制工艺如何匹配的问题由色彩管理系统考虑，自动地与所选择输出设备的色彩再现特性匹配。

色彩管理以独立于工艺链的方式处理每一种设备，或者说处理过程涉及的颜色与设备无关，导致许多新的变化，例如对图像如何扫描、编辑、存档和分色等。专业人员开始放弃在扫描仪上直接分色到 CMYK 的工作方式，每一次扫描无需考虑针对最终输出设备的调整，扫描结果直接保存为 RGB 原始数据文件。完成扫描后，若要求直接输出硬拷贝图像，则可以将 RGB 原始数据文件转换到 CMYK 图像模式，当然也可以保存为特定输出设备要求的格式，图像模式转换和存储格式选择可借助于功能独立的、具有所谓"后扫描"功能的软件予以实现，比如 Photoshop、Picture Window Pro 或 LinoColor 等。不仅 CMYK 转换可以延时到原稿扫描结束后，所有色彩校正、符合优化原则的图像编辑和纠正图像等操作都能够在 RGB 原始数据图像上实现，这些操作均应该发生在转换到 CMYK 数据前。

数字图像编辑技术刚应用于数字印前制作时，对于彩色图像几乎所有的校正操作继续在 CMYK 分色结果上执行，因为图像文件"出身"于 CMYK 环境。尽管模拟原稿的数字化操作仍然遵循 CMYK 扫描的原则，但图像编辑的理由却正在悄悄地发生变化。输出工艺的改进大大地降低了对于印刷机误差校正的需要，然而提交给复制工艺的每一份原稿仍然有调整的必要，例如前面胶片拍摄曝光误差、偏色和出于创意考虑等。

某些事情永久不变，而有些事情则需要改变，例如出于创造性理由改变图像的需求对今天和以往来说愿望同样强烈。因此，今天印前图像编辑的主要目标是改善原稿，或解决摄影（包括胶片摄影和数字摄影）和扫描时发生的问题，并非补偿印刷工艺限制。

### 5.3.3　RGB 编辑的合理性问题

根据前面的简单讨论，需要图像编辑的所有理由归结到一点，那就是图像编辑目标已经从校正（补偿）印刷工艺改变到校正（调整）原稿。因此，颜色编辑的工作基础也应该从 CMYK 转移到 RGB 数据，原因在下面解释。

彩色摄影方面。如同彩色视觉那样，彩色摄影按 RGB 颜色分解和合成原理工作，胶片摄影和数字摄影均如此，都是基于光采集和分解的成像技术。摄影时发生的种种问题大多可归结为下述原因：摄影胶片表面上由青、品、黄染料层构成，但问题的本质在于这三层染料对 RGB 的敏感程度，可见对这三层药膜层曝光时恰恰是 RGB 在发生作用；数字摄影的 RGB 本质比胶片摄影更直接，只有单色能力的传感器接收到的是分色信号，通过后处理过程转换到 RGB 数据输出。因此，在 RGB 模式下校正摄影误差最容易，也最合乎逻辑。

灰平衡对正确的彩色复制结果至关重要。与 CMYK 工作流程相比，在 RGB 数据的基础上实现灰平衡远比 CMYK 数据简单，因为等量的 RGB 值意味着中性灰，如此简单的结论容易为不同专业知识水平的彩色复制流程参与者接受。借助于由 CMYK 输出设备（例如传统印刷机）建立的 ICC 文件，等量的 RGB 值可以自动地转换到灰平衡关系正确的 CMYK 值。由此可见，判断在各种 RGB 空间所生成文件的灰平衡状态很容易，也有利于建立符合现实世界灰色本质的投射阴影效果。

灰色复制是彩色复制的基础。由于 RGB 空间中的灰色以等量的 RGB 值定义，不同的 RGB 值组合将产生不同程度的灰色。因此，加到 RGB 通道等量的阶调调整值不可能在彩色图像的中性灰区域引入偏色，也不可能导致 CMYK 结果文件的灰平衡关系遭到破坏。

在阶调调整方面，基于 RGB 数据的编辑同样有明显的优势。如果图像文件用 CMYK 数据描述，则对于 CMYK 文件所有四个主色通道的等量阶调调整很容易破坏 CMY 三色数据的正确比例关系，而正确的 CMY 比例对于在印刷机上建立中性灰颜色至关重要。与基于 RGB 三色的阶调调整相比，对于 CMYK 图像的调整有可能导致严重的黑色印刷单元的复制结果在阶调曲线完全不同的部分显得颜色太浅或太深。

图像从此色彩空间映射到彼色彩空间的数学"游戏"称为图像的模式变换，其实际意义在于按要求改变数据类型。在基于 ICC 的色彩管理工作流程中，若编辑对象为非 RGB 文件，则可能导致不断地超过设备色域范围的"溢出"问题，或引起 CMYK 结果文件灰平衡错误。在 RGB 图像模式下编辑时，文件的最大黑色值 $R = G = B = 0$ 自动转换到正确的 CMYK 暗调百分比，而最大白色值 $R = G = B = 255$ 则自动转换到正确的 CMYK 高光百分比。

对比度至少部分地决定图像的可阅读特性。提高 CMYK 文件的对比度很容易使黑色区域的网点面积率（油墨）总量超过允许的最大值，例如大约 300% 的典型值，但转到屏幕上显示却看不出任何问题。当这种 CMYK 文件传递到印刷机时，由于黑色油墨总量太大，导致严重的油墨干燥或墨层剥离问题，并因油墨黏结的不稳定性而引起颜色误差。

### 5.3.4 RGB 编辑的效率

CMYK 扫描和 CMYK 编辑工作流程对那些技术更新不明显的企业或以前遗留下来的作业仍然有存在的必要，贸然转移到 RGB 编辑未必合理，主要担心从原来的 CMYK 数据变换到 RGB 数据色彩信息丢失，因为 CMYK 和 RGB 毕竟是两种三维形状颇不相同的色彩空间。然而，编辑原始数据 RGB 图像具有某些生产效率上的优势，如果条件允许，即能够确认从原来的在 CMYK 空间中产生数据变换到 RGB 后不丢失信息，则可以考虑采用似乎令人奇怪的 CMYK 扫描和 RGB 编辑的工作方式。对于在 RGB 空间中"土生土长"的图像，采用 RGB 扫描和 RGB 编辑当然没有问题，只要 RGB 工作色彩空间文件选择合理，则不必担心丢失信息。所有操作服务于通过各种硬拷贝设备输出印刷品的作业，图文处理结果最后总是要转换到 CMYK 数据的，问题的重点并非最终数据类型，而是数据类型转换之前按 RGB 模式编辑具有更高的工作效率，优点也更明显。

第一，通过平板扫描仪捕获 RGB 原始数据简单而方便，无须设置扫描参数，导致扫描时间明显缩短；借助于数字照相机捕获 RGB 原始数据比扫描更直接，只要安装了 Photoshop 和 Camera RAW 插件，并学会使用插件就可以了。

第二，以平板扫描仪输入原稿的操作变得更容易，因为 RGB 原始数据捕获的后端有色彩管理系统的参与，对操作人员不再有专门的色彩知识和技巧要求。

第三，色域压缩处理往往是损失极端饱和色彩的主要原因之一。转移到 RGB 扫描后，无须复制的图像可以按理想的数字存档形式扫描，例如具有前瞻性的选择宽色域 RGB 工作色彩空间保存扫描图像，这种情况下根本就不存在色域压缩问题，存档图像保留扫描仪或数字照相机采集的 RGB 原始数据。

第四，采用 RGB 编辑工作原则后，图像的优化处理速度更快，效率也更高。原因在于图像编辑工作者（比如扫描仪操作人员）可以在准确的软打样环境下工作，不再需要费尽心力地理解 CMYK 扫描和 CMYK 编辑时代扫描仪给出的百分比数据，或依靠不准确的屏幕显示效果编辑图像。

第五，RGB 图像的多目标用途优势，同样的图像可以输出任意次数，可以在任何设备上输出，且输出前允许设置不同的目标参数和数据变换原则，例如灰成分替代方法、油墨覆盖率总量、黑色生成函数和色彩再现意图等。

第六，在基于 RGB 数据的彩色复制工艺链中，数字照相机或基于行扫描照相机的移动式数字图像采集系统具有明显的优势，非接触数据捕获特点使那些贵重而极有价值的原稿可以几乎原封不动地返回给主人，即使要求校正时也容易启动重新输入。

第七，由于色彩或阶调错误引起的重新扫描不再需要，因为即使要求改变颜色，操作人员要做的事也仅仅是重新打开原始数据 RGB 文件，改变参数设置后转换到 CMYK。

第八，色彩/阶调调整、图像编辑/润饰或创意效果加到 RGB 图像更有价值，原因在于这些操作只需执行一次，即使文件以多种不同的形式输出也照样如此。转移到 RGB 数据图像处理更深层次的理由还在于 Photoshop 的某些功能不支持 CMYK 数据，但所有的功能对 RGB 图像却全部开放，可以说没有任何的限制。

第九，采用 CMYK 模式编辑图像时，若要求该图像在其他设备上输出，则必须再次对图像执行编辑操作，因为输出设备改变意味着 CMYK 图像的数据描述也产生变化；转移到 RGB 扫描和 RGB 编辑流程后，彩色图像可以在各种设备上输出。

第十，首次打样提交后，倘若请求色彩校正，则可以从原始扫描文件启动工作并完成

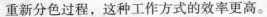

重新分色过程，这种工作方式的效率更高。

### 5.3.5 RGB 扫描的一般规则

首先需要说明，无论 RGB 扫描或通过数字照相机采集图像数据，设备或系统的性能测试占有绝对重要的地位，因为有效的图像数据捕获以性能优良的设备为前提。图像质量分析技术的研究成果，导致数字成像国际技术标准的建立，现在已经是有章可循的时代，不能完全听命于制造商的宣传，应该自己动手测量数字成像设备的性能表现。

RGB 扫描指模拟原稿转换成 RGB 数字图像的操作，以捕获 RGB 数据为基本目标，与扫描仪光学元件的物理分色结果完全一致，扫描结果保存为 RGB 图像。扫描驱动软件提供的初学者扫描模式和 RAW 数据捕获是 RGB 扫描的两个极端，前者的扫描参数大多由预扫描图像数据分析自动确定，操作者只需按软件确定的默认参数扫描即可；以 RAW 数据捕获为根本目标的扫描是 RGB 扫描的另一极端，一切都交给色彩管理系统处理，为此应关闭所有的默认扫描参数，甚至连 CMYK 扫描十分重要的黑点和白点都不需要。由于 RAW 数据捕获已经在前面详细讨论过，默认参数扫描又十分简单，且不同的扫描仪以不同的方式提供不同的默认扫描参数，因而这两种 RGB 扫描都不属于本小节讨论的内容。下面要讨论的是介于 RAW 数据捕获和初学者模式之间的 RGB 扫描。

执行 RGB 扫描时对于设备和相关因素的处理和操作称为扫描仪设置，注意这种设置并不意味着需要人工干预扫描设备的硬件配置，例如以 SCSI 接口与计算机连接时必须完成的计算机主板跳线设置。所谓的扫描仪设置的含义是扫描前必要的准备工作，考虑原稿记录介质可能对扫描结果的影响，色彩管理系统作用应如何发挥等。

根据输出数据性质，扫描仪有 RGB 和 CMYK 之分，所谓的 CMYK 扫描仪指只能直接输出 CMYK 数据的扫描设备，大多是数字印前技术应用早期的滚筒扫描仪，以及后来出现的基于 CCD 传感器的印刷用高端扫描仪，例如克里奥的 EverSmart 和网屏的彩仙等。既然名为 CMYK 扫描仪，自然不能直接输出 RGB 数据。色彩管理技术参与彩色复制工作流程后要求以 RGB 数据替代 CMYK 数据，这些扫描仪的制造商通常在其网站上公布如何提取 RGB 数据的建议。随着这类扫描仪逐步退出市场，制造商的建议也就不再重要了。

以 RGB 扫描仪（几乎所有目前在用和正在销售的平板扫描仪都属于这一类别）从模拟原稿提取图像数据时，扫描仪设置的基本目标或基本操作归结如下。

（1）扫描仪的白色和黑色灵敏度设置到被扫描模拟原稿记录介质尽可能最宽的范围，这里的白色和黑色灵敏度当然指根据原稿规定的白点和黑点。

（2）为了优化 RGB 扫描仪对于原稿颜色和阶调响应的数字输出值的分布范围，需要建立理想阶调响应曲线，通常应该在标定扫描仪的基础上产生。

（3）只要后端工艺有色彩管理系统参与，则扫描时应该清除系统任何内置的颜色校正或色彩管理功能，至少应该在生成 ICC 文件时做到这一点。

（4）关闭制造商为扫描驱动软件建立的任何自动化功能，比如自动确定白色和黑色及消除偏色等。显然，由于大多数 RGB 扫描仪根据预扫描图像确定白色和黑色，因而这种要求等价于不要接受根据预扫描操作确定的所有参数。

扫描仪能够"看到"的阶调范围是定值，但可能随传感器性能的老化而改变；扫描仪实际"看到"到阶调范围与操作者有关，很大程度上由操作者对于该扫描仪的高光和暗调设置参数定义。扫描结果交给后端设备的色彩管理系统（比如数字印刷机的色彩管理功能）处理时，原则上对每一份原稿的高光和暗调应彼此独立地设置；若扫描数据交给介于扫描仪和终端硬拷贝输出设备的色彩管理系统处理，则扫描模拟原稿时不应该对任何一次扫描执行调整操作，否则将导致以其他设置参数建立无效的 ICC 文件。

当用户建立扫描仪 ICC 文件时，全部为色彩管理执行的 RGB 扫描操作应该采用完全相同的白点和黑点设置。某些专业用途的平板扫描仪允许自定义白点和黑点，此时白点和黑点可以用手工方式按原稿最亮点和最暗点的密度定义，即设置到原稿白色和黑色的密度测量值。出于安全的考虑，白色和黑色密度应略微超过原稿可能的最宽范围，例如反射稿的白色和黑色密度分别设置到 0.00 和 3.0，透射稿则分别为 0.08 和 4.0。

### 5.3.6 理想阶调曲线

数字图像阶调曲线上任意点的输出与输入值之比称为 gamma，以类似于 Photoshop 曲线命令对话框的方式通过 gamma 定义阶调曲线时，由于曲线的两个端点固定，且描述阶调曲线的特征点大多处在曲线的中间，因而 gamma 定义为中间调的输出与输入之比。合理的 gamma 数值应该按图像复制工艺要求设置，也与图像的阶调分布有关。所谓的理想阶调曲线来自上面介绍的这些概念，既然扫描前后的阶调关系由 gamma 值决定，则理想阶调曲线取决于 gamma 值。平板扫描仪的大量使用实践经验表明，当代表平板扫描仪阶调输出与输入关系的 gamma 值设置到 2.8 时，对大多数平板扫描仪来说可产生理想阶调曲线。值得注意的是，平板扫描仪的 gamma 值能否设置到 2.8 的水平，完全取决于该数值对用户当前使用的平板扫描仪是否有效，如果用户正在操作的平板扫描仪不具备 gamma = 2.8 的阶调输出与输入关系条件，则即使设置到 2.8 也是徒劳的。

图 5-9 演示某一扫描仪的 gamma 值设置到 2.8 以及图像暗调细节压缩时的两根阶调曲线，即透射原稿测量密度与扫描仪数字输出值的关系，数字图像按 8 位量化。该图中的实线代表 gamma 等于 2.8 时的扫描仪阶调曲线，虚线则表示暗调细节压缩的阶调曲线关系，前者对应于色彩管理扫描的最优阶调曲线，后者则代表典型的 CMYK 扫描阶调曲线。事实上，图 5-9 中虚线表示的阶调曲线来自滚筒扫描仪，由于这种扫描仪产生的密度数据典型地按照线性映射规律转换到了 $L^*a^*b^*$ 的亮度值，因而相当于暗调细节经过了压缩处理。

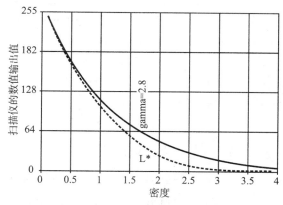

图 5-9 色彩管理扫描最优阶调曲线与
CMYK 扫描阶调曲线

理论上，对 8 位量化的数字图像来说，扫描仪的理想阶调曲线应该在整个 $L^*$ 的亮度范围内均匀地分布全部 256 种层次等级，随着亮度降低而线性下降。然而，图 5-9 中虚线所示的真实 $L^*$ 值对许多透射原稿来说给出的暗调细节太少，在很高的密度位置几乎不存在突然的对比度变化。很明显，由于缺乏暗调细节，且密度很高时对比度变化过于平坦，因而容易导致生成的 ICC 文件不恰当，甚至色彩管理产生问题。

与同一扫描仪的 CMYK 扫描阶调曲线相比，由于 gamma 值设置成 2.8，扫描仪捕获的暗调细节更多，且暗调细节显得更为平滑，避免很高密度位置处突然的对比度变化；在高光到中间调范围内，当扫描仪的 gamma 设置成 2.8 后可以保留这种阶调区域内亮度值 $L^*$ 与 CMYK 扫描相同的对比度。此外，其他 gamma 值设置也能给出良好的扫描结果。

### 5.3.7 来自 CMYK 扫描仪的 RGB 数据

某些老式 CMYK 扫描仪表面上也可能提供输出 RGB 数据的选项，但这些扫描仪输出的 RGB 数据并非扫描仪光学元件的物理分色结果，而是利用 CMYK 数据建立 RGB 文件，实际上经过了软件的处理。这或许是 CMYK 扫描仪的可悲之处，明明物理分色的结果产生 RGB 数据，却偏偏要根据 CMYK 数据变换到 RGB 数据。由于这种 RGB 数据的来源与绝大多数平板扫描仪不同，完全可能导致原始 RGB 数据某种程度的损失。

下面建议的工作步骤有利于产生比 CMYK 到 RGB 变换更"忠实"的数据，或形成原始捕获的 RGB 数据文件。如果用户 CMYK 扫描仪的 RGB 选项有能力捕获原始 RGB 数据，则可以忽略后面给出的建议，直接由扫描仪捕获 RGB 原始数据。

第一步，从 CMYK 扫描仪彩色计算机强制 RGB，归结为如下操作方法。

（1）使青、品红、黄三色分量在中性灰区域相等，完成对 RGB 扫描来说的灰平衡控制。

（2）关闭扫描操作界面上的灰成分替代、底色去除和底色增益项，如此操作可使得图像深黑色区域的青、品红、黄三色分量达到 100%。

（3）关闭所有的色彩校正或色彩控制选项。

（4）建立合理的阶调曲线，具体操作方法可参阅前节理想阶调曲线部分。

（5）扫描图像保存为 CMYK 文件。

（6）通过"剥离"黑色通道转换到 RGB 图像。

第二步，剥离黑色通道，操作方法如下。

（1）启动 Photoshop 并打开前面保存的 CMYK 图像，显示通道面板。

（2）将黑色通道标记拖动到通道面板底部的垃圾筒图标，删除 CMYK 图像的黑色通道。

（3）执行 Image 菜单之 Mode 组中的 RGB Color 命令，此后原来的 CMY 通道由 Photoshop 重新命名为 RGB。

（4）保存转换所得的 RGB 图像。

## 5.4 高位数据捕获

不考虑其他因素时，例如信号的噪声水平和传感器质量等，数字图像的客观质量仅仅与空间分辨率和色调分辨率有关，两者相辅相成。图像的空间分辨率决定单位距离内的像素数量，为确保捕获原稿或场景信息而需要满足二维 Nyquist 抽样定理的要求。色调分辨率决定数字图像每一个像素之主色分配到的色彩信息的多少，由于实际上定义像素可表示的色调等级数，通常以"位"表示，因而称为位分辨率或位深度，即数字图像的量化位数。

### 5.4.1 视觉系统的分辨能力与图像数据编码

视觉实验统计数据表明，视觉系统大约能区分 1000 万种不同的颜色。数字图像采集系统各主色通道以 8 位量化的方式输出彩色图像时，总的颜色数量可以达到 $2^{24}$ 种，由于 8 位编码图像可包含的颜色如此之多，因而常常称 24 位图像为真彩色图像。据此不难计算，任何 24 位彩色图像（每种主色 8 位）可以编码到超过 1600 万种颜色，即 1600 多万个颜色值。现在的问题是，既然 24 位图像能够编码到如此多的颜色，为何还要捕获超过 24 位的彩色图像，比如 30 位、36 位甚至 48 位编码的颜色？之所以需要高位数据图像捕获的理由可能多种多样，但根本的答案只能从数字图像如何捕获和如何显示方面找。

任何实际应用的彩色复制系统（例如摄影、电视、平版印刷和数字印刷等）并非从假想而来，如同彩色测量仪器那样，彩色复制系统设计和应用原则都与视觉系统的三原色解释颜色的本质有关。眼睛包含三种重要的"传感器"，称作锥状细胞，因而外界只需利用三种基本色（红色、绿色和蓝色）以不同的组合刺激这些锥状细胞，就可以感受到1000万种颜色，甚至超过1000万种。以上解释似乎表明，即使视觉系统对颜色的感受能力超过1000万种，但24位彩色图像包含的颜色数量可以超过1600万，按理8位量化也够了。然而问题在于，仅仅三种"接受器"还不能感觉到特定颜色刺激各波长各自的贡献，眼睛感受到的其实是刺激产生的集聚效应。由此可见，不同材料组成的两种颜色尽管有不同的光谱成分，但看起来却是相同的，最终结果取决于照明和观察条件。从这一角度看，即使扫描仪按8位量化能产生1600多万种颜色，眼睛看到的颜色数量要更少。

三色通道（红色、绿色和蓝色）足以编码成所有的色相，但由于数字设备捕获的24位信息分配给每一主色通道后只剩下8位，因而只能编码到256个层次等级，这对于产生所有的色相是否足够？理论计算结果和实际捕获系统的使用经验都表明，每一主色通道256个层次等级确实能建立高质量的复制效果，具体质量水平和复制效果与8位数据质量和捕获系统输出数据有关。由此看来，理论上各主色通道捕获8位数据是足够的，但由于实际效果需视8位数据质量而定，取决于256个层次等级的有效性。如此看来，为了对每一主色通道捕获256种有用的层次等级，需要更高的位分辨率是合理的。

### 5.4.2　图像捕获的数据变换过程

当三原色以不同的比例组合时能产生丰富多彩的颜色，而分解成三种主色后若各自独立地输出，则眼睛无法感受成彩色，只能形成单色感觉。假定数字成像系统的输出数据分别按三个主色通道建立单一的数字文件，就相当于形成三幅灰度图像。当然，由于真正的灰度图像不包含色彩信息，因而无法形成彩色感觉。事实上，数字成像系统按滤色镜分解成的三原色同时捕获原稿或场景信息，尽管各主色通道包含的信息是单色的，但三个主色通道包含了三原色的色调，以不同比例组合后就能建立各种颜色了。

因此，出于分析的简单性考虑，可以按单色的灰度图像考虑，由于分析结果代表各主色通道的数据捕获特点，因而适用于彩色图像的所有主色通道，意味着对于各主色通道的分析结果可应用于 RGB 彩色图像。数字图像由 CCD 或 CMOS 传感器捕获，只要传感器工作在理想状态下，则具备按感受到的各主色亮度（明度）成比例地输出电平（比如电压或电流）的能力，如同图 5-10 所示的线性关系那样。

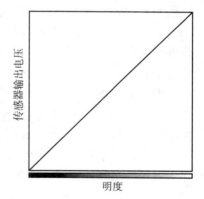

图 5-10　传感器的线性能力

图 5-10 隐含地说明，传感器的输出电压与外界刺激的亮度水平有关，达到理想工作状态时可以按撞击到传感器上的光线强度成比例地连续变化，从模拟光信号转换到连续变化的模拟电信号，再输出连续变化的电压。此后，数字图像捕获系统的模/数转换器开始起作用，将接收到的传感器输出的模拟电信号转换成数字信号，其间将传感器输出的连续电压信号划分成对应于色调等级的离散数字值，形成像素的数字编码值，这种过程称为量化。为了方便，假定数字图像捕获系统按每主色通道5位量化，由于量化结果的离散特性，即使传感器的线性度良好，也不再形成图 5-10 那样连续分布的45°斜线。事实

上，由 5 位的模/数转换器产生的 32 个层次等级或编码值如图 5-11 所示，应该是阶梯形的。

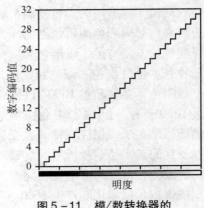

从传感器输出的模拟电压连续地变化，只要传感器按线性规律输出，则连续变化的电压值转换到数字编码值也是成比例的，或者说模/数转换器输出的数字编码值与传感器接收的光强度（明度）成如图 5-11 所示那样的线性关系。因此，成像系统输出的相邻编码值应该具有相等的间隔或增量，否则不能形成数字编码值按明度变化的线性关系。

如前所述，图 5-10 和图 5-11 线性关系的不同，主要体现在前者表示传感器输出信号特征，由于传感器输出信号连续地变化，从而形成明度与输出电压平滑的

图 5-11　模/数转换器的输入/输出关系

直线关系；后者描述成像系统模/数转换器输出的数字编码值，由于数字编码离散本质的原因，故形成明度与数字编码值呈阶梯状增加的且增量相等的关系，但从离散角度考虑也是线性的。

### 5.4.3　位分辨率的重要性

最早的计算机屏幕只能以文本模式显示信息，这意味着只能对像素指定 0 或 1 两个数字之一，形成非黑即白的显示效果，可以说这种显示结果也是黑白模式，对应于仅仅由黑色和白色组成的 1 位图像。除了特殊的应用外，例如服务于印刷的半色调处理结果，以及便于跟踪对象的边缘特征和区域分割，这种图像的使用价值不高，作为独立图像使用时无法表达细节，只能给出大概的影像。

若 1 位量化的概念用到 RGB 彩色图像，则由于每一种主色只有两个色调等级，因而只能合成出青色、品红、黄色、红色、绿色和蓝色六种颜色，再加上黑色和白色，总的颜色数也只有 $2^1 \times 2^1 \times 2^1 = 8$ 种。此时，即使空间分辨率再高，又有何用呢？这就是为什么彩色图像的客观质量需要由空间分辨率和色调分辨率共同决定的原因。

为了使彩色图像能表现足够的细节，在空间分辨率与印刷加网线数一致的前提下，图像的位分辨率必须达到合理的程度，才能满足预定的质量要求。现在的问题在于合理的位分辨率究竟应该取多少，这可以用单通道的灰度图像来说明。大量的视觉实验研究结果表明，当灰度图像的每一个像素的层次数超过 100 时，眼睛将无法辨别相邻灰度等级之间的差异。图 5-12 给出了层次数分别为 32（顶部）和 64（底部）时从黑色到白色的渐变。

图 5-12　两种色调等级的黑色到白色渐变

根据图 5-12 所示例子，对划分成 32 种等级的黑白渐变（顶部）来说，相邻灰度等级的差异明显可见；划分成 64 种层次等级（底部）时，相邻灰度等级间的差异仍依稀可见，对那些没有受到过专业训练的人，也可以辨别相邻灰色间的差异。如此看来，即使 100 个灰度等级还可能不够，有必要增加像素的层次等级数，即提高数据捕获的位分辨率，理由如下：首先，为了满足高质量的图像复制要求，印刷品应该更精细的阶调渐变，

针对平均视觉感受设定的 100 个层次等级不够；其次，尽管 100 个层次等级来自视觉实验，但仅仅反映观察者的统计平均值，不能满足眼光更挑剔的专业人员的视觉要求；第三，根据计算机数据读写的组织特点，按 100 个等级组织数据不合理，提高到 8 位量化符合数据读写特点，此时灰度图像的每一个像素刚好以 1 个字节保存。

由于以上原因，灰度图像的层次等级应该达到 $2^8 = 256$ 个。根据最高视觉分辨能力对灰度图像层次等级数的要求可得到合理的推论：如果 RGB 彩色图像各主色通道的色调等级达到 256 个，则眼睛将无法辨别相邻颜色间的差异。这种推论成为计算机图像处理历史上产生 RGB 真彩色图像概念的基础，也是 Photoshop 作为 8 位图像处理软件普遍流行并得以快速发展的基础。面对正在出现的高精度复制要求，也为着满足未来更多的需求，尽管建立在 8 位色调分辨率基础上的 Photoshop 只能保留其 8 位数据处理原则，但必须扩展到支持更高的位分辨率，并尽可能取消对高位数据图像处理能力的限制。

### 5.4.4　高位数据图像来源

数字图像采集设备经历了从飞点扫描器、析像管和固体摄像器件到 CCD 和 CMOS 传感器的发展道路，位分辨率也不断提高。发展到 20 世纪 90 年代中后期时，基于 CCD 传感器为光电转换元件的平板扫描仪突破了 8 位量化的瓶颈，已经具备 12 位信号捕获能力。

发展到今天这样的水平，平板扫描仪捕获 16 位数据图像已不成问题，即使家用平板扫描仪也支持 16 位图像数据捕获，问题在于传感器的实际能力和信号捕获质量。例如，假定平板扫描仪传感器自身只具备 256 种色调等级的信号捕获能力，则即使该扫描仪的量化等级从 8 位提高到 12 位也没有多大实际意义，无法从 $2^8 = 256$ 种色调等级提高到 $2^{12} = 4096$ 种。最终的扫描结果虽然从表面上看有 4096 种色调等级，但实际上 0~15 色调等级的数值完全相同，这 16 种等级合并成 1 种，其数值均为 0！尽管如此，高位数据捕获对扫描仪来说已基本上不成问题。专业扫描仪早在 10 多年前就具备 12 位彩色图像捕获能力。发展到现在的技术水平，位分辨率更高的扫描仪并不稀罕。

高位数据图像捕获设备的主要矛盾还在数字照相机，目前尚不能达到扫描仪那样高的位分辨率。早期数字照相机大多以 JPEG 格式保存拍摄结果，但 JPEG 格式不支持高位数据存储。照相机原始数据格式 Camera RAW 的出现解决了高位数据图像的存储问题。只要各主色通道的信号捕获能力超过 8 位，就可以通过原始数据格式保存起来。

从数字摄影结果获取高位数据图像最简单的方法归结为如下步骤：

（1）选择支持原始数据格式的数字照相机，指定保存拍摄结果的默认文件格式。

（2）安装支持将拍摄结果转换到高位图像的 Camera RAW 插件，例如 Adobe 公司为 Photoshop 的 CS 图像处理软件开发的高版本 Camera RAW 插件。

（3）启动 Photoshop，在 Camera RAW 插件的支持下打开保存为照相机原始数据格式的图像文件，点击类似图 5－13 那样底部加下画线（椭圆内）的指示短句，其中的 Adobe RGB（1998）和 8 位是插件默认选择

图 5－13　照相原始数据格式图像转换界面的例子

的工作色彩空间和位分辨率。

（4）从打开的对话框中为图像指定 RGB 工作色彩空间，并将 Camera RAW 插件默认的 8 位分辨率修改成 16 位分辨率，再确认。

此后，数字摄影结果转换成 16 位图像。由于照相机原始数据文件格式为未经修改的由数字照相机捕获的原始数据，因而转换得到的图像是对于拍摄结果的直接利用。

### 5.4.5 位分辨率变换

线性输出对数字成像系统来说是良好的特征，但眼睛却无法感受到数字编码值表示的相等的光强度变化，因而实际感受到的亮度按非线性规律变化。图 5 – 14 很好地演示了视觉系统对亮度刺激的非线性响应特点，类似于功率谱函数。

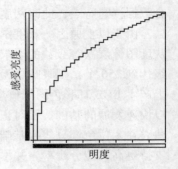

图 5 – 14　视觉系统的非线性响应特点

视觉系统的非线性特点与传感器输出线性特点的差异可以用图 5 – 15 说明，其中左面给出的图像表示由传感器"看到"的效果，右面则反映眼睛的直接观察结果。

图 5 – 15　传感器和视觉系统感受差异

图 5 – 15 之左横看竖看不顺眼，问题不在传感器捕获的信号有错误，而在眼睛对物理刺激的非线性响应特点。由于人的眼睛对自己观察到的外界信息已习以为常，因而当然觉得右图与左图相比更顺眼。尽管图 5 – 15 所示的彩色图像令人觉得更符合习惯感受，但仔细比较左面和右面两幅图像后容易发现，由于传感器和视觉系统感受信息的差异，导致传感器"看到"的图像为眼睛感受到后似乎损失了暗调细节，对眼睛而言当然更合理。模/数转换器按传感器输出电压信号产生离散的数字编码值，这对传感器的输出信号是公平的。然而，模/数转换器输出的离散数字编码值对眼睛而言却并不合理，似乎对包含在图像内的明亮颜色输出了太多的数字编码值，才导致视觉系统无法区分数量众多的暗调细节。

数字照相机和扫描仪通过对输出图像暗调区域分配更高的位值解决上述矛盾，改善彩色图像暗调区域的视觉效果。这种做法相当于提高暗调区域像素的数字编码值，使数字成像设备输出的图像与视觉感受更一致，此时高光区域的数字编码值必然会大幅度增加。

保持全部视觉上看来冗余的数字编码值毫无意义，不仅要求更高的存储能力，输出数据量更大的图像文件，且会明显降低处理速度。如果成像系统确实遇到图像数据量太多，以至于影响系统整体性能时，就需要减少图像数据。数字图像捕获系统采用的典型方法是降低位分辨率，例如从 12 位降低到 8 位，工作原理可以用图 5-16 说明。

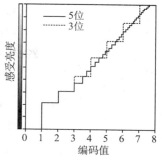

图 5-16 演示 5 位 32 个层次等级的线性数据如何降低到 3 位共 8 个层次等级的数据，从图中可以看到视觉增量大体上相等。从处理方法上看相当于先检查全部有效的 5 位 32 个数据，从中为新的 3 位表示挑选出最优的 8 个数据。试想，如果不采用"事后补救"的方法，一开始就使用太少的位数，则结果图像内必然出现量化膺像（Quantization Artifacts），也称为高反差化，以至于眼睛可以感受到颜色变化呈现阶梯状的等高线。

**图 5-16　降低位分辨率的工作原理**

### 5.4.6　高位数据处理与图像质量

高端扫描仪和数字照相机采用 12 位、14 位甚至 16 位的模/数转换器。考虑到图像捕获和处理过程中很难避免的信息损失，通常认为每个记录（即每个主色通道）选择 12 位分辨率或许是获得高质量图像的最低要求了。扫描仪必须在扫描驱动软件的支持下才能正常地工作，通过各种自动的或手工的调整方法可以在扫描软件内修改线性数据，包括使图像数据重新"成型"到更容易为视觉系统接受的尺度。此后，经过修改的 12 位图像数据提交给 8 位数据通道，用于显示和其他用途等。目前，平板扫描仪普遍采用比 12 位更高的数据捕获原则，直接输出更高位分辨率的图像数据。为了与平板扫描仪的高位数据捕获能力匹配，图像处理软件 Photoshop 从 5.0 版本开始就已经支持每通道 16 位的彩色数据，并逐步提高对高位数据图像的支持力度，扩充处理高位数据的功能。与此同时，基于国际彩色联盟的 ICC 色彩管理系统也积极响应，增加与 12 位和 16 位彩色图像的兼容性。

在大多数情况下，一定程度上有用的位分辨率不会超过 16，以每主色通道 10~14 位最为典型，取决于扫描仪的光学元件、信号处理方法和模/数转换器。由于计算机硬件建立在 8 位倍数的基础上，因而每通道 8 位图像以后的有效图像文件数据量基于每通道 16 位描述，这就是 Photoshop 支持的"高位数"模式。如果数字图像的实际位数小于 16，则大多数扫描仪以数字 0 填充 16 位的不足部分，意味着尽管用户表面上得到了每通道 16 位的数字图像，但有效数据不足 16 位，这当然与用户扫描仪有关。

位分辨率仅仅是图像质量指标的一部分，事实上存在其他质量指标。特定的数字照相机或平板扫描仪采用的位数或位分辨率仅仅说明各主色通道分配到的色彩信息的多少，并不能用于确定动态范围或噪声。任何两台平板扫描仪对最明亮的白色和最深暗黑色的可记录范围差异会很大，即使它们的位分辨率相同时也同样如此。仅仅简单地对平板扫描仪配置 16 位的模/数转换器并不能解决问题，同时也不要期望从 16 位降低到 12 位的处理就可以减少噪声，结果往往是减少了有用的层次等级，噪声却仍然保留着。

为了降低图像噪声，提高动态范围，改善数字图像质量，数字照相机和平板扫描仪的使用者不要只考虑购买由高质量部件构成的设备，也不是采取冷却传感器等措施能解决问题的，盲目追求高质量设备或许只会增加成本，对解决实际问题可能无济于事。使用者应该仔细阅读公开出版的讨论数字照相机或平板扫描仪性能的技术文档，分析设备的成像特点，例如是否通过插值计算提高位分辨率。虽然制造商提供的技术参数是捕获图像质量的重要参考，但仅当仔细地"阅读"图像并予以评价，才能真正地了解成像设备的性能。

### 5.4.7　后处理优势

高位数扫描的两大主要优点体现在改善扫描结果的阶调平滑度和明显提高图像处理的

灵活性。这里的阶调平滑度定义为阶调层次或梯级的数量，即每一主色通道从白色渐变到黑色的平滑过渡能力。扫描结果的后处理灵活性以下述方法测量：选择某一阶调值较小的区域，测量该区域对比度在不损失阶调平滑度前提下可扩展到多大程度。因此，无论用户对扫描质量高低的要求如何，只要扫描仪支持超过 16 位的扫描模式，且用户并不在乎自己的存储资源，则应当永远以 16 位甚至更高的位数扫描。

与大多数输出处理相比，高位数扫描提供更高的层次分辨能力，这自然引起某些人的质疑，认为额外的"位"实际上浪费掉了。尽管如此，对那些重要的阶调和色彩编辑来说，这些额外的"位"却能够戏剧性地提高图像处理的输出质量。

例如，包含大面积极端深暗的模拟原稿以每通道 8 位扫描时，如果该原稿的高光区域仅仅量化到 63，而正常条件下原本应当量化到 255 的数值；转到 Photoshop 打开扫描结果，对图像作加亮处理，由于扫描时只能捕获 0~63 的层次等级数量，因而加亮后的图像仍然只有 64 种层次。这种图像通常需要以曲线调整法作极端的加亮处理，但极有可能导致更糟糕的后果。举一个例子，对于阶调正常的图像来说，大约 127 的中间调在极端深暗图像中或许只达到 8；现在通过 Photoshop 的曲线或 Levels 命令执行 gamma 校正，比如利用曲线对话框从 8 移动到 127，这种操作或许能恢复图像亮度，然而从中间调到黑色仅仅包含 8 种层次等级，并非想象中的 128 种，其结果是该图像在暗调区域呈现色调等高线外观。

图 5-17 右面的图像由曝光不足的透射稿扫描而得，以 16 位方式捕获原始信号；中间图像利用 Photoshop 的 CS 版本编辑，保持扫描图像的 16 位模式；左面图像的初始捕获数据与右面图像相同，区别在于转到 Photoshop 打开后先转换到 8 位，再采用与得到中间图像时相同的编辑方法。从该图很容易看出，左面和中间图像明亮区域的阶调质量并无区别，但经过 Photoshop 校正后 16 位图像深暗区域的阶调表现更平滑。

（a）16 位　　　　　　　　　　（b）8 位　　　　　　　　　　（c）

图 5-17　暗调极端扩展后 8 位和 16 位图像的质量差异

高位数据扫描图像更微妙也十分重要的优点表现在，与扫描仪 ICC 文件加到原始（高位数）捕获的 RGB 文件相比，当扫描仪 ICC 文件加到 8 位数据文件时，图像内苍白而变化细腻的颜色往往复制精度相当低。原因在于扫描仪 ICC 文件往往在色彩变化细腻的区域产生很强烈的变化，这意味着 8 位 RGB 文件 1/256 的色调增量级差对准确地描述色彩显得太粗糙，也是老式滚筒扫描仪捕获原始 RGB 数据的限制条件之一。

### 5.4.8　高位数据图像的应用价值

长期以来，在是否有必要提高图像的位分辨率方面一直存在不同的看法，不少人认为没有必要捕获和使用 8 位以上的图像，因为目前的绝大多数硬拷贝输出设备只能接受 8 位数据文件。这种意见确实有其合理的一面，但未必正确。之所以如此，可能是使用者遇到的 8 位输出设备太多的原因，以至于忽略了已经存在的其他设备。事实上，输出设备能否接受或支持超过 8 位数据并不在设备本身，应该与输出设备的控制软件和记录能力结合起来考虑，例如许多 Epson 彩色喷墨打印机（例如数字打样领域曾广泛使用的 Photo Stylus 7600 和 9600）只要配置了 ColorByte ImagePrint 栅格图像处理器，就可以利用该 RIP 的 16 位数据通路向打印机传送并输出 16 位数据图像，从而大幅度提高复制质量。

对处理并输出高位数据图像存在看法的人大多担心浪费了时间而质量无法提高，觉得高位数据的优点在最终输出结果上看不到。以更高的位分辨率捕获、处理和输出彩色图像的实际效果取决于设备能力，这涉及高记录精度数字印刷设备与传统印刷的差异。来自美国的高位数据图像应用结果表明，如果先通过放大镜或类似工具检查来自常规四色复制设备的半色调网点，再与高质量彩色喷墨打印机输出的调频网点比较，则可以发现常规四色印刷品为半色调网点遮挡的细节对高质量彩色喷墨打印机来说可轻而易举地分辨开。为了验证以上结论是否正确，可以选择由饱和颜色组成的包含精细渐变的图像，例如以蓝天白云为背景的 8 位图像，传送到 CTP 设备输出印版，并在高质量四色胶印机上印刷；仔细观察来自 8 位图像的高质量胶印产品，若在渐变区域内出现条带很正常，因为 8 位文件对渐变的精细程度支持有限，精细的阶调在 8 位数据处理过程中丢失了。

按 8 位原则捕获、处理和输出图像并非完美无缺，问题之一在于捕获和处理图像时还不知道将来究竟以何种设备复制，倘若图像复制系统具备高位记录能力，则 8 位数据工作流程就不合理了。由此可见，图像数字化设备具有 8 位以上的数据捕获能力，且利用设备捕获了高位数据图像，就应该充分利用 Photoshop 的高位数据处理功能，没有理由从高位数据图像转换到 8 位图像，最终输出的位分辨率应该由输出设备决定。

举一个例子，假定用户以专业单镜头反光数字照相机拍摄了多幅包含白色无缝钢管的机械零件图像，打算按每英寸 125 线加网的记录精度在传统印刷机上印制成产品目录，并假定所有图像的最终尺寸是 2 英寸 ×2 英寸；在上述条件下，明智的作法应该是采用高位编辑工作流程。要知道，即使以高位工作流程处理的图像永远也不会输出，图像数据量达到 8 位图像的两倍，但现在的永远不会输出并不等同于将来，从源头上保持尽可能多的信息总不是坏事，只要储存容量允许即可。回顾数字印刷最近的发展历史不难发现，仅仅几年的时间内人们就目睹了印刷质量、色域范围和细节复制效果惊人的提高。由此可以推断，无须经过太长的时间，数字印刷的复制质量将产生目前难以想象的进步。

综上所述，无论从近期或长远的眼光看，保存高位数据图像是可取的，可以确保数据利用最大的灵活性，适合于以后的各种图像处理目的，当然要求更多的存储资源。

## 第六章
# 数字成像系统性能与测试

价格高的数字成像设备未必意味着能够捕获高质量的图像，制造商主张的成像性能参数不一定名副其实，数字图像捕获设备的实际能力需要通过测量才能确认。由于国际标准化组织 ISO TC42 多年的努力，制定了多个数字成像质量测试标准，数字成像设备领域已经有条件改变卖方主导成像参数吸引买方的局面，由购买者自己测量设备性能。

## 6.1 概述

从提出桌面出版概念开始，数字图像输入技术经过了快速发展，成果斐然。平面模拟原稿的数字化从初期的滚筒扫描仪发展到 A3 规格的高精度平板扫描仪，现在基本上是 A4 规格平板扫描仪的一统天下。数字摄影领域发生的变化比扫描仪更大，由于拥有现在的和未来潜在的众多消费者的巨大市场，许多相关制造商纷纷进入数字照相机生产领域，形成了目前百花齐放的局面。现在的问题不再是能不能买到合适的成像设备，而是买到的设备性能是否符合消费者的质量要求，但判断数字成像设备的实际性能需要测量。

### 6.1.1 图像质量圆

图像质量的思想开始于早期光学仪器的发明，例如光学望远镜和 1600～1620 年间发明的显微镜，伽利略是这两项发明的关键人物。关于图像质量的概念出现在摄影技术发明和应用的早期，大约从 1860～1930 年，在发明和推广电视技术期间（大约从 1935～1955 年）图像质量概念继续推进，一直到现今的数字成像。

根据望远镜和显微镜的发明时间，可以认为图像质量概念经历了大约 400 年的发展历程，按理到今天为止应该是完全理解图像质量的时间了。然而，我们对图像质量这一概念尚未达到完全理解的程度，特别表现在对于图像质量模型的理解上，原因之一在于目前还缺乏合适的图像质量建模结构或框架。为了逐步克服完全理解图像质量的障碍，缩短离开完全理解图像质量的时间，美国图像质量分析专家 Engeldrum 在 1989 年成像科学和技术杂志举办的年会上提出了称之为图像质量圆（Image Qaulity Circle）的概念。

图像质量圆将成为未来各种与成像技术相关领域的图像质量评价基础，服务于数字图像捕获产品设计者和制造商以及产品使用者，也可为其他领域所用，例如为打印机或数字印刷机输出样张的质量检验提供指导性的关系处理准则。因此，图像质量圆这一形式具有普遍适用性，不同的应用以不同的方式使用它。对图像采集相关系统和成像子系统的设计者而言，图像质量圆无疑应成为他们设计成像子系统时的有用模型，也为他们提供了确定性能参数的框架。虽然 Engeldrum 建议的图像质量圆模型可以用不同的形式描述，但整体的框架结构并不因形式的不同而引起原则性的差异，图像质量圆的基础框架不会改变。

图像质量圆可以用不同的形式表示，图 6-1 以最简单的形式给出图像质量圆框架，包含 Engeldrum 建议的图像质量圆的全部必要内容，按成像产品的设计应该考虑的重点内容绘制而成。图 6 - 1 中的产品设计涉及的要素按技术变量表示，数字成像系统以输出数字图像为主要工作目标，系统性能测试也应该以数字图像为主要测量对象。如同其他需要图像质量分析的场合那样，数字成像系统的技术变量可以经由几种物理图像参数与客户感受相关联。原柯达公司的 Don Williams 等人认为，数字成像系统性能评价的重点，在于通过主要物理参数或图像的统计参数评价系统的成像性能，如同成像领域国际标准和成像设备工业标准那样，通过物理参数或统计参数评价产品整体系统和子系统的成像性能，或在不同的系统及子系统间作出比较。因此，数字成像系统性能评价方法和度量指标处在图 6 - 1 所示结构的下面部分，即标有物理图像参数的矩形框，介于客户感受（例如锐化程度）和技术变量（比如光电探测器尺寸或成像系统的光学设计）之间。借助于图像质量圆给出的基本框架和关键因素间的关系，可以了解成像性能评价方法如何满足系统和子系统设计要求，并符合成像系统制造商以及数字图像采集设备服务商的统计过程控制要求。

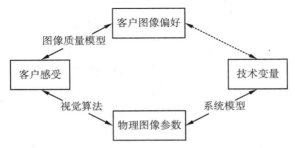

图 6 - 1　以简单框架形式表示的图像质量圆

### 6.1.2　数字成像技术标准开发活动

制造商已经习惯于夸大数字成像设备的捕获性能，手法之一是通过经销商的不实宣传引诱消费者，不断地混淆概念。他们认为极端技术参数越高，则越能吸引买家。因此，对于富有经验的消费者来说应该以科学的态度评价设备的实际能力，按自己的判断得出与制造商主张的参数是否一致。考虑到数字成像系统捕获的数据受众多因素的干扰，如果缺乏合理的准则，即使有经验的用户也往往暴露出弱点。

根据数字成像设备制造、销售和应用领域的现状，国际标准化组织下属的 ISO TC42 工作组开展了卓有成效的标准开发活动。开发团队成员针对市场的复杂态势，提出如下数字成像技术标准的开发策略：利用制造商的市场宣传规格，以品牌和价格作为判断成像性能的准则，根据技术竞争现状和目前消费者对数字照相机和扫描仪相对低的成像性能期望作出合理的选择，对那些成像需求不高的拍摄和扫描作业显得特别重要。

ISO TC42 的专家们告诫数字成像设备的客户：严肃的业余爱好者和专业人士应该以项目或客户需求为基础，充分理解制造商给出的成像性能计算公式很可能靠不住，对那些受到高生产效率限制的工作流程特别重要。消费者往往混淆采样频率（即 dpi 指标）与设备真实分辨率之间的差异，制造商宣称的提高光学分辨率的主张值得怀疑。仅仅依据位分辨率断言动态范围缺乏足够的证据，噪声的存在必须引起消费者的注意。与模拟成像领域不同，今天的数字成像为用户提供的技术保障少得可怜。模拟成像则与此不同，至少有几家制造商积累了良好的声誉，设备的整体性能确实值得信赖，消费者对他们的产品充满信心。

　　尽管 ISO TC42 在开发成像性能评价标准方面进展速度不快，但不可否认的是他们的努力正在改变数字成像领域的混乱状态。在科学家和设备制造商的参与下，客观信号和基于噪声的质量指标统一框架正逐步建立起来，有助于消除目前人们对设备成像性能的模糊认识，在不同的设备间作出合理的比较。模拟成像有 50 多年积累的经验，采纳与已得到证明的技术有关的指标，或者直接使用它们，或者根据这些指标扩展成更高技术水平的图像质量模型，显然有利于加快标准开发的进程。已经开发成功和正在开发并即将付诸实施的标准特别适合于数字成像领域，体现技术的严格性与实践可执行性之间的良好折中，尽管不能说完美无缺，但至少就目前的认识水平来说这些技术标准是最好的。

　　当然，采纳新标准和如何使用新标准毕竟是两回事，也正因为如此才需要教育、授权认证和不断提高水平的努力。标准起草专家组的成员们并没有忘记上述工作的重要性，他们承诺，已经开发成功并公开发布的标准将得到不断的补充和修改，计划通过技术性的论文、免费使用的软件、性能比较测试和建立测试图等指导广大的标准使用者。

### 6.1.3　成像性能分类

　　如同植物需要按期望的结果开花但又很难避免杂草的入侵那样，成像性能可划分成信号和噪声两大关键属性类型，因为如果离开了成像信号，则不存在成像结果；数字成像过程因其随机性的本质导致噪声难以避免，成像结果必然遭受噪声的入侵。

　　Don Williams 和 Peter D. Burns 根据瑞典植物学家 Carolus Linnaeus 以植物分类组织植物名称的思维方式，提出了成像性能评价的分类方法，希望建立理解数字图像系统捕获性能的以层次结构表示的框架，并与 ISO TC42 制定的相应标准联系起来。他们认为，数字成像设备性能表现的基础特征可归纳为信号和噪声两大类型，再根据这两种基础种类"推导"出相应的主要成像性能指标，表示成图 6-2 所示的成像性能分类的层次关系。

| 基本属性 | 信号 | | 信号噪声比 | 噪声 | |
|---|---|---|---|---|---|
| 一级指标 | OECF 光电变换函数 | SFR 空间频率响应 | | 辐射畸变 NPS/噪声功率谱 | 空间畸变 |
| 二级指标 | 线性度；灵敏度，量子效率；阶调，曝光；白平衡/中性灰再现能力；色彩再现或编码精度 | 分辨率，采样效率；采样速率；锐化处理；明锐度；耀斑；聚焦深度 | DQE'，NEQ'，信息能力 | 总噪声：时间（时间任意性随机性）；固定图案（条带和条纹确定性；缺陷随机性；光晕或阴影确定性）。色度噪声：色彩均匀性确定性；彩色SFR均匀性确定性 | 微观畸变确定性；主色配准误差确定性；频率混叠确定性；空间SFR均匀性确定性；枕形和桶形畸变确定性 |

图 6-2　成像性能层次关系

　　用于信号捕获属性的主要指标有光电变换函数和空间频率响应。类似地，噪声按畸变分类，按本质划分为空间或辐射测量类型。形成以上四种子类后，再继续引伸出其他更为常用的术语，比如分辨率、Gamma、固定图案噪声和侧向色度误差等相关性能指标。

对于数字成像系统各人自有各人的看法和观点，而对于成像性能如何分类也尽可以各抒己见，取决于各人的观察角度和思考方法。尽管如此，无论各人以何种方式思考，且深入到何种程度，对成像系统来说信号和噪声属于关键性能无可争议。这两种性能之所以被认为关键和至关重要，是因为其他成像性能均可从信号和噪声推导而得。

## 6.2　光电变换函数

真正意义上的图像复制是摄影技术出现以后的事，正因为摄影技术的发明，才使得印刷品能够再现丰富多彩的大千世界。眼睛之所以能看到包括人物在内的各种物理场景，是由于场景表面的反射光作用于视觉系统的结果，胶片摄影因此而不能离开光，由此也形成光记录技术得到的模拟原稿。扫描仪和数字照相机从不同的来源捕获数字图像，必须通过光信号到电信号的变换过程产生代表原稿和场景的模拟信息，再通过模/数转换过程实现对模拟电信号的量化处理，最终输出数字信号，其中光电变换过程最为关键。

### 6.2.1　定义

光电变换函数（Opto – Electronic Conversion Function，简写为 OECF）是数字成像系统的基础性能指标，用于描述数字成像系统如何捕获并重现模拟原稿或物理场景阶调。所有数字成像系统都以捕获信号数字编码的形式输出，定量地表示阶调的分布特征。从实际应用的角度考虑，从光信号到电信号的变换用于衡量大面积区域的图像信号捕获结果。

根据 ISO 12231 数字成像术语标准，光电变换函数定义为基于光电的数字图像捕获系统输入水平对数与相应数字输出水平之间的关系。如果作为输入信号的对数曝光点间隔很精细，输出噪声与量化间隔相比较小，则光电变换函数可能出现阶梯状特征。这种表现是量化过程产生的膺像，应该利用合理的平滑处理算法予以去除；也可以采用基于测量数据的曲线拟合计算，只要拟合到平滑的曲线，也能去除量化过程产生的膺像。

对于不同的数字成像系统，光电变换函数的定义可能有细微的差异。对数字照相机和功能类似的系统，国际标准 ISO 14524 定义了两种光电变换函数，分别称为照相机光电变换函数和焦平面光电变换函数，反映整体和局部的光信号到电信号的变换特征。

照相机光电变换函数定义为光电数字图像捕获系统（即数字照相机）输入场景对数明度与数字输出水平间的关系，其中场景表面反射光的明度取对数后作为系统的输入，而数字照相机的量化处理结果则作为输出。根据 ISO 12231，照相机光电变换函数的度量单位取每平方米烛光（Candela）以 10 为底的对数。

焦平面光电变换函数（Focal Plane OECF）定义为光电数字图像捕获系统焦平面上对数曝光输入与数字输出水平的关系，其中焦平面输入取勒克斯秒以 10 为底的对数。

根据 ISO 16067 – 1 和 16067 – 2 等标准，扫描仪（包括反射稿扫描仪和透射稿扫描仪）光电变换函数定义为光电数字图像捕获系统输入密度与数字输出水平的关系。

以上三种光电变换函数都以输入和输出关系给出定义，它们的区别主要体现在输入水平上：照相机光电变换函数的输入取场景的对数明度，焦平面光电变换函数的输入取曝光量的对数，而扫描仪光电变换函数的输入则取密度。三者事实上没有原则区别，输入的核心在"对数"两字。从数字照相机整体性的角度考虑时，最终输出是照相机对场景明度响应的结果，场景明度对焦平面的作用转换成曝光；原稿的明暗程度以密度衡量，由于密度与反射系数或反射率成对数关系，且反射系数或反射率与场景明度类似，因而扫描仪光电变换函数的输入实际上也是"明度"的对数。

### 6.2.2　光电变换函数的性能测度分类

说到底，光电变换函数反映数字成像设备对光线刺激的大面积区域平均响应特征，如同彩色复制系统的阶调变换函数和阶调复制曲线那样，只是由于数字成像设备通过光电转换元件实现数字信号捕获的特别之处，才称之为光电变换函数，其实与硬拷贝输出设备激光照排机和数字印刷机等的阶调响应曲线没有原则区别。光电变换函数忽略数字成像系统中间过程的细节，只考虑成像系统输入信号和输出信号的关系。正因为如此，才可以用光电变换函数反映数字成像系统的信号处理特征，作为系统性能的一级测度指标。

模拟设备的特征曲线表示物理输入（例如对数曝光或反射系数）与物理输出（比如密度或电压）间的关系，数字成相系统光电变换函数的物理输入与模拟设备类似，但物理输出取密度或电压等物理量却是毫无意义的，因为数字照相机和平板扫描仪等成像设备应该输出数字编码值，是图像捕获系统对于物理输入所产生响应的数字表示。

正因为光电变换函数的绝对重要性，国际标准化组织才如此重视，针对数字成像设备制造和应用领域的测量和评价需求制定了专门的标准，并为测量光电变换函数测量定义了测试图，这就是 ISO 14524。虽然该标准冠以"电子静止图片照相机光电变换函数测量方法"的限制性称呼，但事实上也适合于扫描仪光电变换函数测量。

由于光电变换函数描述数字成像系统最基本的成像性能，处于以信号描述成像性能分类的顶层位置，其他与其相关的属性或性能测度都可以从光电变换函数派生而得，可见称其他相关属性或性能测度为光电变换函数"家族"并不为过。

根据图 6-2 所示数字成像系统性能测度的层次关系，从光电变换函数派生出的二级指标有线性度和灵敏度等，这些二级指标或性能测度从不同的角度反映数字成像系统的信号处理特点，可认为是光电变换函数描述成像系统性能的进一步展开。二级指标强调数字成像系统信号变换特性的不同侧面，它们都建立在数字成像系统对外部刺激平均响应的基础上，测量数据应来自面积相对较大的区域。如果二级指标可以用空间频率响应衡量，且存在空间频率响应值等于 1 的成分，则该成分称为零频率分量。

根据 ISO 14524 标准，光电变换函数定义为"光电数字图像捕获系统输入场景对数明度与数字输出水平的关系"，其中的对数明度相对于输入场景而言，意味着绘制光电变换函数曲线时应该将水平轴的计量单位换算成对数，大多出于衡量系统线性度的考虑。一般来说，如果输入信号换算成对数值，则作用于响应能力正常的成像系统的输入信号应该与输出信号值成线性关系。平板扫描仪作为数字成像设备使用时，光电变换函数输入端的对数明度必须以密度计量单位替代，由于密度与反射系数成对数关系，因而测量和评价扫描仪的光电变换函数时水平轴仍然与数字照相机的对数明度一致。

作为成像系统信号测度方面最重要的指标之一，从光电变换函数可以派生出的二级性能指标肯定要超过图 6-2 罗列的数量，该图仅给出了数字成像技术应用领域使用得较为普遍的二级指标。列出这些二级指标考虑到的另一重要因素，是它们与一级指标联系的密切程度要明显高于其他二级指标，容易从光电变换函数"推导"而得。

既然光电变换函数是国际标准化组织定义的术语，就应该尽可能地使用它。光电变换函数的二级性能指标包括线性度、灵敏度、阶调与曝光关系、白平衡、色彩再现能力（相当于输出信号编码精度）等，这些信号测度来自对多个面积相对大兴趣区域信号值的平均计算结果，采用类似于 ISO 14545 标准描述的定义。由于测量平均值以各主色通道内或

"横跨"主色通道的形式计算而得，导致各二级指标的计算结果各不相同，但它们的基本测量方法是相同的。某些指标甚至需要与其他指标组合测量，例如基于噪声的速度。

### 6.2.3 光电变换函数测试图

根据 ISO 14524 标准，测量数字照相机光电变换函数的测试图由至少 12 个中性（灰度等级）漫反射表面测量块组成，视觉密度增量以明度的立方根为相等步长，误差应该控制在 ±0.05 密度单位或 ±12% 的范围内，反射型和透射型测试图的设计和制作准则相同。光电变换函数测试图的视觉密度应当与摄影标准 ISO 5-1、ISO 5-2、ISO 5-3 和 ISO 5-4 等提出的要求一致，透射密度需使用 ISO 5 系列标准规定的几何条件测量。测

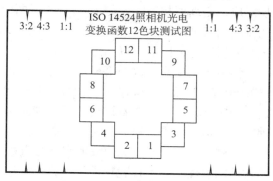

图 6-3 照相机光电变换函数测试图示意/12 测量块

试图所有区域的光谱密度以 10nm 或更小的波长间隔增量测量，波长 420~680nm 间的测量步长控制在 0.10 密度单位的平均光谱密度范围内。测试图中的灰度等级测量块形状取正方形，即每一个测量块的边长相等。适用于数字照相机的光电变换函数测试图按包含的测试对象（灰色块）数量分成 12 块、16 块和 20 块三种类型，图 6-3 是标准测试图例子之一。

由于成像系统结构、精度计量和用途等方面的差异，平板扫描仪光电变换函数测量应该使用不同于数字照相机的测试图，且适合于反射型平板扫描仪和透射型平板扫描仪光电变换函数测量的测试图也应该不同。随着数字照相机越来越普及，胶片的使用范围将变得越来越狭窄，价格因此而变得越来越高，彩色底片原稿必将逐步消失。基于这种认识，后面将重点讨论反射稿平板扫描仪的光电变换函数测量。根据 ISO 16067-1 标准，用于透射稿平板扫描仪光电变换函数测量的标准测试图取图 6-4 所示的形式，使用的材料应该呈光谱中性，可以制作成不同的尺寸，尽可能与普遍使用的印刷品尺寸对应。

图 6-4 光电变换函数标准测试图

透射稿平板扫描仪测试图为综合测量目的而设计，包含各种类型的测试对象。为了节省空间，图 6-4 仅给出透射稿平板扫描测试图与光电变换函数测量有关的部分。

### 6.2.4 数字输出值测量方法

按 ISO 16067-1 标准建议的综合测试图光电变换函数测量部分，灰色块并非按密度值的高低排列，主要目的在于使相邻灰色块的闪光最小。无论以表格或曲线的形式报告光电变换函数测量结果，输入密度按从小到大的次序排列会显得更容易理解。为便于测量和数据处理时找到对应关系，图 6-5 按编号给出了灰色块密度从低到高的排列。

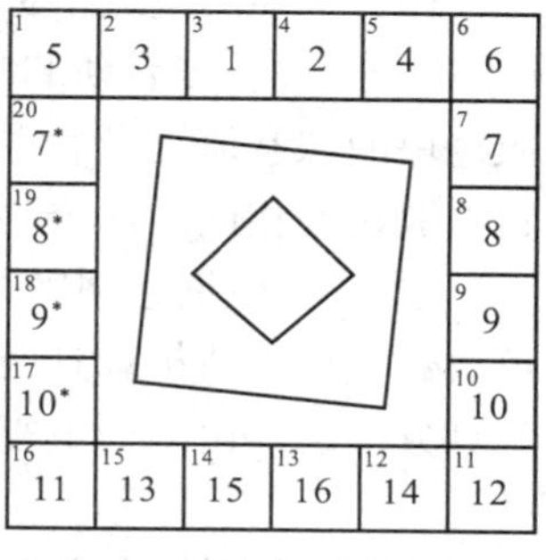

图 6-5 外围的正方形表示预先制作好的密度不同的灰色测试块，每个正方形左上角的小字代表标准测试图灰色块的逻

图 6-5 密度排列次序编号

辑编号；正方形中心的大字表示按密度值高低排列的编号，除 10 后即得该灰色块的密度值，例如 5 号灰色块的密度值为 0.5；带 * 号并以大字标记的灰色块与右侧同号码的灰色块对应，密度值相等，比如 7* 号和 7 号两个灰色块的密度值均等于 0.7。由此可见，灰色测试块的密度范围从 0.1～1.6，按 0.1 的步长递增，其中最低密度由制作测试图的反射型记录介质决定，因而可以不等于 0.1。

测量光电变换函数的第一步，是利用被测量的扫描仪将测试图转换成数字图像。根据 ISO 16067 - 1 标准，建议测试图按扫描仪制造商给定的默认参数扫描，但不作强制性规定。关闭默认参数意味着捕获的图像数据反映扫描仪的本质能力，适合于评价扫描仪的多种性能指标，由于普通使用者不习惯于关闭默认参数的扫描方式，因而不利于推广光电变换函数测量结果；制造商建议的默认参数适合于大多数扫描仪使用者，扫描图像经过了驱动软件的处理，并不代表扫描仪捕获的实际数值，但便于测量结果应用。

下面介绍作者的光电变换函数测量实践。为了保证 ISO 16067 - 1 标准提出的各测量区域不小于 64×64 像素的限制条件，建议按 300dpi 的采样频率扫描测试图，当然应该扫描成 RGB 图像。考虑到传感器捕获光信号的随机性，扫描仪的数字输出水平出现波动很正常，为此需要对测试图执行多次扫描，同一灰色块的数字输出水平取多幅图像的平均值，以更真实地反映被测量扫描仪的实际光电变换函数。根据 ISO 16067 - 1 规定，测试图至少应扫描四次，为保险起见决定扫描 8 次，最终结果取 8 幅图像的平均值。

对于每一幅测试图同编号的灰色块数字输出值的测量应严格限制在相同的区域，因而利用 Photoshop 测量时应该采取措施，确保 8 幅测试图扫描图像的测量区域完全一致，测量结果才有意义。对于标准测试图所有扫描图像的检查结果表明，在 300dpi 采样频率产生的数字图像内，灰色块的边长超过 80 个像素，满足 64×64 像素测量面积的要求。依次打开 8 次扫描得到的数字图像，对每幅图像定义 64×64 像素的正方形兴趣区域；对包含在兴趣区域内的所有像素执行平均计算，记录该区域的平均 RGB 值。

按理扫描仪数字输出值测量应遍及标准测试图的所有灰色块，但由于密度按 0.1 步长从 0.1 增加到 1.6 只需 16 个灰色块即可，其余 4 个灰色块 7*～10*（逻辑编号 17～20）的测试图理论密度从 0.7～1.0，与灰色块 7～10（逻辑编号亦为 7～10）的密度两两对应。作者认为，标准测试图之所以要包含两组密度值相同和对应的灰色块，是考虑到中间调对扫描仪再现原稿阶调的重要性，两组对应灰色块的扫描仪数字输出取平均值后可用于补偿光电变换函数中间调范围的测量误差，或用于检验扫描仪再现原稿阶调的对称性。因此，尽管两组灰色块的密度值重复，但仍然需要测量。

### 6.2.5　扫描仪光电变换函数测量结果的例子

作者曾经测量过平板扫描仪和平台式扫描仪的光电变换函数，这里分别命名为扫描仪 1 和扫描仪 2。先启动 Photoshop，再测量由这两台扫描仪再现的各自 8 幅测试图扫描图像灰色块的像素值，最后根据测量数据求每一灰色块的平均值，其中密度 0.7～1.0 的结果数据取密度相同的两个测试图灰色块 RGB 和明度测量数据的平均值。

以 RGB 数据绘制光电变换函数多有不便，为此可按 RGB 值折算到明度值 $L^*$。从各灰色块数字输出值折算到明度值时常采用加权计算的方法，视觉意义上的明度光电变换函数计算方法已经由高清电视标准 ITU-R BT. 709 给定：

$$L_i = 0.2126R_i + 0.7152G_i + 0.0722B_i \qquad (6-1)$$

式中 $L$ 和 $i$ 分别代表视觉加权计算输出信号和灰色块编号。

标准测试图仅仅规定制作的基本参考数据，虽然规定测试图最"明亮"灰色块的最低密度值取 0.1，但由于用于制作测试图的材料（通常为摄影用照相纸）不同，因而作为输入密度使用的最小值 0.1 实际上反映制作测试图记录介质的反射密度，未必等于 0.1。

为了更准确地反映参与测量的两种扫描仪的光电变换特性，应该以对于测试图各灰色块的 RGB 测量数据平均值绘制光电变换函数曲线，结果如图 6-6 所示。

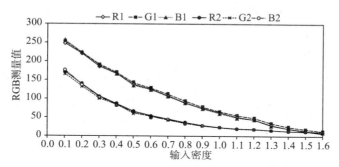

图 6-6　以 RGB 值表示的扫描仪光电变换函数

从图 6-6 表示的六条光电变换函数曲线不难看出，平板扫描仪与平台扫描仪 RGB 数字输出值在高光区域的差异相当大；随着测试图灰色块的密度值降低，两种不同类型扫描仪的光电变换函数逐步接近，到暗调范围时合并到一起。

根据图 6-5 指示的与图 6-4 对应的灰色块密度值关系，由于以大字表示的灰色块 7* ~ 10* 与 7 到 10 两两对应，因而数字相同的带 * 号和不带 * 号的灰色块密度值相同；再考虑到 7* 与 7 等四对灰色块的水平位置相同、垂直位置不同的特点，这八个（四组）灰色块可用于检验两种扫描仪数字输出值的对称性。以扫描仪 1（即平板扫描仪）为例，取捕获的总共 8 幅图像的 RGB 输出数据及 L 的平均值，得到表 6-1 所示数据。

表 6-1　平板扫描仪对称性数据

| 密度组对 | 0.7 | | 0.8 | | 0.9 | | 1.0 | |
|---|---|---|---|---|---|---|---|---|
| | **7** | **7***  | **8** | **8*** | **9** | **9*** | **10** | **10*** |
| R | 111 | 106 | 91 | 88 | 75 | 73 | 63 | 60 |
| G | 115 | 110 | 96 | 93 | 80 | 78 | 68 | 65 |
| B | 109 | 105 | 90 | 87 | 74 | 72 | 62 | 59 |
| L | 114 | 109 | 95 | 92 | 79 | 77 | 66 | 64 |

根据表 6-1 所列数据，若按 RGB 测量数据折算所得明度值为对称性检验依据，则四组理论密度相同的灰色块因水平位置不同导致的对称性最大绝对误差为 5 个灰度等级；如果按 8 位量化灰度等级从 0 ~ 255 范围的最大值 255 计算，则该平板扫描仪对称性的最大相对误差不超过 2%。根据工程经验和精度要求，这种误差完全可以接受。

## 6.2.6　密度非线性与测量结果利用

图 6-6 以平板和平台式扫描仪的 RGB 数字输出值绘制光电变换函数曲线，由于包含的曲线太多，分析扫描仪对原稿阶调和颜色的再现能力和其他基本特性时很不方便。更重

要的是，分析和讨论扫描仪的线性响应特点时，图6-6那样的曲线表示方法也不合适，因为扫描仪的RGB数字输出值与水平轴的密度数据没有直接关系。为此，图6-7给出了按两台参与测试的扫描仪RGB测量数据折算成明度后绘制成的光电变换函数曲线，尽管与图6-6所示以主色分量表示的曲线形态并没有原则区别，但至少视觉感受上更清晰明了。

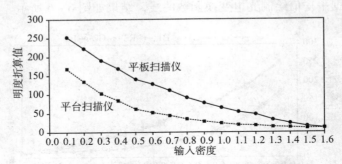

图6-7　以明度表示的扫描仪光电变换函数

或许因为考虑到扫描仪捕获的数据总要经由硬拷贝输出设备记录到纸张的因素，在开发扫描技术的开始阶段，扫描仪就按密度原则设计。目前，色度扫描仪已经实现了"零"的突破，多光谱成像系统也有成功开发和应用的案例，但市场上正在销售的各种类型扫描仪仍然按密度原则设计和制造。因此，对这里讨论的平板和平台式扫描仪基本性能的评价应该以密度线性为基准，如果扫描仪的数字输出值与输入密度成非线性关系，即测量结果表明扫描仪的光电变换函数是非线性的，则应该予以补偿，或者说需要作线性化处理。

尽管如此，检查扫描仪的（输入）密度对（输出）密度函数关系是否按线性规律分布仍然有积极意义，为此需要从扫描仪的数字输出值转换到密度数据。

理论上，假定制作标准测试图的记录介质符合绝对白色的条件，则扫描仪的RGB数字输出值$R = G = B = 255$，折算成明度后得$L = 255$，对应于100%的反射系数。因此，对于扫描仪其他由RGB数据折算成的明度值可按此类推，即：

$$RF = L/255 \qquad (6-2)$$

式中　　$RF$——被测量灰色块的反射系数；

$L$——根据RGB测量值折算成的明度。

为了讨论扫描仪的非线性特点，光电变换函数曲线的水平轴和垂直轴应该采用相同的计量单位。显然，水平轴的等步长增量以密度计量为前提，若换成以反射系数标记，则等步长特点将无法保留，为此只能将垂直轴计量单位改成密度，可按下式计算：

$$D = \log_{10}\left(\frac{1}{RF}\right) \qquad (6-3)$$

这样，由两台扫描仪捕获的RGB数据（数字输出值）先以公式（6-2）转换到明度值，再经公式（6-3）折算成密度数据；输入密度取测试图标准值，结果可绘制成图6-8所示的扫描仪光电变换函数曲线，输入信号和输出信号都以密度表示。

根据图6-8所示水平轴和垂直轴均以密度值表示的曲线关系，扫描仪光电变换函数仍然具有明显的非线性特点，比较图中按测量数据绘制成的曲线与两端连接成的直线，不难发现密度光电变换函数曲线与线性度相差甚远。扫描仪性能参数测量往往需要任意像素位置的数字输出水平。然而，由于扫描仪数字输出值对输入密度的非线性效应，用于计算性能的数据应经过线性化处理，可见仅仅有限个测量数据构成的光电变换函数是不够的。

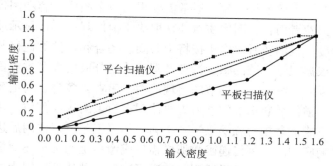

图6-8　以密度表示的扫描仪光电变换函数

对测量得到的光电变换函数作曲线拟合是解决问题的措施之一，根据绘制图6-8的明度数据作曲线拟合，可得到图6-9所示连续型的光电变换函数曲线。

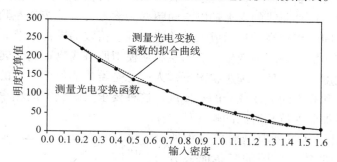

图6-9　拟合曲线与测量光电变换函数

以拟合曲线计算"理论"光电变换函数值，可算得16个输入密度测量光电变换函数明度值与"理论"值的误差，发现平板扫描仪与平台式扫描仪实际测量数据与拟合曲线计算值的平均误差分别为0.146和0.465灰度等级，拟合精度令人满意。

扫描仪其他性能指标的测量希望数字输出值与输入密度成线性关系，才能得到合理的测量结果，例如按未经线性化处理的图像数据产生的空间频率响应测量结果未必合理。

由于即使扫描仪按8位量化时的数字输出水平可能达到256个，取更高的量化位数时数字输出水平的最大值远远超过256，因而仅仅用16个输入密度得到的光电变换函数作线性化处理肯定是不够的，为此要用到曲线拟合结果。基于扫描仪光电变换函数拟合曲线的线性化处理方法可归纳为：连接测量光电变换曲线的两个端点，得到该直线的两点式方程；计算相应位置拟合光电变换曲线与直线的差值，加到扫描仪该位置的输出像素值上。

## 6.3　空间频率响应

空间频率响应（Spatial Frequency Response）也是数字捕获性能的一级测度，用于衡量数字信号处理系统再现模拟原稿或物理场景细节的能力，与模拟摄影时代使用的调制传递函数（Modulation Transfer Function）相关，后者通常用于描述光学摄影系统的阶调传递特性。计算空间频率响应需要来自特殊形式测试图的测量数据，测量结果可以理解为邻域信号的空间交互作用特征，与信号的频率位置在远端（低频）还是近端（高频）无关。

### 6.3.1 定义

对数字图像捕获和存储系统来说，通常需要根据数字图像内容和图像的使用目标描述图像质量要求。对消费者而言，图像质量往往取决于他们观察屏幕显示或复制成印刷品后所感受到的优异程度，且消费者习惯于按特定时间、场合和事件的记忆与物理场景或硬拷贝输出图像比较。根据视觉系统的感受特点，图像质量分成两大基本方面，分别为观察者的主观印象和数字成像系统对场景细节的再现能力，后者大多为了满足客户需要或期望。

数字照相机和扫描仪捕获细节的能力主要体现在对象的边缘部位。传统摄影时代以调制传递函数表示场景或被翻拍对象受摄影系统和显影等工艺过程作用后边缘细节保留的程度，由于空间频率响应如同调制传递函数那样描述成像系统的细节还原能力，因而边缘响应的测量结果可以认为是对于成像系统调制传递函数的一种估计，因为按频率到频率的方法以输入边缘调制除以输出边缘调制得到的商即为成像系统的测量调制传递函数。在数字照相机和扫描仪性能测量和评价领域，这种测量结果称为空间频率响应。

空间频率响应常绘制成曲线，描述数字成像系统如何在空间频率增加时保持决定图像细节的相对对比度，这种曲线的水平轴以空间频率为输入变量，按从左到右的次序，空间频率逐步增加，空间频率越高时表示成像系统能再现越精致的图像细节。空间频率响应的垂直轴以成像系统的输出响应为变量，表示系统从模拟原稿或物理场景转换到数字图像时保留或转移的对比度相对比例。理想状况下，人们总是希望能保留足够的对应于低空间频率、中等空间频率和高空间频率成分的对比度，这种要求反映到空间频率响应曲线上，就是随空间频率的增加而保持相对高的响应值。

图 6 – 10 给出了从三种典型对象测量所得的空间频率响应曲线，该图的三条曲线分别代表三幅由不同数字照相机捕获的数字图像，由于受到数字照相机的作用效果不同，原来边缘清晰度和对比度相同的"场景"转换成数字图像后发生不同的变化，位置最高的空间频率响应曲线对应于细节再现质量最高的图像，位置最低的空间频率响应曲线代表细节再现能力最差的成像系统，中间的空间频率响应曲线介于以上两者之间。

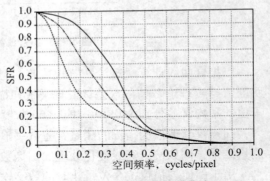

图 6 – 10　空间频率响应曲线

由于镜头设计、装配和散焦，以及照相机移动等因素的作用，数字照相机拍摄的图像发生不同程度的模糊很正常。上述影响因素变得逐步严重时，导致减少数字图像代表不同空间频率成分的内容，造成对比度降低，且明亮的空白与深暗线条会合并起来。若存在于相邻图像区域的对比度几乎没有差异，则图像的空间细节变得不可分辨，细节处的空间频率将无法通过视觉观察或仪器测量的方法检测出来，从而限制了数字图像的分辨能力。

### 6.3.2 信号测度的空间频率响应性能细化

与空间频率响应有关的各种成像性能指标（二级指标）包括采样频率或采样速率、分辨率、锐化程度、明锐速、耀斑和景深等，其中以分辨率和锐化程度最为常见。

采样频率反映数字成像系统操作者对图像精度的期望，用户规定的采样频率交给数字成像系统实施时，就转化成数字成像系统的抽样频率了。概念上，采样频率取相邻像素中心距的倒数，以单位距离内包含的像素数 ppi 衡量采样频率的高低出现得更为普遍，其实两者并没有矛盾。因此，数值上采样频率与图像分辨率一致，单位取 ppi，与数字图像采集设备、打印机和传感器空间分布等的分辨率概念也类似，打印机和数字印刷机等硬拷贝输出设备往往以 dpi 描述设备精度，传感器的空间排列密度则可以取类似于 ppi 的单位，表示单位距离内分布的传感器像素。之所以要使用采样频率这样的称呼，根本原因是为了与空间频率的概念一致，只要取消分辨率中的距离单位，就成为空间频率了。

锐化程度（Sharpeness）可理解为对于空间频率响应的"故意"增强，旨在获得视觉效果更清晰的图像。由于锐化程度与空间频率响应间存在密切的关联性，测量空间频率响应时应当注意测量方法，避免空间频率响应曲线受锐化处理的干扰。一方面数字成像系统捕获的数字图像可能引起与锐化程度相关的缺陷，例如出现光晕等；另一方面，锐化处理会引起图像视觉效果的变化，往往引伸出清晰和边缘增强等描述性术语。

明锐度是一种客观性的基于空间频率响应的成像性能描述，与感受到的图像锐化处理效果存在很强的相关性。数字成像领域通常以图像主观质量因子和主观质量因子平方根的积分等作为判断该二级性能指标的准则。

耀斑和景深之所以归入空间频率响应二级指标，是因为数字成像系统形成耀斑时会像衣服下摆那样四散扩展，源于成像系统较低的空间频率响应能力，往往与低对比度、朦胧和软化等描述性的术语有关；景深是可清晰地再现细节的重要拍摄参数，沿光轴计量的距离应保持在可接受的聚焦水平内，被拍摄对象不在景深范围内时，空间频率响应能力降低。

### 6.3.3 空间频率响应与调制传递函数

在模拟摄影时代，胶片和照相机镜头的分辨能力以每毫米线对数衡量，这种分辨率定义容易理解，但实现标准化的分辨率测量十分困难。为了确定镜头和胶片的分辨率，通常需要拍摄由不同宽度和距离的线条构成的测试图，例如美国空军为测量航空侦察胶片的特征参数而制定了 USAF 1951 标准，并定义相应的镜头测试图；此外，美国国家标准也定义过适合于胶片摄影的分辨率测试图。根据测试图拍摄结果寻找可以看清细节的最高分辨率线条图案，即得到被测试对象的分辨率。由于这种测量方法在确定分辨率时必须借助于视觉感受和主观判断，因而即使测量相同的胶片和镜头也可能得到很不一致的结果。

依赖于视觉判断的测量结果可靠性很低，为此人们尝试通过不同的途径判断分辨率测试图的拍摄结果，旨在提高视觉判断的客观性和可靠性。例如，倘若能够在经过良好定义的对比度水平的基础上测量，则尽管测量方法不变，但分辨率测试图拍摄结果判断的主观性大大降低。由此可见，只要判断线条测试图拍摄结果所借助的途径合理，则每毫米线对数这种分辨率度量指标将变得更为有用。尽管如此，基于分辨率测试图拍摄加视觉判断的测量方法仍然很难避免主观性，且测量胶片或镜头的分辨率前需要购买昂贵的仪器。

引入调制传递函数后，在如何定义成像介质分辨率和成像结果感受清晰度等问题上进入定量分析阶段，可以在频率域中准确地测量镜头和胶片的分辨率和清晰度了。对光学工程师们来说，理解调制传递函数并不困难，但不少缺乏数学知识的摄影工作者对调制传递函数却感到迷惑不解。基于图像捕获数据的测量/分析软件的诞生为调制传递函数应用打开了方便之门，使用者不必购买昂贵的仪器，也不必纠缠于调制传递函数究竟为何物，只需知道通过调制传递函数测量可以了解对象的分辨率和清晰度即可。

正确理解调制传递函数这一概念需要对于"调制"两字的正确理解。根据 ISO 12233 标准给出的定义，调制传递函数中的"调制"两字指最大与最小信号水平之差除以两者之和得到的商，若分别以 $S_{max}$ 和 $S_{min}$ 标记成像系统或部件处理的最大和最小信号，则调制或

调制值 $M$ 可以表示成下面这样的公式：

$$M = \frac{S_{\max} - S_{\min}}{S_{\max} + S_{\min}} \qquad\qquad (6-4)$$

有了式（6-4）给出的对于调制（值）的定义，只需以输出调制（或频率）为分子、输入测试图的调制（或频率）为分母计算两者之商，即可得到成像系统的调制传递函数。

大多数人都熟悉音频这一概念，声音频率通过耳朵的变换感受为音节，所以放大器和扩音器等音频部件的工作特性通常用频率响应曲线表示。由于音频信号以时间参数描述为典型特征，因而电声设备对于信号的响应特性称为时间频率响应曲线。然而，模拟摄影和数字摄影图像都在二维空间上展开，可见借助于图像捕获数据的频率响应测量结果无法通过时间参数表示，成像系统或成像部件的工作特性必须改成以空间参数描述，称为空间频率响应显得更为合理，测量结果也改称空间频率响应曲线。

根据 ISO 12233 电子静止图片照相机标准，空间频率响应定义为数字成像系统对输入信号响应后输出信号的幅值，需通过测量才能得到，通常以相对于输入空间频率的函数表示。显然，空间频率响应的这一概念与调制传递函数很相似，无须严格区分的时候可认为两者是等价的，但确实存在一定的区别。一般来说，空间频率响应衡量与被测试对象特征相关的系统有效调制传递函数，通常以倾斜边缘或光强度成正弦分布的对象测量。空间频率响应可以描述（绘制）为成像系统对于单位幅值输入信号的输出响应曲线，覆盖各种空间频率范围，且归一化处理后的空间频率响应在 0 频率处应该产生单位值，这意味着空间频率响应曲线在 0 频率处等于 1。

调制传递函数首先在光学成像领域提出，定义为光学传递函数 OTF 的模，而光学传递函数则定义为成像系统点扩散函数 PSF 的二维傅里叶变换，通常以简称 MTF 表示。这种定义已使用了相当长的时间，用于描述图像（场景）信号在光学和摄影系统中的转移（传递）规律，并据此提出了多种测量方法，按周期信号、随机噪声和其他特征描述。

### 6.3.4 调制传递函数测量

为了描述成像系统或部件再现被成像介质或对象细节的能力，人们往往以线扩散函数 LSF（Line Spread Function）和点扩散函数 PSF（Point Spread Function）表示成像信号的变换特征，其中点扩散函数定义为成像系统线性化输出的归一化空间频率分布，来自理论上无限小点源的成像结果；线扩散函数与 PSF 类似，指成像系统线性化输出的归一化空间信号分布，来自理论上无限细线条的成像结果。

由于点扩散函数描述理论上无限小点源的成像特征，因而可以认为扩散行为具有各向同性特点，沿所有的方向都是均匀一致的。线扩散函数明显不同于点扩散函数，因为线条对象的边缘像素分布不同于点，需要以线条类对象的边缘特征描述，这样就涉及边缘扩散函数 ESF（Edge Spread Function）。显然，线扩散函数不满足各向同性条件，经数字化转换得到的线条边缘像素沿两个相互正交方向有不同的分布。边缘扩散函数定义为归一化的空间信号分布，由成像系统的线性化输出得到，理论上产生于无限锐化边缘的成像结果。如果成像系统在等晕区域（Isoplanatic Region）内操作，且成像系统在其线性范围内运行，则线扩散函数等于边缘扩散函数的一阶导数。

成像系统或部件以有限的空间分辨率为主要特征，为此需要测量成像系统或部件的分辨率；目前大多采用测量宽度按对数规律变化的条状图案的方法。数字成像系统或部件再现原信号的能力或对于原信号的响应特征仅仅用空间分辨率描述是不够的，需要更综合性的指标。成像系统的性能更无法用单一的正弦波、频率和相位描述，需要更复杂的描述方式，这就需要调制传递函数。表面上看，引入调制传递函数导致问题的复杂化，但实际上变得更简单，只需一个量就可描述成像系统性能，比仅仅用空间分辨率描述更合理。

假定成像系统的输入信号可以分解成一系列的正弦波信号，这一问题通过傅里叶变换可得到很好的解决；由于成像系统的作用，输入信号必然经过变换，形成不同于输入信号的输出信号；调制传递函数的测量目的归结为测量正弦波的幅值变化，认为成像系统对输入信号的作用是调制了原信号的幅值，先假定频率和相位不变，如图 6-11 所示。

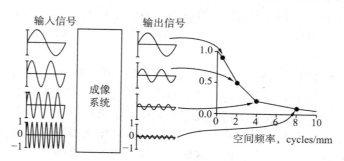

**图 6-11　调制传递函数测量的基本概念**

历史上曾经出现过各种空间频率响应或调制传递函数测量方法，例如模拟时代的小圆孔和窄缝光孔测量法，以及数字时代的边缘梯度法和正弦图案测试图法等。此前的研究成果表明，边缘梯度法具有测试图简单和测试图像面积小的优点，缺点是测试图对齐的敏感性和噪声偏压；正弦测试图法的主要优点归结为能够直接给出测量结果，但测量每一种频率分量的调制传递函数都需要准备相应的测试图，导致完成全部测量任务的时间太长。

ISO 12233 定义的倾斜边缘空间频率响应或调制传递函数测量方法为简化测量过程带来了曙光，只需准备一幅图像就可以测量空间频率响应或调制传递函数了。根据 ISO 12233 标准定义的倾斜边缘空间频率响应测量方法分析，其主要目的在于测量电子静止图片照相机（包括模拟电子照相机和数字照相机）的空间分辨率，从而允许评价成像系统或部件的视觉分辨率、极限分辨率、频率混叠比、空间频率响应和压缩人工膺（伪）像等。

### 6.3.5　倾斜边缘法测量原理概述

由国际标准 ISO 12233 定义的倾斜边缘测量法可誉为自我测量，只需用数字照相机或扫描仪捕获包含倾斜边缘对象测试图，启动专门设计的图像质量分析软件，定义包含倾斜边缘且尺寸合理的矩形兴趣区域，就可以测量数字照相机或平板扫描仪等数字成像设备的空间频率响应了。自从 ISO 12233 标准定义的倾斜边缘测量法正式颁布后，其他与数字成像相关的标准也纷纷加以采用，例如反射稿平板扫描仪标准 ISO 16067-1 和透射稿平板扫描仪标准 ISO 16067-2 等，这些标准规定的空间频率响应测量方法几乎相同。

根据倾斜边缘法的自我测量特点，为了测量数字照相机或平板扫描仪等数字成像设备的空间频率响应，测量前需要将包含倾斜边缘对象的测试图成像到数字照相机或平板扫描仪的传感器或光电探测器上。测试图包含的倾斜边缘对象称为测试单元，每一个这样的单元相对于水平或垂直方向略微倾斜，以 5°倾斜角最为常见。

图 6-12 是倾斜边缘测量对象的典型例子，该图的左面和右面分别表示对象边缘沿水平和垂直方向倾斜的结果。由于测量方向与倾斜边缘大体垂直，实际上应该是垂直于测量

对象倾斜前的方向，因而图 6 – 12 之左和之右的两个倾斜边缘对象分别用于测量数字成像系统的垂直空间频率响应和水平空间频率响应。传统边缘梯度测量法不能直接利用照相机捕获的图像数据，必须借助于独立的仪器捕获数据，测量成本相当高。倾斜边缘法可以直接利用数字成像系统捕获的图像数据，图像质量分析软件的价格比专门仪器低得多，从而大大地降低了测量成本。从图 6 – 12 很容易看出，倾斜边缘

图 6 – 12　水平和垂直倾斜
边缘测试图

上的各点与水平方向形成不同的相位，所以图像传感器对每一行扫描线捕获的图像数据将给出不同的边缘扩散函数，导致这些边缘扩散函数都是欠采样的，但通过一系列的数学处理可提高采样频率。

　　根据 ISO 12233 标准建议的方法，倾斜边缘法空间频率响应测量/分析的主要步骤可简单地归纳为：第一，定义围绕倾斜边缘的由 m 行和 n 个像素组成的兴趣区域，利用光电变换函数处理兴趣区域的图像数据，补偿数字照相机或平板扫描仪等数字成像设备的光度测定响应；第二，根据数字照相机或平板扫描仪捕获的数字图像中每一个像素的红、绿、蓝三色数据得到加权计算和，由此获得明度数据阵列；第三，借助于线性方程（线性化的图像数据）从明度数据阵列估计倾斜边缘的位置和方向，并计算垂直于倾斜边缘的一维离散形式的方向导数；第四，调用前面的加权计算得到的明度数据，计算每一个数据行的质心位置；第五，所有参与计算（兴趣区域）像素的图像数据沿边缘方向投射，组成一维的"超级采样"边缘扩散函数；第六，执行四倍的过采样处理，旨在降低倾斜边缘图像数据对空间频率响应测量结果信号混叠的影响；第七，以 Hamming 加窗函数计算过采样数据的离散傅里叶变换，对变换所得之模作归一化处理的结果，即得到空间频率响应。

### 6.3.6　分辨率与采样频率

　　Brock 早在 1966 年发表于成像科学与技术杂志的"图像评价选择阅读"一文中就已经提出了对于分辨率的意见，比起今天的人们对数字图像捕获的认识或许更为真实。分辨率这一概念与数字照相机内大量的像素关联起来，或者联系到平板扫描仪以每英寸像素数表示的采样频率时，数字成像设备于是进入"像素战争"时代，数字照相机、平板扫描仪甚至带数字摄影功能的手机制造商们"故意"使分辨率成为模糊而不确切的普通术语。

　　表面上，数字照相机领域使用的有效像素这一概念与分辨率不同，很容易引起许多数字照相机消费者的误解，既然"有效"，想来一定是传感器捕获的像素。所谓的"有效像素"同样是模糊和不确切的，提出这种概念多半出于与分辨率区别的考虑，因为分辨率的真实性正受到越来越多的质疑。事实上，有效像素很容易转换到分辨率，且"有效"并不意味着所有的像素由数字照相机的传感器捕获。

　　提到分辨率的场合比比皆是，不仅平板扫描仪和滚筒扫描仪等，桌面出版概念出现后的激光照排机和进化到 CTP 的直接制版机，家庭和办公室用台式打印机和数字印刷机等也通过分辨率说明设备的成像或记录精度。分辨率概念并非"像素战争"时代的产物，早在数字成像技术出现前就已经有了，但"像素战争"毫无疑问导致分辨率概念的多义性。从有利于真实地反映数字成像系统实际能力的角度考虑，空间频率响应更准确，从空间频率响应曲线容易了解系统对各种频率成分的响应能力，根据曲线上低频、中等频率和高频区域的响应值得出系统再现原稿或物理场景内容和细节能力的判断。

　　图像采样频率指示照相机场景或扫描仪稿台特定平面上相邻像素的采样间隔，常常以

每毫米像素数或每英寸像素数衡量。图像分辨率或限制分辨率（Limiting Resolution）由连续光学成像系统的性能决定，或者说连续光学成像系统是图像分辨率的"根"所在。分辨率指成像部件或系统区分精细空间排列细节的能力，对采样得到的数字图像，采样频率（对数字照相机而言是兆像素计量的能力）对图像的细节捕获设置上限，图像传感器的尺寸和结构通常决定了图像采样频率，其他部件则影响结果图像的锐化程度和分辨率。

分辨率和采样频率既有联系又有区别。按理，分辨率应该是衡量数字成像或复制系统工作质量的客观指标，例如平板扫描仪的光学分辨率等。相比数字成像和数字印刷系统，激光照排和直接制版机的分辨率是设备精度的真实表示，由于以裂束技术形成比激光器所发射光束直径更细的光束，因而这两种设备制造商给出的分辨率参数值得信赖。

采样频率用于平板扫描仪操作时，反映用户对扫描仪捕获图像的质量期望，理论上应该满足 Nyquist 采样定理要求，应该大于或等于两倍的信号最高频率。然而，由于操作者并不知道模拟原稿和物理场景的最高频率，规定的采样频率是否符合 Nyquist 采样定理其实不得而知。由于这一原因，平板扫描仪的操作者只能根据印刷品的质量要求（即每英寸加网线数）规定采样频率，结论只能在扫描结束后观察数字图像得出。

为了理解分辨率与采样频率的关系，用户有条件时可以做下述简单实验：考虑配置有镜头的数字照相机并安装到三角架，调整照相机与被拍摄对象的距离，调整镜头焦距，使照相机镜头良好地对焦到被拍摄的对象，按下快门将该对象捕获成数字图像；保持照相机位置不变，即三角架和照相机保持在原位置不动，改变镜头的对焦位置，再次按动快门拍摄与第一次相同的对象。由于第一次拍摄时镜头的对焦效果良好，第二次拍摄时照相机位置不变，只是改变了镜头的对焦位置，因而第二次拍摄得到的对象聚焦效果肯定不好。

显然，数字照相机一次可捕获的像素数量是定值，这意味着两次拍摄的采样频率相同，否则不可能捕获相同数量的像素。对以上结论的理解可以从平板扫描仪操作得到启发，假定对两次扫描规定了相同的采样频率，则扫描仪捕获图像的像素数量一定相同。回到数字照相机拍摄例子，既然两次拍摄的采样频率相同，则导致拍摄结果差异的唯一可能就是两次拍摄使用了不同的焦距。如果在计算机屏幕上观看和比较两次拍摄所得图像，则容易发现第二次拍摄所得数字图像的清晰度不如第一次拍摄图像。相同的数字照相机以不同的焦距两次拍摄清晰度不同的原因隐藏在表象后，最根本原因在于两次拍摄的空间频率响应曲线不同，相当于第二次拍摄数字图像的有效分辨率比第一次拍摄的图像低，有关的细节问题将在后面给出。注意，这种实验仅适用于数字照相机，对平板扫描仪并不合适。

图 6-13 所示的空间频率响应曲线由 ISO 12233 标准建议方法测量而得，即 ISO 12233 标准应用于前述数字照相机对焦实验的两次拍摄结果，空间频率响应值表示为空间频率的函数，位置在下面的以虚线绘制成的空间频率响应曲线指示数字图像的细节信息因光学聚焦导致的损失，

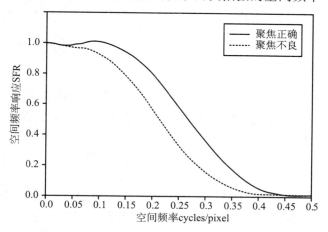

**图 6-13　两种聚焦条件下的数字照相机空间频率响应测量结果**

折算成有效分辨率后比第一次拍摄的数字图像低。

比较两次拍摄的空间频率响应曲线容易看出，第二次拍摄可以再现对象包含的极低频率成分，但在极低频率到略低于 Nyquist 频率很宽的范围内，数字照相机对这些频率的响应值都明显低于第一次拍摄，细节损失难以避免。由此看来，分辨率和采样频率确实是两个不同的概念，否则就不用操作者在扫描前规定以多少 dpi 捕获数字图像了。

### 6.3.7　有效分辨率折算

空间频率响应曲线给出数字成像设备对模拟原稿或物理场景各种频率响应能力的细节，反映数字成像设备再现被拍摄或被扫描对象细节的能力。然而，空间频率响应曲线适合于研究人员使用，他们有能力根据曲线形态判断数字成像设备的信息捕获能力。对绝大多数从事数字印前制作的专业人员而言，他们更关心的是数字照相机或平板扫描仪的分辨率到底有多高，他们手中的数字成像设备是否符合应用需求。人们已经习惯于以单一数字描述数字成像系统信息捕获能力的方式，希望仍然以分辨率表示设备能力。

数字照相机或扫描仪的空间频率响应可以按 ISO 12233 等标准建议的方法测量。有了空间频率响应曲线，问题自然集中到空间频率响应曲线与人们熟悉的分辨率间是否存在某种关系。以单一的分辨率数字描述数字照相机或平板扫描仪的信息捕获能力如何实现，相信制造商提供的参数，还是按测量空间频率响应曲线换算，答案显然应该是后者。

根据空间频率响应曲线折算的以单一数字表示的分辨率更反映数字成像设备的实际能力，显然不能命名为光学分辨率和物理分辨率等目前常见的用词。折算的本质是等价，因而由空间频率响应曲线折算得的数值可称为等价分辨率。这种命名似乎还不够确切，由于等价可以引伸出"有效"的意思，因而从空间频率响应曲线折算所得的单一数值称为有效分辨率。剩下的问题就是如何从空间频率响应曲线折算到有效分辨率了。

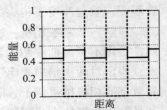

图 6 – 14　矩形线扩散函数理想采样和调制损失

如果以 Rayleigh 判据作为基本模型，则可以在 81% 峰值与峰值对比度损失的空间频率位置定义分辨率限制。图 6 – 14 演示理想化的矩形线扩散函数，按方波（即图中以虚线表示的信号分布）执行单位采样，由于对比度损失，再现信号如该图实线所示。

以上引用的对比度损失按下式计算，由峰值水平 0.45 和 0.55 算得两者之商：

$$\frac{0.45}{0.55} = 0.81 \tag{6 – 5}$$

式中的 0.45 和 0.55 分别对应于图 6 – 13 中以实线表示的方波信号的最小值和最大值，是直接引用 Rayleigh 判据的结果。利用 0.45 和 0.55 这两个数字容易计算对比度。根据对比度定义，并考虑到被调制信号开始时的强度为 100%，据此产生 0.10 的调制转移值，即：

$$\frac{(0.55 - 0.45) \,/\, (0.55 + 0.45)}{1.00} = 0.10 \tag{6 – 6}$$

基于上述分析，可以将式（6 – 6）之右的 0.10（注意，类似的数值 0.08 和 0.09 可分别用于计算高斯和 Lorentzian 线扩散函数）表示的调制转移值用作分辨率判断准则，在调制传递函数测量结果的基础上得到以单一数值表示的有效分辨率。

按空间频率响应曲线 0.10 调制值（响应值）对应的空间频率数值折算到有效分辨率

的方法使用起来很方便，只需从曲线的 0.10 FSR 处拉水平线，得到该水平线与空间频率响应曲线的交点；再从该交点向下引一条垂直线，与水平轴交于一点，该点所在位置的空间频率即为有效分辨率，容易从 cycels/mm 或 cycles/pixel 算得。

空间频率响应折算到有效分辨率后，数值与人们已经习惯的数字成像设备信号采集能力的表示方式一致，既不存在需要视觉判断的麻烦，也可以避免设备制造商通过广告误导消费者。当然，折算得到的有效分辨率不能与完整的空间频率响应（调制传递函数）相比，也无法据此掌握数字成像设备所谓的解像锐利度（Acutance）数值，但单一数值表示分辨率的形式毕竟已为广大的数字成像设备消费者接受，使他们能利用倾斜边缘法空间频率响应的测量数据核对设备的实际分辨率，不再被动地听命于制造商提供的参数。为了避免与其他分辨率指标混淆，数字成像领域称按照空间频率响应曲线 10% 调制转移值折算有效分辨率的方法为 R10 准则，可应用于数字照相机和平板扫描仪等数字成像设备。

任何采样设备的最大（高）有用分辨率为 0.5 cycles/pixel 的 Nyquist 频率，尽管倾斜边缘法允许在超过 Nyquist 频率的更大范围内测量调制传递函数，但超过该频率的图像信息没有利用价值。据此，如果首次空间频率响应函数等于 0.10 SFR 响应值的事件刚好发生在 Nyquist 频率或超过 Nyquist 频率的位置处，则制造商主张的以传感器总数为数字照相机分辨率得到空间频率响应曲线的支持，使用者不必怀疑制造商所提供参数的真实性。

### 6.3.8 消费级平板扫描仪测量结果的例子

作者曾经测量过两款价格在 1000 元左右消费级平板扫描仪的空间频率响应，扫描仪 1 制造商提供的水平和垂直分辨率分别高达 4800dpi 和 9600dpi，扫描仪 2 制造商主张的水平和垂直分辨率也不低，分别为 2400dpi 和 4800dpi。

严格的平板扫描仪空间频率响应测量应该使用 ISO 12233 授权制造商提供的标准测试图，例如 Applied Image 提供的产品。然而，由于测量时作者手头没有标准测试图，因而尝试利用照相成像数字印刷机 Frontier LP 7100 自制 ISO 12233 测试图，如图 6-15 所示。

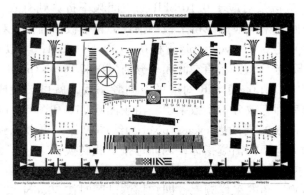

**图 6-15 空间频率响应标准测试图**

根据柯达 Q13 灰梯尺测试图简化版本（由 16 个灰色块组成）的测量数据，富士 Frontier LP 7100 的复制精度和灰色再现能力令人满意，原因在于该彩色数字印刷机以三层染料构成的照相纸为复制材料，具有类似于传统照片冲印工艺的优点，具备连续调复制能力。

根据 ISO 12233 数字照相机空间频率响应测量对测试图拍摄的要求，应该在关闭照相机自动曝光功能的条件下捕获 RAW 图像数据，为此需关闭扫描仪的自动曝光功能，并关闭所有扫描仪驱动软件默认设置的控制项。

为了验证提高扫描分辨率（采样频率）对扫描仪空间频率响应能力的影响，两种扫描仪各自都分别按 150dpi、300dpi 和 450dpi 三种分辨率扫描，且都以 8 位方式捕获图像数据，图像模式设置为 RGB。测试图不扫描成灰度图像而扫描到 RGB 图像的理由在于，图像质量分析软件需要倾斜边缘的 RGB 数据，即使按灰度图像扫描，分析时自动转到 RGB。

此外，为了更深入地研究扫描仪按不同采样频率扫描时实际的频率响应变化趋势，对扫描仪 1 按 600dpi 和 900dpi 的更高分辨率扫描。由于所有测试图数字图像捕获操作关闭了扫描仪的自动曝光和默认控制功能，因而可认为捕获的图像为 RAW 数据。

现在，用于测量数字照相机空间频率响应的商业软件已经出现在市场上，例如 Imatest 和 QuickMTF 等，这些软件同样可用于测量扫描仪空间频率响应曲线，作者选择前者测量两款平板扫描仪的空间频率响应，希望验证制造商提供的参数。

对于两款消费级平板扫描仪空间频率响应的测量结果如图 6－16 和 6－17 所示，分别代表扫描仪的水平和垂直空间频率响应，测试图按 300dpi 的采样频率扫描。

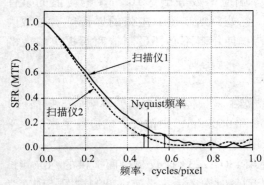
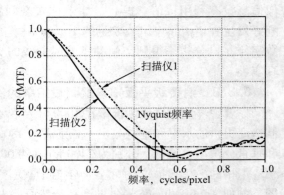

图 6－16　扫描仪水平空间频率响应曲线　　图 6－17　扫描仪垂直空间频率响应曲线

根据 R10 准则，应该按对应于 0.10 SFR 的空间频率折算到有效分辨率，图 6－16 和图 6－17 可从水平空间频率响应曲线得平板扫描仪 1 和平板扫描仪 2 对应于 0.10 SFR 响应值的水平空间频率分别为 0.57 cycels/pixpl 和 0.48 cycels/pixel；类似地，可得到两款平板扫描仪对应于 0.10 SFR 响应值的垂直空间频率分别为 0.47 cycels/pixpl 和 0.53 cycles/pixel。

确定与空间频率响应值 0.10 SFR 对应的空间频率后，就可转换成给定采样条件下平板扫描仪的单一分辨率即有效分辨率数字了。由于图 6－16 和图 6－17 所示空间频率响应曲线的横轴按每单位像素的周期数 cycles/pixel 为绘图单位，再考虑到胶片照相机按单位距离内的线对数作为分辨率的衡量指标，因而可按下式转换：

$$R_{\mathrm{dpi}} = 300 \times R_{\mathrm{cycles/pixel}} \times 2 \qquad (6-7)$$

式中的 300 表示扫描测试图的采样频率，即扫描测试图时按 300dpi 采样。

由上式可得扫描仪 1 和扫描仪 2 的水平有效分辨率分别为 342 和 288dpi，垂直有效分辨率分别等于 282dpi 和 318dpi。由此可见，两种消费级平板扫描仪按 300dpi 采样频率扫描时的有效空间频率（分辨率）大约在 280～340dpi，与制造商提供的数据相去甚远。

### 6.3.9　空间频率响应的双向性

比较图 6－16 和图 6－17 后很容易发现，平板扫描仪的水平和垂直空间频率响应曲线存在相当大的差异，这种差异称为空间频率响应的双向性，对传感器按线性规律排列的平板扫描仪来说具有普遍性。由于平板扫描仪沿两个方向不同的工作机制，必然导致快扫描方向（水平）和慢扫描方向（垂直）的区别。工作机制的不同对每一种主色都会造成影响，相对于快扫描方向而言，慢扫描方向的调制传递函数有某种程度的损失可以理解。平板扫描仪调制传递函数的双向特征可以用图 6 - 18 说明，图中的三原色空间频率响应曲线来自价格便宜的一次通过反射稿平板扫描仪，以 300dpi 采样频率扫描。

图 6 - 18 中的空间频率取 cycles/mm，与图 6 - 16 和图 6 - 17 的 cycles/pixel 不同。按专业习惯，平板扫描仪的空间频率取 cycles/mm 比 cycles/pixel 更普遍，图 6 - 16 和图 6 - 17 的水平轴之所以标记为 cycles/pixel，是因为这两幅图给出的空间频率响应曲线以数字照相机图像质量分析软件测量的结果，利用采样频率很容易在两者间转换。

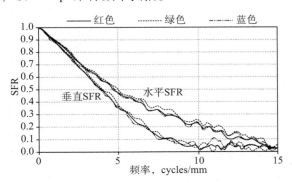

**图 6 - 18  工作机制不同导致的空间
频率响应双向特征**

扫描仪运转时光学性能也可能导致调制传递函数损失，但扫描仪的光学特性在整个可见光谱波长范围内不会有太大的变化，如图 6 - 18 所示三种主色分别在快扫描和慢扫描方向的空间频率响应曲线形状区别并不大。平板扫描仪对各主色的捕获结果之所以会出现数量不大的差异，是扫描仪捕获红、绿、蓝三色信号的不同表现，大多源于平板扫描仪光学元件（例如镜头）的对准误差。

空间频率响应的方向性差异对数字成像设备具有普遍性，即使数字照相机也存在，以消费级数字照相机最为典型，往往发生在传感器阵列的快速读出方向，通常认为是一维锐化处理的结果。由于锐化处理往往通过数字照相机硬件内置的功能快速实现，所以有时也称这种处理方法为硬件锐化。通过硬件实现的锐化处理通常不允许行缓冲，而二维锐化处理又需要这样的缓冲，空间频率响应的方向差异就不可避免地发生了。图 6 - 19 是演示数字照相机空间频率响应方向差异的例子，测量结果来自两种品牌的 2 兆像素数字照相机。

图 6 - 19 顶部的 1 和 2 表示扫描仪品牌，而 H 和 V 则代表水平和垂直方向，该图分别以粗线和细线表示两种数字照相机，以实线和虚线代表水平和垂直方向，图中的双点画线表示水平和垂直方向空间频率响应值相除所得之商。图 6 - 19 所示的测量数据可以从两种角度理解：首先，两种不同品品牌的数字照相机乃随机选择，两者空间频率响应的方向差异可以说几乎一致，显得有点不可思议，很可能是两种数字照相机使用了相同芯片的原因，或者由同家制造商生产；其次，水平和垂直方向空间频率响应值相除所得之商代表锐化处

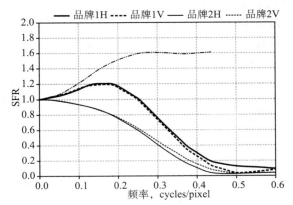

**图 6 - 19  两种品牌数字照相机空间
频率响应的双向特性**

理导致的频率响应，由此可以判断锐化处理矩阵尺寸、系数或增益等。

## 6.4 空间畸变与空间非均匀性

数字照相机和平板扫描仪等数字图像捕获系统都可能受影响因素的干扰发生信号采集结果的空间畸变（Spatial Distortion），例如以数字照相机拍摄水平和垂直间隔相等的线条图案时可看到这种现象，以桶形畸变和枕形畸变最为常见。桶形畸变和枕形畸变也称为桶形失真和枕形失真，本质上属于几何畸变的范畴。为了反映数字成像过程中发生的图像数据沿成像平面的非正常分布，有时也需要使用空间非均匀性（Spatial Non-uniformity）这一称呼，比如传感器捕获信号的非线性分布，成像平面扫描行边缘与中心部位出现明显差异的边界效应，背景颜色不同引起的散射光效应，数字成像系统光学元件位置对准误差导致的空间频率响应差异等。数字成像系统的空间非均匀性通常会在系统捕获的数字图像中有所表现，尽管眼睛未必能感受到，但影响图像质量是毫无疑问的。

根据图6-2给出的空间畸变层次关系，微观畸变、主色配准误差、频率混叠、空间频率响应均匀性以及桶形和枕形失真等多具有确定性的特点，意味着这些空间畸变可以定量地描述和测量。尽管如此，某些空间畸变的测量和定量表示相当困难，因而本节只讨论那些容易测量和表示的空间畸变或空间非均匀性。

### 6.4.1 线性度

当扫描仪按两种简单属性设计时，扫描仪的标定就简单得多了。首先，扫描仪对于输入的响应必须是线性的，这称为扫描仪的线性特性，通常按线性度（Linearity）衡量；其次，扫描仪捕获信号转换到数字样本的 RGB 值应该在 XYZ 值的线性变换范围内，其中的 XYZ 值属于色度数据的范畴。线性色度系统容易标定，而非线性或非色度系统则要求复杂的标定方法。不幸的是，绝大多数平板扫描仪都是非色度的，导致标定十分困难。

介于线性色度和非线性之间的系统确实存在，这种系统的响应是线性的，但并非色度系统。最近，出现了大量对于线性/非色度系统属性的研究，分析这些系统后得知，对给定的标定输出执行得相当好。理论研究结果令人鼓舞，只需采用简单的线性变换，则实现了线性响应的非色度扫描仪可以产生令人满意的标定输出效果。

许多普通油墨和纸张往往包含荧光物质，例如制造商为提高纸张白度而在造纸过程中对纸张加入荧光增白剂。当某一波段的光线被吸收时，表面荧光通常在短波长频带，由于短波被吸收而发射长波段的光。若所有照明体发射光和与每一照明体各自独立地发射光的总和相等，则吸收和反射光过程往往是线性的，对扫描仪线性度几乎没有影响。

已经观察到的现象表明，若平板扫描仪传感器在捕获光信号的过程中受到周围环境光照的干扰，则平板扫描仪对于被测量对象（模拟原稿或物理场景）表面的响应值往往具有非线性特点，数字照相机也可能发生类似的现象。

如同第五章"5.4.5 位分辨率变换"讨论过的传感器响应那样，传感器输出必须限制于线性特点，为便于讨论而在这里重复地给出图5-15，该图在这里重新编号为图6-20。

传感器输出必须是线性的，而视觉系统却具有明显的非线性特点，图6-20左面所示的图像表示传感器输出信号变换成的数字图像由"线性视觉系统"观察得到的结果，右面给出的图像则代表视觉系统的实际感受。与激光照排机、直接制版机和数字印刷机等硬拷贝输出设备类似，由于数字成像系统设计时已经考虑到了视觉系统的非线性效应，因而数字照相机和平板扫描仪对成像表面的输出响应必须是线性的，否则一切将变得毫无规律可循，成像结果通过视觉系统处理后的实际感受效果一定不正确。另外，任何数字信号处理系统（例如数字照相机和平板扫描仪）按线性响应系统设计时，将给系统制造和调试等带来极大的方便。此外，线性系统设计原则对降低系统设计和制造成本也大有益处，对数字成像这样的新兴产业意义重大，可以借鉴许多现成的经验。

图 6 −20 传感器和视觉系统感受差异

### 6.4.2 传感器的非线性特性

根据前面的简单讨论，符合眼睛信息感受特征的数字成像系统对于入射光线的响应必须是线性，应该作为系统的重要特征在设计和制造时考虑。应用于定量光度测量的系统比数字成像要求更严格。本小节将以 CCD 传感器为例，说明传感器的非线性特征。

在应用 CCD 传感器的数字照相机或平板扫描仪成像系统中，电荷耦合器件的基本功能在于将光子承载的图像信息转换成电信号。数字化过程结束后，理想信号输出应该与入射到传感器的光量成线性比例关系，如同图 6 − 21 所示的测量数据那样。

使入射到图像传感器的光子数量与数字输出关联的变换函数由多阶段过程决定，从建立和转移活动像素区域的载流子（电子/空穴对）开始，接下来便是电子从电荷域转换到作为放大电压信号的电压域；该连续改变的模拟电压信号通过一系列的处理步骤，在模/数转换器处理前进一步放大信号，最后形成供显示、图像处理和存储所需要的数字图像。在通常情况下，只要传感器设计合理，则转移功能导致最终数字化输出信号相对于入射到 CCD 光量的线性变化，即输出信号等于输入光子与比例常数的乘积。

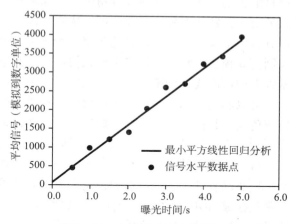

图 6 −21 电荷耦合器件的线性度

各家制造商测量和报道 CCD 线性度时使用的方法存在明显的差异。评价 CCD 器件线性度的通用技术基于输出信号测量值与曝光时间的函数关系，常常绘制成如图 6 − 21 所示的测量数据加回归处理成的直线。有意思的是，相同的测量结果可能由不同的制造商命名为线性度或非线性度，两者强调同一问题的不同侧面，本无原则区别。

偏离线性度的计算从信号水平对曝光（电荷集成）时间曲线开始，典型信号水平规定为某种计数结果或相对数字，也可以采用模拟到数字单位，后者是模/数转换器输出的与电压成正比的值。图 6 − 21 所示的线性度曲线来自高性能的 CCD 传感器，图中的直线是最小平方回归分析拟合到测量数据的结果，计算每一个数据点偏离最佳拟合直线的程度就可以确定最大正偏差和负偏差数值。以百分比表示的非线性度按下式计算：

$$非线性度（\%）=［（最大正偏差+最大负偏差）/最大信号］\times100\%\qquad（6-8）$$

注意，按上式计算时最大正偏差和最大负偏差应该取绝对值。

数字照相机或平板扫描仪的线性度由 CCD 或 CMOS 传感器以及信号处理链涉及的其他电子部件决定，包括模拟到数字信号转换器在内，出现任何形式的非线性均表示照相机或扫描仪增益常数相对于信号水平的变化。定量的成像操作依赖于绝对信号测量数据，例如运算比率确定、线性变换、阴影校正和其他算法，要求照相机或扫描仪增益和信号强度间不存在明显的相关性。

高性能 CCD 成像系统表现出极其良好的线性度，与大多数其他传感器相比，这种系统的线性度覆盖更广泛的信号范围，包括视像管（Vidicon Tube）和电视 CCD 摄像机在内，传感器偏离线性度仅仅几个百分点；打算用于科研的 CCD 照相机要求更严格，通常只偏离 1% 线性度的几十分之一，只要执行良好的特征化处理，则非线性可得以校正。

非线性响应也可能出现在极端低的照明水平下，这与传感器特征有关，原则上非线性区域的响应是可以标定的。然而，最佳的实践方法在于对特殊使用要求的传感器限制线性度区域的曝光量，原因在于达到饱和状态的速度极快，因而难以预测。

### 6.4.3　边界效应

平板扫描仪的信号捕获区域通常不大，例如 A4 幅面扫描仪允许捕获的原稿宽度最大值不超过 22 cm，导致不少使用者产生误解，认为对小规格平板扫描仪来说无须考虑输出数据分布的空间非均匀性。然而，事实却并非如此，尽管扫描仪光源基本上恒定不变，但来自纸张的反射光线却在改变角度，再加上环境条件和传感器对信号响应的非均匀性等因素的影响，即使平板扫描仪的可扫描幅面很小，也仍然无法保证这种台式设备输出图像数据分布的空间均匀性。最近几年来，由于原稿类型变化和艺术家大尺寸原稿复制的需要，印刷商业领域对购买大规格平台式扫描仪的兴趣大增，这种扫描仪在行扫描数字照相机的基础上构造而成，传感器的排列宽度远远小于设备的可扫描宽度。

可以利用不同的测试样张评价平板扫描仪的边界效应，例如均匀着色平面和印刷等距离灰色块或其他测试单元的印刷样张。显然，未经印刷的白色纸张也可视为均匀着色的采样平面，作为扫描仪边界效应测试样张使用时特别简单，下面介绍作者的边界效应实验。

从市场购买的 A4 幅面白色静电复印纸中抽取任意一张，放置到扫描仪的稿台上，启动扫描驱动软件，关闭制造商设定所有的默认参数，按 300dpi 的采样频率将白色纸张测试样张扫描成 RGB 文件。以上操作意味着要求平板扫描仪输出由传感器捕获的 RAW 数据，即未经扫描驱动软件处理的信息。之所以选择 RAW 数据捕获，是考虑到按默认参数扫描时驱动软件将对传感器捕获的数据执行"裁剪"操作，以至于整个图像平面的像素值都将变成 R = G = B = 255，导致根本就无法测量平板扫描仪的边界效应。

扫描图像用 Photoshop 裁剪到水平和垂直方向各包含 2400 和 3400 个像素，在离图像平面顶部和底部 100 像素的位置以及垂直中心线位置各建立一个测量行；从离开图像平面左侧 50 像素的位置开始计数，此后每隔 100 像素设一个测量位置，得 24 个测量点。由于总共布置三个测量行，因而测量点总数有 24 × 3 个，每次测量将得到 24 × 3 组测量数据。

采用 6 × 6 像素区域测量法：从 24 × 3 个测量点（交叉点）取出 6 × 6 像素区域，计算该区域 36 个像素红、绿、蓝通道各自的平均值，作为该区域的测量结果；若每个区域均按此方法测量，则可得到所有位置的 RGB 测量数据。此后，按纯白色纸张假定计算各测量点数据偏离纯白色的色差，即认为纸张的色度值为 $L = 100$ 和 $a = b = 0$；由所有交叉点位置 RGB 测量数据计算所得的色差可绘制成与测量点水平坐标的关系曲线，如图 6 − 22 所示。

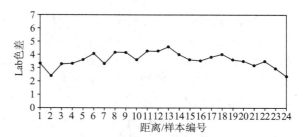

图 6 − 22　点测量扫描仪水平边界效应

图 6 − 22 中的横坐标"刻度"以样本编号表示，实际含义是测量点离测试样张扫描图像裁剪后所得结果左侧的距离，相邻样本相隔 100 个像素，根据数字图像的采样频率很容易换算到实际距离。根据 $6 \times 6$ 像素区域测量数据，全部 72 个测量点的最大色差为 5.39，出现在成像平面中心线测量行样本编号分别为 12 和 13 的位置；如果按三个测量行各自对应的样本编号计算平均 Lab 色差，则最大平均色差为 4.61，出现在样本编号为 13 的位置。

从图 6 − 22 所示的测量结果可以看出矛盾，色差分布沿水平方向的边缘部分小而中心位置大。考虑到平板扫描仪的传感器沿水平方向布置在横跨页面宽度的中心部位，按理平板扫描仪的成像精度应该在中心部位受到的影响相对最小，边缘区域应该出现更强烈的空间非均匀性，意味着边缘区域的 Lab 色差应大于中心区域。

分析前面给出的实验数据处理方法后不难发现，问题主要出在 Lab 色差计算。由于计算色差时假定纸张为纯白色，即认为纸张的理想 Lab 值中不包含彩色成分，由此采用 L 等于 100 的数值，这与纸张的实际光学特性并不符合。事实上，白色纸张多多少少带有一定的颜色，假定静电复印纸的 L 值等于 100 以及 $a = b = 0$ 显然不合理。

白色纸张的 Lab 值可以用色度计测量，但直接利用扫描仪捕获的数据更符合测量程序和测量设备尽可能简化的原则。在扫描仪输出 RGB 值基础上生成边界效应曲线的方法简单而有效：对扫描仪捕获的数字图像 RGB 值执行平均计算，得到 $R = 248$、$G = 244$ 和 $B = 248$，相应的色度值为 $L = 97$、$a = 2$ 和 $b = −1$。这样，按扫描仪捕获数字图像平均 Lab 色度值计算各测量点色差后的水平边界效应曲线如图 6 − 23 所示。

图 6 − 23 给出的边界效应曲线表明，按扫描图像所有像素的 RGB 数据估计白色纸张的平均光学表现，以折算成的 Lab 值计算各测量点的色差，并计算三个测量行对应位置的平均色差，边界效应更为合理，成像平面中心区域的色差小，边缘区域的色差大。

图 6 − 23　按扫描仪输出图像平均色差
得到的水平边界效应

### 6.4.4　散射光效应

为了使传感器捕获的数字图像与模拟原稿尽可能接近，包括传感器在内的扫描仪光学系统应该设计得具有良好的线性度。毫无疑问，传感器的线性度对确保扫描仪的整机线性度来说当然是首要条件，但仅仅保证传感器的线性度肯定不够，原因在于扫描仪整体的线性度与光源和结构设计有关，甚至与扫描对象所处的环境条件有关。

根据已经观察到的现象推测，若平板扫描仪的光学系统或数字成像过程中存在散射光效应，例如照明光源作用到被扫描对象表面后的反射光线干扰了传感器的信息捕获，则平板扫描仪对于被扫描表面的响应具有非线性特点。

平板扫描仪传感器在封闭的环境条件下运转，可见准确地测量已装配成整机的平板扫描仪散射光效应并不容易。尽管如此，若设计包含恰当结构成分的测试图，则有可能在一定程度上获得有效的散射光效应测量数据，理由如下：存在于平板扫描仪内部的散射光总要作用到被扫描的对象上，只要测试图包含了足以反映散射光效应的测试对象，则借助于扫描仪输出的 RGB 数据评价其散射光效应是可能的。

根据以上分析，平板扫描仪的输出数据是散射光效应的评价基础，需要考虑到散射光作用到的被扫描对象的性质。由于原稿类型多种多样，包含的颜色成分千变万化，因而以自然景物构成的连续调原稿为散射光效应的测试对象显然不合适。打算测量散射光作用于各种颜色和阶调的结果合乎逻辑，这种企图尽管对全面而正确地评价平板扫描仪的散射光效应表现出其合理性，但导致测量方法和数据处理的复杂性。

事实上，为了估计平板扫描仪内部的散射光影响捕获信息正确性的严重程度，只需考虑极端可能条件就可以了。为此，作者先通过 RGB 图像定义红、绿、蓝像素值均取 127 或 128 的正方形中等灰色块，分别置于白色和黑色背景内；测试图所有灰色块完成设计后转换到灰度图像，形成两种类型的测试图，局部结构如图 6－24 所示。考虑到充分估计散射光作用于被扫描对象表面后影响原稿色彩再现的需要，灰色块的尺寸（占据测试图的总面积）必须比背景区域小得多，为此将灰色块设计成边长仅 40 个像素的正方形。

图 6－24　两种测试图的局部结构

为了保持以黑色和白色背景放置灰色块的测试图的单色性，决定用奥西 6160 黑白静电照相数字印刷机输出，并按 300dpi 的采样频率扫描成 RGB 图像。测量时定义边长等于 35 个像素的正方形兴趣区域，计算每个区域 35×35 像素红、绿、蓝各自的平均值，再按彩色电视信号转黑白电视的加权公式计算明度值，得图 6－25 所示的散射光效应曲线。

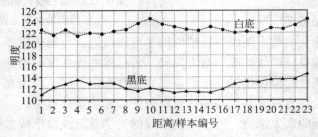

图 6－25　平板扫描仪的散射光效应

图 6－25 所示的两条明度分布曲线差异源于灰色块置于黑色和白色背景，由于传感器受到来自不同背景的散射光的影响，导致相同的测试对象由平板扫描仪捕获后 RGB 数值的不同，白色背景灰色块的平均明度比黑色背景灰色块大约高 10 个灰度等级。

### 6.4.5 彩色配准误差

彩色数字图像再现模拟原稿或物理场景的细节要求传感器探测三原色数据，并将探测数据保存到寄存器内，这意味着信号探测结果需保存为类似"三胞胎"的红、绿、蓝像素值，与原采样图像的同一位置对应。如果捕获数字图像时主色记录间位置对准出现误差，则按这些主色记录显示或打印出来的图像将由于清晰度损失而显得模糊，或出现彩色畸变膺像，在对象边缘表现得特别明显。此外，信号捕获不能出现色配准误差，因为后续图像处理步骤完全取决于主色记录位置对齐的准确性，例如颜色计量单位的相互转换。

彩色图像平移和旋转的稳定性测量已经"有法可依"，比如利用良好定义的数字照相机或平板扫描仪评价程序计算主色的配准误差。由国际标准化组织和国际电工委员会联合制定的 ISO 12233 标准用于评价数字照相机的空间频率响应，描述了通过包含倾斜边缘的测试图确定空间频率响应的方法，可以扩展应用到反射稿和透射稿平板扫描仪。

Peter D. Burns 和 Don Williams 曾研究过倾斜边缘 SFR 测量法评价平板扫描仪的主色配准误差，他们利用平板扫描仪捕获倾斜边缘彩色数字图像，扫描结果保存为 24 位的 RGB 彩色数据文件。从扫描结果中选择由 128×64 个像素组成的矩形面积，作为评价主色配准的兴趣区域，如图 6－26 所示；该图左面给出的倾斜边缘兴趣区域图像从印刷品扫描而得，右面是绿色通道图像记录结果数字编码值绘制成的三维网格图形。注意，图 6－26 右面立体网格图的第一行从兴趣区域的左边缘开始，与显示图像一致。

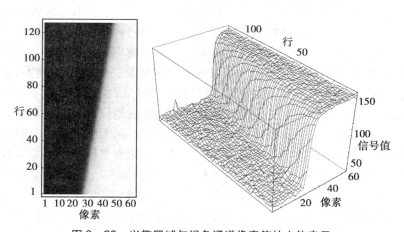

图 6－26　兴趣区域与绿色通道像素值的立体表示

从图 6－26 右面的立体网格看，平板扫描仪的图像捕获质量还算正常，尽管少量位置的像素值出现波动，但波动的数值并不大。根据像素值绘制成的立体网格图与倾斜边缘的位置一致，变化趋势可以反映倾斜边缘的位置特征。如果全部利用兴趣区域内的全部像素，则总共需要处理数据量必然增加，但主色记录配准分析结果更有代表性。

根据图 6－26 左面所示倾斜边缘兴趣区域的图像数据可以计算边缘的线扩散函数，为此需要沿像素方向（即图 6－26 左面倾斜边缘兴趣区域图像的水平方向）对图像数据作一维 FIR（Finite Impulse Response，有限脉冲响应）滤波处理。

　　根据有限脉冲响应滤波处理结果计算倾斜边缘的线扩散函数，进而计算各数据行线扩散函数的质心，并以线性方程拟合质心位置。如果以相同的方式处理蓝色和红色图像数据，即可得到红、绿、蓝三种主色兴趣区域内的三个边缘位置。只要以其中的一种主色记录为参考数据（例如选择绿色），则可找到其他两种主色配准误差的有效平移数值。借鉴倾斜边缘空间频率响应的主色配准误差测量结果可参阅图 6 – 18。

## 🔵 6.5　噪声

　　信号和噪声是数字成像过程中的一对矛盾，在捕获信号的同时产生噪声反映数字图像转换过程的随机性本质，几乎可以说噪声与像素共生共灭。由此可见，数字图像的像素值携带噪声信息成为不可避免的现象，传感器是噪声的主要来源。对 CCD 和 CMOS 两种图像传感器来说都可能在成像过程中产生噪声信号，因为源于各种因素的噪声是所有图像传感器的固有属性，区别仅在于形成噪声的机制和输出噪声的大小不同而已。

### 6.5.1　信号与噪声

　　由于数字信号处理系统需要面对不同的信号，因而对于信号有不同的定义，比如光信号和电信号分别以不同的物理量反映模拟原稿或物理场景的表面特性，自然不能定义为相同的信号。对数字照相机和平板扫描仪等数字成像系统来说，如果从通用角度考虑，忽略信号的物理本质，则信号可定义为提供有价值信息的任何响应。

　　如同信号那样，噪声也可以有不同的定义，往往与噪声出现的场合有关。例如，对于通过传统印刷或数字印刷系统各种因素的作用形成的印刷图像，噪声定义为随机性的密度或色度波动，为此需要测量大面积填充区域的密度或色度非均匀性，才能够了解印刷图像噪声的严重程度，视觉表现形式有颗粒度和粗糙度等。仍然回到数字成像主题，从信号处理角度考虑，噪声应定义为导致期望信号遭受损失的任何响应。

　　简要解释如下：首先，以上信号和噪声定义中的"响应"两字当然指数字成像系统对来自被捕获对象表面反射光（或透射光）强度的处理结果，尽管数字成像设备的各子系统都有各自不同的响应，但如果考虑到讨论主题为来自数字成像设备的数字信号，则响应只能来自成像设备或系统整体。其次，信号必须提供有价值的信息，而信息的价值主要体现在产生用户满意的结果；对于噪声显然不能有这种期望，因为噪声总是对有价值的信息起损害甚至破坏作用。再次，数字成像设备或系统的响应无论是期望的还是非期望的，都应该体现整体性，这就是信号和噪声定义中"任何"两字的含义，例如只要提供有价值信息的任何响应都属于信号的范畴，对系统输出的数字图像都会产生价值。

　　CCD 或 CMOS 图像传感器的信噪比基本上决定了数字成像系统性能的优劣，表示测量光信号与组合噪声信号之比，其中的组合噪声信号由各种不希望出现的噪声分量组成，反映 CCD 或 CMOS 传感器的固有属性和物理本质，随入射光子通量的增加而变化。考虑到传感器在离散的物理位置阵列上收集电荷，因而与传感器测量（模拟电信号输出）数据的不确定性相比，可以认为噪声是信号量值相对于每一个传感器像素的偏压。

　　如果从工程细节的角度考虑，则 CCD 或 CMOS 传感器噪声源于多种因素的贡献，通常情况下可以将噪声的来源组合成更一般的种类，或归结为典型数字成像系统或设备有用输出信号水平以外的、数值更不明显的信号。以 CCD 传感器为例，目前的主流看法是基于这种传感器技术的光电转换元件噪声可以划分成三种主要类型，分别为光子噪声、暗（电流）噪声和读出/读数噪声，计算成像系统的信/噪比时必须予以考虑。

图像传感器的噪声特性可能因曝光时间和操作温度的影响而明显变化，为此需要规定传感器的操作条件。观察者能否看得见噪声取决于其数值大小、包含噪声之区域的阶调表现和噪声的空间频率，出现在输出结果中的噪声数值与存储图像数据内存在的噪声以及产生输出时应用于数据的对比度放大比例或增益有关。对于不同的明度（或单色）通道和彩色（或色差）通道，噪声的可察觉特性也不相同。

为了进一步归纳出更有用的参数，或许有必要按其他原则区分噪声源，例如基于噪声产生的时间和空间特征分类，因此而出现了针对噪声时空特性的降噪处理方法。根据时间噪声的含义，这种噪声成分随时间而变化，可以通过帧平均计算（处理）的方法予以降低。从算法特点的角度看，帧平均计算方法对空间噪声的适用性不强，于是有人提出了借助于相反运算原则的各种帧相减算法，也可用于降低空间噪声，至少可以局部去除。除帧相减算法外，还可采用增益和偏移校正技术局部地去除或降低空间噪声对有用信号的干扰。

### 6.5.2 信噪比

顾名思义，信噪比定义为信号与噪声之比，用于反映成像系统性能的优劣。信噪比越高时，表示数字成像（数字信号处理）系统的性能越优异，工程领域都以信噪比作为衡量数字信号处理系统性能的重要指标。由于平板扫描仪在封闭环境下工作，可以预期这种数字成像设备的信噪比较高；数字照相机和摄像机等数字成像系统通常无须配置专门的照明光源，大多靠自然光就能拍摄目标场景，且即使以闪光灯为辅助照明光源拍摄时也没有封闭环境的限制，因而信噪比通常要比平板扫描仪高。

兴趣点转移到数字图像质量评价时，噪声定义为亮度或色度均匀表现区域的随机波动或许更容易使人理解。按照这种定义，对胶片来说噪声表现为可以察觉的颗粒，而对数字图像而言则表现为像素值的波动。由于光线的光子作用本质和发射出的热能这两种基本的物理现象，数字成像设备捕获图像的过程中很难避免噪声的出现。由于技术的进步，最近推出的数字照相机产生的噪声可以达到极低的程度，对那些大尺寸像素（等于 $5\mu m^2$ 甚至更大）的单镜头反光数字照相机来说噪声特别低；像素尺寸很小的紧凑型数字照相机可能产生明显的噪声，当用户将曝光速度设置到更高的 ISO 指标时尤其如此。

在大多数场合，噪声被眼睛感受为质量的退化，但某些黑白摄影师喜欢噪声的图形效应。点画派艺术家大多以手工方式"创造"噪声，即彩色斑块，例如著名的点画家 George Seurat。今天，这种操作可以用 Photoshop 的插入模块实现。

虽然艺术家们曾经因特殊的理由"钟爱"噪声，但目前的大多数摄影师却有更多的理由不喜欢噪声，特别是那些彩色和大幅面图像拍摄者。

由于噪声仅相对于信号才有意义，因而人们往往计算信噪比 SNR，这成为需要信噪比更合乎情理的理由。既然信号和噪声都可以按不同的方式定义，则同样可以按各种方式定义信噪比。考虑到信号和噪声这对"矛盾"中的关键方面是信号，因而如何定义信噪比取决于如何定义信号。例如，以 $S$ 标记信号时，它可以是独立的像素块等级（灰度等级和灰度水平或色调等级和色调水平等），或对应于规定场景密度范围的像素值之差，其中场景密度范围通常按 1.45 或 1.5 的数值考虑，大体上反映普通印刷品最高密度的平均值。

无论在什么场合讨论噪声，重要的问题在于应该知道如何准确地定义信噪比。一般来说，信噪比可以表示成信号与噪声的简单比例，或者以分贝表示。如果以分贝数的形式表示信噪比，则可写成 SNR（dB）$= 20\log_{10}$（$S/N$）。由此可见，信噪比加倍对应于 SNR 的分贝数将增加 6.01，即 $2\log_{10}2 \approx 6.01\text{dB}$。

信噪比对了解数字照相机和平板扫描仪的图像捕获性能至关重要，但遗憾的是制造商们出于商业利益的考虑，不可能也不愿意提供设备的信噪比，只能自己测量。

### 6.5.3 噪声测量

ISO 15739 标准定义下述三种噪声：整体噪声（Total Noise）指一次曝光捕获过程中发生的所有非期望波动，由于光线作用到传感器的短暂过程均称为曝光，因而整体噪声的概念也适用于平板扫描仪；固定模式噪声（Fixed Pattern Noise）定义为对应于每一次曝光的非期望波动，与整体噪声的主要区别表现在固定模式噪声在曝光过程中产生，与后面的从光信号转换到电信号及模/数转换无关；时间变动噪声（Temporally Varying Noise）可简称为时变噪声，指传感器暗电流、光子拍摄噪声、模拟处理和量化过程导致的噪声，因每一次拍摄得到的图像而异，其中的"拍摄"两字与捕获同义。

整体噪声应该是固定模式噪声与时变噪声之和，最终附着于图像数据，从而影响数字图像的视觉质量。根据固定模式噪声定义，对特定的传感器来说曝光过程中产生的这种噪声有相对固定的数量，原则上可以与时变噪声分离。如同其他数字成像系统性能参数测量那样，测量噪声也需要专门的测试图，适合于数字照相机的测试图如图 6–27 所示。

图 6–27　照相机噪声测试图的例子

噪声对数字图像视觉效果的影响取决于搭载在像素值上的随机数值，对视觉噪声的正确定义和作用机理等目前还在研究中。尽管如此，视觉噪声是可以测量的。在国际标准化组织的努力下，现在已经有测量整体噪声和视觉噪声的软件；为了方便数字照相机或平板扫描仪用户测量噪声，某些软件甚至设计成 Photoshop 插件的形式，图 6–28 所示的视觉噪声测量结果就来自某插件。测量视觉噪声只需捕获测试图的一幅图像，整体噪声由于包含时变因素，因而需要更多的测试样本，通常情况下至少要 8 幅。

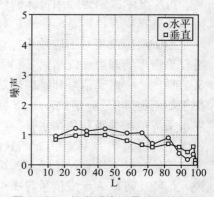

图 6–28　视觉噪声测量结果的例子

由于视觉系统对明度的响应最敏感，视觉噪声的测量结果以 L* 值的波动表示。根据图 6-28 所示的视觉噪声分布，对应于视觉噪声的明度波动量不超过 1.5 个 L*。此外，从该图给出的两条曲线的形态特征看，被测量数字照相机视觉噪声沿水平和垂直方向分布的差异不大，这与数字照相机传感器的排列方式有关。

测量整体噪声需要捕获更多的测试图数字捕获样本，还需要提供数字照相机或平板扫描仪的光电变换函数测量数据。因此，只要捕获了 8 幅以上的测试图数字图像，测量了数字成像设备的光电变换函数，并按规定的数据格式保存为文本文件，就可测量整体噪声了。

### 6.5.4 信噪比测量

迄今为止，国际标准化组织尚未开发测量信噪比的专门软件，测量视觉噪声的整体噪声的 Photoshop 插件也不提供信噪比测量功能。然而，鉴于信噪比对数字成像系统的性能评价至关重要，某些以测量空间频率响应特性为主的商业图像质量分析软件也提供信噪比测量功能，例如用于测量数字照相机成像性能的 Imatest 软件。因此，本小节将以该软件为例说明信噪比的测量方法。

在讨论如何测量数字成像系统的信噪比前，有必要先简要介绍噪声和信噪比的表示方法。前一小节 Photoshop 插件以 L 值描述噪声的方法将与其他方法合并到一起。

**方法一：噪声表示为像素水平或曝光的函数**

测试图（灰梯尺）转换所得数字图像的像素归一化处理到最大像素值，对 24 位量化的数字图像应该以 255 的最大值作归一化计算。噪声也可以通过 f 制光圈的形式表示，因为 f 制光圈等价于曝光量或曝光区域，是两种曝光因素之一。以 f 制光圈表示噪声时，意味着以原场景为参考因素，测量得到的噪声与视觉系统有密切的对应关系。

若信噪比表示为像素水平或曝光的函数，则测量和计算信噪比 $S/N$ 时信号 $S$ 取测试图各独立色块的像素水平（像素值）。

**方法二：噪声表示为单一（平均）数值**

合理地描述噪声的单一数字当然是 L（明度）通道的平均噪声，按像素为单位测量，需归一化处理到场景密度范围 1.5。测量和计算噪声的平均值时，应排除密度大于 1.5 和小于 0.1 的数据点，对应于最亮和最暗区域。

信噪比也表示为单一（平均）数字时，测量黑白信噪比最合理，此时噪声从灰梯尺测试图的中等水平灰色块测量或计算而得，密度在 0.7 左右。由此得黑白信噪比计算公式：

$$SNR_{BW} = 20\log_{10}\left[(S_{white} - S_{black})/N_{mid}\right] \tag{6-9}$$

式中 $S_{white}$——白色信号；

$S_{black}$——黑色信号；

$N_{mid}$——中等灰色块噪声。

图 6-29 所示测量结果以像素信噪比表示，由 Imatest 的 Stepchart 模块测量而得，水平轴标记为对数曝光，垂直轴即测量所得的信噪比，随曝光水平的变化而改变。

## 6.6 动态范围

随着扫描仪的普及，人们从开始时关心扫描规格、速度、接口和光电转换技术类型（滚筒或

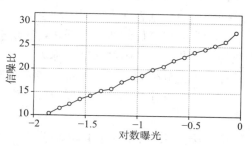

图 6-29 信噪比声测量结果的例子

平板）转移到更关注扫描仪的主要技术参数，例如分辨率、动态范围、色彩重现能力和噪声或信噪比等。对图像复制行业来说，扫描仪的动态范围历来受到重视，因为动态范围越宽意味着能够从模拟原稿捕获更多的信息。然而，问题在于扫描仪的实际动态范围是否与制造商提供的参数一致，需要了解扫描的实际能力时应如何测量其动态范围。

### 6.6.1　定义

动态范围这一术语如同信号分析自身那样"古老"。只要问及从事光学或成像科学的研究者应如何对图像捕获定义动态范围，谁都会有自己确定的意见，某些人可能给出定性的描述，例如使用最小、最大、阶调范围、准确地检测或可靠地检测等词汇；其他人则以定量方式给出客观的描述，比如信号最大值对暗（电流）噪声比以 10 为底对数的 20 倍之类明确表示；那些对数字技术一知半解的业余爱好者自然更不了解动态范围，几乎异口同声地认为只要以位"深度"单独地定义即可。确实，在动态范围这一问题上目前的认识相当混乱，由此引起科学界意识到有必要采取行动，消除眼前的混乱局面。

国际标准 ISO 21550 给出过称为 ISO 扫描仪动态范围的定义，描述为"增量增益高于 0.5 处最高密度与最低密度之差，按 ISO 21550 规定的方法确定不发生像素裁剪的最低密度值"。这种定义中的"最高密度与最低密度之差"与人们对于动态范围的习惯认识一致，虽然增量增益和不发生像素裁剪等描述显得过于专业，但该定义确实指出了更适合于数字成像性能评价的动态范围测量方法。

从以上讨论的定义看，动态范围与增量增益有关，而增量增益定义为输出水平改变速率为输出密度改变速率所除得到的商，涉及增量信噪比的概念。可见，动态范围与数字成像系统的噪声特性有关。为了避免过于专业的提法，使动态范围这一重要性能指标与噪声和光学密度等常用术语关联，成像科学研究专家 Don Williams 建议，动态范围应定义为"数字图像捕获设备能可靠地探测信号的能量程度覆盖的范围，输出为经过归一化处理的比率或等价的光学密度单位"。以上动态范围定义中的关键词是"可靠地探测"和"能量程度"，根据"探测"两字的基本含义，数字照相机和平板扫描仪等数字成像系统的探测能力可以表示为信号强度的函数，自然是信号越强越好；数字成像系统完成探测任务的可靠性或可能性则是噪声的函数，不仅与信号有关，且噪声应该越低越好。能量程度包含范围的意思，因而可以描述信号的强度范围，可以认为信号能量程度覆盖的范围即动态范围。

根据国际标准 ISO 21550 的建议，数字照相机和平板扫描仪动态范围测量的重点在于复制阶调的能力，应特别注重模拟原稿或物理场景的暗调区域，这符合图像复制实际情况。从这种角度分析扫描仪的性能表现时，动态范围反映扫描仪分辨反射原稿或透射原稿暗调区域细节的能力，因为暗调复制与其他阶调相比更困难。从原稿的全阶调范围看问题，平板扫描仪每次扫描表现的动态范围因原稿的不同区域而异，这意味着扫描仪对原稿最亮到最暗区域表现出不同的动态范围，从而表现出不同的细节分辨能力。

大多数扫描仪制造商根据各自实现的模拟到数字转换器的位深度（Bit Depth）确定系统的动态范围，其中位深度也称为位分辨率或色调分辨率，指模拟原稿转换成数字图像时每一种主色分配到的颜色信息的多少。为了与印刷品检验的密度衡量指标一致，扫描仪制造商通常按下述公式从位深度或位分辨率换算到以密度表示的动态范围：

$$D = \log \left( 2^B \right) \tag{6-10}$$

式中　$D$——按密度计量的动态范围；

　　　　$B$——模/数转换器的位深度。

由于式（6-10）可以改写为 $D = B \times \log(2)$ 的形式，以 $\log(2) \approx 0.3010$ 代入得 $D \approx 0.3010B$。据此很容易推论：扫描仪的动态范围与位分辨率成正比关系，位分辨率越高，则动态范围也越宽，例如 8 位量化的扫描仪动态范围约等于 2.4，而 12 位扫描仪的动态范围大约为 3.6。现在的问题是这合理吗？现在，即使售价仅千元左右的平板扫描仪也号称具有 16 位的量化能力，若按此计算可得动态范围达到 4.8，这当然不可能。

分析按公式（6-10）计算扫描仪动态范围存在的问题要从三方面考虑：首先，制造商主张的位分辨率不见得是扫描仪模/数转换器的实际能力，或许只有象征意义，如同最高扫描分辨率不能等同于最高光学分辨率那样；其次，数字成像技术发展到今天这样的水平，对大多数扫描仪的模/数转换器来说已没有太大的困难；因而某些扫描仪制造商提供的位分辨率参数与实际能力相符；再次，扫描仪的数字处理链不存在明星的瓶颈现象，从而间接地支持了扫描仪的模/数转换器实现更高的位分辨率。对于以上分析的第一个方面，首先，只能说扫描仪制造商提供的位分辨率参数不确定；其次，即使扫描仪的模/数转换器确实能达到更高的位数，也并不意味着动态范围一定更高，原因在于动态范围与扫描仪的信噪比有关（将在后面讨论）；再次，数字处理链的强大与扫描仪动态范围没有直接关系，仅仅为模/数转换器实现高位数转换提供基础，实际能力还得由扫描系统确定。

### 6.6.2 动态范围与噪声的关系

对胶片、照片和印刷品等彩色复制产品来说，噪声表现为可察觉的颗粒感，例如数字印刷品的颗粒度和斑点；对数字图像而言，噪声是数字成像系统对模拟原稿或物理场景作用的结果，输出成数字图像后表现为像素值的波动，因而也反映图像密度的随机波动。

由于数字印前对于质量的关注多，缺乏噪声影响图像质量的概念，因而普通数字印前工作者往往缺乏相关的专门知识，对他们来说即使知道动态范围与噪声有关，但对动态范围和噪声的因果关系仍然是不明确的。或许正是这一原因，才导致大多数扫描仪制造商以设备的位分辨率代替动态范围。这种忽视噪声与动态范围关系的作法统治数字成像领域相当长的时间，与图像处理研究领域质量分析开展不够有关。对噪声影响动态范围可以举一个直观的例子，假定原稿经平板扫描仪作用后最暗和最亮区域分别按 8 位量化规则转换成 0 和 255 的像素值，动态范围应该是两者之差 255；由于噪声的干扰，导致原稿最暗和最亮区域最终量化成 10 和 240，因而动态范围变成了 230，显然缩小了。

包括数字照相机和平板扫描仪在内的数字成像设备之所以广受消费者青睐，至少部分原因是制造商们长期保守的"无噪声"秘密。他们利用消费者一时间还缺乏数字成像专业知识的空当，宣称数字照相机和扫描仪不存在如同胶片颗粒感那样的质量缺陷，使普通用户对他们的广告宣传深信不疑，这成为过高估计扫描仪动态范围的原因之一。

按 ISO 21550 规定的准则，当增量信噪比 SNRi 的平均水平等于 1.0 的数值时，定义为动态范围的"终点"。记给定对象的信号强度为 $I_0$，其他信号与对象信号的微小差异标记为 $\Delta I$；由于 ISO 21550 规定的准则采纳了增量信号的定义，因而能够定量地说明当前感兴趣对象信号强度 $I_0$ 的优劣程度，且可以与其他表现出任意微小差异 $\Delta I$ 的对象信号强度彼此明确地区分；增量信噪比的意义在于使动态范围与噪声联系起来，例如研究摄影图像的因果关系时回答诸如"捕获设备区分 2.90 和 3.00 光学密度的可靠性"之类的问题，此时增量信号 $\Delta D = 3.00 - 2.90 = 0.10$。如果该增量信号除以图像噪声的标准离差，则可得到增量信噪比 SNRi，其中的图像噪声以某种物理单位度量，由此产生具有广泛适用的图像处理参数。

Don Willims 对动态范围的定义理论性太强，或许有必要引用 Dietmar Wueller 提出的更直观的定义：原稿未经裁剪的最低密度与最高密度之差，这种差值能够以至少等于 1 的信噪比"复制"出来，总的噪声由时间噪声和固定模式噪声组成。这里的"未经裁剪"指模拟原稿数字化后不发生像素裁剪现象，例如原稿按 8 位扫描时极暗调应量化成 0，不能量化成 10 或 25 之类的像素值；然而，只要操作者接受扫描驱动软件的默认设置，则像素裁剪很难避免，为此，以测量动态范围为目标的测试图输入需要关闭扫描驱动软件的自动曝光和默认扫描参数设置，否则很难避免像素裁剪，测量结果往往靠不住。

既然动态范围与噪声有关，就应该在测量动态范围前测量噪声，由此也衍生出能否噪声测量数据的有效性问题。为了测量数字照相机或平板扫描仪的噪声特性，测试图中的颗粒结构频率必须高于数字照相机或平板扫描仪几何意义上的采样频率，通常按每英寸或每毫米点数计量，这就是大家熟知的分辨率。根据国际标准 ISO 15739 建议的数字照相机噪声测量方法限制条件，测试图的颗粒结构噪声应至少比采样频率高 10 倍，这将导致测试图材料出现问题，测试对象为新一代胶片扫描仪时需特别注意。作为解决该问题的一种措施，或许可以在测试图与扫描仪间的光路上增加漫反射过滤器。

### 6.6.3　常规动态范围测量方法

根据 Dietmar Wueller 对动态范围的定义，最容易实现的方法是通过数字照相机拍摄或平板扫描仪输入灰梯尺，再按数字摄影或扫描结果计算动态范围。目前可以从商业市场买到的灰梯尺最高密度达到 4.3 左右，如此高的密度即使对胶片扫描仪也已经足够了，对反射稿扫描仪来说当然不在话下，关注点应转移到灰梯尺的质量。

动态范围测量并非想象的那样简单，假定从商业市场购买的灰梯尺有足够的密度，则面临的挑战或许并不表现在选择合适的灰梯尺。对某些胶片扫描仪的测试结果表明，即使购买了密度级次足够且最高密度比扫描仪标称密度更高的灰梯尺，但胶片扫描仪却不能区分灰梯尺密度并不高的相邻灰色块，例如梯尺色块超过 2.3 时无法区分。这种结果肯定会令人难以置信，究其原因很可能照明几何条件出了问题，导致扫描仪无法区分密度算不上太高的两个相邻灰色块。为此有必要引入 Q 因子（即质量因子）的概念，指平行照明条件下灰梯尺测量密度与漫反射光源测量密度间的关系，正常情况下胶片的 Q 因子数值大约等于 1，更高的灰梯尺 Q 因子对获得正确的扫描仪动态范围测量结果有利。

此外，大量的测试结果证实，许多胶片扫描仪实际的动态范围测量数据与制造商提供的参数存在明显差异，归结为被扫描材料的不同光学特性。曾有人对胶片做过测试，发现胶片透射光谱的均匀性对扫描仪动态范围的测量结果影响不大，因而无须特别关注透射光谱的均匀性问题；如果以典型彩色反转片与 1.5 均匀密度材料构成组合"滤波器"，则发现某些材料的动态范围比卤化银基底的黑白胶片动态范围明显宽，这意味着特定的胶片扫描仪在扫描典型黑白胶片原稿时将无法得到反映扫描仪真实能力的错误动态范围，为此需要在测试的基础上选择合适材料制成的灰梯尺。

基于灰梯尺的动态范围测量法归结为"按照比扫描仪最高期望密度更高的最高密度扫描，并以能够达到最佳区分的更高密度扫描域调整扫描仪控制软件的 gamma 曲线"。以上描述中的"最高期望密度"指操作者对于扫描仪最高密度的预期，可以取扫描仪制造商提供的最高密度值；所谓"能够达到最佳区分的更高密度"中的"最佳区分"以灰梯尺应该包含足够的密度级次为前提，例如 11 级灰梯尺对最佳区分肯定是不够的；对于"更高密度扫描域"的理解与灰梯尺包含的相邻高密度灰色块的差有关，比如灰梯尺包含 4.10

和4.20两个相邻级次的高密度灰色块，若预计扫描仪能很好地区分这两个灰色块，则应该确定密度等于4.20的灰色块为更高密度扫描域，并针对该灰色块调整 gamma 曲线。根据平板扫描仪的统计 gamma 特征，将扫描仪数字输出的 gamma 调整到大约 1.5 的水平时，就能够达到为控制扫描域密度合理性的 gamma 调整目标了。

针对以上基本测量规则而编写的实用软件已经出现，不少软件编写成 Photoshop 插件的形式，用于自动分析梯尺中的灰色块。一般来说，动态范围测量要求按彩色模式（即 RGB 模式）扫描灰梯尺，每一个色块的红、绿、蓝三色通道的平均值和标准离差测量/分析结果形成文本文件，以利于由 Excel 或 Matlab 读取后作进一步的处理。

根据 Dietmar Wueller 等人的测量结果，胶片扫描仪的动态范围与灰梯尺以及彩色测试图扫描图像的视觉分析结果一致，这意味着 1 万元左右的胶片扫描仪物有所值；对于技术参数属于中等范围扫描仪（价格大体上 3000～6000 元）给定数值的检查结果表明，实验数据与扫描仪的技术参数基本匹配，大多数场合对于灰梯尺的扫描精度可以达到 ±0.1 个密度单位，说明这类扫描仪的实际技术参数和性能表现与制造商提供的数据大致相同。核对消费电子产品市场销售的扫描仪（大约 2000 元以下）技术参数后发现，大多数扫描仪制造商不提供准确的数据，或许是"水分"最多的品种。

### 6.6.4 增量法动态范围测量

ISO 21550 和 ISO 15739 两个标准取最直接的方式，即信噪比增量法度量机制，据文献介绍，在所有信号测量方法中，增量信号至少对迄今为止现实世界的数字成像设备或某些设备包含的成像子系统最有应用价值。信噪比增量法的利用价值与给定测量对象信号强度 $I$ 量化的优劣程度有关，可靠而良好的量化结果应该能够以任意小的差异 $\Delta I$ 彼此区分。计算增量信号相当简单，先测量数字照相机或扫描仪的光电变换函数，再计算光电变换函数的倒数即可。图 6-30 给出了 8 位量化的反射稿扫描仪增量计算结果的例子。

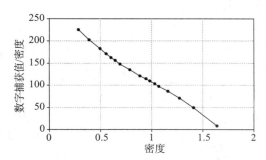

图 6-30 反射稿扫描仪增量计算结果

得到增量信号后，动态范围测量的下一步就是数字成像设备噪声的特征化处理，常通过噪声"分裂"技术确定噪声特征。从前面讨论过的整体噪声由固定图案噪声和时变噪声组合而成的概念，这里提到的噪声"分裂"技术的含义是，设法从随机的时间均方根（时变噪声的计算结果）噪声中"提炼"出固定图案均方根噪声的方法。

专业人员可能对时间均方根噪声（即时变噪声）有兴趣，因为时间均方根噪声反映图像数字化过程的随机特性，大多与传感器采集信号后的信号处理和变换过程有关。为了掌握数字成像系统的整体噪声特性，有时也需要了解固定图案均方根噪声，最根本的原因在于固定图案均方根噪声描述图像数字化过程的不变量特征，有助于掌握图像传感器的信号转换特点。选择何种噪声作为处理对象与具体的应用需求有关，但大多数情况下时变噪声往往更容易受到关注。确定噪声特征的含义是分离两种主要噪声类型，这一步骤对数字照相机或平板扫描仪动态范围测量来说都极端重要，由于设计测试图时通常考虑阶调噪声的主要成分，因而必须确定固定图案噪声特征。本步骤需要折算测试图噪声，才能确认数字照相机或平板扫描仪本身的噪声特性，并进而确定数字成像设备的动态范围。

如果取每一个用于确定光电变换函数（灰）色块增量信号与噪声的比率，则得到增量信噪比函数，这种计算结果的例子见图 6-31 所示曲线，来自 8 位反射稿扫描仪。

根据测量数据检验信噪比与密度关系，只要规定的信噪比值与密度相符，且选择被测试扫描仪的典型增量信噪比，就可以根据该增量信噪比确定数字成像设备的动态范围了。工程经验表明，反射稿扫描仪

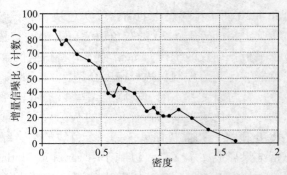

图 6-31  反射稿扫描仪的增量信噪比与密度关系

通常选择 6 作为典型增量信噪比，由此根据图 6-31 所示反射稿扫描仪的密度与增量信噪比关系可确定该扫描仪的动态范围大体上等于 1.5。制造商往往假定扫描仪在无噪声且不存在闪光效应的理想条件下工作，则根据简单的位计数动态范围计算方法，按 8 位量化的反射型扫描仪的动态范围 $D \approx 8 \times 0.3010 \approx 2.4$。由于扫描仪工作时或多或少总会有噪声，因而考虑噪声后的动态范围测量结果比理想工作条件明显低。

第七章

# 文字表示与输入

文字是语言的重要组成部分，通过"书写"系统实现语言的表示，因而文字也称为书写语言或书面语。人类的信息传播从口口相传开始，发展到借助于文字的传播。从表达思想和传递信息最基本的方式看，基于文字的书面语只能作为特定语言或手语的补充，世界上没有哪一种自然语言是纯"书写"的。文字相对于图像显得更抽象，但通过文字表达思想的效率高，可以更准确地传递信息，因而图书、杂志和报纸等出版物包含大量的文字。

## 7.1 基础知识

在数字技术高速发展的今天，图像的获取已变得十分容易，数字成像设备的价格可以为普通家庭所接受，但这并不意味着就不需要文字了。恰恰相反，计算机的高速发展使文字表示和传播变得也很容易，无须手工排字那样的复杂操作。文字是人类的伟大发明，人类在长期的文字复制实践中逐步形成许多与文字处理有关的专门知识。

### 7.1.1 字体与字库

传统意义上字体（Font，也称为字库）通常定义为一定数量的字符种类，组成一种尺寸和特定字形风格的完整字符集合。例如，尺寸 9 磅的 Bulmer 所有字符的完整集合称为字体或字库，尺寸改成 10 磅时将形成另一套独立的字库。

字体这一术语容易与字形（Typeface）混淆，尤其在数字排版和桌面出版技术出现后，两者经常用作同义字。但在此之前，专业领域对字形和字体的区别理解得很清楚，现在两者的区分已不那么严格了。从 20 世纪 80 年代开始，随着计算机字体的出现，字体这一术语的含义更广泛，单一风格、尺寸不同的字符集合在铅字时代作为独立的字体看待，现今却能够从同样的计算机字体生成出来，因为字符的矢量外形可以自由地缩放。仍然以 Bulmer 为例，这种字体可以包含 Bulmer 常规字、斜体字和粗体字等，以前的 9 磅 Bulmer 斜体和 10 磅 Bulmer 斜体属于不同的字体，但现在已经没有必要区分它们了。

在活字印刷时代，字体或字库指铅字的完整集合，整套铅字用于排字，组成完整的页面。与数字时代的字形不同，对单独的字符定义字库是没有意义的，活字印刷时代的字库由许多不同"物理"铅块组成的字符。使用者购买新字库时，通常应指明类似 12pt 14A 34a 这样的参数，意思是要求购买 12 磅大小的字库，其中包含 14 个大写字母 A 和 34 个小写字母 a，其他字符将按字库语言的字母分布以合理的数量提供。某些铅活字字符要求提供排字需要的配件，例如短划、空铅和行间距铅条等，这些配件往往不属于特定字库的有效组成部分，某些通用铅块适合于任何字库。

除字符高度外，其他特征对区分不同的字体也十分重要，包括拉丁语、古代斯拉夫语和希腊语在内的欧洲文字经常使用的字体特征有笔画宽度（英文称为 Weight）、笔画的风格或角度，以及字符宽度等。规则或标准字体有时也标记成 Roman，主要是为了与粗笔画或细笔画及斜体区分。在不至于引起误解的前提下，可以默认省略 Regular 或 Standard 关键词，否则应该明确地附加说明，例如 Bulmer 规则粗体和 Bulmer 规则斜体等。此外，Roman 也指欧洲的一种语言，有时用作西欧的缩写或代名词。

特定字体的"重量"反映字符轮廓（笔画）的粗细，笔画的粗或细是相对于各字符的高度而言的，图 7 – 1 以 Helvetica 为例说明字符笔画粗细与高度的相对性。

图 7–1 中的字形由不同的字体构成，从 25 磅的超细到 95 磅的极粗，其中的 Black 有时也标记为 Extra Bold。一套字形包含 4 种到 6 种字体算不得稀罕，极少数的字形甚至可以包含数量多达 12 种的字体。对于办公室、因特网和专业

Helvetica Neue 25 Ultra Light
Helvetica Neue 35 Thin
Helvetica Neue 45 Light
Helvetica Neue 55 Roman
Helvetica Neue 65 Medium
**Helvetica Neue 75 Bold**
**Helvetica Neue 85 Heavy**
**Helvetica Neue 95 Black**

图 7 – 1　不同粗细笔画的例子

领域应用的字形，通常只提供规则和粗体两套字库。若某种字形不提供粗体字，许多字符"渲染"软件（因特网浏览器、字处理软件和图形软件等）可以对字符加粗，比如使字符轮廓偏移后加粗。

### 7.1.2　字形

凸版印刷或活字印刷时代对字体和字形的称呼很讲究，区分也相当严格。字形是字符艺术表示或解释的结果，令人得到文字样式的印象。每一种文字都设计了不同的字形，某些文字的字形可能有上千种之多，且经常还有新的字形不断地发展出来。

认为字形取决于标志符号的局部特征或笔画设计并无不妥，正是相同的笔画设计风格才是构成字符集合的基础。然而，同样的标志符号也可以为其他集合的字符所用，例如 Roman 字体的大写字母 A 与希腊字母 α 的大写看起来几乎相同；有些字形针对专门的应用而设计，比如地图制图或占星术以及数学等领域使用的特殊符号。

在专业排字领域，字形与字体这两个术语不可交换使用，后者在文字复制历史中定义为单一尺寸相关数字和字母的集合，例如 8 磅的 Caslon 斜体是一种字体，而 10 磅的 Caslon 斜体则是另一种字体了。历史上，特定尺寸的字体决定字符尺寸，提供一定种类或数量的字母或数字，设计字体时需考虑到所有的相关因素。

随着字形设计范围的扩大，世界各国出版商广泛的要求，特殊笔画宽度（黑度或浅度）和格式变体成为字体家族的成员，相关的字形设计可能达到几百种风格。典型字体家族由相关字体构成，这些字体的区别仅仅表现在改变笔画宽度和方向，基本设计原则不变。例如 Times 是字体家族，由 Times Roman、Times Italic 和 Times Bold 字体构成。典型字体家族包括多种字体，有的字体家族可能拥有 12 种、甚至更多的字体，例如 Helvetica。

字体和字形的区别表现在，字体由特定数量的类型家族成员组成，比如规则类型、粗体类型和斜体类型等；字形指具有一致的视觉外观或风格的家族，或由相关字体组成的字符集合。举例来说，对于给定的字形，例如 Arial，可能包括规则字、粗体字和斜体字。在活字印刷时代，字体也具有特定尺寸的意思；由于曲线字体技术的出现，字符轮廓可以自由地缩放，意味着任何字体尺寸的字符都可以通过缩小和放大得到，也就没有必要再以尺寸来区分字体了。图 7 – 2 所示印刷样张用于演示字形特点，其中包含多种字体。

排字专业人员在长期的实践过程中发展成数量众多的词汇，用于描述字形和排字操作的各种方面，某些词汇只能应用于所有文字的某一子集，有的词汇则适用于各种文字。

图 7-2　字形的例子

### 7.1.3　衬线

衬线（Serif）纯粹属于字形的装饰特征，主要用于欧洲文字，中文的宋体也属于衬线字类型，据说由于加工木活字的木材纹理取水平方向，造成刻字时横笔细、竖笔粗的特点，为防止边缘破损而在笔端加粗，程度不如欧洲文字那样明显；标志符号（glyph）在阿拉伯和东亚文字中使用得较多，尤其是我国早期的象形文字，这种结构成分可能具有类似于欧洲等西方文字某些方面的特征，但与衬线还是有相当的区别，并非纯粹用来装饰。

根据西方文字的笔画特征，字形划分成带衬线和不带衬线（sans serif）两种主要类型。这是一种最简单的分类法。衬线指字符包含的微小特征，从字符的主体笔画的端部向左右两侧延伸的拖梢，也可能沿垂直方向延伸，长度和粗细明显小于主体笔画。据说衬线源于古罗马人在罗马拱门上雕刻碑文的字母，目的在于加强文字的美感。我国在相当长的时间内以直排字符的方式组织文字，西方很早就采用横排方法，从方便阅读的角度分析，带衬线的字形横排时通过引导眼光沿水平方向移动来提高阅读速度，减轻长时间阅读容易造成的疲劳感。在印刷品为主要阅读物的时代，图书、杂志和报纸等出版物的编辑通常对正文使用带衬线的字形。不带衬线的字形适合于用作文章标题，如果同一页面的正文和标题使用以上两种字体，并将它们合理地组合起来，据说是很好看的。

因特网页面对于字形的使用尚未形成约定俗成的习惯，再加上显示器的分辨率比印刷品低得多，因而正文以使用不带衬线的字形居多，人们相信不带衬线的字形在显示上更容易阅读。图 7-3 给出了不带衬线和带衬线字形的例子，分别对应于图中的顶部和中间。

AaBbCc
AaBbCc
AaBbCc

图 7-3　不带衬线和带衬线字形的例子

为了更清楚地看到衬线，便于理解衬线的位置和大小特征，图7-3的底部以不同的颜色标记出现在各字符笔画短部的衬线。不带衬线和带衬线字形都有大量的成员，设计这两大类字形首先应当考虑字符主体，装饰属性应放在第二位。

### 7.1.4　等宽和不等宽字形

不等宽字形（Proportional Typeface）或比例字形通常由宽度改变的笔画构成，具有不同字符宽度成比例的含义；等宽字形（Monospaced Typeface）的笔画宽度则是固定不变的，其含义是每个字符占有相同的宽度，两种字形对应于图7-4的顶部和底部。

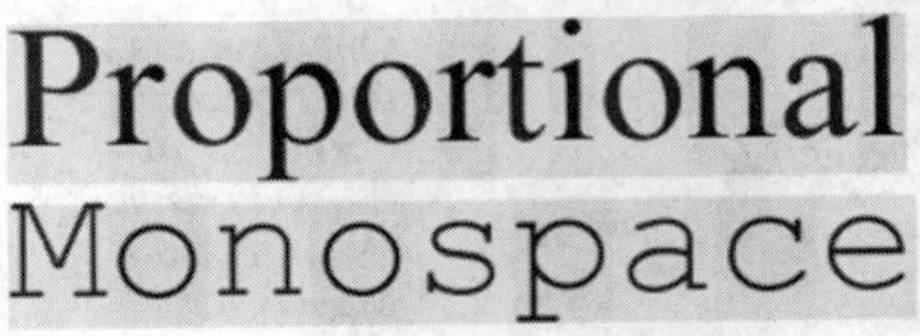

**Proportional Monospace**

图7-4　不等宽字形和等宽字形

大多数人认为，不等宽字形的阅读感受比等宽字形更舒适，因而在专业印刷出版物中使用得更为普遍。基于同样的理由，典型图形用户界面计算机应用软件更倾向于默认使用不等宽字形，例如字处理软件和Web浏览器。尽管如此，由于许多不等宽字形包含固定宽度的制表用图形符号，因而同样有利于表格数字的纵向对齐。

等宽字形对某些应用目的具有更好的功能，因为这种字形的笔画宽度相等，纵向表现尤其规则。大多数手工操作的打字机和文本显示模式的计算机采用等宽字形，许多基于文本界面的计算机程序只使用等宽字形，或者在不等宽字形的字符间附加不同的空白，以构成相当于等宽字形的效果。计算机编程人员大多喜欢使用等宽字形（体），用于显示和编辑程序的源代码，这样更容易看清特定的字符，例如用于算术表达式的括弧。对机器人视觉和类似的应用领域，等宽字形为文本的自动识别带来许多好处。

等宽字形的优点还表现在，如果两行文字包含相同数量的字符，则这两行文字的显示宽度一定相等；然而，由不等宽字形组成的两行文字即使包含相同数量的字符，它们的显示宽度往往不相等。之所以如此，是因为不等宽字形的笔画宽度在变化，且笔画更多的字符必将占据更多的空间，导致相同数量字符占用不同的宽度。例如，英文字母W和M等不仅笔画多，且笔画伸展的空间大，比起l和i等单笔字符来必须占用更多的空间。

等宽字形对出版社、杂志社和报社编辑来说大有益处，由于每个文本行包含相同数量的字符，因而很容易计算字符数量。然而，由于自动校对软件的出现，等宽字形对编辑和校对人员的优势在目前状况下已经不明显了。

### 7.1.5　字形度量体系

大多数文字共享基线（Baseline）约定，所谓的基线（如图7-5所示）是一条想象的水平线，任何字形所有的字符都要"坐落"到基线上，如同安装机器的基座那样。

图7-5　基线及相关概念

英文等西方文字的字符在控制方面可能比汉字更复杂，原因在于汉字是方块字，每一个字符的高度和宽度都是相等的。西方文字符则不然，每一个字符的高度和宽度有时可能很不相同，导致字形设计需要考虑更多的因素或控制参数。

任何西文字符设计时都要用到水平和垂直坐标参数，以垂直参数更为复杂。基线得名的原因在于它的垂直坐标为 0，是字形的基本参数；整套字形设计的基础称为 x 高度，意味着其他字符以小写字母 x 的高度为基准；大写高度（Cap Height）也称顶高，指大写字母从基线到字符顶点的距离；底高越界位置是字符位于基线之下所能达到的最低位置，底高越界高度横跨基线到字符最低位置的距离；顶高越界位置定义整套字形中的所有字符能达到的超出顶高的最大垂直坐标值，因为某些小写字母的顶部可能超过大写字母。

设计字形时当然还要考虑水平坐标参数，最重要的水平坐标参数是字符原点。从绝大多数人阅读需求的实际出发，两个相邻的字符不应该右侧和左侧紧靠在一起，总要离开一定的距离，这意味着字符的名义宽度必须小于实际宽度，因而字符原点的水平位置离开字符实体的距离取名义宽度和实际宽度之半。因此，字符实体的左右两侧分别定义字符的左右边界，而两个相邻字符的原点距离与字符的名义宽度相等。

以上水平和垂直坐标参数称为字形的度量体系，具有相同度量体系的字形被认为是度量兼容的，说明这些字形可以在文档中彼此替代，无须改变文本在文档中的位置，即字形彼此替代后字符无须流动。由于度量体系兼容性的意义，字形设计师们建立了多种可彼此替代的兼容字形，广泛地用作专有字形，为文档编辑带来很大的方便。

度量兼容性在数字时代具有更重要的意义，便于在数字排字（排版）环境下容易处理预期在特定设备上输出文档时找不到对应的字形。例如，为了能够利用不同的硬拷贝输出设备复制文本，设计了开放资源库字形，只要库中有文档中使用字形的兼容者，就可以用兼容的字形替代，不会改变文档的整体风格，字符也不可能流动。

### 7.1.6 宋体

我国港台地区称宋体为明体，笔画有粗细变化，而且通常是横细竖粗，笔画末端有装饰部分，即西文的衬线，中文也称字脚。宋体字结构的点、撇、捺和钩等笔画有尖端，常用于图书、杂志和报纸印刷的正文，横排时阅读效果类似西文。

宋体的原形借鉴了宋代模仿楷书的基本笔画，由于当时以木板作活字材料，为顺应木料的天然纹理，从楷体左低右高的向上斜挑笔画演变成直横笔画，且为了降低木材损耗而将楷体的竖笔画加粗，成为适合于印刷用的字体。到明代，宋体逐渐脱离楷书模样，成为成熟的印刷字体。由于上述原因，中国内地多称此字体为宋体，但考虑到宋体盛行于明朝，故日本于 19 世纪制造铅字字模时称此字体为明朝体。及至 20 世纪中叶，从铅字凸字排版过渡到照相排版时，中国台湾从日本引进照相排版及相关字模，连带引进明体一词，台湾华康科技于 20 世纪 80 年代制作电脑字体时，也以明体称呼。两岸三地使用不同的名称，实际上并无分别。需要说明的是，尽管繁体 Windows 操作系统内置的细明体和简体 Windows 内置的宋体外观并不一样，但它们仍然属于同一字形家族，如图 7-6 所示。

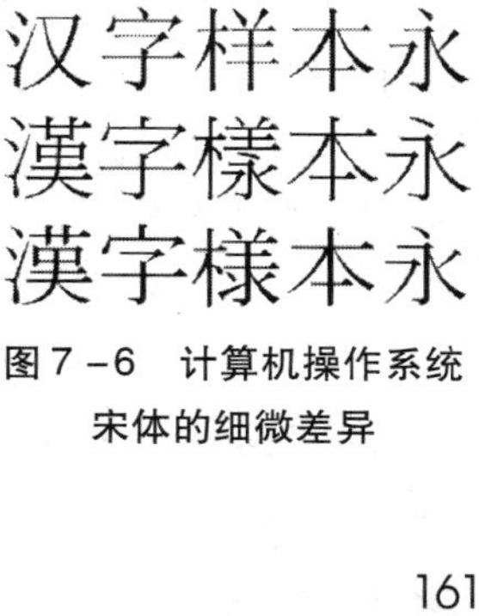

图 7-6 的三种字体来自不同的 Windows 操作系统，顶部宋体用于简体 Windows，中间是用于繁体的 Windows 中文环境的细明体，底部为日文环境的明朝体。

汉字样本永
漢字樣本永
漢字樣本永

图 7-6　计算机操作系统宋体的细微差异

活字印刷术出现在中国的宋代，当时的活字都按楷书形成字体。宋代印刷作坊主要分布于浙江、四川和福建三地，楷书字体有各自的特点。浙江印刷的出版物字体大多仿制欧阳询的楷书，四川以仿制颜真卿楷书居多，而福建印刷品则大多仿制柳公权的楷书。宋败于金朝后，为了翻印留在北宋的书籍，南宋首都临安的棚北大街上集聚了许多出版商，其中陈起的陈宅书籍铺出版的书籍有一种很有特色的楷书字体。这种字体被后人仿制，成为现代的仿宋体，也是宋体的基础。宋代临安印刷的书籍在明代翻印，字体有所改变，横画改成直线，有较多的粗细变化，到明代万历年间时已演变为现在所认识的宋体。

日本使用的明朝体要归功于美国人 William Gamble，他在 1859 年时将上海美华书馆所制的六种字体传入日本，并指导日人本木昌造学会电镀字模制造法，派生出日文宋字。由于仿自明朝万历年间的字体，因而得名"明朝体"，后来一直沿用此称呼。

### 7.1.7 楷体

楷体为宋体和仿宋体的基础，来自于楷书，书法作品楷书颇多。楷书，又称正楷、楷体、正书或真书，是汉字书法中常见的一种手写字体风格。楷书的字形较为正方，不像隶书写成扁形。楷书与书写习惯吻合良好，目前仍然在作为现代汉字手写体的参考标准使用，并由楷书发展出另一种重要的手写体，即钢笔字。

据宋代宣和书谱载："汉初有王次仲者，始以隶字作楷书"，由此认为楷书由古隶演变而成。我国有"孔子墓上，子贡植的一株楷树，枝干挺直而不屈曲。"的传说，据此归纳成"楷书本笔画简爽，必须如楷树之枝干也。"的风格特征。

初期楷书仍残留极少的隶笔，结体略宽，横画长而直画短，在传世的魏晋帖中，如钟繇的宣示表（如图 7-7 所示）、荐季直表，王羲之的乐毅论和黄庭经等为代表作。观其特点，诚如翁方纲所说："变隶书之波画，加以点啄挑，仍存古隶之横直"。

东晋以后，南北分裂，书法亦分为南北两派。北派书体，带有汉隶的遗形，笔法古拙而劲正，且风格质朴、方正严格，长于榜书，这就是所说的魏碑。观当时的南派书法，则多疏放妍妙，长于尺牍。这样，由于南北朝时期的地域差别，个人习性不同，导致南北书法风格的迥然不同。北书刚强，南书蕴藉，各臻其妙，无分上下。

图 7-7　钟繇宣示表中的楷体

到了唐代，楷书亦如唐朝初期的国势兴盛局面，书法达到空前的程度。书体成熟，书家辈出，在楷书方面，唐初的虞世南、欧阳询和褚遂良尽人皆知，中唐颜真卿和晚唐柳公权的书法历来被奉为习字的模范，他们的楷书作品均为后世所推崇。

楷书以字体大小分类，见方 1～2m 的楷书称小楷，尺寸 5cm 以上为大楷，介于两者中间的得名中楷。以上仅仅是笼统的分法，字的实际大小其实不受限制，历史上曾经出现过 10cm 的小字和大到 1.8m 的大字，现在就更不同了。

印刷用楷体从楷书发展而成。发明雕版印刷术时，负责书写和刻制雕版的人就是当时擅写楷书的佛经"写经生"，楷书因而成为雕版印刷最早期参照的字体。

### 7.1.8 仿宋体

汉字出版物以宋体、楷体、黑体和仿宋体最为常见，大体上反映中文印刷体的主要风格特点。计算机字形技术出现后，造字变得相当方便，字体也就多了起来。

从仿宋体这一称呼容易想象其来源，因南宋临安陈宅书籍铺所出版书籍的用字仿制当时已经成形的宋体而得名。谁能料到，陈宅书籍铺的字体仿制竟然造就了一种流行的汉字印刷体，报纸上常见插有以仿宋体为正文的版面，制图领域也流行以仿宋体在图纸右下角的题栏区域加记各种标志。图 7 –8 所示版面取自陈宅书籍铺印刷品，是为仿宋体的基础。

忘歸
夜過馬當山
獨載詩書趁野航自憐漂泊度時光殘年準擬
癸年首連逡匆忙過馬當古廟荒寒江浸影斷
崖淒慘石凝霜壯懷未分甘衰老回首長淮恨
更長
荊淵小集終
臨安府棚北大街陳宅書籍鋪印行

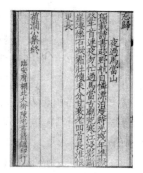

图 7 –8　宋代印刷品中的仿宋体

仿宋体的主要特点如下：笔型与楷体十分相似，横画向上斜，且折笔明显；笔画相对平直，粗细均匀；字体瘦长，纵横比例适当。在企事业单位和学校广泛使用蜡纸油印的时代，仿宋体由于笔画较细，不会破坏刻出的蜡纸的韧性，因此成为油印事实上的标准字体，包括用中文打字机刻出的蜡纸“印版”和刻字师的手刻版等。此外，由于仿宋体的笔画粗细相同，可以用一般的笔尖写出，且写出的汉字端庄平稳，与楷体有不同风貌，因此可以作为各种中文出版物的手写印刷体使用。

### 7.1.9　黑体

黑体与白体（大多指宋体）相反，这种印刷体没有衬线装饰，笔画粗壮有力，撇捺等笔画不尖，使人易于阅读。据说黑体源于西文，现代印刷术传入东方后依据西文的无衬线字体创造而成。可见黑体的范畴和无衬线字体类似，宋体由此可称为衬线字体。

黑体在日文中被称为ゴシック（Goshikku – tai）体，对应于英文的 Gothic，若直译则成哥特体了。韩国文字中也有黑体，与汉字黑体的相似度比日文高，如图 7 –9 所示。

图 7 –9　中文、日文和韩文中的黑体字

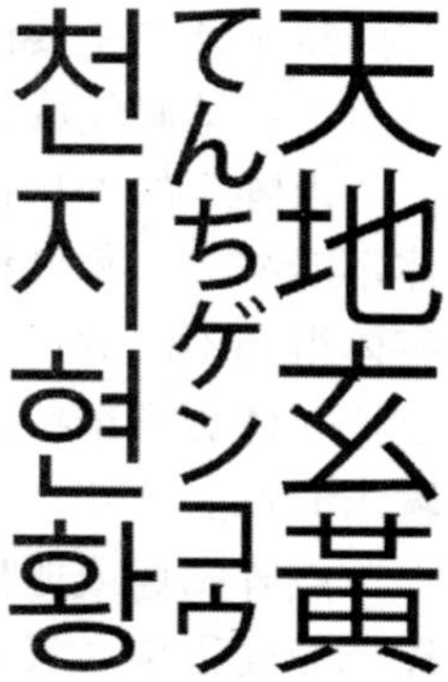

由于黑体醒目的特点，这种汉字常用于文章的标题和导语，以及横幅、标语牌和各种其他标志。由于汉字笔画多，导致小字黑体的清晰度较差，开始时黑体主要用于文章标题，但随着制字技术、尤其是计算机造字技术的精进，已产生了许多适用于正文的黑体字。

黑体的分类颇为有趣，黑体大类中本身包含黑体，其他的黑体还有叠黑体、圆体和叠圆体及综艺体等。其中，叠黑体与通常意义上的黑体十分相似，区别在于笔画结束的地方与其他笔画的交叠部分会出现相反的颜色；圆体笔画的转折和结尾圆滑，日本的道路标志常使用这种字体；叠圆体近似于圆体，如同叠黑体那样，叠圆体笔画结束的地方与其他笔画的交叠部分也会出现相反的颜色；综艺体与圆体等的区别在于，圆滑的笔画被直线所取代。

粗体在不正式的场合里常常也称为黑体，导致汉字称呼的混乱。值得注意，黑体是一类字体的总称，计算机汉字中有很多字体都属于这个范畴，例如前面提到的综艺体。

在 Windows Vista 发布前，中文操作系统以宋体或细明体作为默认字体，都属于衬线字体的范围。无论从审美角度还是从眼睛的感受看，这些衬线字体都不如作为无衬线字体的微软雅黑或微软正黑体，因为宋体或细明体显示在屏幕上时，笔画上过多的点缀（笔画末端的小三角）很容易造成视觉疲劳，源于屏幕显示与印刷品分辨率的区别。

## 7.2　文字描述方法与曲线字体

计算机从早期的科学运算发展到事务处理，可以说经历了划时代的变化。如果没有这样的转折，还有今天蓬勃发展的因特网和信息传播技术吗？文字处理的计算机化奠定了数

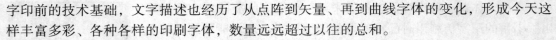

字印前的技术基础，文字描述也经历了从点阵到矢量、再到曲线字体的变化，形成今天这样丰富多彩、各种各样的印刷字体，数量远远超过以往的总和。

### 7.2.1　计算机字体

任何一种计算机字体其实是电子数据文件，其中包含笔画、字符以及标点符号等字体显示或硬拷贝输出还原的所有必须的信息。铅字印刷时代的字体是指同种风格和尺寸的字符集合，从 20 世纪 90 年代起，大多数印刷字体实现了数字化，汉字则出现更多的印刷体。

计算机字体按数据类型划分成点阵、矢量和曲线三大类型，原因在于计算机字体以数据文件为载体，而点阵、矢量和曲线字体采用了不同的数据结构。由于数据类型不同，导致不同的计算机字形描述方法。

点阵字出现得最早，也称为栅格字（Raster Font），这种计算机字体用一系列由点或像素构成的矩阵数据描述，点阵因数据的矩阵组织形式而得名。保存在字符数据矩阵中的点或像素可复原成图像，代表字符的笔画和大小特征。

矢量字出现在点阵字后，这种字体也称为轮廓字体（Outline Font），描绘字符轮廓的指令和数学公式基于一系列的直线段，因而字符轮廓能够缩放到任意尺寸。为了与国内对字体数据结构的称呼一致，本书仍然称之为矢量字体。

曲线字体本质上是笔画字体（Stroke Font），本书仍然采用曲线字体的称呼。曲线字体与矢量字体的主要区别是，曲线字体利用一系列专门的线条和附加信息定义字符特定方面的外形或笔画轮廓线的尺寸和形状，这些信息组合起来描述笔画的外貌。

点阵字的处理速度比其他两种字体更快，也更容易使用数据的计算机编码，但这种字体不能缩放，每一种尺寸需要独立的字体数据定义。矢量字体和曲线字体可通过调整一种字体得到不同的尺寸，因而每一笔画单元可以用不同的测度替代。这两种字体使用起来比点阵字体更复杂些，因为矢量字体和曲线字体在计算机屏幕上显示或利用各种硬拷贝设备输出时都必须"渲染"成点阵形式，从而需要附加的计算机编码。

点阵图像或栅格图像可以显示为不同的尺寸，尽管会导致一定程度的畸变，但字体的还原速度很快。矢量字体或曲线字体还原所得的轮廓图像或笔画图像来自矢量数据，因而字符尺寸是可调整的，但需要更多的处理时间，因为每次在计算机屏幕上显示或以硬拷贝设备输出时必须按缩放比例还原字符，形成代表字符像素的点阵描述。

某些字体专门为计算机屏幕设计，不打算用作印刷字体。由于显示器分辨率即使比起普通激光打印机和喷墨打印机来都要低不少，确实不能用于硬拷贝输出，这种字体称为屏幕字体，可以用一般的字体编辑器设计。

比例字体（不等宽字体）和等宽字体的使用在铅排时代曾经很麻烦，数字排版技术出现后变得十分简单，但必须注意某些应用软件在处理文字时可能影响字符间距。

### 7.2.2　点阵描述

点阵字采用位映射描述方法，所有点阵字的笔画都保存为像素阵列数据，由于字体还原只需单色表示，因而称之为位映射。很少有人使用栅格描述的说法，原因在于栅格描述与点阵描述相比过于专业，但点阵描述确实符合光栅扫描设备的信息还原特点。点阵字显示或硬拷贝输出时只需简单地收集笔画数据，还原成笔画的栅格图像。对于每一种点阵字的变体，都需要笔画栅格图像的完整集合，每一个集合包含各字符的栅格图像。例如，假定某点阵字有三种尺寸，则为了形成粗体和斜体的任何组合，必须有 12 套描述字体的完整栅格图像。图 7 – 10 是点阵字的例子，用于早期版本的 Macintosh 操作系统。

点阵描述的主要优点有三：首先，点阵字的处理速度极快，显示或硬拷贝输出时字体还原十分简单；其次，尽管不能缩放是这种字体描述的缺点，但也是优点，因为点阵字在成像平面上的位映射关系固定不变，因而总能得到准确的输出；第三，点阵数据的描述方式决定了字体的简单性，很容易在现有数据基础上建立其他点阵字。

图 7 – 10　点阵描述与点阵字

点阵描述的主要缺点是字体的视觉质量相当低，与矢量字和曲线字相比，点阵字迫不得已缩放或执行其他变换时质量变得低劣；即使有条件对点阵字缩放或其他变换执行优化处理操作，保存点阵字文件的数据量也将明显增加，消耗计算机太多的存储资源。最早出现的点阵字以优化序列提供不同尺寸的字体，从最小的 $8 \times 8$ 点阵开始，可以达到 $96 \times 96$ 点阵的规模，其中以 72 磅点阵字最适合于早期计算机的屏幕显示。

计算机处理能力的提高导致数字点阵字概念的出现，其含义是矢量字体还原出来的位映射数据，可以单色，也可以有明暗程度的变化，后者往往经过抗混叠处理。显示文本（以操作系统做为典型）时，明暗程度变化可以恰当地表示从字体颜色到背景颜色的中间过渡颜色；若文本作为图像出现在透明背景上，则要求图像格式支持透明。

点阵字按原来尺寸显示时，每一个像素都是字体的真实表示，还原质量相当高。借助于特定的算法，某些使用点阵字的系统可以建立一定量的变体，例如最初版本 Macintosh 计算机操作系统通过加宽垂直笔画的方法形成粗体字。点阵字不按原来尺寸显示时，许多文本再现系统执行基于最近邻域算法的重新采样，导致难看的锯齿边缘。点阵字原来尺寸与显示或硬拷贝输出要求不匹配时，更先进的系统有能力对点阵字执行看混叠处理，对字体尺寸缩小的处理效果良好，用于增加字体尺寸时效果并不理想。

点阵字与矢量字的区别类似点阵图像与矢量图像区别，因为点阵字的数据结构与图像十分相似，因而点阵字数据文件也类似于图像文件格式，例如 BMP 和 TIFF 等，以对应于像素位置的方式保存图像数据。与此对应的是，矢量字体或曲线字体的文件格式类似于图形文件，比如 Windows 元文件格式 WMF 和可缩放矢量图形格式 SVG 等，这种文件中保存的是组成直线和曲线的指令，以及如何描绘直线和曲线，并非保存图像本身的数据。

### 7.2.3　矢量字体

对矢量字存在不同的看法。根据维基网提供的资料，矢量字以计算机指令和数学公式描绘字符轮廓，字体的描述基础是 Bézier 曲线。另一种看法有所不同，认为矢量字符的轮廓由一系列首尾相连的直线段表示，所有直线段从开始点出发，以相同的规则指向下一相邻直线段的开始位置，当直线段的长度很小时就可逼近字符的理想轮廓。第二种看法似乎更接近矢量字体轮廓描述的本义，因为首尾相连的直线段确实以矢量表示最合理。

因此，矢量字体文件中保存的是所有字符外轮廓一系列直线的坐标，即矢量字体文件记录字符外形轮廓的矢量坐标对，由开始点和结束点的水平坐标和垂直坐标组成。以通俗的语言叙述，矢量字以折线描述字符轮廓。与点阵字相比，矢量字的最大优点表现在字体文件的数据量明显减少，相当于经过相当大数据压缩比处理的点阵字。

矢量字体还原时，相关软件只要收集字符轮廓的矢量图像，就能在计算机屏幕或硬拷贝输出设备上再现字符轮廓了。由于矢量字的描述特点，早期的矢量字曾经用于矢量绘图仪（Plotter）和随机扫描显示器（也称矢量显示器），通常使用设备内置的字体，往往以单一的笔画代替粗壮的字干，虽然简化了字体还原过程，但质量也受到影响。

由于矢量字体用折线描述字符轮廓，在小字计算机屏幕显示和硬拷贝输出时不会有太大的矛盾，因为眼睛很难发现小尺寸字符的折线描述痕迹；然而，由于本质上矢量字也可以缩放到任意需要的尺寸，放大显示或在硬拷贝上放大输出时存在质量问题。若矢量字符放大到一定尺寸，则首尾相连的直线段不平滑感同时也被放大，令人产生不舒服感。矢量字外形因直线段逼近曲线处理原则导致轮廓不如小字光滑，俗称"刀割"现象。随着数字印前技术的发展，应用水平和文字质量要求不断提高，在计算机文字处理中曾经占有相当历史地位的矢量描述逐渐被曲线描述取代成为历史的必然。

矢量字相比于点阵字的主要优点表现在容易通过对各矢量点应用数学函数实现各种必要的变换，字符放大后尽管有可能暴露"刀割"显现，但不可能引起像素化（Pixellation）效应派生的副作用。这里，所谓的像素化指放大显示点阵图像时的常见现象，显示比例较小时图像的视觉效果是连续调的，放大显示后产生马赛克效应。图 7-11 可用于说明何谓像素化效应，相当于以最近邻域灰度插值算法增加数字图像的像素数量。考虑到点阵字与点阵图像的相似性，这种现象在放大点阵字时同样有可能发生。

图 7-11　像素化效应

由于矢量字符的轮廓可以按需要任意地缩放，这里"任意"两字意味着不限制缩放的坐标方向，仅沿一种坐标方向放大或缩小也是允许的。矢量字体缩放的任意性带来不少有积极意义的变换结果，例如拉长或压扁字符以得到期望的艺术效果。然而，矢量字的缩放需要消耗大量的运算时间，可能引起非期望还原结果，与字体、应用软件和输出尺寸有关。

我国在汉字的计算机处理领域一直进行着艰苦的工作，取得了不少有意义的成果，在矢量字体的发展历史中也一样。例如，我国北京大学的王选教授发明了汉字矢量字形技术，早在 1975 年就推出了笔锋特征描述和轮廓折线描述相结合的技术方案。这种矢量字符轮廓压缩算法对横、竖、折等规则笔画用参数描述，因而比单纯的外轮廓折线描述法具有更高的压缩倍率，且字形缩小时仍能保持匀称。为了适应激光打印机输出和精密照排记录对字形还原要求速度快的特点，当时采用以硬件加速还原的方案。

### 7.2.4　字形轮廓的曲线描述

为了解决矢量字放大后容易出现的"刀割"现象，一种以高次曲线代替一次曲线（即矢量字体技术中使用的直线方程），并配合使用曲线和直线来描述字符外轮廓的曲线字形技术应运而生。改用曲线描述字符轮廓后，才真正做到缩放到任意需要的尺寸，甚至可以有条件地变换到需要的形状。曲线字放大后仍能保证轮廓光滑，数据量比起点阵字体来说又要少得多，因此得到了广泛的应用。尤其是在数字印前技术中，频繁的字符缩放和旋转等操作不可避免，变换后的字符轮廓仍然相当光滑。

理论上，任何一条曲线均可以用多项式表示，区别在于多项式阶数的高低。曲线字形技术与 PostScript 页面描述语言同时推出，由此诞生了对数字印前产生广泛影响的 Type 1 字体，开始了新一轮的字体技术革命。以 Adobe Type 1 为典型代表的曲线字形技术最具意义的创造，在于以三次 Bézier 曲线描述字符轮廓；另一种重要的曲线字形技术在 Windows

和 Mac OS 操作系统中被大量采用，那就是 TrueType 字体，以二次 B 样条曲线描述字符的外轮廓。从数学上看，无论三次 Bézier 曲线还是二次 B 样条曲线，都可以用伯恩斯坦基函数统一表示，可见两者至少在数学上是一致的。

如果从笔画字角度理解曲线字体，则字符轮廓由组成字符笔画的各笔段的顶点以及笔段的外形定义。曲线字之所以优于矢量字，是定义笔段的顶点（节点）数量更少，例如原本需要多段直线逼近曲线轮廓而要求多对顶点坐标，改成曲线笔段后只需一对。曲线字符轮廓描述的另一优点还表现在，相同的顶点可用于生成不同"重量"和笔画宽度的字体，采用不同的笔画描绘规则时甚至允许生成带衬线的字体。对字体开发者而言，通过笔段编辑笔画变得更容易了，与编辑矢量字轮廓相比发生错误的可能性明显降低。基于笔画（曲线）的文字处理系统也允许沿高度和宽度方向缩放字符，无须改变由基础笔段构成的笔画宽度。曲线描述技术对复杂轮廓字符的文字特别重要，在嵌入式设备（内置字体的硬拷贝输出设备）上大量采用，可以大大加速文字的输出速度，例如中文、日文和韩文。

## 7.2.5  PostScript 字体

1984 年，作为 PostScript 页面描述语言的一部分，同时推出了 Type 1 和 Type 3 字体。虽然 PostScript 字体具有高级的描述能力，但并未在推出后立即得到广泛采用，局面到 1985 年时才有改变，这得归功于苹果公司配置 PostScript 解译器的 LaserWriter 激光打印机。

与常规 PostScript 相比，虽然 Type 1 字体技术采用简化的描绘指令集合，但这种字体附加了所谓的提示（Hinting）信息，以帮助低分辨率字体还原。开始时 Adobe 公司对提示信息的技术细节秘而不宣，他们通过简单的加密算法保护 Type 1 字体轮廓和提示信息，迄今为止加密算法和技术关键已经公开，但其余部分仍然保持原状。

Type 3 字体是 Type 1 的低成本实现，共享 PostScript 语言所有的优点，但不提供使用提示信息和加密的标准化方法，或许是这种原因导致人们对 Type 1 和 Type 3 的混淆认识。

由于 Adobe 过于的小心谨慎，导致人们认为 Adobe 主张的许可证费用太高，这刺激了苹果公司和 Microsoft 设计自己的字体系统，大约在 1991 年时 TrueType 字体终于出现。苹果公司和 Microsoft 推出的这种新字体技术反过来也刺激了 Adobe，他们立即响应，公布了 Type 1 字体格式，一种关于 Type 1 字体的细节规范。此后出现 Type 1 字体的细节工具，包含用于建立 Type 1 字体的功能。从此以后，许多自由 Type 1 字体纷纷发布。

借助于使用 PostScript 语言，字符笔段以三次 Bézier 曲线描述，由此实现了人们通过简单数学变换任意缩放字符的愿望，可以传送到 PostScript 打印机输出高质量文字。考虑到 Type 1 字体的用户希望在电子显示器上预览字形，为了显示小版本 Type 1 字体时提高可阅读性，形成更有吸引力的屏幕显示效果，需要提供额外的提示信息和抗混叠算法。达到高质量显示效果的具体做法是补充相同字形的附加点阵字，以优化 Type 1 字体的屏幕显示。

Type 0 字体：一种复合字体格式，细节问题可以从 PostScript 语言参考指南第二版中找到。所谓的复合字体指可以指向一系列派生物的字体，使用高水平的字体表示方法。

Type 1 字体：也称为 PostScript 字体和 PostScript Type 1 字体等，有时干脆简写为 PS1 和 T1 字体等，一种单字节数字字体格式，使用这种字体需要在计算机操作系统中外挂称之为 ATM 的软件，只能在 PostScript 打印机等硬拷贝设备上输出。

Type 2 字体：字符串格式，以曲线字体文件提供字符特征描述程序的紧凑表示，该格式设计得与紧凑字体格式 CFF 一起使用，现在 CFF 和 Type 2 组合成为 Type 1 OpenType 字体的基础，用于 Acrobat 3.0 版本 PDF 文件的字体嵌入。

Type 3 字体：也称为 PS3 和 T3 等，笔段以整体性的 PostScript 语言定义，并非仅仅 PS 语言的子集。由于这一原因，使得 Type 3 能够实现 Type 1 无法实现的功能，例如规定明暗程度、颜色和填充图案等。注意，这种字体不支持提示信息技术，且 ATM 也不支持 Type 3。

Type 4 字体：用于打印机的字体格式，适合于永久性地存储在打印机硬盘上。这种专有字体的字符描述以 Type 1 格式表示，因而 Adobe 不提供 Type 4 的说明文档。

Type 5 字体：类似于 Type 4 格式，与 Type 4 字体的主要区别是这种字体保存在 Post-Script 打印机的 ROM 内，有时也称为 CROM 字体，即压缩过的 ROM 字体。

Type 9、Type 10 和 Type 11 字体：Ghostscript 软件（基于 PostScript 和 PDF 解释器的套件）称这些字体 Type 0、Type 1 和 Type 2 的 CID 字体，其中 CID 是 Character Identifier Font 的缩写，意谓字符识别字体，分别用于保存 Type 1、Type 3 和 Type 42 字体。

Type 14 字体：也称为 Chameleon 字体格式，适合于以少量的存储空间表示大量的字体，这种字体的核心集合通常由一种主字体和如何调整主字体的字符描述符集合构成，以便对特定的字形给出期望的字符形状集合。

Type 32 字体：用于下载到 PostScript 解释器的点阵字体，要求解释器的版本号为 2016 或更高。由于这种点阵字体的字符直接转移到 PostScript 解释器的缓冲区，因而可以有效地节省打印机的内置存储器空间，有利于降低打印机制造成本。

Type 42 字体：允许具有 PostScript 能力的打印机包含 TrueType 栅格化处理功能，即可以在 PostScript 打印机上输出 TrueType 字体，首先在 2010 年版本的 PostScript 解释器上作为选项实现，现在成为标准配置，支持多字节 CJK 编码 TrueType 字体。

### 7.2.6　TrueType 字体

TrueType 由美国苹果公司和微软公司共同开发，与 Type 1 同属曲线字体。这种字体文件的扩展名 TTF（TrueType Font 之意），类型代码 TFIL。

早在 20 世纪 80 年代末，苹果公司为对抗 Adobe 的 Type 1 字体开发了 TrueType，之后微软加入开发队伍。后来，微软 Windows 在座系统的字体格式基本上都统一成 TrueType，而在苹果公司的 Mac OS 系统中却成了 PostScript 字体与 TrueType 对立的局面。TrueType 的主要强项在于它能给开发者提供关于字体显示、不同字体大小的像素级显示等高级控制。

Micintosh 操作系统的字体处理方式原来采用存储为手工调整的点阵字文件、分别为每个特定大小的字体指定各自像素位置的方法。例如，用户希望看到另一种大小的字体，则字体管理器找到最接近的匹配，并应用基本比例算法显示，容易出现马赛克式的锯齿。

Adobe 对曲线字体技术的保密措施刺激了苹果公司的 Sampo Kaasila，他决定设计一种全新的字体格式。系统开发成功后命名为 TrueType，并于 1991 年的 5 月随 Mac OS 操作系统版本 7 一起发布。开始时的 TrueType 字体均打包成 4 种字形的套装，包括 Times Roman 和 Helvetica 等英文字体，代替了原 Macintosh 系统的点阵字体。

TrueType 字体推出后，印刷和出版界的反应并不积极，因为当时用户已经花大笔资金购买了 Adobe 的 Type 1 字体，觉得没有必要更换。推广 TrueType 字体的另一问题是，这种格式的字体数量甚少，不足以让他们从 Type 1 更新到 TrueType。

与此同时，微软正在开发 TrueImage 技术，计划用作类似 PostScript 的打印机控制语言，其中也包含曲线字体技术。苹果公司以得到 TrueImage 为代价，将 TrueType 认证给了微软，原计划将 TrueImage 用到自己的激光打印机上。然而不知何故，这种打印机控制语言连同相应的字形技术，最终没有在任何苹果公司产品上使用过。

1991 年，微软在 Windows 3.1 操作系统中加入 TrueType 字体。通过与 Monotype 公司合作，微软开发成一批高质量的 TrueType 字体，并使其可以与当时 PostScript 设备捆绑的核心字体兼容，其中包括目前 Windows 操作系统的一些著名字体。

这里，所谓的兼容包含两层意思：首先，相兼容字体外观非常相似；其次，各种字体的字符具有相同宽度，这样就可以用其他 TrueType 字体替代相同文档的内容，无须重新排版和调整。微软采用与苹果公司不同的字体命名，比如 Windows 的 Arial 其实和苹果操作系统的 Helvetica 体相同。由于命名规则不同，容易导致误解，每当特定的 Windows 字体命名后就会寻找与其相当的苹果或 PostScript 字体，反之亦然。尽管如此，即使 TrueType 字体的字符轮廓数据不一样，但风格和字形做得很相似，一般用户很难区别开来。

微软和 Monotype 的技术人员通过 TrueType 的提示信息技术解决字体低分辨率显示引起的模糊问题。微软原来的做法是在小字号显示时改用点阵字体，后来的技术改进先引入抗混叠算法以平滑字体边缘，现在采用所谓的子像素补偿，微软命名为 ClearType，使用液晶显示器像素结构，以改善显示效果。微软大力推广这些技术，并扩展到各种平台。

TrueType 字体的字符轮廓笔段由直线和二次 B 样条曲线构成，这些建立在数学基础上的字符轮廓描述比 PostScript 字体的三次 Bézier 曲线描述更容易处理。尽管如此，对于多数形状，二次 B 样条曲线与三次 Bézier 曲线相比需要更多的点描述，这种差异意味着不能将 Type 1 字体无损地转换为 TrueType 格式，但 TrueType 转换到 Type 1 可以做到。

TrueType 字体系统包含在字体内部执行的虚拟程序，处理字体的提示信息。这些定义字符轮廓控制点的主要目的在于栅格化过程，意在减少引起意外处理结果。工作时，根据每种字体的提示信息通过程序计算显示像素大小，以及显示环境中其他次要参数。

### 7.2.7  OpenType 字体

OpenType 属于曲线字体，一种可缩放的计算机字体格式，在 TrueType 基础上组建而成。这种字体除保留了 TrueType 的基础结构，还添加了许多复杂而精细的数据结构，用于规定排字功能，知识产权属 Microsoft 公司所有。

OpenType 字体技术是 Microsoft 与 Adobe 公司合作的产物，目前开发活动仍然在积极的进行过程中，有望成为字体的开放格式标准。

回顾 OpengType 技术的起源，不能不提到 20 世纪 90 年代初期微软希望取得苹果公司 GX Typography 的技术许可。两家公司的协商以失败而告终，这一事件激励了微软，努力开发属于微软自己拥有知识产权的技术，到 1994 年时初步成形，命名为 TrueType Open。两年后的 1996 年，由于 Adobe 加入开发行列，增加了 Type 1 字体使用的笔段描绘技术。

微软和 Adobe 打算以 OpenType 替代 TrueType 和 Type 1 字体格式，但考虑到排字（排版）需要描述能力更强的字体，且国际范围内的许多文字处理系统行为特征复杂，微软和 Adobe 决定组合各自的技术，增加扩展功能以减少格式限制。之所以命名为 OpenType，是因为这种字体选择了组合技术，格式对外公开。

此后几年，微软和 Adobe 继续开发，对 OpenType 精益求精。到 2005 年年末，工作重心转移到使 OpenType 字体格式成为国际标准化组织下的开放标准，纳入 MPEG 开发团队的工作计划中，因为 MPEG 专家组于 2003 年已将 OpenType 1.4 作为 MPEG-4 的参考格式。2007 年 3 月，经国际标准化组织批准，在 ISO/IEC 14496-22 标准（即 MPEG-4 的第 22 部分）中接纳 OpenType 字体，正式命名为 OpenType 格式，并将 OpenType 格式规范作为 MPEG-4 的参考标准。2009 年，国际标准化组织公布 OpenType 的第二版，出现在 ISO/IEC 14496-22 中，明确该标准的 OpenType 等价于微软和 Adobe 的 OpenType 格式标准。

2001 年年底，市场出现几百种 OpenType 字体；到 2002 年年底前，由于 Adobe 的努力，终于完成从 Adobe 字体库向 OpenType 的整体转换，导致 2005 年初时大约有 10 000 种可用的 OpenType 字体，其中原来属于 Adobe 字体库的字体约占三分之一。

OpenType 使用 TrueType 字体的 sfnt 通用结构，不同之处在于增加了几个 Smartfont 选项，用于加强字体的排字和语言支持能力。

OpenType 字体的笔段轮廓数据可能是 TrueType 字体格式和紧凑字体格式 CFF 两者的轮廓之一，其中 TrueType 的笔段轮廓数据在 glyf 表内，从 CFF 表可找到紧凑字体格式的字符轮廓数据，基于 PostScript 语言 Type 2 字体格式，两者的轮廓描述区别见图 7-12。

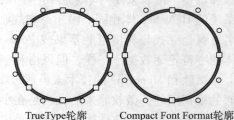

TrueType轮廓　　　　Compact Font Format轮廓

图 7-12　两种字体的轮廓描述比较

图 7-12 之左和右分别表示 TrueType 和紧凑型字体格式 CFF 的笔段轮廓描述方法，两者的区别主要表现在 TrueType 采用二次基于 Bézier 的 B 样条曲线，而 CFF 则使用三次 Bézier 曲线，可见高次曲线的使用有利于减少节点数量。

对某些使用目标，例如排版操作，采用何种字符轮廓数据格式并无多大关系；但某些应用由于字符轮廓数据不同可能导致很大的差别，比如图文准备结束后的栅格化处理。由于 OpenType 字体标准没有规定字符轮廓数据格式，而是采用参考建议标准的形式，因而可以按 OpenType 的基本规则从已有的字体标准中选择，由此导致 OpenType 特殊的命名规则，比如 Type 1 OpenType 表示使用 Type 1 字体轮廓数据的 OpenType 字体，若字体名称显示为 OpenType CFF，则意味着采用紧凑字体格式的字符轮廓数据。

OpenType 具有下述与众不同的特点：首先，兼容于 Unicode 字符编码，这意味着支持双字节编码，从而有能力支持任何文字，容纳多达 65 536 个字符；其次，提供高等级的排版功能，在字体还原时准确地定位和替代字符，包括调整字符间距和标记位移等；第三，OpenType 是跨平台的字体格式，不仅支持 Windows 和 Mac OS，也可以在 UNIX 操作系统下使用；第四，若不添加字符或扩展排版功能，则 OpenType 数据量比 Type 1 明显少。

# 7.3　文字输入

迄今为止，出版物仍然以文字为主，文字往往占据大部分版面。相比于模拟原稿扫描和物理场景拍摄，可以说文字输入的复杂程度低得多。数字技术的发展不仅使图像输入发生了很大变化，文字输入方法也比以前单纯地靠键盘输入更丰富了。尽管如此，键盘仍然是文字输入的主要工具，其他输入方法可作为键盘输入的补充。

## 7.3.1　文字编码与键盘输入

文字编码即字符编码，其中"编码"的意思是将特定的字符序列对应到指定集合中的某种对象，例如显示为自然数的序列、信息交流所用的字母表或字音表等，再将其对应到另一个给定集合中的其他对象，比如自然数序列和 8 位的字节或者电脉冲等，以便文本可以存储到计算机，或通过通信网络发送。常见的编码例子早在模拟时代和计算机应用早期就已出现，包括将拉丁字母表编码成摩斯电码或 ASCII 码。适合于计算机应用的 ASCII 码称为信息交换用标准代码，字母、数字和其他符号取得各自的编号，并用 7 位二进制数表示某个整数。标准 ASCII 编码占用一个字节，字符编号取 7 位后还剩下 1 位，用作核对出错与否的奇偶校验码，表 7 - 1 用于演示 ASCII 编码表。

表 7 - 1　ASCII 编码表

| | 0 | 1 | 2 | 3 | 4 | 5 | 6 | 7 | 8 | 9 | A | B | C | D | E | F |
|---|---|---|---|---|---|---|---|---|---|---|---|---|---|---|---|---|
| 0 | 空 | SOH | STX | ETX | EOT | ENQ | ACK | BEL | BS | HT | LF | VT | FF | CR | SO | SI |
| 1 | DLE | DC1 | DC2 | DC3 | DC4 | NAK | SYN | ETB | CAN | EM | SUB | ESC | FS | GS | RS | US |
| 2 | | ! | " | # | $ | % | & | ' | ( | ) | * | + | , | ? | . | / |
| 3 | 0 | 1 | 2 | 3 | 4 | 5 | 6 | 7 | 8 | 9 | : | ; | < | = | > | ? |
| 4 | @ | A | B | C | D | E | F | G | H | I | J | K | L | M | N | O |
| 5 | P | Q | R | S | T | U | V | W | X | Y | Z | [ | \ | ] | ^ | _ |
| 6 | ` | a | b | c | d | e | f | g | h | i | j | k | l | m | n | o |
| 7 | p | q | r | s | t | u | v | w | x | y | z | { | | | } | ~ | DEL |

26 个英文字母大小写，再加数字和符号，总共不会超过 80 个。然而，即使 1 个字节的 7 位分配给字符，也可以产生 128 种不同的表示。因此，分配给字母和数字等字符多余下来的"位"可赋予其他含义，大多用作控制码，例如 CR 表示回车和 FF 表示纸张进给等。

计算机技术发展早期，如分别发布于 1963 年的 ASCII 和 1964 年公布的 EBCDIC 字符集逐渐成为标准。不久以后，这些字符集的局限很快就显现出来，于是计算机科学家开发了许多扩展这些字符集的方法。为了支持中国、日本和韩国等使用 CJK 字符家族的文字处理系统，要求发展能包含更大量字符的编码系统。这种需求后来由 Unicode 编码标准满足，目前最新的 Unicode 版本 6 除了纳入超过 100 000 个字符（Unicode 的第 10 万个字符在 2005 年获得采纳，且认可成为标准之一）外，还包含可用作视觉参考的代码图表、编码方法和及标准字符编码等，以及记录如大小写字母等字符特性列表相关数据。

以键盘输入文字相当于输入字符代码，键盘通过机械触压闭合、电容量变化和磁感应技术识别操作人员的击打动作，捕获击打键所在的位置，从编码集中找到对应的字符。这种方法仅仅对 ASCII 字符编码有效，由于中文、日文和韩文等使用的字符数远远超过 ASCII 可编码数量的 128 个，因而需要特殊的输入规则指示字符所在位置。以中文为例，根据我国作为基本字符集合使用的 GB2312 信息交换用汉字编码字符集标准，共收录汉字 6763 个和非汉字图形字符 682 个，如此数量众多的字符不能在计算机键盘上取得相应的位置，于是出现了各种汉字输入方法，例如拼音输入和五笔输入等，所有汉字输入法的基本任务归结为根据操作人员的"复合"击打动作找到字符集中对应的代码。

现成的文字输入结果可以保存为没有格式指令的简单数据文件，即文本文件。这种文件除可以包含特定字符集中的字符外，还可以包含空格、回车和段落标记等。保存到文本文件的字符可以导入能处理文本的所有应用程序，与计算机平台无关，从而实现用户应用程序与计算机平台间的文本信息交换，不同计算机平台间交换文本时特殊字符例外。

### 7.3.2　光学字符识别

光学字符识别（Optical Character Recognition）常缩写成 OCR，属于从扫描图像到字符的机械或电子的变换或"翻译"技术，扫描图像可以来自手写文本、打字机文本和印刷体文本等，通过特定的算法转换到机器编码的文本。现在，光学字符识别广泛地应用于从图书和印刷品转换到电子文件，此后的利用价值将远远超过纸质文件。由于光学字符识别技术的出现，许多原来无法完成的任务都有可能实现，比如模拟纸质文本编辑、搜索文本中的单词和短句、更紧凑地保存、去除扫描副作用效应的屏幕显示和打印等，可应用的识别技术包括机器翻译、文本到语音转换和文本挖掘等。从学科分类角度，光学字符识别属于模式识别、人工智能和计算机视觉等领域的研究范围。

使用光学字符识别系统需要标定到能"读"懂特定的字体，早期 OCR 软件版本必须以每一个字符的图像编程，每次只能针对一种字体执行字符识别操作。智能光学字符识别系统的识别精度很高，适合于大多数字体识别的系统已经很平常了，某些功能更强的 OCR 系统甚至能形成格式化的输出，与扫描前的页面十分接近，包括图像和其他非文本内容。

OCR 软件划分成桌面和服务器软件、因特网和在线软件及面向应用的软件。

桌面 OCR 软件以得到字符的"最佳猜测"为根本目标，为此利用数据库查找表与组成单词的字符密切地关联起来，或者与字符串形成最佳的匹配。

随着 IT 技术的发展，人们使用软件的平台从单一的个人计算机改变到多平台系统，例如个人计算机 + 因特网 + 云计算 + 移动设备。经过 30 年的发展，光学字符识别软件开始适应新的应用需求。基于 Web 的光学字符识别也称在线 OCR 或基于 Web 的 OCR 服务，是积累了 30 年桌面 OCR 应用开发经验的结果，满足海量用户和用户群的在线服务需求已成为光学字符识别新的趋势。目前，由于因特网和众多技术的支持，个人用户和企业用户已经能享受局部在线光学字符识别服务。从 2000 年起，某些主要的光学字符识别软件开发商开始提供因特网 OCR 和在线 OCR 软件，许多公司也积极参与这类 OCR 软件开发。

随着光学字符识别技术越来越广泛地应用于纸张密集型工业，这种技术也面临现实世界更复杂的图像环境，例如复杂的背景，质量退化的图像，数字化结果夹杂大量噪声，纸张扭曲等畸变，图片本身的畸变，太低的图像分辨率，页面为栅格和线条分割，文本图像包含特殊的字体、符号、词汇和术语等，所有这些因素都影响着 OCR 产品的识别精度和工作稳定性。最近几年来，光学字符识别技术的主要提供商致力于开发专用 OCR 系统，每一种产品针对特定类型的图像。他们在开发 OCR 系统时将各种与特殊图像相关的优化方法组合起来，例如包含在彩色图像中的商业规则、标准表达方式、术语词典和丰富的信息，旨在改变光学字符识别精度。这种以个性化为目标使用 OCR 技术的策略称为面向应用的 OCR 或自定义 OCR，在名片光学字符识别、发票名片光学字符识别、屏幕捕获光学字符识别、身份证光学字符识别和驾驶执照光学字符识别等领域得到广泛的应用。

光学字符识别的工作过程分成图像输入和预处理、版面分析、字符切割、字符识别、版面恢复、后处理和校对等。目前，即使扫描图像相当清晰，拉丁语系打字文本的识别正确率仍然不能达到 100%，手写体识别率更低。有人曾研究过 20 世纪和 21 世纪早期报纸只包含文本页面的光学字符识别正确率，发现商业 OCR 软件从 71% ~ 98% 不等。在手工印刷、手写体文本和复杂结构字体文本领域，光学字符识别仍然是活跃的研究领域。

识别的准确率可以用几种方式度量，如何衡量对最后报告的识别准确率将产生很大的影响。例如，若不利用词汇的上下文关系纠正软件识别出的文档中并不存在的词汇，则 1% 的字符识别误差率可能导致 5% 的单词识别误差率，甚至更糟糕。

### 7.3.3 智能字符识别

更复杂的对象需要更复杂的识别技术，于是产生了对于智能字符识别技术的需求。在计算机科学中，所谓的智能字符识别（Iintelligent Character Recognition）指相比于光学字符识别技术更先进或更专门的识别技术，大多指手写文本识别。智能字符识别系统对印刷体不成问题，也可以识别各种风格的手写体文本，在处理提高文字图像期间通过计算机学习的方法提高识别精度，达到更高的识别水平。

大多数智能字符识别软件包含自我学习系统，如同神经网络那样，可以自动地更新识别数据库，为识别新的手写体文本创造条件。为着文档处理的目标，智能字符识别软件要求扩展扫描设备的用途，以形成识别系统更广泛的适应性，从印刷文本字符识别到手写体文本字符识别，其中印刷体文本字符识别即 OCR 功能。

由于智能字符识别涉及手写体文本字符的识别，某些环境下的识别精度（准确率）可能不够令人满意。考虑到手写体的特殊性，西文结构化形式的识别准确率可以达到 97%，手写汉字的准确率要低一些。为了达到如此高的识别精度，智能字符识别软件通常需要使用多个"阅读"引擎，每一个引擎被给定电子投票权，用于确定最终的字符识别结果。对手写数字识别领域来说，数字识别对"阅读"引擎占有优先地位；在手写字母识别领域，字母具有更高的优先等级。智能字符识别系统与定制界面结合使用时，手写识别数据可以自动地分布到后台办公系统，以避免劳神费时的手工输入纠正，准确度甚至超过传统手工数据输入。

1993 年，智能字符识别取得重大进展，发明了称之为 AFP 的自动表单处理技术。这种新技术在捕获表单图像时涉及三种处理步骤：首先，智能字符识别系统处理捕获的表单图像，为智能字符识别"引擎"输出最佳结果做好准备；此后，智能字符识别"引擎"继续发挥作用，由"引擎"捕获识别信息；最后，处理手写字符识别结果，并确认"引擎"处理结果的有效性，再从"引擎"自动地输出处理结果。

智能字符识别技术已发展到智能单词识别（Intelligent Word Recognition）阶段，目前只能识别印刷体，以及抽取出印刷体和手写体信息，对印刷字体中的草体字符识别效果也不错。智能字符识别技术属于字符级水平，智能单词识别则达到单词或短语的层次。由于智能单词识别技术比手工印刷体智能字符识别等级更高，因而能力也更强，可以捕获每日新闻报道的非结构化信息。当然，没有哪一种技术能够替代智能字符识别和光学字符识别系统，智能单词识别只是智能字符识别或光学字符识别针对特定应用优化的结果，其技术基础仍然是 OCR 和 ICR，但智能单词识别确实能够做 OCR 和 ICR 不能做的事。

### 7.3.4 图书扫描

本小节讨论的图书扫描指通过扫描仪实现从物理书籍转换到以数字形式记录各种信息的过程，例如转换成数字图像、电子文本或电子书等，因而不同于图像扫描。

数字图书容易分发、复制和屏幕阅读。适合于数字图书的常用文件格式有 DjVu 和可移植文档格式 PDF 等。为了从未经加工的图像转换到电子文件，需要利用光学字符识别技术将图书的页面转换到数字文本格式，例如 ASCII 文本或其他类似格式。以文本文件保存光学字符识别结果可降低存储量，便于以后的格式化、搜索或由其他应用软件处理。

以普通图像扫描仪转换物理书籍时，图书需放置在平面玻璃稿台上，待扫描面向下，玻璃稿台下的照明光源和传感器沿图书页面长边方向移动。基于手工操作的图书扫描仪玻璃稿台延伸到扫描仪的边缘，使书脊对齐相当容易；其他图书扫描仪以 V 形框架保持被扫描的图书不动，待扫描面应该向上，从图书的顶部向下拍摄页面，如图7-13所示那样。

图7-13所示的所谓"扫描仪"其实更应该称为数字摄影系统，拍摄图书页面时需要翻页，可以配置具有自动输纸功能的翻页装置，为了节省投资也可以手工翻页。扫描玻璃或塑料印张时，通常需要压平印张后扫描，才能避免页面畸变导致扫描图像畸变。

图7-13 基于V形架的
图书扫描仪

对打算转换到数字文本输出的扫描，取300 dpi的采样频率较为合适；用于存档复制的扫描图像等其他用途，应该设置更高的采样频率。高端图书扫描仪每小时可以扫描几千份的页面，不过价格也要几千美元。其实，类似图7-13所示那样的扫描仪可以自己制作。

商业图书扫描仪不同于常规用途扫描仪，通常配置高质量的数字照相机，光源固定在数字照相机的旁边。考虑到操作人员手工翻页的可能性，固定光源时应该予以注意。某些商业图书扫描仪采用V形图书保持架，底部支撑书脊十分稳定。

破坏性扫描适合于有足够备份的图书，可以预先切割成分散的页面，以保持所有页面内容的完整性为原则。图书破坏性扫描的主要优点是扫描速度快，数字图书馆和档案馆建设往往需要这种快速扫描，但破坏后的图书无法复原。

珍贵的馆藏图书资料适合于采用非破坏性扫描方法，包括古画、珍贵档案和文物等。最近几年来，出现了以软件驱动的机器和机器人扫描图书等资料的装置，不必破坏图书的装订结构和原有样式，可以完整地保留文档内容，按被扫描图书原状建立数字图像存档文件。非破坏性扫描部分地得益于最近几年成像技术的快速提高，可以在合理的时间内捕获高质量的数字存档图像，对珍贵图书或易损坏的图书几乎没有影响。多种多样的数字成像设备为自己动手搭建非破坏图书扫描系统提供了方便，用户可以根据自己的投资预算和质量要求组建图书扫描系统，图7-14给出了自己搭建的非破坏扫描系统例子。

图7-14 非破坏DIY图书
扫描系统的例子

只要搭配合理，环境光源稳定，自己动手制作的图书扫描系统效果不错。当然，大规模数字存档项目需要效率更高的扫描系统，也能够确保高质量扫描效果。某些高端图书扫描系统采用真空吸附法固定图书，利用静电原理翻页，成像操作自动地执行。这种扫描系统往往配置高分辨能力的数字照相机，安装在V形图书保持架的上方，且V形图书保持架是可以调整的。数字照相机拍摄的图像传送到不同的编辑位置，对数字成像装置捕获的图像作进一步的处理，存档质量要求的图像建议以TIFF或JPEG2000文件格式保存，用于Web显示的图像文件可输出为JPEG或PDF文档格式。

来自日本东京大学的资料表明，该校的数字成像专业人员曾经研究过非破坏图书扫描仪的工作性能，扫描系统包括捕获三维表面信息的装置，允许扫描弯曲的页面，此后由专门的软件将数字图像校平。他们开发的非破坏图书扫描系统速度相当快，图书和杂志等被扫描资料可快速翻页，据说达到每分钟扫描200页的效率。

### 7.3.5  语音识别

语音识别（Speech Recognition）有时也称为自动语音识别或计算机语音识别，将人发出的话语声转换到文本。术语 Voice Recognition 往往被赋予略为不同的含义，更多地用于描述语音识别系统，需要由特定的发声者训练，大多数桌面语音识别软件采用这种方案。

世界上的第一个语音识别装置出现在 1951 年，那时只能识别由特定操作人员发出的单个数字语音。早期语音识别装置的另一例子是 IBM 的 Shoebox，最初在 1964 年的纽约世界贸易大会上展出过。

在美国，语音识别最值得注意的商业应用领域是医疗保健和公共卫生服务，以及医疗保健的特殊岗位，比如医学录写员。按照工业专家的意见，语音识别系统的销售途径以完全取消录写人员为主要目标，并非为了使录写过程的效率更高，因为仅仅提高录写效率往往不能为医疗机构接受。语音识别系统销售业绩不良主要归结于技术上的缺陷。此外，为了使语音识别系统能更有效地工作，必须改变医生的习惯性思维和临床诊断文档的书写方式，销售方毕竟不能强迫医生接受语音识别系统。迄今为止，对语音识别系统自动录写的最大限制其实还在软件，再好的硬件环境，没有合理的软件配合将一事无成。

数字印前领域很少有人尝试过语音识别技术，作者大约在 10 多年前曾安装过 IBM 的语音识别软件，试图在朗读简单语句时利用话筒录音、由软件变换成数字音频文件，并通过训练语音识别软件的方法获得正确的识别结果，发现最终输出的文本文件错误太多。

时间已经过去 10 多年了，估计语音识别技术已经有了长足的进步。由于事务缠身，没有多余的时间再次尝试这种技术。现在重提以前的经历，按目前的技术水平，不知道语音识别技术能否有效地应用于数字印前领域。

第八章

# 图文处理

数字印前的大量时间花在图文处理上，图文处理已成为计算机应用的重要分支之一。图文处理目标从早期的服务于印刷发展到现在的媒体准备，强调一次制作、多次使用的原则，追求图文处理结果的利用深度。广义的图文信息处理由图文输入、图文处理和图文输出三大过程组成，狭义的图文处理包括图像处理、图形制作和文字处理三大内容，处理手段和基本原则取决于如何利用图文处理结果，因而必须与后端工艺联系起来。

## 8.1 概述

数字印前开始于 20 世纪 80 年代初期到中期，从此以后计算机成为印前图文信息处理的主要生产工具，字处理应用、数字图像处理和计算机图形学进入印刷领域，印刷不再是落后和强劳动的代名词。数字技术的应用不仅完成了从制版到印前的跨越，更发展到从印前到媒体准备的变化，后者对印刷的影响和意义更大。

### 8.1.1 数字印前图文处理的基本任务

由于名称的限制，数字印前主要服务于印刷和出版业，包装印刷当然不能例外，也包括数字印刷，乃至于数字印刷系统的数字前端。经过近 30 年的发展，数字印前的工作范围不断延伸和扩展，涵盖从产品设计到产生最终印刷品的各种过程。根据印前图文处理结果的使用目标，主要工作任务归结为：印版准备，其中印版准备包括记录到分色片再晒版和直接制版两种方式，用于胶印、柔印和丝网印刷，对凹印来说需完成凹版滚筒准备；图像载体成像准备，形成可以在光导体和铁磁体等表面成像的数字文件。为了确保数字印前处理结果能可靠地使用，需要通过图像和文本调整等手段建立高质量的数字文件。

今天的印刷客户也与以往不同，交给印刷厂的几乎全部是数字文件，以 PDF 文件居多。如此看来，印刷厂的印前工作人员很轻松，当然有失业的危险。事实恰恰相反，由于客户专业知识的局限性，他们递交的数字文件往往不能直接使用，需要专业印前人员核对。数字印前处理的基本任务可大体归纳如下。

（1）图像素材准备。包括模拟原稿扫描和物理场景拍摄在内的数字图像捕获，以及针对后端印刷条件的各种数字图像处理操作，编辑和加工结果通常应保存为 RGB 文件。

（2）图形制作。准备页面表示需要的各种图形，由于图形是面向对象的，因而定义图形时无须考虑文件的分辨率，输出时由设备分辨率决定图形表示精度。

（3）文字处理。包括文字输入在内的不同操作，例如字符格式化和文本格式化、文本分块和定位等，某些操作与排版很难区别。

（4）排版和拼大版。数字印前技术出现前排字工和拼版工以手工方式准备材料，现在已全部转移到借助于计算机排版和拼大版软件的操作，生产效率大大提高。

（5）色彩管理。贯穿于几乎所有的图文处理和加工过程，例如选择作为图像处理数据变换基础的 RGB 工作色彩空间、设备标定和 ICC 文件生成等操作。

（6）数字打样。印刷不能像其他工业部门那样生产样机，或通过商品展示的方法组织和安排生产，更不能预先加工好产品后存放到仓库再销售，印刷品加工具有针对性，即使计划经济时代也完全需要以销定产，为此只能通过打样的方法取得客户认可。

（7）完稿。针对后端印刷条件的具有预检验性质的操作，包括预分色、补漏白确认和基于 OPI 技术的图像连接关系检查等，通常由富有经验的专业人员承担。

（8）图文输出。设备和技术多样化的操作，从数字文件转换到记录信息的物理页面，硬拷贝输出设备从早期的激光照排机发展到直接制版机，以及印前、印刷和印后加工功能一体化的数字印刷机，数字打样其实也属于图文输出的范畴；图文处理结果有时需要栅格化处理成另一种记录形态的数字文件，例如保存为 PDF 文件以供后用。

### 8.1.2 操作环境

20 世纪出现的许多与数字印前有关的技术目前仍然在使用着，其中最典型的例子是个人计算机。由于图文处理应用目标的特殊性，中间结果与前后处理步骤间的连接关系，处理要求的复杂性，以及最终处理结果的不可预测性，几乎所有的操作应该在视觉判断的基础上完成，决定下一步操作应如何执行。因此，图文处理要求所见即所得的用户环境，意味着必须在图形操作系统环境下工作。

数字印前处理的操作环境已经发生了很大的变化，人的观念也应该相应地改变。由于桌面出版技术出现时 IBM 及其兼容机仍然使用 DOS 操作系统，而苹果公司的 Lisa 计算机早在 1983 年已初步转移到了图形操作系统；苹果公司的 Macintosh 在 1984 年时进入市场，不过从今天的眼光看，那时的 Macintosh 计算机及其图形用户界面还十分简陋，从图 8 - 1 很容易看出这种后来风光无限的个人计算机和操作系统早期的简单性。

图 8 - 1　早期 Macintosh 计算机及其操作系统

正因为两种个人计算机早期操作系统的差异，导致业内人士普遍认为只有 Macintosh 计算机才能胜任印前处理任务；即使 20 世纪 90 年代初期 IBM 及其兼容机开始转移到 Windows 操作系统，但那时的 Windows 缺乏像 Mac OS 那样的底层色彩管理支持，在数字印前处理上仍然受到相当的限制，往往通过应用程序打补丁的方法实现有限度的色彩管理。

IBM 及其兼容机之真正能适用于数字印前处理，应该是 Windows 95 出现后的事，但仍然无法完全满足专业性很强的数字印前处理所要求的功能，一直到 Windows 98 才奠定了 PC 机作为数字印前处理工具的基础，那时的 Windows 操作系统已经形成了完备的底层色彩管理支持。从此以后，数字印前软件开发商在继续提供 Macintosh 版本的同时，也开发基于 Windows 的各种应用软件。随着 Windows 操作系统的不断进步，现在还继续认为只有 Macintosh 计算机才适应数字印前处理肯定是过时的观念。事实上，从 21 世纪初开始个人计算机的市场定位发生了巨大变化，苹果公司的兴趣转向开发娱乐和手机等与数字印前完全无关的产品，许多数字印前应用软件开发商停止提供 Macintosh 版本。

### 8.1.3 从印前到媒体准备

现代社会的信息媒体成为媒体的主要成分，可以把它定义为传播内容的信息种类，且能表示为人类可接受的形式。可见，信息媒体是可以用于传播的那一部分信息内容，它的第一特征是可传播性，第二特征则是可传播的信息必须能为人类所接受。随着科技的发展和人类对客观世界认识的深化，信息媒体的范围将继续扩大。

印刷技术发展到全面数字化的阶段后，为印刷业承担更多任务创造了良好的物质和人员条件，印刷的内涵需要扩大，由此带来产品的多样化，如图8-2所示。

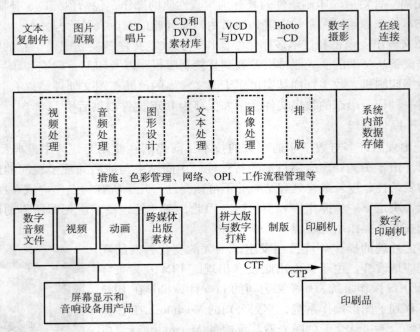

图8-2　印刷业产品的多样化趋势

新的形势对数字印前提出了新的要求，不能停留在原地不动，迫切需要从印前扩充到媒体准备（Premedia），主要理由如下：印前作业使用了当代与计算机相关的最先进的设备与技术，例如具有高速运算能力、大容量的存储能力和图形显示能力的工作站或个人计算机，高精度的输入设备（扫描仪和数字照相机），高精度的输出设备（照排机、直接制版机和数字印刷机等）以及优秀的应用软件，培养了大批具有综合能力的图文处理工作者，而这些条件恰恰是媒体准备所需要的。可以这样说，数字印前企业具备处理任何媒体信息的能力，只要稍加扩充和训练，完全能胜任媒体准备工作。

数字印前从纯粹服务于印刷扩展到媒体准备后，需要适应更广泛的信息描述方法，不能局限于PostScript页面描述。例如，互联网的出现要求新的信息描述方法，初期以超文本结构较为流行，其结构特点和描述特征决定了利用它可以组成多维的信息网络，由此可以建立不同对象间的动态链接，使信息传播产品具有更多的功能；超媒体（Hypermedia）是超文本结构的进一步发展，利用超文本结构检查所有当前有效的文本和连接关系，超媒体的结构成员扩展到所有的信息媒体。由此可见，引入超媒体概念后，超文本连接的不再是单纯的文本，而是成为连接所有文本、音频和视频信息的网络。

### 8.1.4　跨媒体传播

为了提高生产效率，要求各种类型数据文件的处理、使用和存储能适应任何种类的输出，满足这种要求的媒体称为跨媒体，通过具有广泛适应性的数字资源实现的传播方式称为跨媒体传播。显然，数字印前企业具有准备跨媒体传播产品素材的基本能力，但需注意应该从图文处理扩展到更广泛类型的信息，注意到信息处理与跨媒体传播的关系，要求页面在经过处理后具有适应性处理特征（例如分色、补漏白、加网和测试条等）、输出前能进行编辑和纠错处理、按需要实现数据格式转换（例如转为 PDF 格式）等。跨媒体的有效执行要求新的输出技术，例如 Adobe 公司开发的 SUPRA 结构。

图 8-3 演示首次实现的 SUPRA 结构，跨媒体传播功能不突出，似乎仍然处理加工印刷品需要的页面文件，但从这种基本结构可以扩展出符合跨媒体传播的 PDF 文件。

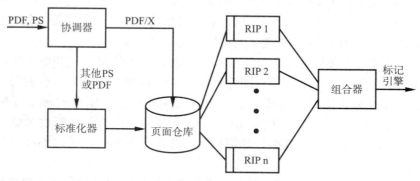

图 8-3　SUPRA 结构演示

经过图 8-3 所示的 SUPRA 结构处理后，页面相关性消失，强制所有的 PS 页面彼此独立，使多个栅格图像处理器能同时解释某笔印刷业务的全部页面，且印前处理结果的栅格化处理和输出可交叉执行，工作效率大为提高；未经 SUPRA 结构处理的文件仍然保留 PDF 文件的所有特征，例如为电子出版所需的注解、书签和多媒体内容等。因此，虽然表面上 SUPRA 结构与跨媒体传播无关，但过滤掉所有影响硬拷贝输出的因素后，前端处理结果分流成两类数据，分别适合于印刷媒体和电子媒体。

继桌面出版和网络出版成功实现后，由于更多数字影像和相关产品的出现，必将形成传播业的第三次改革浪潮，这就是泛网络传播。其依据是数字照相机、数字摄像机、手机和电子书等数字设备/产品以及无线传输、宽带网技术的应用，这不仅使数据传输速度有了保障，也使得一次制作、多次使用、按需输出成为可能，增强数字资源的利用深度。现在，按需输出可以通过各种形式实现，包括打印机、因特网页面、移动电话、电视设备和计算机和个人数字助手等。与桌面出版和网页出版相比，泛网络传播能够满足更多的网站、具有更多的页面和更丰富的媒体形态，适应更具有个性化需求的传播市场。

## 8.2　印刷图像处理

数字图像处理作为一门学科大约形成于 20 世纪 60 年代初期，美国喷气推进实验室于 1964 年利用计算机处理从太空船发回的月球图像，收到了明显效果，此后便诞生了数字图像处理这门学科。图像处理从开始时象牙塔内的宝贝发展到服务于各行各业，桌面出版技术出现后渗透到印刷领域。拜时代的发展和技术进步所赐，印刷图像处理不必像其他领域曾经走过的道路那样，需要针对使用目标自行设计图像处理程序，只需利用类似 Photoshop 一样的图像处理软件完成预定的操作，既方便又实用。

### 8.2.1　任务与目标

图像处理按结果分类，可划分成从图像到图像和从图像到描述两大类型，后者以二维数组的形式输入，从二维数组所代表的图像中提取某种特征，再以描述的形式输出。服务于后端印刷的图像处理显然属于从图像到图像的范畴。

毫无疑问，数字印前服务于印刷，为印刷品加工提供素材，经过图文合一处理后通过激光照排机记录到胶片，借助于直接制版机记录成印版，或直接由数字印刷机输出为印刷品。服务于电子出版的图像处理旨在为后端的媒体生产准备素材，如同服务于印刷品加工那样同属形成最终传播媒体的前期工作。因此，考虑到多目标输出的印刷图像处理以记录成视觉产品为基本工作目标，只要处理时注意多目标输出要求，印刷图像处理同样可以为跨媒体传播服务，处理环境和系统要求与印刷没有原则区别。

从图像到图像的处理依据来自使用目标和要求，由于数字印前和电子出版物素材准备的最终目标是生产视觉产品，因而图像处理的主要目的在于改善图像的视觉质量，使信息传播更有效，例如抠像、阶调映射、图像的模式变换、图像的灰度变换和颜色校正、图像的几何变换乃至于形状变换、图像平滑和锐化、图像的清晰度增强、消除图像中的畸变以及去降噪处理等。这些处理都属于从图像到图像的范畴，不涉及复杂的处理方法。

基于数字印前和电子出版素材准备的图像处理主要目标归结为尽可能忠实地再现原稿的风格和细节，力求还原原稿的色彩和层次变化，往往以彩色图像为主要操作对象，且处理结果也以彩色图像居多。因此，数字印前和电子出版素材准备使用的图像处理方式与其他领域的图像处理相比表现出某些特殊性。

举例来说，为了提高传播效率，增强印刷品和电子出版物的视觉效果，数字印前和电子出版物素材准备的工作流程中大量使用由彩色原稿扫描得到的彩色数字图像，或数字照相机拍摄物理场景后输出的图像文件。因此，在使用图像时时不能像科研和工业应用领域那样将所有主色合并，只需使用原图像的灰度信息即可；服务于印刷的图像处理必须保留原图像包含的所有信息，这对正确的彩色复制至关重要。

彩色图像输出到最终记录介质的成像平面上需经历扫描、处理、排版、拼大版、分色片记录和晒版或直接制版、印刷等工艺过程，期间涉及彩色数据一系列的传输、存储和变换操作，保证颜色的一致性至关重要。由此可见，服务于印刷品加工的图像处理不仅不能在处理阶段合并主色，且必须十分注意计算机屏幕颜色显示的正确性，为此需要为数据变换选择合理的 RGB 工作色彩空间，采用合理的色彩校正方法，并充分利用基于 ICC 标准的色彩管理技术，确保屏幕显示和印刷品颜色的一致性。

### 8.2.2　抠像

许多情况下可能只需要扫描仪或数字照相机采集到的数字图像的局部区域，为此需要利用各种方法将原图像隔离成两种区域，要求保持将要使用的区域包含的图像数据不发生任何变化，即保留该区域局部图像的阶调和颜色不变，这种操作称为抠像。

为了得到合理的抠像结果，应该动用图像处理软件所有可用的工具，并合理地选择恰当的工具。某些方法适合于简单的抠像操作，有的方法可以产生区域边界光滑的结果，分离出边缘阶调和颜色变化的复杂对象需要综合性的工具运用。例如，图 8 - 4 所示图像由数字照相机拍摄而得，包含数字印刷质量检测和评价系统，由于拍摄时背景和目标对象混合在一起，需要将目标对象分离出来，为此采用了路径抠像的方法。

路径抠像确实具有分离区域边缘光滑的优点，但不一定适合于所有对象。例如，妇女飞扬飘散的长发，具有透明质感的衣料和任务穿着的服装，分布极不规则而外形又十分细小的树叶等目标对象，如果千篇一律地以路径抠像，效果未必好。对上述对象采用路径和通道结合的方法或许更合理，通过多次的 gamma 调整，可以成功地分离出目标对象。

某些对象与图像其他区域分离的操作可以采用巧妙的方法，例如 Color Range 命令适合于抠取特定的阶调，通过两次应用 Extract 滤镜容易分离

图 8-4　路径抠像的结果

出透明质感对象，借助图像计算或通道计算命令可分离出特殊内容的区域等。以钢笔工具定义路径的方法抠像时，可以先放大图像的显示比例，按对象轮廓定义曲线或直线路径段，所有路径段和子路径的组合形成与目标对象边缘吻合良好的复合路经，为此必须耐心和细致。完成路径定义后不要认为抠像结束了，还得将路径转换成选择区域的边界，才算真正实现了对象分离。

### 8.2.3　阶调映射

作为一种练习，利用图像处理软件的阶调映射功能效果相当不错。不考虑图像捕获设备的传感器能力和其他相关因素时，数字图像的客观质量取决于空间分辨率和色调分辨率两大基本要素，两者都很重要。然而，许多数字印前工作者往往只重视图像的空间分辨率，对色调分辨率往往重视不够，为此可利用图像处理软件的 Posterize 功能取得实践认识。图 8-5 给出了降低色调分辨率的结果，可以看到图像内出现明显的等高线效应。

阶调映射的意义在于实现像素值的大规模改变，伴随阶调的合并或分离。如果阶调映射只能从多和宽到少而窄地变化，则阶调映射没有任何积极意义，图像质量只会变差。仅当阶调映射实现色调分辨率提高时才有意义，但必须在图像捕获设备硬件的支持下实现，否则也是消极的。例如，从 16 位图像映射到 8 位图像肯定丢失信息，而 8 位图像映射到 16位图像仅仅是一种数字游戏，不可能增加细节，但图像的数据量却大幅度增加。

图 8-5　色调分辨率降低对
图像质量的影响

一般来说，在没有硬件支持的前提下，只有那些不改变层次数量的图像处理软件阶调映射功能才会产生积极效果，直方图均衡化是最好的例子。从数字图像的直方图可以看出其阶调分布特点，直方图均衡化以改变像素值的分布为基本目的，似乎用处不大，但对某些图像却能产生意想不到的效果。某些摄影爱好者喜欢选择单镜头反光数字照相机的手动参数设置拍摄照片，如果因偶然的疏忽而导致拍摄参数偏离实际光照条件太远，完全有可能得到阶调分布畸形的结果，此时直方图均衡化就有用武之地了。经过直方图均衡化处理后，原图像反常分布的阶调在量化位数的范围内分布更均匀，尽管这种操作以假定阶调的均匀分布为前提，处理后未必能产生最好的结果，但总比反常分布要好。

　　某些数字图像的阶调分布很特殊，若使用一般的处理方法很难解决问题，则阶调映射同样有用武之地。例如，图像的画面很深暗，以至于较难分辨图像细节，简单地利用曲线命令提亮中间调未必能奏效。若真的出现这样的现象，可以使用更合理的减薄措施，复制与背景图层内容完全相同的图层，将上面图层的融合模式设置为 Screen 后，两层图像数据的合成相当于阶调映射，不但画面整体变亮，且层次不会有太大的损失。对于某些数字照相机拍摄的画面不够厚重的图像可以采用类似的方法，与减薄处理的区别仅在于融合模式设置为 Multiply，效果比利用曲线命令加厚图像的效果更好。

### 8.2.4　重新采样处理

　　也称为灰度插值计算，试图在现有像素的基础上产生新的像素，由此得名提高分辨率采样或增加像素采样（Upsampling），考虑到新的像素产生于原有像素之间的位置，插值得到的像素通常被称为子像素（Subpixel）；重新采样处理也可能减少像素，这同样要利用原有的像素，即按照现有像素的分布规律删除某些像素，由于插值计算必然导致像素数量的减少或分辨率降低，因而称之为降低分辨率采样（Downsampling）。

　　根据对原有像素利用方法的不同，可形成不同的重新采样计算方法，例如直接利用最近"邻居"像素值的插值算法称为最近邻域法，处理速度最快；通过 4 点邻域像素值确定位于由 4 点构成的四边形中任意点子像素值的方法称为双线性插值，需要构造沿水平和垂直方向的双线性函数，处理速度不如最近邻域法；若扩大原有邻域相素的范围，用于构造比双线性插值高一阶的函数，并执行必要的差分计算，这种方法称为双立方插值。无论双线性插值还是双立方插值计算都存在低通滤波效应，使用时值得注意。

　　若插值计算时设定的参数不当，则可能引起莫尔条纹。图 8-6 从画面阶调和色彩表现正常的图像经 Photoshop 插值计算而得，条纹的出现源于新分辨率与原分辨率不成比例。

图 8-6　插值参数设置不当
导致的莫尔条纹

　　从图 8-6 所示的例子可以了解插值前后分辨率成比例的重要性。此外，由于重新采样计算与许多图像处理操作有关，再考虑到双线性插值和双立方插值具有低通滤波效应，如何选择重新采样使用的插值算法就很重要了。图 8-7 以屏幕捕获图像为例说明选择合理的插值算法的重要性，同时也说明双立方插值的低通滤波效应；该图的顶部代表原图像，底部是双立方插值计算的结果，原图像经重新采样处理后清晰度明显下降。

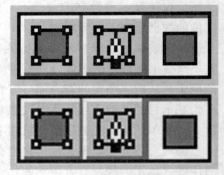

　　之所以出现图 8-7 底部所示的清晰度降低现象，是因为双立方插值计算过滤掉了原图像的高频分量。此外，双立方插值算法不但导致线条等对象的边缘模糊，且在黑色线条对象的边缘出现白色的边饰，这说明重新采样计算也可能引起频率混叠。

图 8-7　双立方插值算法的
低通滤波效应

### 8.2.5 色彩调整和校正

对服务于印刷的图像处理来说，颜色调整不可避免而绝对重要。由于模拟原稿保管不善或图像捕获时参数设置不当，或者模拟原稿本身的阶调和颜色分布不正常，均会导致最终形成的数字图像颜色偏离原景物，或与人们记忆中的颜色不符。于是，颜色调整或校正便不可避免，两者的区别表现在：数字图像的内容本身具有客观性，色彩表现应该与实际颜色一致或很接近，如果由扫描仪或数字照相机提取的颜色与景物颜色产生了偏移，则在图像处理阶段应该采取一定的措施，力图恢复到正确的颜色，这种处理过程称为色彩校正；图像的色彩表现与人的欣赏特点和心理需求有关，某些场合的图像内容与客观景物没有联系，或者与客观景物的联系不大，此时图像的色彩表现上升到主导地位，有必要使图像颜色更符合人们的欣赏习惯，这类图像处理过程称为色彩调整。

色彩调整或校正按操作目标执行时覆盖众多内容，例如改变图像整体或局部区域颜色的三属性（包括色相、饱和度和明度），按图像的阶调分布特征和反差压缩要求重新设置图像的最亮点和最暗点，增加或降低颜色的亮度和对比度，改变颜色的平衡关系等。当然，色彩调整也包括对四色印刷的固有特点作出补偿，比如改变纸张与油墨的配对使用关系，转换为半色调图像时对原图像作软化处理，以及解决油墨无法达到理论性能等问题。一般来说，为解决四色套印油墨无法达到理想吸收光谱而执行的色彩调整或校正操作应该与油墨的光学特性联系起来，考虑到黄色油墨与理想吸收光谱相当接近，通常无须调整。

Photoshop 提供丰富的颜色调整或校正方法，大多数基于 RGB 数据变换，某些方法需临时性地变换到其他色彩空间，由于像素值取非负整数的原因，临时性地从 RGB 数据变换到其他彩色数据、色彩调整结束后再转回 RGB 空间，加上色彩调整本身的计算，从正整数到浮点数再到正整数的圆整计算必然导致颜色信息的丢失。尽管如此，某些色彩调整方法仍然非常重要，例如模拟高端扫描设备色彩调整方法的 Selective Color 命令，可以直接按四色套印工艺加减油墨的原理调整颜色，对熟悉四色套印工艺的图像处理人员十分有用。

图像色彩调整或校正属于典型的点处理操作，意味着计算当前像素新的颜色值时无须利用邻域像素，仅靠借助于变换函数从原像素值得到像素新值。因此，色彩调整或校正完全不同于重新采样计算，不会引起双线性插值或双立方插值那样的副作用。显然，色彩调整或校正应关注的重点并非算法的副作用，应该注意调整的结果。

### 8.2.6 像质变换

本小节讨论的像质变换主要指平滑和锐化处理，两者同属图像增强技术。平滑处理主要用于去除"搭载"在图像信号上的噪声分量，不恰当的算法有可能使本来聚焦清晰的图像变得更模糊，但出于质感（例如丝绸的柔软感和小孩皮肤的细腻感）复制的需要，也必须对图像执行平滑处理。图像锐化往往是为着提高清晰度的需要，例如图像处理系统由于成像部件（包括摄影和摄像等）聚焦不良或信号传输系统的信号频带过窄导致目标物轮廓模糊的现象经常出现，为此需要利用锐化技术来突出图像中人们感兴趣的信息，即增强代表图像细节的分量，包括清晰度强调和细微层次强调等操作内容。

图像的平滑和锐化处理又称为低通滤波和高通滤波，而滤波这一概念则来源于以频率域为基础的信号处理技术。数字图像的灰度分布描述原稿任意点在二维平面内的反射光强度或透射光强度与位置的关系，即灰度分布在空间域中描述。然而，通过傅里叶变换能实现图像信号（像素值）从空间域到频率域的转换，完成滤波处理后再利用逆傅里叶变换回到空间域。尽管滤波的概念来自频率域的信号处理技术，但直接使用数字图像的像素值作滤波处理或许更直观，这种以像素值为基础的滤波算法称为空间滤波。

从实际景物转换成数字图像信息，需经过原稿生成、数字化、传输及变换等过程，因而会受到各种因素的干扰和影响。尤其是在图像数字化时会受到各种噪声源的干扰，比较明显的是在图像数字化过程中可能产生高频噪声。噪声的存在干扰了正常的图像信息，使得图像在输出时不能得到正确的密度信息。为了使原稿能准确地再现，消除噪声成为图像处理的一项重要任务。这种处理一般不为数字印前或电子出版物素材准备的操作人员所重视，人们往往将精力放在图像的艺术加工上，而忽视了对图像噪声的处理。对图像进行平滑处理是消除或降低噪声的有效手段，代价很低，但收效却不小。

与空间滤波有关的重要概念是空间频率，它反映像素亮度变化的趋势和特征，定义为像素灰度（亮度）值对距离的变化速率，其数值的大小反映对象边缘清晰度的高低。由于数字图像是基于亮度值分布特征的二维数字信号，应该有水平和垂直两个频率分量。从物理角度看，具有高空间频率的图像通常表现为在很小的范围内像素值有急剧的变化。

图像的平滑和锐化处理往往借助于图像处理软件的滤波器实现，可以直接调用最合适的滤波器实现预定的操作目标。此外，某些方法甚至有可能比数字滤波器更有效，下面给出以融合模式提高模糊图像清晰度的例子：复制模糊图像的副本图层，位置在上图层的融合模式设置为 Overlay、Softlight 和 Hardlight 之一，最后合并图层。图 8 – 8 之右是通过设置合理的融合模式提高图像清晰度的例子，与左图比较不难发现处理效果相当好。

图 8 – 8　融合模式提高图像清晰度的例子

数字照相机的种类繁多，成像性能差异很大，某些数字照相机为了增加所谓的"有效像素"不加节制地动用插值处理算法，导致捕获信号变换成数字图像后模糊，其中以卡片机拍摄的照片最为典型。对于这些照相机拍摄的数字图像，仅观察综合通道不够，应进入各主色通道仔细观察每一种主色的色调表现；若问题发生在某一主色通道，则应该针对该通道选择恰当的锐化处理算法，对所有主色通道都执行锐化处理是没有必要的。

### 8.2.7　图像合成

为了增强图像的表现力，组合存在关联因素的对象，或"故意创造"特定的意境和艺术效果等，这些场合就需要图像合成，此时质量考虑降到次要地位。图像处理软件提供的图像合成方法和途径多种多样，大体上可归纳为图层合成、通道计算或图像计算合成、通道分离再合并和位移图合成四大类型，以图层合成最为方便和直观。

简单的图层合成只需将被合并的图像粘贴成接受合并图像的图层即可，为了控制两者合并到一起后的阶调和色彩表现，可以在复制和粘贴组合操作前为被合并图像的选择区域边界设置恰当的羽毛边效果，使两者的像素彼此渗透，形成平滑的渐变。复杂的图层合成往往需要在合成前定义控制效果的蒙版，合成效果不满意时可随时修改蒙版。

以图像计算或通道计算的方法合成图像时，由于图像处理软件提供预视功能，因而尽管最终的合成效果不可预测，但从屏幕上预视到的效果与最终合成效果差距不致太大。图像计算或通道计算合成图像的要点在于融合控制，即根据预期要求为两幅图像或通道的合成规定融合模式。对于某些靠图层合并无法建立的效果，通过图像计算或通道计算的方法可能轻而易举地实现，但操作步骤更复杂，前期准备时间也较长。

通道分离再合并的图像合成方法相当特殊，往往需要将两幅或更多幅图像的通道拆开成灰度图像的形式，此后选择合适的由通道分离得到的"灰度图像"，规定图像模式，即可合并成完全不同于原图像的彩色图像。这种图像合成方法的主要特点是打散组合，如同大米和面粉混合那样，由于混合后"能量"增加，变得不可拆开。

借助于位移图的图像合并明显不同于前三种类型，由于图像合成效果可以通过位移图控制，因而更讲究合并技巧。例如，需要改变人物的服装时，若将新的"布料"直接粘贴成人物图像的图层，对上层图像设置合理的融合模式，效果往往不会好，因为衣服上总会出现皱折，而仅仅靠简单的图层合并无法体现衣服的皱折特点。对于这种要求，以位移图控制的图像合成更合理，关键在于设计位移图，此乃"换衣术"的要点。

## 8.3 图形处理

图文信息处理的"图"有两种主要含义，其一是图像，二就是图形了。根据页面内容和性质的差异，图形和图像的出现频率可能很不相同，例如技术性文章的插图大多以图表方式描述特定的规律或测量数据间的关系，此时的插图以图形为主。相比于图像，图形的复制难度要低得多，颜色的准确性无关紧要，线条的精度占据主导地位。

### 8.3.1 设备无关特性

图像处理软件的操作者都知道，打开新的图像文件时必须规定分辨率，因为图像以点阵数据描述，意味着图像是与设备有关的。然而，打开新的图形文件或排版文件时，操作者无需规定文件的分辨率，因为图形和文字以矢量数据描述，说明图形和文字与设备无关。如果真的要讨论图形与设备的关系，那也是图形输出阶段的事，对使用者来说仍然无需担心图形的分辨率，原因在于图形的输出精度完全由设备决定。

由于图形的设备无关特性，因而图形是面向对象的，其含义是对于图形对象的操作面向矢量数据描述的对象，并不面向将来输出图形时使用的设备。图形的面向对象特性为图形处理带来很大的方便和灵活性，每一步操作仅仅涉及纯粹的数据变换，不可能导致图形信息的丢失，因而图形处理是可逆的。图像处理则不同，虽然每一步操作也是数据变换，但由于这种数据变换产生的新数据导致不同的描述，例如平滑处理导致对象边缘模糊，此时数据代表的对象特征发生了变化，其根本原因在于图像以点阵数据描述，无论数据发生什么样的变化，总会影响数据描述对象的变化。

绝大多数场合的图形数据变换不改变对象的性质，例如线条变换后仍然是线条，不可能从线条变换到图像。然而，图形的面向对象特性并不意味着图形变换简单，更不意味着图形变换对计算机的运算速度要求很低。恰恰相反，图形变换对 CPU 的处理速度要求很高，并不亚于图像处理，这是因为伴随图形矢量数据变换的同时，图形软件必须及时地刷新屏幕显示，使操作者能看到处理产生的效果，而图形在光栅扫描设备上的显示需要耗用大量的时间寻找合理的显示点位置，仅仅完成图形自身的矢量数据变换是不够的。因此，若用户并不在意中间结果的细节，则可以临时性地关闭需要耗用大量时间的显示模式，切换到显示效率更高的模式，视具体图形软件而定。以 CorelDRAW 为例，该软件提供 Wireframe、Draft、Normal 和 Enhanced 四种显示模式，设置成 Enhanced 显示模式时将提供图形的全部细节，包括 PostScript 填充；选择其他显示模式时将缺乏细节，以 Wireframe 模式的显示结果最为简单，只给出图形的线框，没有其他信息。

图形与设备无关的特性也表现在输出方面，输出图形时不必像图像那样要考虑到图像分辨率与设备分辨率是否一致，图形输出精度完全由设备分辨率决定。图形输出时的数据处理不再是图形操作那样从矢量数据到矢量数据的变换，而是涉及图形的栅格化转换，从矢量数据转换到点阵数据，其间需要一系列的算法得到良好的转换结果。

### 8.3.2　图形表示

毫无疑问，图形的表示方法本质上应该采用矢量数据来描述。但是，图形表示方法在很大程度上受到图像处理的影响，也是某些特殊类型图形属性描述的需要。因此，以计算机作为工具表示和描述图形时，为了兼顾各种图形对象的描述特点，提高图形软件的描述能力和扩大图形软件的应用范围，通常采用点阵表示和参数表示两种方法。

计算机图形学研究的图形不能只局限于单纯地用数学方法描述图形，即不能只研究图形的几何属性。因为几何形体虽然来自客观世界，但它只是客观对象的高度抽象表示，没有包括诸如物体颜色和层次变化、物体所处的光照条件、构成物体的材料和表面特性等非几何属性。正因为如此，计算机图形学研究和描述的对象比起仅包含几何属性的图形来说显得更具体、更直观、更接近于它所表示的客观对象。

显然，扩大图形软件的适用范围需要扩大软件可处理的对象类型，为此某些内容的表示需要借鉴数字图像的表示方法。例如，某一图形对象的轮廓线（几何形状）确定后，该对象内部的填充可能采取不同的方式，可以是实地填充，也可以是渐变填充，甚至可以是复杂图案和 PostScript 图案填充（参见图 8-9）。对于这些非几何类型的图形属性，采用点阵描述的方法体现独特的优点，可以准确地记录轮廓线区域内每一个填充点的颜色值。

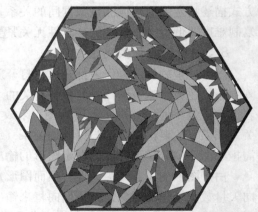

图 8-9　包含 PostScript 填充的图形

在计算机图形学出现前，人类就已经在使用和研究图形，其中最常见的是用数学方法描述图形，比如平面几何和立体几何研究几何图形的基本特征和相互关系，而解析几何则着重研究用代数方程或解析表达式描述图形的几何特征和相互关系。在上述学科中，客观对象的具体形态经过了抽象处理，归结为简单的点和线，且几何学中的点线没有大小，所以没有具体的物理意义。但是，任何对象的几何属性都是从源对象抽取出来的，它们描述了源对象的基本形状和相互位置关系。因此，几何属性是图形的基本特征，也是将客观世界的不同源对象抽象为几何形体的主要依据。

图形的几何属性，即图形的轮廓线属性通常采用参数表示的方法。此外，图形的非几何属性也可以用参数表示。这里，表示图形几何属性的参数称为形状参数，而表示非几何属性的参数则称为属性参数。形状参数指的是描述图形轮廓的代数方程或解析表达式，例如解析表达式的系数以及线条和多边形的端点坐标等。属性参数不同于形状参数，主要用于描述轮廓线的颜色、线型以及内部填充的颜色特征等。

### 8.3.3 图形定义

本小节讨论的图形定义指借助于图形软件实现的描绘图形的操作，因而图形定义即图形输入，借助于图形输入设备完成。根据已经用过的和正在使用的图形输入设备，按照逻辑设备概念可分类成点设备、拾取设备、值设备、字符串设备和选择设备五大类型。个人计算机用得最多的图形输入设备是点设备，键盘很少使用。

点设备通常用于指示特定的坐标点或坐标点系列，或许算得上最常用的图形输入设备了，包括鼠标、数字压敏板、轨迹球、操纵杆、触摸板和光笔等，大多数图形定义通过鼠标输入的方式完成。鼠标是一种较小的手握设备，带有一个或多个按钮。

鼠标分为机械鼠标和光电鼠标两大类型，两者的区别在于它们的位移检测系统。机械鼠标以滚球为位移检测元件，装在鼠标器的底部，可自由转动。移动鼠标时，滚球沿操作人员的移动轨迹转动，同时带动两个多孔圆盘转动。由于多孔圆盘的两侧分别放置有发光二极管（发射光）和光二极管（接受光），因而在圆盘转动时可以由通电的光二极管检出脉冲信号，再对脉冲计数就可得到鼠标的移动距离了。

光电鼠标的位移测量元件是印有均匀方格的金属板。在鼠标内部安排两个光源，通常安装红色和蓝色发光二极管；当位移检测元件放置到金属板上时，照射到金属板上的光线会发射回鼠标下方的两个球形透镜上，这两个镜片使两束光线发生折射，为接受光的传感器所捕获。当位移检测元件在金属板上移动时，由于金属板上刻有明暗交替的线条，反射回的光线就有强弱的变化，鼠标内的受光元件检测到这个变化，据此输出和光电强弱相对应的脉冲，再通过电子线路或微处理器对脉冲计数，就可得到鼠标移动的距离。

早期光电鼠标的工作性能不如机械鼠标，由于价格便宜的原因，大多数人喜欢以机械鼠标定义图形。尽管价格便宜，机械鼠标的损坏率相当高，只能频繁地调换。随着计算机技术的发展，像鼠标这样的小配件制造技术发展得也相当快，导致性能本该优异的光电鼠标工作性能迅速地超越机械鼠标，现在已很少有人采用机械鼠标输入图形了。

数字压敏板也称数字化板，连接有可移动的触针或圆盘，操作时移动触针或圆盘，按下触针的触头或圆盘的按钮，就产生触发信号，由计算机捕获后产生相应的响应。大多数压敏数字板通过电子感应机制检取触针的位置信息，由于板的表面嵌入了按栅格规律分布的网状导线，施加在导线上的连续电脉冲产生的电磁信号经电磁感应的作用，在触针的线圈中产生电信号，电信号的强弱用来确定触针的位置和压力的大小。如同平板扫描仪按8位或更高的位分辨率量化光信号那样，压敏数字板也有量化位数不同的区别，与平板扫描仪不同之处主要表现在压敏数字板以压力为量化处理对象。

轨迹球可看做倒装的机械鼠标，即滚球面向上放置，这种设备现在已不多见，某些笔记本电脑（例如 IBM 笔记本电脑）上的红色小球可视为轨迹球的发展，制作之精良已非昔日的轨迹球可比，使用起来也比轨迹球方便得多。轨迹球的滚球可以在允许的范围内自由地旋转，其运动方向可以通过电位器或位移编码器测定。使用时将右手（或左手）掌心放在滚球上控制其转动，实现定位操作。为了方便，在滚球附近手指可以达到的位置一般还装有各种开关，实现各种控制操作。轨迹球操作不如鼠标那样方便，故用得较少。

触摸板在现代计算机中被发扬光大了，如今的笔记本电脑都配有触摸板，可以方便地移动光标位置，只要在到达期望位置后击打触摸板，即可向计算机发送定位成功指令，由计算机执行相关的运算，完成图形定义。

光笔的早期开发目标主要定位于图形输入。光笔接收光脉冲，而非发出的光亮。当光笔在光栅显示器上检测到光脉冲时，可以用来存储视频控制器的 X 和 Y 寄存器值，并产生相应的中断；图形程序包通过阅读存储的数据，就可以确定光笔所在的光栅位置。

### 8.3.4　基本操作

除图形定义外，基本的图形操作包括移动、删除、复制、节点编辑、改变图形轮廓和内部的填充属性、通过图形组合形成裁剪洞效果等，图 8 – 10 所示的例子借助于有限次的复制操作形成花纹图案，由于复制时充分利用了约束键功能，使花纹图案很有规律。

图 8 – 10　多次复制得到的花纹图案

左面的复合图形由旋转相同角度的正五角星构成，右面的复合图形则通过旋转相同角度的正方形得到，只要数一下图中五角星和正方形的个数，就不难知道它们的结构了。

图形的复制操作方法因不同的软件而异，以 CorelDRAW 最为方便，只需在移动或旋转基本图形对象时按住鼠标的右键点击，就相当于通知软件请求重复而有规律的操作。以图 8 – 10 所示的复合图形为例，执行复制操作前设置 Ctrl 键约束的旋转角度（例如 5°），二次点击基本图形对象（例如图 8 – 10 中的五角星或正方形）使限制框进入旋转模式，旋转中心（锚固点）拖动到基本图形的左下角，按住 Ctrl 键拖动鼠标按约束角度旋转，右键点击请求复制操作，再重复按 Ctrl + R 键多次即得图示结果的雏形。

简单图形的填充遵守一般的扫描线规则，图 8 – 10 所示的复合图形需要在填充前执行附加操作，比如选中所有的基本图形（五角星或正方形）后按 Ctrl + L 键，使全部基本图形组合成复合图形，再执行填充操作，即得图 8 – 10 所示的最终结果。得到图中给出的填充效果是因为 CorelDRAW 按奇偶规则测试复合图形的内点：从需要判断的点出发向任何方向画一条射线，然后对图形边界与射线的交点数目计数，如果交点的数量是奇数，那么这个点在填充区域内部，否则在填充区域外部。图 8 – 10 所示效果就是根据以上测试规则确定内点后再填充的结果，无法用扫描线规则确定填充点的复合图形都必须利用内点测试规则确定点的填充与否，但未必一定使用奇偶规则，选择非零缠绕计数规则也可以。某些图形软件甚至在不同的版本里运用不同的内点测试规则，例如 Illustrator 8.0 版本采用奇偶规则作为默认内点测试规则，但 9.0 版本却改成非零缠绕计数规则。

节点编辑是形成期望图形不可避免的操作，由于图形软件都采用 Bézier 曲线表示基本图形对象的轮廓，因而可以实现交互式的节点编辑操作，编辑结果即时显示。

### 8.3.5 图形的逻辑关系

数的逻辑运算几乎不受限制，由于图形对象的逻辑运算更为复杂，因而受到一定程度的限制也算正常。即便如此，若能充分利用图形软件提供的有限逻辑运算，也可以得到某些以其他方法无法产生的特殊效果。两个或两个以上的基本图形对象以某种逻辑运算方法处理后，将形成一个全新的对象。不同的图形应用软件可能提供不同的对象逻辑运算方法。仍然以 CorelDRAW 为例，该软件提供对象的交叉、焊接和修剪等三种逻辑运算。

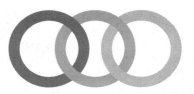

图 8－11 由三个对象
建立的交叉效果

选中一个对象后执行 Arrange 菜单之 Shaping 命令组中的 Intersect 命令后，软件检查几个重叠对象的交叉点，并将由多个对象组成的重叠部分定义为交叉对象，其填充和轮廓线采用最后建立对象的填充和轮廓线属性，图 8－11 是用 3 个对象建立交叉效果的例子。

如果没有交叉逻辑运算，则图 8－11 所示的彼此嵌套的圈套圈效果很难建立起来，仅靠手工覆盖局部环性的方法虽然也可以，但位置和精度显然很难保证。

某些图形软件可能提供更多的逻辑运算，比如 Freehand 提供一组命令，用于实现多个对象的逻辑运算处理，包括逻辑加、对象分解、对象交叉和打孔等。

## 8.4  文字处理

在计算机从科学运算向事务处理跨越的过程中，文字处理首先实现，即使在 PC 机使用 DOS 操作系统的年代，也出现了西文和中文的字处理软件。文字处理之所以能够在计算机信息处理领域得以先行一步，关键因素之一是文字显示的要求相对简单，而早期计算机大多只支持单色显示模式；关键因素之二是文字对事务处理的重要性，任何事务处理必须先解决文字处理；第三，文字排序和检索很方便，数据也容易组织。由于文字是人类思想和情感的高度抽象的表示，表达方式既简洁又高效，因而历来受到计算机应用的重视。尽管如此，若文字缺乏有规则的组合，字符大小和字体的巧妙搭配，仅仅提供一堆大小相同而又无序的字符，表达效果将大打折扣。

### 8.4.1 字符格式化与文本格式化

所谓的字符格式化指改变字符属性的操作。按照专业排版软件提供的功能，字符格式化的主要内容分成编辑字符属性和字体的装饰属性，其中字符属性包括字体、字符尺寸和字形风格，后者往往对西文字符有效，同一套字体有正常、粗体、斜体和粗斜体之分；字符的装饰属性包括空心字、加阴影的字、加单划去线或双划去线的字、文本底部加下画线、单词加下画线、上角标和下角标等。

汉字由于笔画差异大，使用的字符数量多，因而字体设计的重点是解决为数众多的字形轮廓描述问题，以及如何解决笔画极少和笔画极多两种极端的均衡性问题，粗体和斜体等不同风格的字符轮廓退居次要地位，通常只提供正常字符，不提供粗体字和斜体字等。某些字处理软件为弥补汉字没有粗体字和斜体字的缺陷，可能提供以正常字符为基础的变异粗体字和斜体字，例如 Word 就是这样处理的。作为从事数字印前的专业人员，应该对强制变异字持谨慎态度，因为变异字的形成是简单的几何处理的结果，例如粗体字通过微小的位移叠加两个或多个相同的字符而成，斜体字则源于对正常字符的错切变形，以上述方法强制变异得到的字符质量很难满足高精度记录的要求，尤其在放大输出时容易暴露笔画端部的分叉，尽管屏幕显示较难发现。专业印前公司积多年的经验，发现加粗或强制形成的斜体字记录到分色片后质量不能令人满意，因而限制通过强制手段形成的粗体字和斜体字的使用，并形成了工艺纪律。

字处理软件的字符格式化操作设计成方便使用的形式，通常在工具条内提供字符格式化的工具图标或选择栏清单。例如，需要改变字符尺寸时只需在字号栏的清单内选择要求的字号即可，找不到需要的字号时可以直接输入数字。

字符的装饰属性并非字体设计时建立，往往由字处理软件或排版软件提供，早期字处理软件版本通常不提供空心字和阴影字等功能，只有专业的排版软件才会有。在字符颜色方面，字处理软件仅提供有限的支持，用户只能从软件提供的有限数量的颜色中选择，无法实现象专业排版软件那样按四色套印工艺要求规定字符的颜色。

文本格式化也称段落格式化，由于段落以回车键作为结束标志，因而文本格式化操作对两个相邻回车键之间的文本有效。文本格式化的主要内容有对齐方式（左对齐、右对齐、中间对齐和强制对齐）设置，规定缩排（段落首行缩排和左右两侧缩排）距离，段落的行距控制及段前和段后间距控制，指定分栏数和栏间距等。出版社对书版的行距控制要求十分严格，目的在于方便计算每页的字符数，因为这与结算作者的稿费有关。国外公司开发的字处理软件往往按所在国习惯默认规定行间距，与我国出版社要求的行距控制要求可能有较大差异，因而在使用这些字处理软件时应该引起注意。有不少非专业人员习惯于通过打回车的方法控制段前和段后间距，这种方法很要不得，应该利用字处理软件或排版软件的段前、段后间距设置功能规定具体的数字，以便准确地控制段落与段落的距离。

发展到现在，不仅字处理软件和专业排版软件提供字符格式化和文本格式化功能，即使在 Photoshop 这样的图像处理软件中也可以实现字符和文本格式化处理，为此需要利用相关软件提供的工具，例如图 8 – 12 所示那样的操作面板。

图 8 – 12 的形式看似简单，但利用这种面板足以完成字符格式化和文本格式化（图中仅显示字符格式化面板）操作了，使用也相当方便。

### 8.4.2　字符间距调整

一般来说，字符间距调整属于文字处理的特殊问题，包括调整两个字符的间距、调整多个字符的间距以及设置连字符等。

图 8 – 12　字符格式化和
文本格式化面板

字处理软件的字符间距调整功能通常由字体命令提供，例如 Word 的字体对话框顶部有三个选项卡，其中之一即为"字符间距"，可以利用它规定缩放比例，大于100%和小于100%分别代表放大和缩小字符间距；规定改变字符间距的方式，"间距"清单中提供标准、加宽和紧缩三个选项，含义不难理解。使用字处理软件的"字符间距"指对话框调整字符间距时应关心"缩放"和"间距"两者的关系。每一套字体设计时就已经规定好了相邻字符出现在页面中的距离，这就是"间距"清单中的"标准"项；若在此基础上从"缩放"清单中选择100%，则意味着采用字体设计时确定的字符间距，即标准字符间距；如果从清单中选择或者手工输入大于100%的数字，例如选择150%，这说明按标准字符间距的1.5倍控制当前选择字符群的间距；规定小于100%的数字时将缩小字符间距。

英文排版的字符间距控制以关键词 Kerning 和 Tracking 表示，分别代表两个字符和多个字符的间距控制，前者对中文排版来说其实意义并不大，因为中文排版即使要调整字符间距也往往针对整个段落的字符，不太可能出现仅仅调整两个字符间距的情况。

英文之所以需要调整或控制两个相邻字符的间距，是由英文的字符特点所决定的，主要针对不等宽字体。由于不等宽字体的字符排版时占据不同的宽度，字体设计人员确定的标准字符间距未必适合于排版人员尤其是美术设计人员的审美要求。举例来说，英文字符"A"的右侧和"V"的左侧笔势刚好一致，它们的标准距离在字体设计时已经由设计人员确定了标准间距，在文本行中显示为"AV"这样的形式；排版人员或美术设计人员很可能不认可字体原来的标准间距，比如认为离得太近或离得太远，为此需要调整到按他们的审美情趣确定的间距，例如图 8 – 13 所示的标准间距和两种调整后间距。

$$AV\ AV\ A\ V$$

**图 8 – 13　两个字符间距调整结果的例子**

图 8 – 13 之左代表字体设计时确定的标准间距，中间为紧缩 12 磅后的紧排间距，右面则表示放大 8 磅后的间距，许多人或许更喜欢中间的紧排间距。

### 8.4.3　文本分块

目前，我国书版以通栏排版较为流行，杂志排版通栏和分栏兼有，某些杂志为美观起见有采用不等宽栏的，两个对合页分栏交叉布置。版面形式以报纸排版更为复杂，文本以不同大小的文本框分隔，有时甚至出现非矩形的文本框。为了实现对文本的分隔并界定文本出现的范围，专业排版软件往往提供图 8 – 14 所示那样的文本框定义对话框。

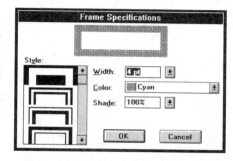

**图 8 – 14　定义文本框的对话框例子**

图 8 – 14 所示的对话框来自早期 QuarkXPress 版本，包括文本框周边线条（边框）的粗细、颜色和色调深浅以及线条风格等。其实，对书版来说很少需要定义文本框，杂志的某些页面可能需要，使用最多的当数报纸。由于报纸的栏目多，即使同一版面的文章内容和性质也可能互不相同，若不加明显的区分标志，会影响报纸读者阅读。

事实上，现代报纸的文本也未必要用边框加以区分，往往采用在不同文章间加细线分栏，某些报纸虽分成多栏，但不加栏线，版面反而显得清洁。边框用得最多的地方应该算得上报纸的报眼了，其他使用边框的地方往往并非文本，而是图片，因为报纸以大号字排版的醒目标题足以令读者分清文本块与文本块的区分。

因此，从杂志和报纸这两种需要文本分块的出版物看，使用得最多的文本分块形式当数分栏无疑，而分栏相对于其他操作相对简单，只需规定栏数和栏间距即可。

### 8.4.4　裁剪路径

路径是零宽度的数学实体，通过图像处理或其他软件定义的路径同样如此。由于这一原因，包含路径的图像直接由硬拷贝设备输出时路径被隐式关闭，事实上零宽度的数学概念上的路径无法输出。然而，如果路径先转换成裁剪路径并保存起来，且在排版时调用了该裁剪路径，作为文字沿部分图像绕排的基准，则尽管路径自身不能硬拷贝输出，但将决定排版软件生成的版式文件如何输出图像。以前的数字印前排版软件不提供定义裁剪路径的功能，只能在图像处理软件内定义裁剪路经，仅当排版软件在页面中插入了包含裁剪路径的图像后，才可以将裁剪路径用作文字绕排的基准边界，相当于以路径裁剪图像，这或许是裁剪路径得名的原因。图8－15是利用路径裁剪图像排版的例子。

现在新版本的排版软件已允许定义裁剪路径，为高等级专业排版提供了方便。考虑到排版软件定义路径可能不如图像处理软件方便，以及用户的操作习惯问题，仍然有必要通过图像处理软件定义裁剪路径。

尽管输出版式文件时不会同时输出裁剪路径，但裁剪路径既然作为文字绕排的基准边界使用，因而如何输出由路径裁剪的图像仍然与路径有关。因此，在输出图8－15所示那样的图文对象时，涉及PostScript解译器（即栅格图像处理器）如何处理裁剪路径形成的边界。作为零宽度数学实体使用的路径仍然是图形对象，由于栅格图像处理器通过将一系

图8－15　文字沿裁剪
路径绕排的例子

列的直线段连接起来的方法建立曲线，因而直线段的长短对包含曲线边界的裁剪图像能否成功输出关系极大。为了定量地表示直线段逼近曲线的程度，计算机图形学以平直度衡量裁剪路径能否成功地输出，数值大小代表直线段的长短。

一般来说，低分辨率硬拷贝输出设备不"认识"裁剪路径，因而输出包含裁剪路径的页面时不会理会裁剪路径。包含裁剪图像的版式文件在激光照排或直接制版机一类高分辨率设备上输出时，由于PostScript语言本身对路径的复杂程度没有限制，但栅格图像处理器的控制对象（即输出设备）却会限制路径的复杂性。因此，如果如果路径太复杂，以至于无法在高精度硬拷贝设备上输出，或者激光照排机或直接制版机在"理解"裁剪路径时遇到了困难，则输出复杂路径裁剪的图像时极有可能出错。

若基于PostScript语言的激光照排机或直接制版机产生极限检验错误或常规PostScript错误时，则说明裁剪路径可能太复杂了，以致于无法正常输出。用户或许能够在低分辨率的PostScript设备上毫无困难地输出复杂路径，但在高分辨率设备上输出同一路径时却容易遇到麻烦。这是因为低分辨率设备使用更少的直线段近似曲线，而高分辨率设备则使用较多的直线段逼近曲线，意味着低分辨率PostScript设备会自动简化路径。

### 8.4.5　文字不加网原则

从电分制版到数字印前的主要标志之一，是扫描部分和网点发生器从电子分色机上独立出来，形成滚筒扫描仪和激光照排机两大数字印前的主力设备，并在滚筒扫描仪和激光照排之间插入计算机，组成完整的输入、处理和输出系统。由于计算机的加入，从根本上改变了电分制版时代的工作方式，因为文字的输入由计算机承担，图像和文字严格地区分为点阵数据和矢量数据描述，两种页面对象采用不同的数据处理机制。从此以后，文字不加网成为数字印前必须遵守的基本规则，到了计算机直接制版后依然如此。

文字不加网原则对提高文字复制质量的作用至关重要，这当然应归功于计算机的文字输入和处理能力，已经有条件与扫描图像区分开来。毫无疑问，边缘没有网点的文字复制质量比出现网点的文字复制质量肯定要高。数字印刷进入各种领域后，企业必须面对不同类型的客户，由于专业知识不够和认识上的原因，不少客户提供的数字文件经常包含不合理的页面对象，导致数字印刷品文字加网的现象时有发生。例如，由于传统印刷的大批量

复制特点和成本控制要求，以 PowerPoint 生成的文件不可能提交给商业印刷公司复制。数字印刷的出现导致按需印刷成为可能，某些数字印刷企业经常会承接 PPT 文件；制作 PPT 文件人员的专业知识通常不如平面传播广告公司的设计人员，他们经常在 PPT 文件中使用灰色文字和彩色文字，于是奉行了多年的文字不加网原则被轻而易举地打破。

另一种文字加网与数字印刷企业的印前制作人员有关，他们在扫描文字稿时不懂得选择合理的扫描图像模式，错误地认为扫描成灰度图像对提高质量有利。例如，复制书法家的楷书作品时扫描成灰度图像，实际上也属于文字加网问题。为了遵守文字不加网原则，如果数字印刷企业的扫描设备有条件实现高于数字印刷机分辨率的采样频率，则应该将文字稿扫描成二值图像，即使数字印刷机的分辨率仅达到 600dpi，这种采样精度要求对较高质量的平板扫描仪基本上没有问题，数字印刷机也可以复制出不加网的文字。

打印机是重要的计算机外围设备之一，从其诞生开始就要求页面描述的支持，以页面描述语言的形式实现。在类型众多的页面描述语言中，以 Adobe 提出的 PostScript 语言最为流行。这种页面描述语言之所以能够成为数字印前领域事实上的工业标准，在于其相当强的图文功能，可以在页面上描述文字、图形和图像，控制具有高精度记录能力的设备输出符合印刷质量要求的物理页面，也是设计和开发栅格图像处理器的技术基础。

## 9.1　逻辑页面与页面表示

信息交换用标准代码 ASCII 提供最基本的页面描述支持，例如回车和行前进等基本的控制指令。计算机应用早期的科学运算对页面输出的要求相当低，利用点阵打印机或行式打印机输出程序设计语言编写成的程序文本，以为校对和查找程序错误之用，因而只需简单的页面描述支持即可。其实，点阵打印机或行式打印机输出的程序文本可认为是逻辑页面的硬拷贝输出表示，所谓的逻辑页面由程序设计者组织。发展到桌面出版，尤其是服务于后端印刷的数字印前应用后，对于逻辑页面到物理页面转换的要求更高，从而诞生了具有高质量页面表示和输出控制能力的 PostScript 页面描述语言。

### 9.1.1　从逻辑页面到物理页面

从活字印刷术发明开始，页面就成为印刷品的基本单位。如同火车载客那样，为了将旅客运送到目的地，列车需要多节车厢容纳旅客，载货列车也如此。同理，无论传播知识信息或商品信息的书刊印刷品或包装印刷品，也需要承载内容的页面，而文字、图形和图像，则是承载知识信息或商品信息等表现形式的页面内容。从这一角度看，页面相当于承载信息的容器，通过对文字、图形和图像等页面内容或对象的有序组织和排列，形成一个或多个页面序列，具有前后因果关系的页面序列转换成硬拷贝输出形式，就成为类型不同的印刷品。由此可见，页面对内容表示和形成最终印刷品的重要性。

计算机描述的页面并非眼睛看到的印刷品页面实体，这意味着印前制作人员从屏幕上看到的页面还是虚体，仅当借助于硬拷贝输出设备转换成印刷品的页面，才算完成了从计算机虚体描述到客观实体的转换。为了区分两种不同性质的页面，可以将计算机描述的页面和输出为客观实体的页面分别称之为逻辑页面和物理页面。

如果没有高水平的描述和输出控制方法，则计算机屏幕显示的逻辑页面极有可能偏离印刷品设计者的期望，因为逻辑页面仅仅按特定的坐标系统将文字、图形和图像等页面对象放置在预期印刷的位置上，文本行按规定的字符间距顺序排列在由左右限制坐标界定的范围内，图形和图像则按预期印刷效果定位到规定的坐标位置。以上对逻辑页面特点的简单讨论与商业印刷的要求还相去甚远，计算机对逻辑页面的描述包括更多的内容，例如字符和文本格式、图形轮廓和填充的坐标表示、图像数据与坐标位置的匹配等，甚至应详细到如何在输出时实现彩色数据的转换，以及如何补偿颜色彼此重叠的套印误差等。

眼睛从屏幕上看到的逻辑页面仅仅是概貌，许多内容看不出来，比如路径对象的复杂程度、图像的分辨率、字符轮廓描述公式、复杂的补漏白网络和 OPI 连接关系等，这些都是逻辑页面的重要内容，在没有转换成印刷品前无法检验其正确性。

正确地表示逻辑页面需要恰当的页面描述语言，除简单地定位对象坐标外，更重要的是描述为满足商业印刷质量要求和符合商业印刷生产工艺的高端功能，使印刷品设计者心目中的设想转换成可视化的屏幕表示，为图文处理工作者提供以后操作的依据，再通过页面描述语言的控制硬拷贝设备输出合格的印刷品，转换成物理页面。

### 9.1.2 页面

从内容依赖关系上看，页面是盛放内容的容器；从计算机描述的角度分析，页面又是特殊形式的计算机处理的对象，由页面开始命令和页面结束命令界定。提供内容的页面数据通过逻辑页面表示空间描述页面，再继续进入记录介质表示空间，最后由硬拷贝输出设备转换成物理页面，即印刷品。页面可以包含文本、图像、图形和对象容器数据。

逻辑页面可以理解为页面或"覆盖物"的表示空间，因而逻辑页面和逻辑页面表示空间可作为同义词看待。考虑到页面与记录介质间存在必然的联系，而页面"落地生根"到记录介质受硬拷贝输出设备的限制，逻辑页面可以与记录介质的尺寸相等，也可能不同于记录介质尺寸，逻辑页面转换成的物理页面的精细程度由输出设备控制。逻辑页面表示空间、记录介质表示空间和物理页面间的关系如图 9-1 所示。

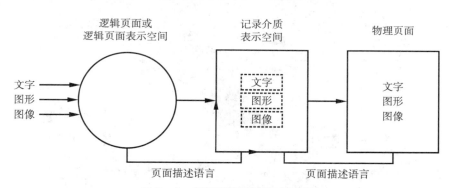

**图 9-1 从逻辑页面到物理页面**

页面概念涉及印张，记录介质（例如卷筒纸）的部分或整体，这意味着印张可以与预切割到特定规格纸张的尺寸相同，或记录介质分切后形成多份印张。由于某些数字印刷机的特殊设计，可以直接在信封上印刷，此时印张就是信封。印张可以有两个印刷面，简单印刷只印正面，只有双面印刷才用到印张的两个面。

记录介质表示空间是有限的寻址空间，页面内容对象的寻址结果借助于硬拷贝输出设备映射到印张的某一印刷面，每个印张的两个印刷面都具有唯一的记录介质表示空间。无论沿记录介质平行或垂直的方向考察，记录介质表示空间顶部边缘与印张顶部边缘的关系均由印张类型定义，印张类型不同时彼此的关系也往往不同。

记录介质表示空间具有宽度和长度两大基本参数，在通过印刷机从记录介质表示空间映射到印张的某一印刷面前，逻辑页面以及所有相关"覆盖物"都应该"合并"到记录介质表示空间内，某些输出设备允许一个或多个逻辑页面"合并"到记录介质表示空间。

逻辑页面的对象区域指定位到页面的矩形区域，这种区域内包含各种类型的数据，例如图像数据、图形和文本数据及对象容器等。其中，图像数据有"迁入"图像数据和"迁出"图像数据之别，前者与分辨率有关，数据不能压缩，图像尺寸固定不变；后者指包含对象内容结构的图像数据，进入记录介质表示空间前可能需经过变换。图形数据包含直线、曲线和填充区域等，每一个填充区域的尺寸和形状由图形轮廓决定。对象容器是特殊的逻辑页面对象或页面内容，有表示数据和非表示数据之分；对象容器为特殊的页面描述需求而建立，例如补漏白信息无法由其他页面对象体现，为此需要虚体形式的对象容器。

### 9.1.3　文档的基本结构

文档由一个或多个页面组成。在描述期间和转换成物理文档后，均可以由各种物理实体或区域组成，例如文本块、图形、图像、表格和背景填充等，文本块可继续细分为字符、单词和段落等。排版时可以对文档的特定内容赋以功能性的或描述逻辑关系的标签，包括句子、标题、章节次序和作者名字，甚至在文档内标记特定区域的地址。

除文本内容外，若排版时页面中放置了各种插图、字体和字号不同的标题、复杂的背景内容和应用艺术文本格式等，导致许多文档形成十分复杂的版式，例子有报纸、杂志和小册子等，即使一个页面也可能呈现复杂的版式，例如图 9 - 2 所示的复杂版面。

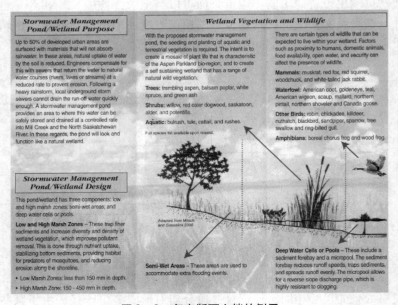

图 9 - 2　复杂版面文档的例子

文档读者利用各种附加线索"破解"文档内容，例如内容的上下文关系和约定，以及与语言/脚本有关的信息，连同复杂的逻辑推理理解文档。除物理版面外，文档还包含关于内容的附加信息，例如标题和段落等，这些附加"标签"本质上是逻辑的或功能性的。

读者阅读文档的方式往往是非自由的，总会受到某种程度的限制。以传统出版物中的图书为例，一方面，思想和知识等主要内容均以静态媒体信息的形式出现，内容的展开采用了顺序排列的方式；另一方面，图书的内容组织相对自由，作者和编辑在出版图书时受到的约束较少，只需考虑前后的逻辑关系和语言是否通顺，因为图书出版和内容表示的基本规则以及读者长期养成的阅读习惯必须遵守。由于纸质图书文档的众多约束条件，读者只能一页接一页地翻看，遇到有关章节必须停止阅读时，需要用书签或折页的方法标记当前的阅读位置，再借助于目录翻到要查阅的页面。

读者对于图书内容的使用属于典型的线性阅读，源于图书的线性结构，即图书内容严格的顺序排列。显然，图书的线性结构制约了传统出版物的表现能力，不仅理解信息和查找相关信息彼此间的关系相当困难，阅读很不方便，且传播效率也不高。其实，图书采用的结构是树状或网状的，每一本图书的典型结构是题目、章、节、次级标题、段落等，但其排列却是线性的。因此，图书内容的线性排列没有充分利用其网状结构的特点。

尽管图书页面顺序排列的结构特点限制了阅读的方便性，但图书仍然具有电子出版物无法企及的独特魅力。例如，阅读图书的环境条件几乎不受限制，只要有足够的光线即可；纸质页面允许承载比屏幕显示更多的信息量，物理精度比屏幕高得多；图书便于携带，不受阅读地点的约束，读者有阅读愿望时可随时打开。

### 9.1.4 页面分块与覆盖

页面分块定义页面的局部内容，用于放置不同的页面对象，只要硬拷贝输出设备以及控制记录的页面描述解释器能正确地理解页面对象的内容和定位坐标，就可以正确地转换到物理页面。页面分块可以容纳文本、图像和图形等，或这些页面对象的任意组合。与定位到逻辑页面上的"覆盖物"不同，页面分块与逻辑页面环境相关。图9-3用于演示页面分块的含义，页面可容纳的各种内容对象，以及页面"覆盖物"的主要特点等。

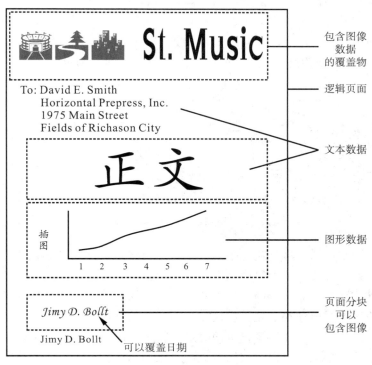

图9-3 关于页面分块与"覆盖物"的说明

页面"覆盖物"可以理解为预先定义的页面，这种页面比逻辑页面小，相当于主处理器存放和传送到硬拷贝输出设备的仓库。因此，页面"覆盖物"通常以电子的形式使用。

尽管页面"覆盖物"的尺寸小于逻辑页面，但具有逻辑页面相同的基本属性，意味着可以是文本、图像、图形和对象容器数据或这些对象的任意组合。控制页面"覆盖物"的表示命令也与逻辑页面相同，但页面"覆盖物"独立于其所在的页面环境。页面与页面"覆盖物"的关键区别在于页面"覆盖物"一直保存到释放，而页面则保存到硬拷贝输出。

保存起来的页面"覆盖物"借助于特定的覆盖或重叠命令与逻辑页面合并，也可以与另一页面"覆盖物"合并。由于这种页面对象的特殊性，合并到逻辑页面的页面"覆盖物"可以直接进入记录介质表示空间，其行为独立于任意页面数据。

### 9.1.5 坐标系统

不仅逻辑页面描述需要坐标系统，控制页面输出到记录介质和记录介质表示空间也需要坐标系统。在众多的坐标系统中，显然以正交坐标系统描述逻辑页面最为合理，各种表示空间同样如此。在所有需要使用坐标系统的描述和表示空间中，距离以物理像素（例如激光照排机的设备像素）为单位似乎很合理，但以长度单位计量或许更全面。

原则上，每一种表示空间都应该有自己的坐标系统，且可以为各坐标系统彼此独立地选择合适的计量单位，以便定位彼此有区别的坐标点位置，并能够测量坐标系统内各种对象的距离。需要坐标系统的场合有逻辑页面表示空间、记录介质表示空间、物理设备表示空间和各种页面对象表示空间等。一般来说，若逻辑页面表示空间、记录介质表示空间和物理设备表示空间的坐标系统具有一致性，则坐标变换会相当方便和直接。然而，坐标系统的选择和确定还应该考虑思维习惯，所有的表示空间取统一的坐标系统未必合理。

某些数字印刷机使用的记录对象相对特殊，例如专门用于在信封上印刷的设备。表面上似乎非矩形的记录介质可能限制页面描述和输出控制能力，但涉及这种数字印刷机的逻辑页面表示空间、记录介质表示空间和物理设备表示空间时，事实上仍然可以简化成针对矩形页面的坐标系统，如图9-4所示那样，信封的"装饰"物可以忽略。

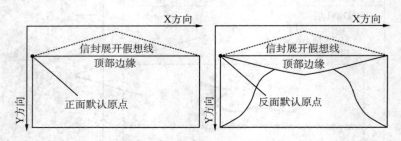

图9-4 特殊记录介质的坐标系统

计算机显示器通常以屏幕的左上角为默认原点位置，这种处理原则为显示文字、图形和图像等带来很大的方便，因为每当刷新屏幕时计算机总是按从上到下、自左至右的次序为显示信息准备数据，与显示器的工作方式一致。然而，逻辑页面描述最好与使用相关应用软件操作者的思维习惯一致，尤其应该与页面对象的坐标系统一致，例如字符的坐标原点默认设置在左下角，因而描述逻辑页面时最好将坐标原点取在屏幕的左下角。尽管逻辑页面原点取左下角符合思维习惯，也符合页面对象的描述特点，但这种表示方法与屏幕显示规则却不一致，为此需要坐标变换。当然，需要坐标变换的场合还不局限于从屏幕显示空间到逻辑页面表示空间，其他场合也可能发生，例如从逻辑页面表示空间到图9-4所示记录介质表示空间也需要坐标变换。

硬拷贝输出设备的多样性导致坐标系统的多样性，不同硬拷贝输出设备的坐标系统可能有相当大的差异，考虑到输出设备的可成像（可印刷）区域不同时尤其如此。由于某些设备允许在水平和垂直方向取不同的分辨率，且不同设备彼此间的分辨率也各不相同，因而输出设备坐标系统的原点可以取任意点，好在坐标变换并不复杂，也就无所谓了。

PostScript 页面描述语言规定，无论输出设备属于何种类型，应用软件使用的坐标系统总是与逻辑页面描述时的坐标系统有相同的关系，这种坐标系统称为用户空间。操作者定义页面对象时，应用软件在用户空间的基础上确定操作数，页面输出时 PostScript 解释器自动地将用户空间坐标转换到实际使用的设备坐标。大多数情况下，这种变换隐式执行，仅当因要求取得特殊效果时，应用软件才需要考虑输出设备空间。由此可见，用户坐标空间和输出设备坐标系统彼此独立，从而构成了 PostScript 页面描述的设备无关特性。

## 9.2　页面描述语言

对计算机图文信息处理来说，只要使用图形操作系统，逻辑页面总是需要的，但如果逻辑页面并不打算由硬拷贝设备输出，或许并不需要页面描述语言。因此，页面描述语言定义为描述印刷页面外貌的语言，描述的水平比实际输出的点阵图像层次更高。由于页面描述语言具有控制以打印机为总称的硬拷贝输出设备的功能，因而页面描述语言可能与打印机控制语言在概念上重叠。值得注意的是，打印机控制语言不应与惠普的 PCL 和 Adobe 的 PostScript 等页面描述语言混淆，因为这些页面描述语言具有编程语言的属性，而某些页面描述语言仅仅作为打印机控制语言使用。

### 9.2.1　ESC 码

ESC 码是 ESC/P 的习惯称呼，由 Epson 开发的打印机控制语言，全称 Epson Standard Code for Printers，严格意义上不能算页面描述语言。然而，考虑到 ESC 码具有与 PostScript 等页面描述语言类似的功能，所以也有人认为 ESC 码是页面描述语言之一。

ESC 码针对点阵打印机开发，也可用于某些喷墨打印机。在点阵打印机作为主流硬拷贝输出设备使用的年代，这种语言并不局限于控制 Epson 点阵打印机，其他点阵打印机制造商为节省投资也使用 ESC 码。从现在来看 ESC 码似乎不值一提，但在点阵打印机占硬拷贝输出设备统治地位的年代，由 ESC 码提供的机制十分流行，用来对待打印的文本作格式化处理，曾经受到许多应用软件的支持。

ESC/P 这一名称开始于 Epson 点阵打印机使用的换码序列（Escape Sequence），取换码英文单词 Escape 的前三个字母而得；由于 Epson 点阵打印机控制由 ASCII 编码的 Code 27 换码字符 ESC 开始，从而可认为 ESC/P 直接取自 ASCII 换码字符。作为换码的例子，需要打印粗体字时以 ESC E 切换，如果改成 ESC F 则切换到脱离粗体字符打印。

ESC/P 常称为控制码。20 世纪 80 年代计算机用打印机市场曾一度流行 Epson 的 LQ 系列点阵打印机，至今仍然令早期计算机用户印象深刻，因而 ESC/P 控制码有时也称为 Epson LQ 码，这种称呼当然不会限制 ESC/P 控制码的应用范围。

Epson 为了"拯救"自己开发的 ESC/P 控制码，曾试图增强 ESC/P 控制码的能力，使之适用于打印可缩放字体，控制高分辨率栅格化彩色图文输出，希望 ESC/P 控制码具备先进的页面处理功能，缩小点阵打印机与激光打印机和喷墨打印机等页式打印机的距离。然而毕竟落花有意而流水无情，不要说激光照排、直接制版机和数字印刷机等高端硬拷贝输出设备不会使用 ESC 码，现代打印机也不再使用这种打印机控制语言，纷纷改成由标准化的页面描述语言驱动打印机，通常采用 HP PCL 或 PostScript，或使用专有控制协议。

### 9.2.2 HP–GL 打印机控制语言

惠普绘图仪（Plotter）使用的打印机控制语言，名称来自 Hewlett-Packard Graphics Language 的四个首字母，后来成为几乎所有绘图仪（一种笔式打印机）的标准。除 PCL 语言外，惠普打印机通常也支持 HP-GL 语言，控制含义由一系列两个字母的编码组成，后面紧跟可选的操作参数。例如，需要在页面上绘制圆弧时，可发送下述字符串：

AA100，100，50；

含义为 Arc Absolute（绝对圆弧），后面的参数表示圆弧中心在页面的绝对坐标（100，100）位置处，该圆弧以 50°角为开始位置，按顺时针计量。控制绘图的第四个参数在上述语句中没有列出，需要时可以规定如何继续画圆弧，默认角度取 5°。

HP-GL 的命令集嵌入在笔式绘图仪的只读存储器内，旨在减轻应用程序开发者建立绘图输出的编写工作量。控制命令中的两个字母等价于绘图指令，用于绘制线条、圆弧、文本和简单符号。文本是画出来的？肯定会令人奇怪，但事实确实如此！因为笔式绘图仪是类似于随机显示器的矢量设备，缺乏激光打印机和喷墨打印机那样的顺序产生记录点并按扫描线规则顺序记录的能力，所以一切都只能画。后来，惠普为 HP-GL 打印机控制语言添加了笔式和其他绘图仪的控制功能，包括静电、喷墨和激光绘图仪，以及页式打印机。

HP-GL 的主要缺点是指令集合比起其他绘图语言来显得"臃肿"，这意味着 HP-GL 绘图文件的传送需要比其他绘图语言更长的时间，例如休斯顿仪器公司 DM/PL 绘图语言组织成的文件，其中 DM/PL 取自 Digital Microprocessor Plotting Language（数字微处理器绘图语言）的四个首字母。为了克服 HP-GL 的这种缺点，惠普于 1988 年推出 HP-GL 的更新版本 HP-GL2，采用聚合线编码技术，成为新的数据经压缩处理的新一代控制语言，绘图文件数据量和传送时间减少到原来的大约三分之二。

随着 HP-GL 成为事实上的绘图仪输出控制语言标准，惠普公司的竞争对手们不可避免地在他们制造的绘图仪产品中包含 HP-GL 功能，某些产品采用类似的命名。在计算机辅助设计领域，惠普的 HP-GL 几乎独霸天下，因为所有的计算机辅助设计软件最终都将制图结果输出为 HP-GL 文件，也可以读入以前生成的 HP-GL 文件。

所有绘图语言都具有两种限制形式，即硬限制和软限制。其中，硬限制的含义是超过了绘图仪的限制条件，由于绘图仪的物理约束而无法绘图；软限制与应用软件有关，通常因软件的限制而不能产生绘图文件。无论绘图操作超过硬限制还是软限制条件，超过的部分都将被裁剪掉，即不产生绘图结果。为了定义可绘图的范围，惠普 HP-GL 分别以 P1 和 P2 两个指令表示可绘图区域的左下角和右上角。

典型 HP-GL 绘图文件大多包含 ASCII 字符和某些控制码，只要启动文本编辑器就能阅读绘图文件，了解其中的内容。绘图文件通常"书写"成长行形式，没有回车和行前进那样的换行控制命令，因而以文本编辑器阅读绘图文件反而方便，对文本行长度没有限制。

HP-GL 利用设备控制指令设置绘图仪硬件，这些指令主要用于设置计算机辅助设计软件和绘图仪间的信息沟通条件，包括返回绘图仪的状态数据和复位绘图仪等。

原来的 HP-GL 不支持线条宽度定义，因为这一参数由装载到绘图仪的绘图笔决定。第一台喷墨绘图仪出现后，本来在 HP-GL 绘图文件中由绘图笔"规定"的线条宽度必须在喷墨绘图仪上设置，以指示每一支绘图笔的打印宽度，这种控制方法不仅麻烦，也容易出错。这些缺陷导致 HP-GL2 语言的诞生，新语言版本增加了线条宽度定义功能，从而无须在绘图仪上设置线条宽度了。新版本 HP-GL2 的其他改进包括定义了二进制文件格式，同时也降低了对于最低分辨率的限制，绘图文件的数据量明显减少，传输时间缩短。

### 9.2.3 打印机命令语言 PCL

多数人心目中的打印机命令语言就是惠普的 PCL，由于高水平的硬拷贝输出设备控制能力和打印机信息通讯协议，虽然 PCL 名为打印机命令语言，但完全称得上页面描述语言，成为办公自动化等轻印刷领域事实上的工业标准。惠普定义的 PCL 语言在台式打印机市场占绝对支配地位，数字印刷机往往同时支持 PCL 和 PostScript 语言，因为这类硬拷贝输出设备通常需要直接打印 Word 等字处理软件生成的版式文件。

PCL 由惠普公司推出于 1984 年，用于早期的喷墨打印机输出控制。某些人对 PCL 可能误解为 Printer Control Language 的缩写，这种看法显然不正确，因为 PCL 事实上是 Printer Command Language 的缩写。打印机技术的发展推动了 PCL 语言的不断升级，在各种水平上支持各种台式打印机，例如热打印机、点阵打印机和页式打印机。

PCL 命令是紧凑型的换码序列，在数字文件传送到打印机前嵌入到打印机作业内，相应的格式化程序和字库设计得能快速地"翻译"应用软件输出文件信息，可以实现针对设备的高质量栅格化图像输出，具有页面描述和输出控制的双重能力。

由于 PCL 能保持各种层次上的一致性，导致 PCL 取得很大的成功。这种页面描述语言提供五种主要的等级，形成这些等级的推动力来自打印机技术开发、用户不断改变的需求和应用软件环境变化的组合。首先实现的版本 PCL 1 和 PCL 2 用于惠普的撞击式打印机和喷墨打印机，该打印机命令语言的几个发展阶段如下所述。

PCL 1：除 HP LaserJet 3100 和 3150 系列激光打印机产品外，该版本受所有惠普 LaserJet 系列打印机产品的支持，提供很基础的打印和间隔控制功能，适合于文本打印。尽管 PCL 1 仅定义打印命令和功能的基本集合，提供简单的单一用户工作站输出，但 PCL 1 早在 20 世纪 80 年代初期就已推出，实现了对喷墨打印机的有效控制。

PCL 2：受到惠普所有 LaserJet 系列激光打印机产生的支持，仅 HP LaserJet 3100 和 3150 系列产品例外。该版本提供电子数据处理的传输功能，这些功能为通用目的和多用户系统打印需求而添加，仍然限制于只能打印文本，推出于 20 世纪 80 年代早期。

PCL 3：推出于 1984 年，与 HP LaserJet 激光打印机系列和 HP LaserJet Plus 激光打印机系列同时发布，为高质量单一字处理文件输出和数据打印需要提供打印命令和控制功能。该版本允许在页面上使用有限数量的点阵字体和图形，为其他打印机制造商广泛地"模仿"和支持，这些公司往往被人称为 LaserJet Plus 激光打印机的模仿者。

PCL 4：从 1985 年开始引入市场，与 HP LaserJet II 系列、HP LaserJet IID、LaserJet IIP 和 LaserJet IIP Plus 激光打印机产品同时发布，支持宏、更大尺寸的点阵字体和图形，提供新的页面描述和打印能力。

PCL 5：与 HP LaserJet III 系列激光打印机产品同时发布，最大程度上提供为办公出版所需要的功能。新的功能包括字体缩放、字符轮廓描述和 HP-GL2 矢量图形输出等。该打印机命令语言版本针对更复杂的桌面出版、图形设计和描述应用而设计，推出于 1990 年。

PCL 5E：属于 PCL 5 的增强版本，与 HP LaserJet 4、LaserJet 5 和 LasetJet 6 以及 LaserJet 8000 和 9000 激光打印机系列同时推出，提供在打印机和 PC 机之间的双向通讯功能，允许选择范围更广泛的字体，主要针对 Windows 应用。

PCL 5C：称为 PCL 5 的彩色版本，与惠普类型众多的彩色激光打印机产品同时发布，从 HP Color LaserJet 到 HP Color LaserJet 8550 系列，提供彩色打印必须的命令。

PCL 6：定义新的模块式结构，容易在未来的惠普打印机上修改，可以更快速地返回应用软件；以更快的速度打印复杂图形，更有效的数据流有利于减轻网络堵塞，更好的所见即所得打印方式，明显改善打印质量等。

每一种 PCL 版本均提供老版本没有的命令，支持最新版本 PCL 打印机命令语言的惠普打印机都具有向后兼容性，包括支持老版本的软件。PCL 6 与 PCL 5 以及更早 PCL 版本是明显不同的，主要差异表现在 PCL 6 传送打印命令的方式。

### 9.2.4　PostScript 语言

兼具通用编程和页面描述能力的语言，由 John Warnock 和 Charles Geschke 两人建立于 1982 年，桌面出版和数字印前领域公认最合适的页面描述语言，以成为桌面出版和数字印前领域事实上的工业标准，升级到 PostScript level 3 后更成为国际范围的印刷和成像标准，为广泛范围的印刷服务提供商、出版商和政府部门所采纳。

PostScript 语言的概念大约在 1976 年时萌芽，后来成为 Adobe 公司奠基人之一的 John Warnock 当时在 Evans & Sutherland 公司上班，为纽约港开发大型三维图形库解释器。几乎与此同时，施乐正在研制激光打印机，他们意识到需要定义页面图像的标准。从 1975 ~ 1976 年差不多两年的时间内，施乐由 Bob Sproull 带领的团队开发成印刷机格式，后来用于驱动施乐激光打印机。由于他们开发成的是数据格式而非语言，因而缺乏灵活性。施乐帕洛阿尔托研究中心只能安装 InterPress 页面描述语言，并试图开发 InterPress 的后继者。

1978 年，因 John Warnock 不愿服从 Evans & Sutherland 让他从旧金山搬家到犹太州总部的决定，决定加盟施乐，他和 Martin Newell 两人的主要工作成果后来扩充到 InterPress 语言。1982 年，John Warnock 离开施乐，他与 Chuck Geschke 共同创办 Adobe 公司，并建立了又一种页面描述语言，这就是 PostScript，与 InterPress 类似，但比 InterPress 更简单。

1985 年，苹果公司配置 PostScript 解释器的 LaserWriter 激光打印机面市，引发 20 世纪 80 年代中期的桌面出版革命。技术指标的组合和广泛的有效性，使 PostScript 成为印刷领域页面描述和图文输出的必然选择。进入 20 世纪 90 年代后，不仅激光照排机几乎毫无例外地配备基于 PostScript 语言的栅格图像处理器，不少激光打印机也如此配置。

然而，这种语言的实现成本相当高，计算机输出的原始 PostScript 编码由激光照排机等硬拷贝输出设备在 RIP 的支持下解释成栅格图像，要求高性能的微处理器和足够的内存。例如，苹果公司的 LaserWriter 激光打印机以 12 MHz 的摩托罗拉 68000 处理器加速，速度比当时的任何 Macintosh 计算机都要快。20 世纪 80 年代中期，输出设备配置 PostScript 栅格图像处理器后制造成本将增加几千美元，但与打印机制的改变带来的优点相比，实现成本占激光照排机那样高端设备的整体制造成本仍在合理水平，对低端打印机却未必合适。

PostScript 成为最终版式文件高精度输出事实上的工业标准后，后起之秀 PDF 文档格式逐步取代 PostScript。到 2001 年底时，除少数打印机外，很少有支持 PostScript 的打印机型号在市场上出现，原因在于价格很便宜的非 PostScript 设备喷墨打印机的快速增长，以及出现了大量再现 PostScript 描述对象的软件，其中以预栅格化处理的 PDF 居多。尽管如此，那时的高端设备仍然对 PostScript 解释器情有独钟，因为配置这种解释器的输出设备可以明显地减轻 CPU 的工作负担，栅格化处理任务从计算机转移到输出设备。

PostScript Level 1 为最初版本，于 1984 年推向市场；后继版本 PostScript Level 2 公开发布于 1991 年，主要改进内容包括速度和可靠性提高，支持 RIP 内分色，图像数据的解压缩处理（例如 JPEG 图像可以由 PostScript 程序解释成栅格数据）和支持复合字体等；更新的版本 PostScript 3 发布于 1997 年，省略 Level 的原因是 Adobe 希望版本命名更简单，引入更好的彩色处理机制，增加了新的过滤器等。从此以后尚无新的 PostScript 版本出现。

激光打印机将打印机和绘图仪两者最好的特征组合到一起。与绘图仪类似，激光打印机可以输出高质量的线条图形，类似于点阵打印机之处表现在激光打印机也能够生成文本和栅格化图形。激光打印机又不同于点阵打印机和绘图仪，这种硬拷贝输出设备可以在相同的页面上定位高质量的图形和文本。以上综合优势仅当配置 PostScript 解释器时才能得以充分发挥，是其他以简单命令语言控制的打印机无法企及的。

PostScript 的能力超越典型的打印机控制语言，因为 PostScript 本身又是具有完整能力的编程语言。许多应用程序可以将文档变换到 PostScript 应用软件，而 PostScript 软件的执行结果仍然是原文档，传送给打印机内的栅格图像处理器后产生打印文档，也可以传递给其他应用程序，在屏幕上显示该文档，这种特点称为独立于设备。

### 9.2.5 其他页面描述语言

除 PCL 和 PostScript 外，还有其他为数众多的页面描述语言，下面给出一些例子。

Open XML Paper Specification 简写为 OpenXPS 或 XPS，由微软公司开发的页面描述语言开放标准，后来由 Ecma 国际公司标准化，演变成 ECMA-388 国际标准。XPS 页面描述语言的基础是 XML 规范，基于新的打印/印刷路径和矢量色彩管理文档格式，支持设备独立性和分辨率独立性，作为开放式的文档格式标准描述页面。

IBM 在其大型机配置的页式打印机上曾使用过 AFP 页面描述语言，名称来自 Advanced Function Printing 的三个首字母。这种技术是混合对象文档内容结构化表示函数的集合，也是 IBM 公司系统应用结构的一部分。注意，实际输出时并不以 AFP 打印，真正起作用的应该是 IBM 的 IPDS 技术，智能打印机数据流之意。

IPDS（Intelligent Printer Data Stream）是 IBM 公司 InfoPrint 解决方案系统应用结构从主机到打印机的数据流组织技术，适合于管道机制解释数据的高端应用，许多支持账单印刷的可变数据印刷应用软件都带有 IPDS 模块，可以在印刷的同时解释数据，否则几十万乃至几百万份的账单数据在全部解释完后再印刷将难以想象。智能打印机数据流提供独立于附件数据的界面，控制和管理所有点寻址工作原理的打印机，允许包含不同数据类型非限制性混合结构的页面表示，包括文本、图像、图形、条形码和对象容器。

InterPress 页面描述语言由施乐帕洛阿尔托研究中心开发，建立在第四代编程语言和称之为 JaM 的早期图形语言的基础上。如同施帕洛阿尔托研究中心的许多开发项目那样，该页面描述语言并未在其建立时实现商业化，但 InterPress 仍然在页面描述领域产生了不小的影响，最主要的影响当然莫过于 InterPress 的创立者之一 John Warnock 和 Chuck Geschke 两人放弃施乐后建立了现在著名的 Adobe 公司，成为他们设计 PostScript 语言的基础。

InterPress 在施乐的某些打印机上使用，支持施乐的 Ventura Publisher，但不知道由于什么原因，导致 InterPress 不能取得应有的市场份额。此外，施乐的 InterPress 也曾经用作 InterScript 系统的输出格式，其中的 InterScript 是可编辑的字处理软件。

理光的精细化打印命令流 RPCS 是基于矢量的打印和复制控制协议，得名于英文称呼 Refined Printing Command Stream 的四个首字母，设计得能实现在 Windows 操作系统 PC 客户机与理光数字复印机之间通讯。基于 RPSC 的驱动程序作为理光复印机的选件，在 RP-SC 的驱动下使复印机具有打印机的功能。

Zebra 以研发标签打印机为主营业务，该公司的 ZPL（Zebra Programming Language）属于打印机描述语言，主要用于标签打印应用。原始形式的 ZPL 更新到 ZPL II 后，如何与老版本兼容没有详细说明，更新后的 ZPL II 为许多标签打印机所使用。

此后，斑马基础解释器 ZBI（Zebra Basic Interpreter）集成到打印机驱动软件内，可以认为 ZBI 是 ZPL II 的发展。据说，开发 ZBI 的主要目的是为了避免打印机改变时需要重构数据编码，例如由 Zebra 竞争对手为自己的标签打印机开发的驱动软件。

## 9.3 完稿

传统意义上的完稿即脱稿。现代意义上的完稿可作为动词和名词使用，用作动词时的含义是对于最终稿件完善的过程，作名词使用时指"完结、完成、完美"的稿件。数字印前领域的完稿指图文处理结果输出前的检查和核对过程，某些质量要求高的专业数字印前公司通常会制定完稿注意事项，作为企业的工艺纪律由印前制作人员遵守。完稿的英文意思是 Make Ready，说明经完稿处理后数字文件无大问题，应该能够顺利输出。

### 9.3.1 预分色

色彩管理技术不够成熟的时代，曾经十分强调图文处理结束后一定要分色，即从 RGB 数据转换到 CMYK 数据；基于 ICC 的色彩管理技术出现后，尤其是市场上出现了标准测试图、彩色测量仪器和 ICC 文件生成软件三要素一体的色彩管理系统后，图文处理结果是否仍然必须从 RGB 色彩空间转换到 CMYK 色彩空间值得怀疑。

即使在色彩管理技术尚未强大到足以控制颜色在变换和传输过程中一致性的时代，从数字印前的整体流程看，图像处理结果从 RGB 数据转换到 CMYK 数据也未必合理，因为后面还有排版和栅格化处理两道关口，除非图像处理结果无须排版就直接输出。

数字印刷进入商业印刷领域后，预分色问题变得更加突出。如果说服务于胶印等传统印刷的图文处理结果（尤其是排版文件）由于后端印刷条件已经确定，输出前或干脆在进入图像处理工作流程时转换到 CMYK 色彩空间还说得过去，为数字印刷准备图像文件时即使处理结束后转换到 CMYK 数据也未必合理，因为利用 Photoshop 预分色需要与数字印刷机复制特性匹配的 ICC 文件，否则还是让数字印刷机 RIP 分色更好。

确实需要准备数字图像的预分色文件时，可以采用下述三种方法之一通过 Photoshop 完成预分色：①调用 Photoshop 内置的 ICC 文件分色，例如根据美国通用印刷机和工艺条件确定分色参数集合、欧洲为彩色图像通用复制目标建立的分色参数集合和日本印前分色参数集合等，相当于按美国、欧洲和日本印刷工艺标准分色；②按实际使用的印刷设备、印刷材料和工艺条件生成 ICC 文件，利用 Photoshop 的 Convert to Profile 命令从 RGB 色彩空间转换到 CMYK 空间；③以实际使用的油墨和纸张打样青色、品红、黄色、品红＋黄、青＋黄、青＋品红、青＋品红＋黄、黑色共八种实地色块，连同纸张白色一起，测量八种实地色块的色度值或 Lab 值，输入图 9 - 5 所示对话框的文本框内，也可以实现分色。

### 9.3.2 叠印

叠印（Overprinting）这一术语用于描述四色套印或四色套印基础上附加专色的处理方法，或者说将一种颜色压印到其他颜色上的工艺。包括专色在内的多色印刷通过印刷设备实现时，必须考虑到印刷机的套印精度。任何设备都不可能做到绝对准确，例如机械行业相互配合零件的加工误差都等于零绝无可能，唯如此才需要公差配合，只要零件的加工误差控制在公差规定的范围内，整台机器装配起来后就能够顺利工作。

多色印刷虽不同于机械零件加工，但不同的颜色彼此叠加在理论上相同的位置时，出现误差是难免的。由于这一原因，多色套印必须采取恰当的措施，补偿印刷机将油墨传递到纸张时出现的误差，叠印便是措施之一。叠印的优点主要表现在无须太在意多色印刷机的套印误差，只需将油墨直接压印到其他油墨的顶部即可。

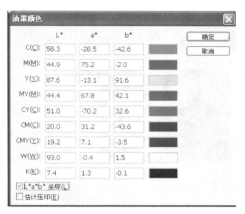

图9-5 基于打样数据的分色

在某些情况下，为了获得特定的效果而需要对彼此重叠的上层对象作叠印处理，这样可以得到第三种颜色，如图9-6所示；若对于出现非期望的颜色并不在意，则采用叠印的方法更为简单，但应该符合叠印颜色比底层颜色深得多和叠印对象很小两个条件。

图9-6左面的"叠"字以品红色直压到青色背景上，于是产生蓝色；右面的"印"字没有采用叠印，而是将下方的青色挖空，所以仍然显示为品红。

深色对象压在浅色对象上时，只需做简单的叠印

图9-6 叠印与非叠印的区别

处理也不致造成很大的颜色差异。例如，纯黑色叠印在淡黄色上，由于黑色油墨的颜色深，叠印到黄色顶部后基本上压得住下面的颜色，视觉上判断仍然是黑色，因此黑色文本通常直接叠印到底层对象上。

两种或两种以上颜色的叠加可产生丰富黑，比仅仅以黑色一种油墨印刷得到的简单黑视觉效果更好。由此可见，通过叠印可以建立丰富黑。如果黑色油墨叠加到其他三色油墨已经形成的深暗颜色上，最终得到的黑色因光谱成分相当丰富，看起来很漂亮。

完稿阶段的叠印处理需与补漏白结合起来，全面检查专业排版软件生成的版式文件或字处理软件输出的版式文件，尤其要重视字处理软件的排版结果，因为这些软件缺乏页面对象彼此重叠时设置补漏白参数的功能。

### 9.3.3 传统补漏白流程

如前所述，任何印刷机都无法做到不同颜色叠印时绝对准确。当不同颜色的页面对象彼此重叠时必然有前后次序的不同，若前景和背景对象具有不同的颜色，则分色片或印版的对应位置就会出现尺寸相同的图像或挖空；虽然彩色数字印刷不需要制版，但不同的颜色彼此重叠时同样存在类似的问题，因为数字印刷机也无法做到绝对准确的套印。

如图9-7所示，矩形的轮廓线和填充均采用了80%的黑色，字母T以青色填充；它们在图形设计阶段因定位准确而不会出现两个对象间的位置偏差，见图9-7（a）；分色后青版上只有字母T，没有其他内容，如图9-7（b）所示；黑版上出现了被挖空的部分字母T，见图9-7（c），青色和黑色两个分色版上字母T的尺寸相同。印刷时由于印刷机的套印精度不够、纸张在相邻滚筒间的张力不同以及纸张受潮等因素的影响，黑版与青版经套印后在字母顶部与左侧（或其他部位，视具体情况而异）均可能露出纸张白色，如图

9－7（d）所示，这种现象称为漏白。为了解决因印刷工艺和印刷机定位精度等因素而导致的露白，需要在排版或图形设计阶段采取补漏白措施，称为补漏白或陷印。

| (a) 设计效果 | (b) 青版 | (c) 黑版 | (d) 漏白现象 |

**图9－7 补漏白示意图**

现在，数字印前系统的使用者已经能够以多种途径对数字文件作补漏白处理，最常见的处理方式是应用程序级补漏白，例如 PageMaker 和 QurkkXPress 排版软件补漏白。一般来说，排版软件的补漏白处理在页面或对象级层次上规定。大多数图形软件兼具排版功能，例如 Illustrator 和 CorelDraw 等图形软件，操作者通过叠印笔画单元的方式对图形或排版文件作补漏白处理。其他补漏白措施包括 RIP 内补漏白解决方案和补漏白专用程序，前者还可细分为栅格（点阵）对象补漏白和矢量对象补漏白，通过专用程序实现的补漏白又称后处理补漏白，在独立的补漏白工作站或网络服务器上执行。

上述解决方案都有一定程度的限制条件，定义补漏白参数时不能保证系统各局部作业步骤补漏白效果的一致性，使用者也无法预测最终结果。应用程序级补漏白往往只允许用户对应用程序自身建立的对象作补漏白处理，排版时从外部导入图像和图形很难避免，但应用程序大多忽略这种对象而不予处理。此外，操作者也不能对排版软件"本地"导入的图形补漏白，例如排版软件形成的文本组合不能因下方有图形内容而补漏白。由于补漏白参数以对象与对象的重叠特征为基础定义，因而改变补漏白参数必然很费时间，且需要用户的干预。应用程序级补漏白处理决策必须在印刷前作出，决策时间太早，因为决定补漏白参数时印刷工艺条件的细节问题还不能确定，或者说尚无法考虑具体的印刷工艺细节。

基于服务器的补漏白解决方案确实有自己的优势，有能力对文档中的所有结构元素作补漏白处理。但是，这种方法也有缺点，工作流程显得过于复杂，因为用户不得不通过网络将数据量很大的 PostScript 文件"搬运"到网络服务器，再返回到输出设备执行成像操作。除上述缺点外，服务器补漏白解决方案也缺乏当地 PDF 补漏白处理功能的支持。

### 9.3.4 现代补漏白流程

今天的印刷生产系统正朝着高度自动化和分布式工作流程发展，生产的"素材"往往是 PostScript 文件和 PDF 文件的组合，与设备有关的操作在最后一分钟才能执行，意味着这类操作只能在 RIP 内执行，包括分色和拼大版，自然也包括补漏白。因此，补漏白解决方案必须有足够的灵活性，与不同的数字工作流程相适应，不仅要求处理质量高，且提供范围相对较宽的选择，例如页面成像、打样和预览等。在自动化的分布式工作流程中，用户能够将同样的页面内容使用到不同的目标，但应用程序级补漏白和基于服务器的补漏白工作流程都不允许这种灵活性。很明显，工作流程的自动化以及针对设备的最后一分钟改变的灵活处理都是方案设计必须考虑的要素，以便能大幅度地提高印前生产效率。

为了克服前面提到的各种补漏白技术的局限性，有必要改变补漏白工作流程，不少公司为此付出了巨大的努力，其中以 Adobe 提出的补漏白流程最为典型。补漏白技术针对页面描述语言的成像模型设计，使用者能够在全数字工作流程中以各种方式补漏白。大多数补漏白解决方案仍只能适应一种工作流程，据说 Adobe 对于补漏白工作流程的选择以用户需求为基础，选择结果取决于处理作业的类型以及所选用的印刷品生产工作流程。

某些印刷品生产要求就所使用的设备乃至操作者的技能水平作出判断，例如包装印刷和其他特种印刷工艺。这种条件必然要求使用专门的印前工作站，且工作站安装了电子补漏白应用软件。在此基础上，软件解决方案的提供者可以选择以 Adobe 补漏白技术为基础的软件产品，使相关软件产品成为系统解决方案的一部分。

1. RIP 内补漏白

Adobe 补漏白技术最简单的解决方案通过 PostScript 3 等级的 RIP 实现，这种栅格图像处理器包含 RIP 内补漏白功能。在使用这类栅格图像处理器时，用户无须改变当前已有的工作流程，只要以常规方式将版式文件"打印"到输出设备就可，版式文件的补漏白处理将成为 PostScript 解释过程的一部分，通过与设备有关的用户操作界面或应用程序级的用户操作界面实现，补漏白控制参数在 RIP 上规定。

2. PDF 补漏白

将是未来工作流程的补漏白选项。相对 RIP 内补漏白而言，选择 PDF 补漏白工作流程更富有活力，与页面内容有关的信息从取决于设备的信息分离出来，从而为工作流程提供了更高的灵活性。这种补漏白技术（PDF 补漏白器）的关键之处在于使用了可移植作业传票格式 PJTF，基于 PDF/PJTF 的工作流程是 Adobe Extream 技术的基础，而 Extream 系统则将 PDF 用作系统的内部文件格式。

任何一个 PDF 文件在 Extream 系统内作补漏白处理时，使用者可通过 PJTF 规定补漏白控制参数，或者说是在 PJTF 内定义补漏白参数。在这种情况下，补漏白操作由补漏白器执行，由 PDF Trapper 产生补漏白结果，并将它们保存为 PDF 文件特定的注解。此后，PDF 文件就可以"打印"到打印机作业传票处理器或 PostScript 3 等级的 RIP。上述实现方法的明显优点在于，用户可以有选择地用已经补漏白的 PDF 文件来打印或打样。

### 9.3.5　补漏白的某些特殊问题

1. 拐角斜接

拐角斜接（Corner Mitering）涉及补漏白技术的细节，用于对高质量的补漏白单元作增强处理。补漏白"引擎"通过计算附加的 PostScript 路径建立补漏白效果，并将补漏白计算结果添加到作业数据流；若使用的是 PDF 补漏白器，则补漏白"引擎"借助于 PDF 注解产生补漏白效果。作为附加 PostScript 路径计算工作的一部分，补漏白"引擎"在线条的交叉点应用拐角斜接公式处理补漏白细节，以避免在文档中出现线条以锐角相交时产生的极度尖利而很长的线端，保证高质量的补漏白效果。

2. 丰富黑与黑色宽度

为了在印张上产生尽可能暗的大面积黑色，用户往往采用在 100% 黑色背景上添加彩色油墨的方法，例如在黑色基础上添加 60% 的青色或品红，这种黑色具有网点支撑作用，常常被称作丰富黑。为了避免这种支撑网点沿对象边缘显示出来，补漏白"引擎"需要对产生支撑网点的颜色作反向收缩处理。此外，当黑色与其他颜色毗邻时，常采用使其他颜色扩散进黑色区域的方法建立补漏白效果，补漏白"引擎"也允许用户定义黑色宽度。

3. 滑尺补漏白

Adobe 的补漏白技术利用油墨的自然（本身）密度补偿对象的明暗程度，这里提到的自然密度是油墨阻止光线能力的度量指标。说得更简单一些，油墨的自然密度用来衡量其不透明度。当油墨颜色具有相似的自然密度时，均无法确定补漏白的方向。为了对这些颜色作补漏白处理，补漏白"引擎"需要调整（滑动）补漏白位置，借助于跨骑到明、暗颜色中心线的方法使较浅的颜色扩散进较深的颜色。滑尺补漏白技术适合于防

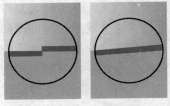

图 9-8　滑尺补漏白的作用

止补漏白位置的突然偏移，例如沿渐变对象边缘的偏移，如图 9-8 所示。

图 9-8 的左面未采用滑尺补漏白技术，渐变颜色与实地颜色有共同的边界，如果以常规补漏白原则处理，则必然导致补漏白条带出现突然偏位；由于图 9-8 之右使用了滑尺补漏白技术，在渐变色和实地颜色的共同边界上建立由粗到细的补漏白条带，它跨骑在两种颜色邻接区域构成之边界的中心线上。

4. 补漏白接合点风格

指补漏白区域外边缘两条斜线边界相接时的形状，可使用的不同类型的补漏白接合点风格取决于印刷条件、油墨类型和承印材料。Adobe 公司 RIP 内补漏白 305 版本共定义了三种与 PostScript 技术一致的补漏白接合点风格，它们是斜接、圆头接和切角接。若用户在设置补漏白参数时没有定义接合点风格，则系统采用默认斜接风格，以确保与 Adobe 早期补漏白产品的兼容性，因为 Adobe 早期 RIP 内补漏白版本仅仅支持斜接角风格。

5. 补漏白端部风格

RIP 内补漏白支持补漏白端部风格（Trap End Style），已成为补漏白参数之一，用于规定补漏白"引擎"如何组成补漏白区域边界的十字交叉点。基于 PostScript 3 的栅格图像处理器支持两种补漏白端部风格，这两种类型分别称为斜接和搭接，前者保持补漏白端部与十字交叉点脱离，后者则指示较浅颜色的补漏白线搭接到十字交叉点上。

与补漏白接合点风格类似，允许使用的不同补漏白端部风格取决于印刷条件、油墨类型和承印材料。例如，平版印刷工艺适合于使用斜接补漏白端部风格，而柔性版印刷则适宜于采用搭接补漏白端部风格。若用户在设置补漏白参数时未选择补漏白端部风格，那么系统将默认使用斜接补漏白端部风格，以保证与 Adobe 早期补漏白软件产品的兼容性，因为该公司早期 RIP 内补漏白技术仅支持斜接补漏白端部风格。

6. 细小区域补漏白

据说新版本 Adobe 补漏白技术可以对细小区域建立补漏白形状，成为该公司 RIP 内补漏白技术的另一重要优点。某些补漏白软件产品在细小区域建立的补漏白形状或许并不符合实际需要，原因在于这些产品缺乏限制细小区域补漏白宽度的能力。然而，由 Adobe 设计的补漏白"引擎"可以限制细小区域的补漏白形状，允许定义补漏白形状的宽度，或将两个细小区域边界之间的距离限制在 50% 的水平。这样，补漏白处理结果更符合实际需要，因为补漏白处理不应该超越细小区域边界的对方一侧，参阅图 9-9。

### 9.3.6　文字检查

对排版文件而言，文字往往占版面的大多数，即使广告和宣传册中的文字也占相当的版面比例。文字是页面上最容易"活动"的内容对象，数字印前技术应用的发展历史表

明，页面不能正常输出时问题往往出在文字上。因此，文字应成为完稿检查的重点，至少应该是检查的重点之一，需要检查的内容与版面结构有关，讨论如下。

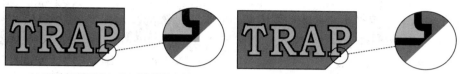

(a) 不希望得到的细小区域补漏白结果　　　　　(b) 期望中的细小区域补漏白结果

**图 9-9　两种细小区域补漏白技术处理效果对比**

（1）文字颜色：为了遵守文字不加网原则，并考虑到某些版面的传播效果，出现在页面中的大字符填充彩色可以允许，但以尽量少用为原则；版面正文部分的文字应该用黑色，特别要避免使用填充灰色的文字，否则字符笔画的边缘清晰度将明显下降。

（2）黑色文字叠印：黑色油墨相对其他彩色油墨来说透明度较低，且黑色油墨比起其他三种彩色油墨来颜色又要深得多，因而黑色文字不必补漏白，以叠印更为合理；对页面上的其他黑色对象也适用黑色叠印原则，通常当黑色程度超过 95% 时应该叠印。

（3）字处理软件版式文件：检查重点放在页面中是否出现中文粗体字和斜体字，要说服客户将粗体字改成黑体字，放弃使用斜体字；英文字符遵循相同的原则，由于英文字符的笔画相对大多数汉字来说少得多，若字库中没有粗体或斜体风格，则应改成其他字体。

（4）文字位置检查：仔细检查版面上靠近页面边界的文字，并核对印后加工的裁切线和装订线位置，要求靠近页面边缘的文字离开裁切线至少 3mm 的距离；文字离装订线的距离需视装订方式和书籍厚度而定，以翻开时能自由地看清文字为基本原则。

（5）文字嵌入问题：排版结果转换到 PDF 格式时，应该检查文件中使用的字体在输出中心的发排主机上是否有效，否则应该将字体嵌入到 PDF 文件内；必须谨慎地对待 TrueType 和 Type 1 字体，随着数字印前技术的推进，目前即使 Type 1 字体的价格也不高，因而可能时应尽量在同一排版文件中统一使用 Type 1 或 TrueType 字体；排版文件包含 OpenType 字体时基本上无须担心，因为这种字体允许包含超过 65 000 种字符轮廓，彼此替换差异很小。

（6）文字转曲线：在数字印前技术发展的早期，由于 RIP 的能力有限，为了避免文字解释时出现极限检验出错和常规 PostScript 错误，认为字符轮廓过于复杂时有必要将字符轮廓转换成曲线；现在，个人计算机的运算速度已经允许使用软 RIP，且由于 PDF 文件格式的出现而不必担心页面相关性问题，因而必须谨慎地对待文字转曲线问题；确实有必要从字符轮廓转换到曲线时，必须十分注意字符细节，例如操作系统级的楷体字符轮廓转换到曲线后在笔画的交叉位置及附近区域会产生小面积的白色，改成方正楷体后消失。

（7）打黑稿检查方法：计算机显示器上看到的文字仅代表逻辑页面，输出后极有可能偏移到其他位置，这种可能性在完稿处理时检查不出来。为了避免文字走位现象的出现，可以采用打黑稿的方法，基本上能发现问题，成本也很低廉。

### 9.3.7　OPI 连接

OPI 是 Open Prepress Interface 的缩写，一种由 Aldus 公司开发的工作流程协议，专业数字印前系统、排版软件和图形软件都必须支持 OPI。以排版软件为例，只要应用软件支持开放印前界面，则排版时可以使用低分辨率的代表像预览操作结果，高分辨率图像保存为外部文件，但必须建立高分辨率图像与页面的连接关系，输出时就可以用高分辨率图像代替低分辨率图像了。使排版时使用的低分辨率代表像与高分辨率图像产生连接关系的操作称为 OPI 连接，用户对低分辨率图像的定位等排版操作将反馈给存放高分辨率图像的 OPI 服务器或数字印前网络服务器，提供用户对插入图像的操作内容。以前的 OPI 连接严格禁止对低分辨率代表像执行缩放和裁剪等操作，新的 OPI 标准已经允许这些操作，由 OPI 服务器的 PostScript 驱动程序将恰当的指令插入到 PostScript 编码内，提供用户执行过的缩放和裁剪的操作参数；输出时，高分辨率图像与低分辨率图像交换各自的角色地位，主机按以前插入 PostScript 编码的指令识别曾经执行的操作，并针对高分辨率图像再次执行。

应该注意 OPI 连接与"对象嵌入与连接"技术中的连接间的区别。

（1）基于 OPI 协议的连接建立在低分辨率图像与高分辨率图像之间，它们属于同一图像不同的分辨率版本，为此需要在保存图像时选择能产生低分辨率代表像的格式，或者由专用 OPI 服务器在排版操作插入图像时自动生成。

（2）排版软件也可以采用对象嵌入的方法，但建立 OPI 连接的效率更高，因为产生连接后高分辨率图像数据不必"搬运"到排版软件内，导致工作效率明显改善。

（3）支持 OPI 协议的高分辨率图像保存为外部文件，一旦建立了连接关系，且连接关系未曾改变过，则输出时总能从外部文件调用高分辨率图像。

（4）对建立 OPI 连接的低分辨率代表像必须十分谨慎，若与高分辨率图像建立连接关系后执行过移动、缩放和裁剪等操作，则必须仔细检查，通常应重新连接。

（5）包含 OPI 连接的版式文件到专业印前公司输出时，需注意携带高分辨率图像，以避免 OPI 连接失效，即使失去连接关系时也可以重新连接。

（6）对象嵌入和连接是 Windows 环境下共享数据的方法，用户通过特定的软件命令建立的是与剪贴板数据的连接关系，没有外部文件起作用。

（7）连接发生在两个应用软件类型相同的对象间，建立连接关系后的对象数据必须"搬运"到目的地软件内，不会像 OPI 连接那样减少排版文件的数据量。

（8）对象嵌入和连接技术的另一特点是，用户建立的两个应用软件性质相似页面对象的连接关系是临时的，一旦剪贴板上的数据发生了变化，连接关系立即失效。

为了确保有效而安全的工作流程，理想 OPI 服务器应该符合多种质量要求和提供多种能力。首先，理想 OPI 服务器必须能识别不同类型的文件，某些文件保存为专用格式，例如赛天使的 Handshake LW 文件，常规用途应用软件不能识别这种文件，但只要满足理想 OPI 服务器条件，就能够自动地识别这些文件，并产生低分辨率的代表像。

其次，考虑到印前公司习惯于使用 Macintosh 计算机，但印前公司的许多合作方和个人设计室大量使用 PC 机，因而理想 OPI 服务器应该能生成 Macintosh 和 PC 机兼容的低分辨率代表像，意味着理想 OPI 服务器应该具备跨平台使用的特点。

再次，理想 OPI 系统应当能高效率地工作。在非 OPI 系统中使用 EPS 图像时，问题往往出在系统不能理解 EPS 文件中包含的与分色有关的信息，为此只能在输出前携带整个图像文件，包括每一个分色文件，例如本来 10 MB 的 EPS 文件可能增加到 30 MB 甚至更多。智能型的 OPI 系统由于能够识别 EPS 文件内的分色信息，输出时不必携带分色图像，所以工作效率明显提高，且存储器的容量要求也更低。

### 9.3.8 拼大版

当前的数字印前专业硬拷贝输出设备已今非昔比了，大规格直接制版机比比皆是，即使0号规格甚至双全张规格的直接制版机也不稀罕，与以往多数专业印前公司仅仅拥有4开规格的激光照排设备不可同日而语。因此，版式文件的生成并非意味着图文处理结束，排版文件经过拼大版（Imposition）后才能交付输出，这说明拼大版已成为数字印前处理过程的基本步骤之一了。所谓的拼大版操作指根据印刷机规格、折页和装订要求等排列包含在版式文件中的全部页面，形成与印刷机规格一致的逻辑印张。

事实上，拼大版形成的逻辑印张并不受印刷机规格的限制，因为逻辑印张规格可以超过印刷机规格。今天的商业印刷面临各种挑战，必须尽可能降低生产成本，为此可以采用合版印刷或合版输出的方法：质量要求类似但分属不同客户的页面可以拼在同一大版上，利用大规格输出设备输出；直接制版机规格大于印刷机规格时，可以按直接制版机规格拼大版，记录到CTP版材后再裁切成与印刷机规格一致的印版。因此，拼大版操作应追求处理时间最小化和经济效益最大化的原则，尽可能在同一空间内容纳更多的页面。

拼大版受下述五大不同参数的影响：

（1）产品格式，需根据最终的页面尺寸确定同一物理印张可以安排多少页面，而最终的页面尺寸取决于产品格式。

（2）印刷品包含的页面数，例如图书由有限个页面构成，经装订后得到最终产品，拼大版时必须根据图书的页面数量和折页方式在各逻辑印张上布置页面。

（3）装订方法，拼大版操作者必须懂得如何按装订方法在逻辑印张上排列页面，需考虑到能够以最合理的方式将页面组合成书帖。

（4）纸张纤维方向，与折页操作有关的因素，纤维（丝缕）方向必须沿影响折页对齐的纵向排列，为此需综合考虑不同页面在物理印张上的位置。

（5）后加工，包括切纸机规格、类型和切纸方式，以及折页、配页和配帖等操作。

为了理解拼大版的页面如何地彼此相关，可以采用仿真拼大版的方法，例如按印刷机输出的多个印张折页，再根据装订方法检查页码，以形成书帖。图9-10给出了一个例子。

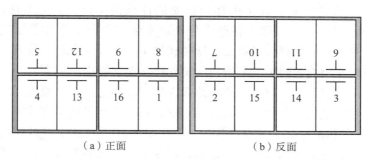

（a）正面　　　　　　　　　（b）反面

**图9-10　正反面拼大版的例子**

在图9-10所示例子中，总共16页的图书按图中的页码印刷，印张的正反面各自都包含8个页面；完成正反面印刷后，纸张先垂直对折一半，由于正面页码在折页结果的内侧，印张的反面看得见，导致页码2和3及页码7和9彼此对应；此后水平对折一半，导致页码3和9以及页码4和5对应；第三次又是垂直对折，结果是页码8和9等对应，如此折页完成，经切纸后就可交付装订了。

在手工操作时代，拼大版是整个印刷品加工过程的瓶颈；改用数字拼大版技术后，不仅页面在印张上的排列可以做到准确无误，页码套印精度比以往更高，且明显提高了拼大版的生产效率，减少页码顺序错误。采用数字技术后，可以整本图书一起完成拼大版，从而大大降低印刷品的生产成本。下面简要介绍四种主要的拼大版技术。

（1）设计应用软件拼大版：主要用于设计单页产品的软件通常也可设计整个印张，通过简单的复制和粘贴操作组合将页面放置到尺寸更大的印张。这种方法现在仍然有人在使用，特别是那些拼大版工作量不大的数字印前处理，考虑到拼大版的需要，某些软件内置了拼大版功能，作为软件的设计工具使用。通过设计应用软件实现拼大版操作时，应该先准备好单页文档，完成所有单页文档后集成到印张，再记录到胶片或 CTP 印版。

（2）设计后拼大版：需要以设计后处理软件对单页形式的 PostScript 或 PDF 文件作拼大版处理，形成适合于印刷的 PostScript 或 PDF 拼大版文件。有的应用软件以大量的单页源文件作为系统输入，快速完成拼大版操作，这种方法特别适合于杂志和报纸印刷。

（3）印刷驱动程序拼大版：某些印刷机驱动程序可以将源应用软件形成的单页文件传送给印刷机，由驱动程序拼大版后自动地完成整个印张的印刷。这种工作方式在专业性生产组织活动中并不多见，但在办公室静电照相打印机图书印刷领域相当流行。

（4）输出设备拼大版：有时也称为 RIP 内拼大版，可以利用任何恰当的措施记录规则页面组成完整的印张，表面上拼大版通过输出设备直接完成，实际上由栅格图像处理器承担拼大版任务。这种拼大版的主要特点是无法预览，结果只能在输出后看到，如果连同拼大版在一起的输出发生错误，必然导致胶片或印版材料浪费。

### 9.3.9　预飞检查

印刷工业使用预飞检查（Preflight）这一术语描述数字文件确认过程，检查和核对印刷工艺需要的内容和信息是否存在并有效，文件格式化结果是否正确等。数字文件印刷前的预飞检查借用了飞行员登机前核对检查清单的术语，首先由印刷咨询专家 Chunk Weger 在 1990 年彩色连接会议（Color Connections Conference）的演讲中使用。

在常见的数字印前工作流程中，由栅格图像处理器将面向应用的软件生成的排版文件解释成点阵数据，事先应该先收集由客户提交的计算机文件，例如 InDesign 或 QuarkXPress 定义的专用格式文件。然而，在栅格化处理发生前印前工作者需要确认进入工作流程的数字原材料是否准备就绪，可以放心地传送给 RIP。这一步骤至关重要，因为经过检查和核对后可以防止因内容缺失或不恰当的文件准备而耽搁生产周期，一旦进入工作流程的数字文件通过了预飞检查，就可以放心地投入生产，传送给 RIP 处理了。

交给 RIP 解释的文件通常取中间格式的形式，符合页面描述语言的格式约定，比如最流行的 PostScript 或 PCL 语言。栅格图像处理器完成对中间格式文件的解释后，就准备好了数字印前工作流程所需要的最终点阵数据，可借助于台式喷墨打印机或激光打印机直接输出到纸张，传递给激光照排机记录成分色胶片，或利用直接制版机输出到 CTP 印版。

RIP 的根本任务就在于对包含在页面描述文件中的图像、图形和文字数据作栅格化处理，解释过程和效率与硬件和软件结构有关。如果在栅格化处理页面对象的过程中发生了失效错误，例如常规 PostScript 错误或极限检验出错，则无论激光照排机、直接制版机或高端喷墨打印机都将浪费大量材料，往往需要很多的时间处理复杂的图像数据。

对印刷作业执行预飞检查的过程有助于减少栅格化处理可能产生的各种问题，避免生产计划延期和材料浪费。由于预飞检查对保证工作效率的重要性，现今的排版软件大多具有自动执行预飞检查的功能块。大多数场合，预飞检查的典型工作方式如下：客户提交数字文件，由印前公司的专业人员执行预飞检查任务，核对内容的完整性，确认进入工作流程的数字文件符合生产要求。预飞检查过程需要核对的项目如下。

（1）客户是否提供了嵌入排版文件的图形或图像，或与排版文件连接的图像，排版文件内存在与外部文件有连接关系的图像时，需确认外部文件是否有效。

（2）输出系统能否访问到排版文件使用的字体，为此需核对输出系统的有效字体。

（3）核对用户文件字体的兼容性，以便在输出系统缺少字体时用兼容格式字体替换。

（4）图像文件格式可以为输出中心的应用软件所处理。

（5）图像的颜色模式（即图像数据所在的色彩空间）是否正确，因为某些老版本栅格图像处理器无法处理 RGB 数据，为此需要预分色处理。

（6）图像的空间分辨率合适与否，过低或过高的分辨率都是不恰当的。

（7）客户文件在色彩管理环境下形成时，需核对是否包含了色彩管理要求的 ICC 文件。

（8）确认排版文件的页面尺寸、左右和上下空白、出血尺寸、裁剪标记及其他页面信息与输出设备的约束条件以及客户定义的规格是否匹配。

更先进（现代化）的预飞检查步骤还可能包括：

（1）删除非印刷数据，比如非印刷的对象、隐藏对象和可印刷区域外的对象。

（2）数字文件包含透明对象时，应将透明对象合并成单一的不透明对象，但随着 PDF 文件格式的进步，某些数字印刷机已经有能力输出包含透明层的 PDF 文件。

（3）字符轮廓过于复杂而影响输出时，字符轮廓转换成路径后输出。

（4）将嵌入排版文件的图像和图形文件集中到同一位置，以便系统访问。

（5）必要时压缩文件数据，使之成为存档格式。

按上述项目，如果以手工方式执行预飞检查任务，则不仅操作人员的工作繁重，且容易发生错误，某些问题或许检查不出来。因此，现代数字印前往往借助于应用软件内置的预飞检查工具核对相关项目，例如 Acrobat 的印前检查功能。

## 9.4 输出数据与栅格图像处理器

数字印前应用程序"承接"的都是"数据加工业务"，图像处理软件如此，排版和图形软件也如此，完成图文处理后输出到激光照排机、直接制版机、数字印刷机或其他硬拷贝设备的前期准备工作更如此。数字印前处理的逻辑页面大多以 PostScript 语言描述，但数字印刷需要支持 PCL 页面描述语言，从逻辑页面转换到物理页面借助于硬拷贝输出设备实现，为此必须通过 RIP 解释各种页面对象，转换成栅格化数据。数字印刷的应用领域与传统商业印刷有相当大的差异，某些特殊的应用需要连续不断的数据流供应。

### 9.4.1 个人打印机数据流

本质上，个人打印机数据流 PPDS（Personal Printer Data Stream）属于页面描述语言的范畴，开发动力来自 IBM 公司为 Proprinter 和 Quietwriter 等打印机准备高效率输出方式的市场和应用需求，后来也用到 IBM 的 LaserPrinter 4019 和 4029 打印机。

PPDS 也是数据组织技术，从 1981 年开始引入打印机控制领域，那时 IBM 刚好发布其号称图形打印机的 Graphics Printer 5152 产品。个人打印机数据流原来称为 IBM ASCII，意为 IBM 公司的 ASCII 编码，也曾经称为 Proprinter、Quietwriter 或 Quickwriter 数据流，到 1989 年 IBM 发布 LaserPrinter 打印机时才改名为 PPDS，其间总共经历 5 年的修改和调整。

IBM 开发的个人打印机数据流按功能分有不同的等级，这些等级全部向上兼容。许多激光打印机和喷墨打印机不支持 PPDS，这些打印机仍然通过 ESC/P 码的形式支持二值打印机语言，包括打印机命令语言 1～5 版本，以及 Epson 的 ESC/P 命令集合。

等级一：个人打印机数据流 PPDS 的基础等级，为所有支持 PPDS 的打印机提供最基础的服务，以 IBM 的 9 针和 24 针点阵打印机 Proprinter 家族为代表。

等级二：结合使用了字体选择、打印质量选择和纸处理能力增强技术，以 IBM 公司生产的 Quietwriter 和 Quickwriter 打印机产品家族为代表。新版本支持全局字体识别技术，允许选择字体；支持编码页面识别，由此而可以选择编码页面和字符集合；定义逻辑页面到物理页面的表示（记录）介质，能够从一种或多种来源使用预切割纸张和信封；支持镶嵌和向后坐标空间，可以更容易地实现文本强制对齐。

等级三：增强以前个人打印机数据流等级的表示和输出控制能力，开始全面支持页式打印机，比如 IBM LaserPrinter 4019 产品。提供的增强功能包括：光标定位，使用户可以在逻辑页面上的任意位置放置文本和图像等页面对象；提供存储宏和管理宏能力，支持在页面上添加更复杂的对象，比如页面"覆盖物"，并支持重复的命令集合；支持适合于不同记录介质的坐标空间和坐标变换，从而允许改变页面方向。

等级四：应 IBM LaserPrinter 4029 打印机的数据组织和页面描述要求推出，在以前个人打印机数据流的基础上增加新的功能，包括栅格图像支持，可以对栅格图像数据作压缩和解压缩处理；增加了对可缩放字体的支持，以便能综合性地选择各种类型的字体；加强页面方向变换能力，允许设置印刷角度，以适合于条形码印刷等特殊需求。

PPDS 与 PCL 1～5 版本的区别：两种页面描述语言对给定的物理记录介质定义不同的可打印区域，导致输出前数据组织的差异；搜索替代字库时，个人打印机数据流和 PCL 使用不同的特征或顺序，惠普的 PCL 使用基于 ASCII 编码的数值作为命令参数，而 IBM 的个人打印机数据流则使用二值编码的参数。

IBM 的 PPDS 适合于台式打印机的页面描述和输出数据准备，目前仍得到不少现代打印机制造商的支持，例如利盟公司生产的各种打印机。

### 9.4.2 智能打印机数据流

针对数字印刷应用而推出，支持数字印刷特殊应用需求的各种能力，高效率地为复杂的输出作业准备数据。计算机硬拷贝输出设备从台式打印机发展到数字印刷机后，执行的作业任务比台式打印机要复杂得多，必须改变以往只能从计算机到打印机的单向信息沟通方式，支持计算机与数字印刷机之间的双向信息沟通，以实现并行处理、迭代处理和重叠处理等新的管理和工作模式；面对数字印刷机比台式打印机更快的输出速度，数据准备也必须与之匹配，必须为数字印刷机提供连续不断的数据，不能像激光照排机和直接制版机那样等到全部页面对象解释结束后再输出，应当在栅格图像处理器解释页面对象的同时控制数字印刷机输出，为此需要提供新的控制机制，比如管道控制。

现代数字印刷机的生产效率远远超过台式打印机，例如柯达研制的 PROSPER 5000XL 卷筒纸连续喷墨数字印刷机每分钟可输出相当于 3600 份的 A4 印张，如此高的印刷速度对输出数据准备和作业管理提出了更高的要求，仅仅靠个人计算机和常规的打印机驱动程序是无法胜任的。因此，高产能的数字印刷机通常配置专门的印刷管理器/服务器，由专用工作站高速地栅格化处理页面数据，控制和管理数字印刷机，同时也管理复杂的印刷作业。

上述各种需求导致 IBM 智能打印机（数字印刷机）数据流 IPDS 技术的出现，对印刷作业的管理和控制是全方位的，例如选择合适的设备分辨率，及时处理机器的输纸故障，支持数字印刷系统的前端和后端处理，合理地调度和使用系统的存储能力和资源，允许从不同类型和地点的纸盘取得纸张，支持双面印刷能力等。

复杂的数字印刷业务不但要求高速度的栅格图像处理器，运算速度比个人计算机更快的专用工作站，也要求智能化的数据，才能充分利用高速栅格图像处理器的输出数据，使源源不断产生的数据有用武之地。这些复杂的要求不能用普通的页面描述方法满足，必须采用更合理的表示方法，源于数字印刷衍生的可变数据印刷等高级应用，例如数量多达几十万甚至几百万份的账单印刷服务，为此产生了图 9－11 那样的复杂表示环境。

导入/导出；编辑/修改；文件格式；扫描；文件变化
文档创建服务
浏览
导航
搜索
裁剪
注解
标签
打样
文档观看服务
文件存档服务
存储
获取
索引
搜索
抽取
文档印刷服务
文件提交；文件分发；文件管理；文件印刷；印后加工

图 9－11　复杂应用需求导致的表示环境

IPDS 定义的数据流是符合给定格式的数据单元和对象形成的连续而有序的流动，这种数据流可以由应用软件产生，满足逻辑页面描述服务、文件存档服务、逻辑页面到物理页面的硬拷贝输出转换或输出到其他应用软件等。策略性的表示数据流结构有两种，它们是混合对象文档内容结构 MO：DCA 和智能打印机数据流结构 IPDS。

MO：DCA 结构定义由应用软件使用的数据流，根据当前工作环境与其他应用软件或应用服务的数据交换要求描述文档和对象“包络”。按照 MO：DCA 格式定义的文档可能保存为数据库形式，以后可以在局部或分布式环境中重新获取/读出、观看，加注解和印刷等。为了提高表示/描述的保真度，需要在文档引用时包含源对象。

智能打印机数据流 IPDS 结构定义由印刷服务器/管理器（软件）和设备驱动程序使用的数据流，管理所有点寻址（逐点扫描记录）页式输出作业，适用于各种类型的、可实现智能管理的设备，从低端的工作站控制并连接到局域网的打印机到高速和高产能的页式数字印刷机，适合于生产型印刷作业、共享输出和邮寄应用等领域。允许由 MO：DCA 结构承载的相同对象内容结构的数据流同样可以按 IPDS 数据流的形式承载，通过打印机或数字印刷机硬件执行“微编码”的形式解释和表示。智能打印机数据流结构定义印刷管理器所在工作站与数字印刷机之间的双向信息沟通命令协议，用以实现印刷作业队列管理、资源管理和错误纠正等。此外，智能打印机数据流结构也提供用于实现文档输出结束后的整饰/印后加工操作，通过与 IPDS 打印机或数字印刷机连接的前处理和后处理设备实现。

图 9－12 演示使混合对象文档内容 MO：DCA 结构和智能打印机数据流 IPDS 结构与图 9－11 所示表示环境相关联的系统模型，该系统模型也包含对象内容结构，适用于复杂印

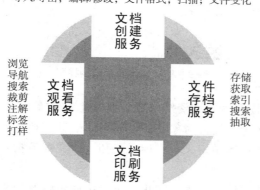

刷作业输出和管理系统所有等级的页面表示和印刷控制/管理。

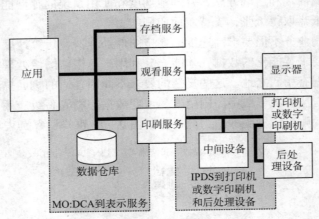

图 9-12　系统表示结构模型

IPDS 将对象分类为数据对象和资源对象,其中数据对象包括文本、图像、图形以及对数字印刷需要的条形码等,资源对象的例子有字体信息、彩色表、页面分块所界定区域的位置和尺寸信息、表式或表单定义、文档索引和页面"覆盖物"等。

### 9.4.3　栅格图像

计算机图形学中的栅格图像或点阵图指表示为矩形栅格形状像素的数据结构,大多数栅格图像的像素取正方形;栅格数据结构也可能表示为彩色的点,例如计算机屏幕的显示点或其他显示类介质给出的彩色点。栅格图像的二值点阵数据保存为图像文件,格式可能是多种多样的,最著名的二值图像格式有 JBIG 和 EPS 等。

二值点阵图像对应于类似屏幕显示图像的"位"挨着"位"的数据结构,通常与保存在显示器视频存储器内的格式相同;由于已经形成了二值表示的数据,因而可称为独立于设备的位映射图像。适合于通用目标的二值图像以高度和宽度不相等的像素为主要特征,某些视频设备显示像素的高度和宽度之比不等于 1 ;对服务于印刷目标的二值图像,像素的高度和宽度相等,因为没有理由认为高度和宽度不相等的记录点对质量有益。

英文的 raster 一词源于拉丁文的 rastrum,耙子之意,从拉丁文的 radere 演变而得,意思为"刮"。刚开始时 raster 用于说明阴极射线管视频显示器的栅线扫描方式,这种显示设备通过电子枪逐行在屏幕上"喷涂"颜色,形成彩色显示图像。

图形以矢量数据描述,因而与设备和分辨率无关。然而,从图形转换到栅格图像必须考虑到设备分辨率,意味着栅格图像与分辨率有关。经过栅格化处理的图形失去矢量属性,无法以不损失图形对象的质量为原则缩放到任意的分辨率,这与图形的矢量特性形成强烈的反差,图形在失去矢量描述特征前原本可以自由地放大和缩小,可以在不同记录精度的硬拷贝输出设备上"渲染"到相应的质量。

现代计算机显示器屏幕的典型显示能力在每英寸 72~130 像素,某些现代硬拷贝输出设备(例如激光照排机和直接制版机)的记录精度可以达到 2400 dpi 的分辨率,甚至更高。矢量图形转换到栅格图像时,原则上可以取不超过输出设备最高记录精度的目标图像分辨率,但对于给定输出设备的分辨率究竟取多少才合理并不容易,原因在于基于印刷复制原理的栅格图像要求达到屏幕显示的细节时,二值图像的分辨率往往要高得多。典型四色套印要求的加网线数达到 150 lpi，高质量彩色印刷的加网线数要求更高。

尽管如此，某些印刷技术通过抖动的方法混合颜色，并非一定要叠印，例如奥西的直接成像数字印刷技术，因而对栅格图像分辨率的要求可适当放低。某些通过叠印的数字印刷技术并不采用传统的调幅网点，因为随机加网对这些技术更为合理，比如喷墨印刷，这种情况下也可降低对栅格图像分辨率的要求。对于那些借助于幅度调制网点实现阶调和颜色变化复制的印刷技术，硬拷贝输出设备（例如激光照排机和直接制版机）的分辨率指标 dpi 与图像分辨率指标 ppi 之间有明显不同的含义，容易导致误解。

一方面，由于栅格图像只包含 0 和 1 两种数字，即 1 位数据描述，完全不同于 8 位量化图像以字节为单位的描述特点，因而即使分辨率很高的栅格图像存储量并不大。另一方面，栅格图像的 0 和 1 两种数字不断地重复出现，比如连续地出现多个 0 以后又连续地出现多个 1，若这种数字重复出现的现象得以充分的利用，则可以实现很高的数据压缩效率。正因为栅格图像的数据结构特点，早期数字印前系统才能够在存储资源有限的条件下采用多台计算机同时栅格化处理数字图像的方法，完成栅格化处理的数据由执行栅格化转换的计算机分别保存为 EPS 文件，传送到激光照排机，可以弥补早期 RIP 速度不高的欠缺。

### 9.4.4　栅格图像处理器

早在桌面出版刚提出的时代，就已经出现了栅格图像处理器，最著名的莫过于苹果公司 LaserWriter 激光打印机配置的 PostScript 解释器。数字印前领域的栅格图像处理或栅格图像处理器（按英文词组 Raster Image Processor 的三个首字母缩写成 RIP）是两个密切联系的概念，借助于 RIP 实现的栅格化处理指页面对象（例如 PostScript 语言描述的页面）转换成高分辨率的栅格图像，为此需要对矢量和点阵页面对象采用不同的算法。

RIP 从控制主机接收到的文件取得文字、图形和图像的数字信息，输入 RIP 的数字信息可能源于逻辑页面描述，为此需要高等级的页面描述语言或文件格式，例如 PostScript 语言、可移植文档格式 PDF 和 XPS 等；也可能是其他类型的点阵图像，分辨率比输出设备的记录分辨率更高或更低。若输入 RIP 的图像分辨率低于输出设备分辨率，则 RIP 采用平滑或插值算法处理输入的点阵图像，以产生合格的二值输出图像。

栅格图像处理指矢量数据页面对象转换到点阵数据的过程，例如文字和图形；由于 RIP 同时也承担多值描述点阵图像数据到二值数据的解释任务，产生空间分辨率更高的栅格图像，因而栅格图像处理应该包括半色调操作内容。栅格图像处理流程如图 9 – 13 所示。

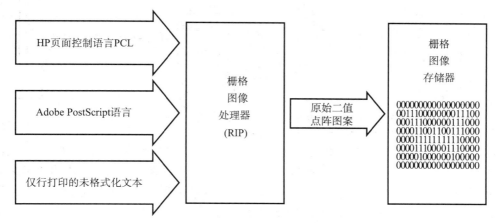

**图 9 – 13　栅格图像处理流程示意图**

刚出现时的 RIP 是电子硬件构成的堆栈，通过诸如 RS232 一类的界面接收页面描述，产生硬件输出的二值点阵图像，每一个像素取 0 和 1 两个数字之一，用于控制硬拷贝输出设备的记录动作，在硬件支持下实现高分辨率实时输出，如同扫描仪那样。

RIP 可以通过操作系统的软件成分实现，这种 RIP 也称为软件 RIP 或软 RIP；或者以固化程序的形式实现，通过打印机的微处理器执行运算，数字印前技术发展的初期用作高端激光照排机的独立硬件 RIP，也称为硬 RIP。软件 RIP 的例子有 Ghostscript 和 GhostPCL，早期支持 PostScript 的打印机和激光照排机都配置硬件 RIP。

### 9.4.5　数据转换过程

栅格化（Rasterisation）这一术语适合于矢量信息转换成栅格图像的任何过程，例如计算机生成的三维形状也需要栅格化算法"渲染"成逼真的画面，为此需要考虑光线的照射方向和观察角度。由于再现三维场景的目标不同于矢量图形的硬拷贝设备输出，生成栅格图像的方法也与需要按输出设备记录精度考虑的算法不同，与多值描述的点阵图像转换成二值表示栅格图像的算法就更不同了。

从逻辑页面转换到物理页面离不开栅格化处理，数据转换过程借助于 RIP 实现，可见 RIP 的关键任务在于解释计算机定义的逻辑页面对象。由于页面是 PostScript 等高级语言的描述结果，而高级语言编写的程序无非采用编译和解释两种方法之一：①用高级语言写成的命令或指令可以"翻译"为与机器兼容的二进制指令，"翻译"结果可以由计算机直接执行，从高级语言到二进制指令的"翻译"工作由编译器实现，例如用 C 和 Pascal 编写的程序在执行前必须编译为二进制代码；②高级语言编写成的程序保持原语言的外在形式，执行前需通过解释器转换成与机器兼容的代码，这里的解释器即栅格图像处理器，采用这种工作方式的例子有 PostScript 和 PCL 等页面描述语言。

由此可见，从逻辑页面到物理页面的数据转换由 RIP 承担，因而涉及 RIP 的功能。根据逻辑页面的转换要求，栅格图像处理器应提供解释、扫描转换和栅格化三大功能，其中扫描转换在某些领域也称渲染，栅格化处理完成数据类型转换。图 9-14 所示的工作流程说明 RIP 在不同阶段承担的不同任务，通过硬拷贝输出设备得到物理页面。

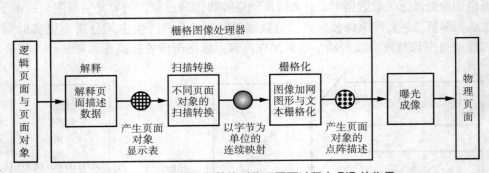

图 9-14　从逻辑页面转换到物理页面过程中 RIP 的作用

（1）解释：受 RIP 支持的页面描述语言表示的页面"翻译"成各页面的恰当表示，即生成与页面描述指令对应的显示表或显示清单；由于"翻译"结果保存在专为 RIP 开设的数据缓冲区内，往往被称之为页面"私人"性质的内部表示；大多数栅格图像处理器以串行方式顺序地处理逻辑页面，因而当前的设备状态仅仅针对当前处理的页面，这意味着一次"翻译"一个页面；只要某页面的"翻译"结果输出到缓冲区，则该页面状态就立即丢弃，栅格图像处理器已经准备就绪，可立即着手"翻译"下一页面，直到全部"翻译"完。

（2）扫描转换：利用 RIP 的扫描转换功能将页面"私人"性质的内部表示按色彩再现意图变换到与硬拷贝输出设备的记录精度匹配，但逻辑页面对象的描述特性不变，例如文字对象的轮廓仍然保持矢量特征，不改变其边缘清晰度，而图像仍然以字节为基础描述；事实上，栅格图像处理器的"翻译"和扫描转换往往结合在一起执行，为此需要设计形式简单的语言，以最小的硬件成本直接驱动 RIP 的扫描转换器。

（3）生成栅格图像：扫描转换过程得到连续调的位映射图像，矢量对象点阵表示的位置和状态信息已准备就绪，由于印刷设备需要二值表示的半色调图像，为此需要真正意义上的栅格化处理，所以生成栅格图像的过程也称为加网；该阶段所有的页面对象通过特定的半色调算法转换成点阵描述，根据输出设备的成像技术和记录特点有调幅和调频之别，图形和字符轮廓按设备分辨率转换成点阵表示，数字图像的像素值按设备的记录精度和质量要求转换到二值数据；许多数字印刷机的 RIP 置于印刷管理器内，生成的二值点阵数据可以直接控制成像部件的动作，例如激光束的开或关，保证二值数据能准确地起作用。

### 9.4.6　栅格化决策

由于对高质量输出的要求，许多摄影工作者有购买 RIP 的动机，试图以 RIP 驱动他们的喷墨打印机；某些喷墨打印机制造商采用 RIP 与打印机捆绑销售的方式，意在为打印机客户们提供更多的硬拷贝输出能力，提高彩色复制质量。然而，喷墨打印机配置 RIP 后是否真能提高质量？能否在 RIP 的支持下扩展打印机色域？

用户的当前工作对象是数字图像时，确实没有使用 RIP 的必要，理由如下：栅格图像处理器以不同的原则处理页面对象，图形和文字按输出设备分辨率从矢量数据栅格化处理到点阵数据，图像由像素的多值表示转换到二值描述，大多形成调幅网点；喷墨打印机喷射出的墨滴尺寸和形状都相当均匀，适合于使用随机半色调技术，对输出设备的分辨率要求很低，只需与图像分辨率相当就可以了；若再考虑到图像以点阵数据描述，利用喷墨打印机驱动程序直接处理像素值，二值图像的像素数量与原数字图像的像素数量相同，这种半色调处理的实现成本很低。因此，喷墨打印机常规驱动足以输出视觉质量良好的印刷品。

某些情况下喷墨打印机确实需要专业性更强的 RIP 驱动，获得只用 RIP 才能提供的高端印刷功能，例如所谓的真网点数字打样。由于分辨率的限制，绝大多数喷墨打印机没有理由以幅度调制网点再现数字图像的阶调和色彩变化，按随机半色调算法形成二值图像后控制墨滴喷射动作，可以在分辨率有限的条件下复制出高质量的彩色图像。然而，若要求彩色数字打样模拟传统印刷的调幅网点，则喷墨打印机制造商提供的常规驱动程序能力肯定不够，需要 RIP 的支持，才能形成调幅网点。

有资料表明，打印机的驱动程序与输出质量存在密切的相关性，例如 Andrew Rodney 曾经做过专门的测试，同样的 Epson 彩色喷墨打印机分别以制造商提供的常规驱动程序和 ColorByte 的 ImagePrint RIP 控制输出，发现以 Epson 驱动程序输出图像时出现高度的非线性特征，图像的暗调区域堆积太多的油墨，即使在 ICC 文件的支持下也无法解决；如果改成以 ImagePrint RIP 驱动同一台 Epson 喷墨打印机，则无论采用自定义 ICC 文件还是 Epson 驱动程序提供的 ICC 文件，输出结果表现出良好的线性特征，导致油墨使用量减少，且可以复制出暗调区域更多的细节。以上例子至少可以说明，驱动程序会影响打印机输出质量，RIP 也确实有用武之地。

大多数 RIP 支持作业队列管理。一旦某页面建立起来并启动输出，则经过解释的该页面数据通常保存到缓冲区内，可以立即启动再次输出。某些 RIP 内集成了称之为 Spool Face 的二级应用功能，用户可以在任何需要的时候通过点击队列中印刷作业的方法，重新启动输出或删除该印刷作业。显然，这种高端印刷功能只有 RIP 才能提供。

供应商声称的 RIP 未必是真正意义上的 RIP，用户或许根本就不需要这样的 RIP。选择第三方提供的打印机驱动程序或 RIP 时应该十分小心，有必要仔细检查/测试计划购买的 RIP 是否支持供应商声称的功能；若计划购买的 RIP 确实与供应商宣传的一致，则应进一步核对 RIP 产品与用户工作流程的适用性，以避免驱动程序与工作流程不兼容。

### 9.4.7 数字底版

数字技术进入印刷领域后，数字底版的称呼渐多，比如 PDF 和 EPS 文件称作数字底版，排版文件也称为数字底版，但真正意义上的数字底版或许应该算栅格化处理产生的二值点阵图像。在个人计算机 CPU 和 RIP 速度不高的年代，曾经出现过以多台 PC 机利用 Photoshop 的通道分离和加网功能分别从连续调图像转换成二值点阵图像，保存为 TIFF 格式后直接传送到栅格图像处理器输出的作法，由于已经通过 Photoshop 生成了二值图像，因而不必经过 RIP 的解释，相当于手工并行处理；随着激光照排机控制技术的发展，后来可以在应用软件内直接输出了，二值图像的利用价值由此而变得更高。

大约到 2000 年时，宣传 1 bit TIFF 的文章逐步出现，似乎发现了新大陆，其实方法早已有之，算不上新，新的是概念。所谓的 1 bit TIFF 流程，就是指预栅格化处理结果保存为二值 TIFF 格式文件，需要时可不断调用的方法。

按 1 位数据保存的 TIFF 文件大体上有如下优点和用途：①由于 RIP 解释时按激光照排机和直接制版机等输出设备分辨率形成二值图像，所以 1 位 TIFF 图与输出设备的精度一致，可以直接使用；②通过专门的软件可形成 1 位 TIFF 图的小档文件，经如此处理的文件数据量与原来相比大为减少，用于拼大版应该不成问题，实际输出到高精度记录设备时再以高分辨率的 1 位 TIFF 文件替换小档文件即可；③页面对象经 RIP 解释后转换成只包含 0 和 1 两个数字的二值图像，导致所有页面对象的位置全部固定，发送到激光照排机和直接制版机等高精度设备上输出时不存在出错的可能性；④ 拼大版或数字打样发现错误时不必像以前那样必须返回排版软件修改再由 RIP 控制输出了，只需针对出现错误的页面作出修改，经 RIP 解释后替换 1 位 TIFF 文件中相应的页面，可节省大量时间；⑤可以实现一次 RIP、多次输出，栅格化处理后形成的 1 位 TIFF 文件由 0 和 1 两个数字组成，实际上包含控制设备记录动作的信息，只要是二值设备都可以输出。

值得注意的是，经 RIP 解释得到的 1 位 TIFF 图像不能毫无节制地使用，因为 RIP 所生成的 1 位 TIFF 图像按输出设备的记录精度作栅格化转换，这种二值图像隐含输出设备的分辨率信息，原则上只能利用空间分辨率相同的设备输出 1 位 TIFF 图像。因此，若目标设备与 1 位 TIFF 图隐含的分辨率相差太大，则失去使用价值，例如某些数字打样设备的记录精度比激光照排机或直接制版机明显低，以 1 位 TIFF 图打样并不合适。

由于 RIP 解释针对的输出设备分辨率很高，因而生成的二值点阵图像数据量很大，从大版文件产生的二值图数据量可能大到不可思议的程度。为了降低存储要求，需要对栅格化处理得到的二值图像文件作数据压缩处理，保存为支持二值图像的格式，例如国际电报电话咨询委员会建议的 CCITT Group3 和 Group 4。以上两个国际标准针对传真机，支持二值图像数据压缩，以 TIFF 为基础文件格式，因而特别适合于 1 位 TIFF 图数据压缩和保存，或许是 1 位 TIFF 名称的来源。

### 9.4.8 栅格化到文件

在 Adobe 推出 PDF 文件格式前，无论何种途径生成的 PS 文件必须在 RIP 的支持下才能观看和视觉检查页面描述的实际效果，更不能在普通台式打印机上输出；由于 Word 等字处理软件较早开始支持 EPS 格式，故插入 Word 等文档的 EPS 图可以在普通台式打印机上输出，对 EPS 文件的栅格化解释由字处理软件承担，相当于字处理软件内置简易的 RIP，似乎普通的台式打印机配置了栅格图像处理器。

PDF 文件格式出现后，上述问题迎刃而解，因为排版文件转换到 PDF 格式时相当于经过了栅格化处理。这样，无论以何种方法和途径生成的 PDF 文件，都可以在普通台式打印机上输出了，原因在于 PDF 文件格式转换器相当于 RIP。

按照生成 PDF 文件时方法的不同，以及生成 PDF 文件的软件环境不同，栅格化处理的程度也会不同。获取 PDF 文件的途径多种多样，例如 Illustrator 和 CorelDRAW 等应用软件，或 Distiller 一类的专用软件，后者可以从 PS 文件、打印机描述文件和 EPS 文件"提炼"成 PDF 文件。对缺乏 PostScript 编程能力的普通数字印前用户来说，无论以何种途径获得 PDF 文件，都需要安装 Adobe Acrobat，安装后 PDF Maker 就会对用户系统起作用，比如在 Word 和 PowerPoint 等办公软件的菜单条上增加了 Adobe PDF 菜单项。

某些 PDF 文件经过彻底的栅格化处理，以至于应用软件打开这种 PDF 文件时无需规定栅格化参数。大多数 PDF 文件虽然经过转换器的解释，但文字、图形和图像等页面对象仍然保留各自的特性，例如文字仍以矢量数据描述；图像保留点阵表示特征，但分辨率取决于用户在 PDF 文件转换时设备的参数，通常情况下不能超过原分辨率。打开这种未经彻底栅格化处理的 PDF 文件时，可能出现类似图 9 – 15 那样的对话框。

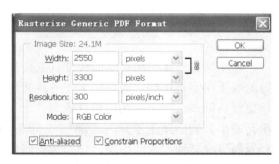

图 9 – 15　PDF 文件栅格化对话框的例子

从图 9 – 15 给出的信息可知，操作者试图打开的 PDF 文件原来保存为通用格式，打开时如何处理视应用软件而定，例如以 Illustrator 打开时作为常规图形文件处理，由于该软件彻底支持 PDF 技术而无须设置参数；通过 Photoshop 打开时，由于软件环境建立在点阵数据描述的基础上，就会出现类似图 9 – 15 的对话框，要求设置栅格化参数。

## 9.5　字体还原

图形的栅格化处理相当单纯，文字就不同了。出现在逻辑页面上的文字大多很小，导致字符笔画集中在面积相当小的区域内，必须利用特殊的算法，才能确保读者看得清转换成物理页面上的文字。致力于使逻辑页面上的文字经由硬拷贝设备输出转换成物理页面后保持所有字符良好可阅读性的方法称为字体还原，由于任何字体设计程序仅给出字符轮廓的描述，因而不同的 RIP 开发商完全可以采用不同的字体还原技术。

### 9.5.1 文字的栅格化处理

文字的栅格化处理与图形类似，定义为文本从矢量描述（指 OpenType、TrueType 和

Type 1 等曲线字体）到栅格数据或点阵描述的过程，涉及类似于屏幕显示文本更光滑和更容易阅读的抗混叠算法，也需要提示信息技术合理地还原小尺寸字符。

现代计算机操作系统的文字栅格化功能以共享库的形式提供，相同操作系统环境下的应用软件可以充分利用这种共享库的信息。一般来说，共享库可能内置于操作系统，或者由用户在需要时添加。然而，操作系统的文字栅格化共享库不能解决所有问题，大多数专业性很强的应用软件往往会自行开发文字栅格化技术，弥补共享库信息的不足，在计算机屏幕上产生更好的文字显示效果。尽管如此，由于大多数计算机操作系统努力在实践中尝试建立标准化的文字栅格化共享库，处理成集中的单一共享库的形式。

文字栅格化处理最简单的形式莫过于不采用抗混叠技术，仅仅按计算机图形学的基础算法还原字符笔画，由于涉及的计算工作量很小，文字的还原速度最快。不采用混叠的文字栅格化处理的主要缺点表现在笔画边缘会失去应有的清晰度，小尺寸字符还原尤其如此。考虑到这种因素，许多字库包含提示信息，帮助系统还原文字时处理某些特殊问题，例如小字符笔画还原得更合理，图 9 – 16 演示抗混叠和提示信息技术对字符还原的影响。

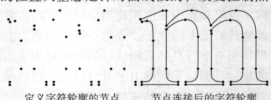

图 9 – 16　PDF 文件栅格化对话框的例子

图 9 – 16 顶部文字栅格化时未采取抗混叠措施，也没有提示信息起作用；中间的文字栅格化处理时采取了抗混叠措施，但没有提示信息起作用；底部文字栅格化处理时不仅采取了抗混叠措施，且启用了提示信息，因而文字的还原效果最好。

利用来自计算机图形学的标准抗混叠技术还原字体时，需要考虑数值（透明程度）不等的像素在字符还原后的总像素中各自的比例，并确定透明程度相同的像素应该占有的合理位置。例如，假定要在白色背景上“画”黑色字符，若像素按抗混叠算法确定理论上应填充一半，则字体还原算法“画”成 50% 的灰色。这种方法的简单应用仍然容易导致字符笔画边缘某种程度的模糊，比如待栅格化处理的字母包含垂直笔画，还原后按理应该占据一个像素的宽度，但该像素恰巧落在两个像素之间，导致还原后占据两个像素的宽度，且还原后这两个像素显示为灰色，这种模糊是清晰度和准确度折中的结果。为了解决这一问题，现代字体还原技术强制字符的垂直笔画必须落到整数像素坐标，使得该垂直笔画显示得更为合理，但栅格化处理笔画比曲线描述的笔画更粗或更细。

### 9.5.2　字体还原与采样

可缩放字体以直线段和曲线段定义每一个字符的轮廓，分别用不同的数学公式描述。设计字体时为了便于交互式地修改，决定字符轮廓的直线段和曲线段分别由节点和加控制点定义，调整节点的位置将大幅度改变直线或曲线段的形状；由于定义直线段无须控制点，也就谈不上控制点位置调整；对于控制点的位置调整总是针对曲线段的，改变控制点的位置可以精细地调整曲线段的形状。连接两个节点构成直线段，但无法通过两个节点的直接相连形成曲线段，必须有控制点的配合，决定如何连接两个节点。图 9 – 17 的左面仅仅表示定义直线段和曲线段的节点，当它们以合适的方式连接起来，便形成字符轮廓。

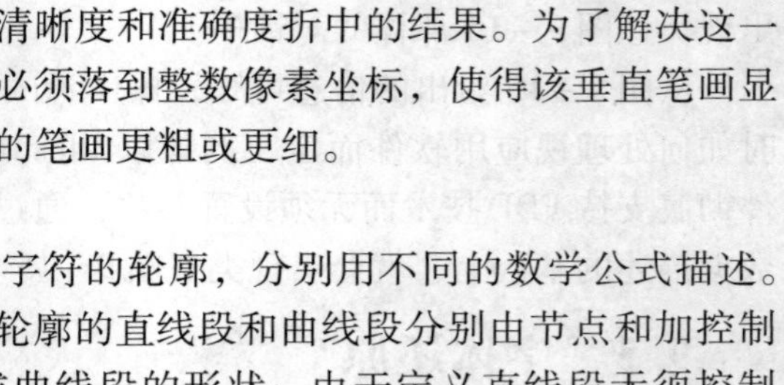

定义字符轮廓的节点　　　节点连接后的字符轮廓

图 9 – 17　描述字符轮廓的节点和连接效果

给定每一个节点的水平和垂直坐标，通过数学上的坐标变换使定义字符轮廓的所有节点彼此离得更远或靠得更近，就实现了放大或缩小字符。因此，表面上在字符的轮廓形状决定后只需以需要的颜色填充轮廓，文字的栅格化处理也就完成了。然而，实际问题却并非想象的那样简单，因为确定填充颜色的深浅和位置应该满足采样定理的要求，但小字还原时由于字符轮廓的限制，未必能满足 Nyquist 采样定理定理的要求。假定图 9－17 的小写字母 m 按 8 磅的尺寸还原、且要求在 96 dpi 的屏幕上显示，由于字符尺寸较小和显示分辨率较低的双重原因，字母底端的衬线仅仅横跨 3/16 个显示像素，如图 9－18 所示。

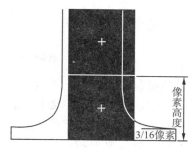

图 9－18　小字符低分辨率
显示遇到的问题

图 9－18 反映小字符采样因不满足 Nyquist 采样定理要求而丢失字符笔画，针对这种问题提出了不同的技术，大多建立在子像素采样基础上，例如微软的 ClearType 技术。

### 9.5.3　小字符采样

根据图 9－18 反映的问题，为了正确地还原小写字母 m 的轮廓形状，保证字符笔画端部的衬线基本特征不丢失，至少需要以 2 个设备像素还原字符的垂直笔画，才能还原端部的衬线特征。如果按图 9－18 所示的屏幕分辨率仅 96 dpi 考虑，为了还原小写字母 m 的衬线，采样频率应达到 2/（3/16）＝ 32/3。换言之，正确地还原小写字母 m 需要的采样频率应该是显示器分辨率的 32/3 倍，即 96 ×（32/3）＝1024 dpi。仅当显示器分辨率达到如此高的数值时才能正确地还原小字符的基本特征；意味着 8 磅的字符要求设备具有每英寸 1024 个像素的记录能力，对硬拷贝设备而言恐怕只有激光照排机和直接制版机才行。小写字母分别以 96 dpi 和 1024 dpi 分辨率还原的对比如图 9－19 所示。

图 9－19　小字符以不同分辨率设备的还原效果对比

从图 9－19 可以看出，采样频率的大幅度提高对字体还原质量确实意义重大，但即使以 1024 dpi 这样高的分辨率作栅格化处理，还是看得出数字栅格的分布特征，与模拟时代铅字的连续线条相比仍然有差距。

经过训练的眼睛可能注意到图 9－19 顶部还原小写字母 m 的三段垂直笔画时使用了提示信息某种程度的痕迹，笔画段转折处边缘的锯齿效应得到软化处理。

通过上述例子，读者不难理解在数字设备上如何通过采样过程还原数学公式描述的文字对象，考虑到输出设备不可能准确地与字符的最小特征匹配，因而最低采样频率也不可能刚好与表现最小特征要求的分辨率吻合，为此要求字体还原技术有一定的宽容度。曲线字符轮廓应具有可缩放特征，字体还原的根本目标在于对字符的可缩放性没有任何的限制或约束，即字符缩放需独立于设备。然而，没有约束的缩放可能导致某些字符特征因太小而无法采样，可见对于字符的缩放机制附加一定的限制是必要的。图 9 – 20 用于说明限制缩放机制的必要性，该图的左面和右面分别代表缩放机制不限制和限制。

限制缩放机制主要针对小字符，与设备的分辨率有关，例如 8 磅字体在 96 dpi 分辨率的屏幕上显示时，就需要限制缩放机制。为了保证小字符的细小特征不丢失，应该在保证字符轮廓形状大体不变的前提下改变某些笔画，例如适当放大图 9 – 20 中大写字母 H 的横笔和字符端部的衬线。这样，本来无法显示的横笔可以显示，衬线也不缺失了。无论

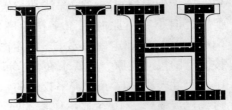

图 9 – 20　限制缩放机制的必要性

字符轮廓比例缩小到何种程度，节点对之间永远限制为至少 1 个像素的距离，以适合于定义笔画的细小特征。从图 9 – 20 容易看出，限制缩放机制产生的效果更好。

### 9.5.4　采样的可缩放问题

小字符采样的根本问题集中在如何表现某些字符笔画的细小特征，只要字符的细小特征能够恰当地再现得与设计字体相似，则小字符采样问题算是圆满解决了；既然小字符采样可以解决，大字符采样应该不成问题。

解决可以采样问题是不够的，还存在采样可缩放的问题。理论上，曲线字体可以缩放到任意需要的大小，这是小字符采样的主要基础。但问题在于，既然字符轮廓以数学公式描述，那就不存在缩放问题，采样才反映字体还原的本质。之所以要使采样与缩放挂钩，是因为小字符的采样等价于从大字符缩小而得，在此基础上确定像素位置更方便，因而所谓的缩放相当于小字符采样过程中发生的基本现象，限制缩放机制则相当于解决小字符采样如何合理地还原数学公式描述的字符轮廓。

因此，限制缩放机制等价于限制采样机制，核心问题归结为限制字符笔画和笔画特征至少以 1 个像素还原。然而，如此的限制仍可能存在不合理之处，由于笔画位置的随机性，即使限制为至少以 1 个像素还原，同样的笔画可能还原成 1 个或 2 个像素，例如图 9 – 21 给出的例子，大写字母 H 的大小相差不大，但还原成三种不同的风格。

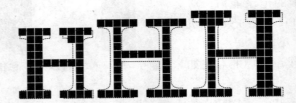

图 9 – 21　限制缩放机制可能出现的问题

图 9 – 21 中的三个大写 H 字母从左到右依次放大很小的比例，这并不违反曲线字符轮廓可以缩放到任意需要尺寸的原则，但如此小的比例导致三个字母的还原结果产生相当大的差异。看来，仅仅限制缩放机制是不够的，还得解决字体采样的可缩放问题。

如果缩放机制本身是可以调整的，则是否应该在字体尺寸缩小的同时细小的字符笔画特征也相应地缩小，至少理论上应该如此。那么图 9 – 21 所示的不正常现象究竟出在哪

里？事实上字符轮廓采样之所以缺乏可缩放特性，问题并不在缩放操作，而是在采样，可以用图 9 – 22 说明，由于采样所得像素位置的随机性，导致竖笔的粗细不同。

图 9 – 22　字符轮廓采样发生的频率混叠现象

字符轮廓本应如图 9 – 22 的左面所示，但如果按最后落实的像素位置，则应该勾勒出该图右面那样的轮廓，这种现象的专业术语为频率混叠。正因为采样过程发生了频率混叠，才导致大写字母 H 本来应该相同的竖笔采样成不相同的宽度，反之亦然，即本来应该不相同的笔画采样成相同的宽度。根据 Nyquist 采样理论，期望的采样频率应该大于等于原信号频率的两倍，但由于采样频率无法满足准确反映描述大写字母 H 竖笔的重要特征，才导致相同的竖笔采样成不同的宽度。为了解决采样的可缩放问题，必须采用其他恰当的方法，仅仅靠常规的抗混叠技术可能不够，还需要其他技术，比如充分利用字体的提示信息，高等级的曲线字体通常在字库文件中包含控制字符笔画的提示信息。

### 9.5.5　提示信息

提示信息（Hinting）是字体领域使用的专门术语，不太严格的含义是低分辨率条件下尽可能改善小字符的视觉外观，但不同的人可能产生不同的理解。

（1）定义：提示信息设法限制字符轮廓的缩放，在栅格输出设备上能够以任意的尺寸、任意的设备分辨率条件、任何字体还原算法、通过任意的应用软件并针对任何终端用户的需求表示文本，使采样结果的集合成为体现字体设计者愿望的最佳表示。

与位描述非黑即白的一维世界再现相比，字体还原需满足所谓的 ppem 尺寸，其中 ppem 表示每个小写字母 m 的像素数量，即英文 Pixel Per Em 的缩写。如此定义的理由在于，小写字母肯定比大写字母小，而英文的 26 个字母中以 m 的宽度最大，因而只要在相同的宽度内能成功地还原小写字母 m，则其他字母不成问题。根据这种基本要求，字体还原的基础目标可展开为 6 种尺度，这些尺度彼此独立。

（2）以磅计量的尺寸：在铅字排版时代，字体设计需考虑到铅字的实际尺寸，字号成比例并不意味着字符笔画尺寸成比例，例如 24 磅字母的宽度和高度很少会等于 12 磅字母的两倍，因为笔画尺度的缩放关系是非线性的。今天的抗混叠方法已经开始将提示信息与笔画尺度缩放的非线性特征结合起来，对字体的屏幕显示需附加光学缩放技术。

（3）栅格设备：对像素的理解不能停留在很小的黑色方块这样的水平，因为非黑即白的像素时代早已过去了。然而，这种简单的理解确实会带来方便，对理解字符轮廓的栅格化处理十分有用。按照上述理解，液晶显示器的字体还原基于子像素结构，高质量的字体还原或许也需要提示信息，最好能适合于未来显示器的子像素结构，对字体在高精度硬拷贝输出设备上的还原也有很大的参考价值。

（4）设备分辨率：只要以磅计量的字体尺寸和设备（硬拷贝输出或显示）分辨率不

必结合为单一的 ppem 尺寸，则设备分辨率就成为独立的尺度。根据早期显示屏幕字符光学缩放实践取得的经验，主要面对实现特定的缩放比例带来的挑战，例如 12 磅的字母放大到 200％ 时理论上高度和宽度应该是原尺寸的两倍。因此，字体的缩放与设备分辨率有关，或者说应改变设备的分辨率，并非以磅数计量的尺寸或 ppem 尺寸。

（5）还原方法：不同的字体要求不同的提示信息"策略"和优先等级，或至少需要特殊的调整手段。字体还原方法已知时，提示信息可以优化还原效果。

（6）应用软件：不同的提示信息"策略"和优先等级可能影响字符轮廓还原的宽度，或影响到字符轮廓还原的其他方面。若应用软件对字体还原要求已知时，例如排版软件是否要求字体的可缩放性，则提示信息利用不同的优先等级在低分辨率条件下优化还原结果。

（7）终端用户：在黑白像素世界，由于像素的非开即关特点，很难找到十全十美的字符笔画替代方法。然而，随着设备技术的进步，抗混叠已经能作为替代方法使用，例如笔画定位的优先等级应用，可以限制子像素结构显示器还原字体时出现彩色条纹。

如果设备具有多值表示能力，例如计算机显示器，则借助于抗混叠技术和信息提示技术的结合可获得效果良好的字体还原结果，例如图 9-23 之左表示抗混叠算法应用到由所谓的提示信息对英文字母 w 确定的字符轮廓产生的还原结果，这种方法称为二值还原。

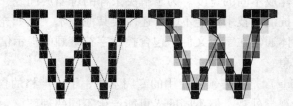

**图 9-23　二值还原与多值还原**

图 9-23 之右与二值还原的主要区别是多值还原，当提示信息超出了字符轮廓编码路径的边界时，字体还原算法填充不同程度的灰色，为此需根据多值设备像素被字符轮廓覆盖的面积比例确定灰色的程度，以产生比二值还原更好的效果。

激光照排机和直接制版机等高精度设备没有多值表示能力，似乎无法按图 9-23 右面所示的方法还原字体。然而，由于这些设备具有很高的记录精度，只要充分利用设备像素在单位距离内密集分布的优势，照样能还原出如同图 9-23 右面那样的效果。假定对低分辨率显示器的设备像素与图 9-23 相当，显示器当然只能得到图中所示的还原结果；但对于激光照排机和直接制版机来说，设备像素的覆盖范围比显示小得多，图 9-23 的正方形将覆盖更多的设备像素；利用高精度硬拷贝输出设备像素密集分布的特点，可以采取对每一个正方形覆盖的设备像素控制填充的措施获得字符边缘不同灰色的视觉效果。例如，假定图 9-23 的正方形为高精度记录硬件的 100 个设备像素覆盖，则每一个正方形内的设备像素可以取填充 0 个设备像素到 100 个设备像素之一，由此得到 101 种不同程度的灰色。

### 9.5.6　子像素还原技术

本小节以 Microsoft 公司的 ClearType 技术为例说明如何实现子像素还原。该技术首次在 1998 年的国际计算机博览会上面向公众，最早出现在 Microsoft Reader 产品中，后来成为 Windows XP 操作系统的选件，到微软发布 Windows Vista 时成为默认还原技术。现在的 Windows 操作系统和应用软件大多支持 ClearType 子像素字体还原技术，包括 Office 套件。

ClearType 仅适用于文本，其他图形单元（包括已转换成点阵描述的文本）的栅格化质量不可能由于应用了 ClearType 技术而得到改善。例如，字处理软件 Word 中的文本显示时在 ClearType 的支持下效果增强，但对于 Photoshop 输入且已转换成点阵的文本不起作用。这种字体还原技术适合于特定类型的显示器，通过丢弃颜色的保真度、附加亮度变化改善文本显示效果，对液晶平板显示器的文本显示效果改善更明显。

ClearType 对文本打印不适用，原因在于大多数硬拷贝输出设备划分的像素单元比显示小得多，出现频率混叠的可能性不大；此外，页面上的文本对象输出时很难将打印机设备像素对应到 ClearType 要求的可寻址的固定像素，因为 ClearType 针对液晶平板显示器的设备像素构成特点而设计。尽管如此，微软的 ClearType 子像素字体还原技术仍然有很大的参考价值，因为在高分辨率设备上还原字体的工作原理是相同的。

计算机软件通常将显示器屏幕处理为正方形像素组成的阵列，每一个像素的显示亮度和颜色通过三原色混合获得。然而，实际的显示器硬件往往以三个相邻的、彼此独立的子像素构成的像素群组表示文本，每一个子像素显示不同的主色，如图 9 - 24 所示那样。

图 9 - 24 给出显示器某一区域的显示像素分布特征，其实在显示器的整个成像平面上显示像素均按图中的规律分布。该图所示的显示子区域总共包含 9 个像素，即图中以粗线框出的正方形；每一个像素包含三个子像素，因而总共有27 个子像素。事实上，实际使用的计算机屏幕的显示像素

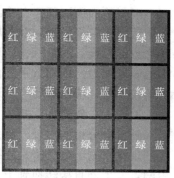

图 9 - 24　屏幕的子像素结构

组织未必如此排列和分布，但液晶平板显示器屏幕的每一个显示像素确实由红色、绿色和蓝色三个子像素组成。

如果控制显示器的计算机知道屏幕上所有子像素的准确位置和颜色，则可以充分利用这些信息改善图像的显示效果，按特定的设备状态根据图像的空间分辨率找到对应的屏幕像素位置。假定计算机屏幕的每一个显示像素事实上确实由红色、绿色和蓝色的三个矩形子像素构成，且按固定的次序排列，如同图 9 - 24 所示的分布规律那样，则当计算机屏幕显示的对象尺寸比显示像素的尺寸更小而与子像素尺寸相当时，只能以一个或两个子像素表示，实际显示效果必然不理想。

举例来说，要求显示的对象是一条黑色背景上的白色对角线，线条宽度比屏幕的显示像素小，计算机处理这样的线条对象时又不能不显示；好在该对角线的宽度与子像素相当，从而可以利用子像素显示，即凡与对角线接触的子像素参与显示；由于线条宽度比显示像素尺寸更小，因而不能按正常规律显示，应该改变参与显示的子像素的亮度。如果对角线通过显示像素的最左面部分，则按图 9 - 24 的子像素排列规则应该由红色子像素参与显示；当线条通过显示像素的最右面部分时，参与显示的变成蓝色子像素。由此可见，只要按上述简单原则处理被显示对象，在正常的距离上观看屏幕时，相当于被显示图像的水平分辨率提高三倍，如图 9 - 25 所示。以上处

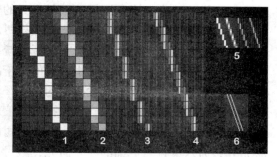

图 9 - 25　斜线显示效果改善的例子

理方法的缺点是可能会出现彩色条纹，从某一角度观察看起来是绿色，到其他位置观察时可能变成红色或蓝色，是子像素显示的关系。

图 9 – 25 中标记为"1"的区域以 1 位模式在黑色背景上显示白色斜线，由于显示像素非黑即白，可看到明显的锯齿边缘；标记为"2"的区域以灰度模式显示该线条，因采取抗混叠措施而改善了显示效果；标记"3"的区域与区域"1"相同，两者的区别仅在于区域"3"表示斜线在彩色屏幕上的显示效果；标记"4"的区域通过对子像素的直接控制改善显示效果；标记"5"的区域是区域 1 ~ 4 的缩小版本；标记为"6"的区域给出按一个像素行显示的两条斜线，对应不采取抗混叠和采取抗混叠措施。

## 9.6　像素的半色调转换

逻辑页面通过硬拷贝输出设备转换到物理页面，记录到胶片、纸张或 CTP 印版等物理载体后完成转换过程。在此期间，矢量对象先通过栅格图像处理器解释成点阵数据，再按硬拷贝输出设备的记录精度逐点记录到目标物理介质。由于绝大多数硬拷贝输出设备缺乏多值表示能力，因而数字图像以多值表示的像素必须变换到等价的二值描述，为此需要特殊的技术使二值设备能再现连续调的图像，这种技术称为数字半色调。

### 9.6.1　激光加网技术

随着电分机的出现，服务于印刷的半色调工艺发生了革命性的变化，这种变化一直延续到现在。电子分色机是连续调原稿扫描和半色调网点生成高度一体化的设备，扫描结果由网点发生器直接转换到半色调网点，并记录到胶片上，因而不再需要接触网屏或其他类似的形成模拟网点的装置。分色和加网构成电子分色机的两大关键功能，但如果扫描子系统的分色结果没有加网工艺的配合，则扫描子系统捕获的信号将毫无用处，因为电分机捕获的信号不能保存为数字文件，必须立即使用。因此，扫描子系统捕获的分色信号应该及时地转换成控制网点发生器记录动作的二值信号，才构成完整的输入和输出系统。由于电子加网工艺的需要，数字半色调算法迅速发展，许多研究工作者投身于数字加网技术的研究和开发行列，导致半色调算法研究的繁荣局面，出现了多种多样的算法。

世界上首次成功地推向市场的激光加网技术由 Printing Development 公司和 Hell 公司各自独立地研发，前者简称为 PDI 电分机。从技术角度分析，电子分色机使用的激光加网技术与传统工艺的差异是原则性的，区别表现在：首先，电分机产生的网点是多个激光光斑堆积的结果，网点边缘必然会出现锯齿形状，但采取一定的技术措施后网点边缘的锯齿效应可明显降低；其次，激光光斑的堆积应该按预定的规则通过控制器曝光，为此需要相应的半色调加网算法配合，而算法本身一定是预先定义的数字运算规则。很明显，控制激光光点如何堆积取决于半色调算法，与今天的数字加网已十分接近，因而最早应用数字加网技术的设备是电子分色机，并非激光照排机和直接制版机（包括数字印刷机）。

据资料介绍，由 PDI 电分机扫描子系统捕获的图像信号包含像素的阶调值和像素的空间分布信息两大主要成分，其中阶调值用于决定网点面积率，而像素的空间分布信息则决定图像的细节；电分机网点发生器的氩离子激光器发出的激光束借助于专门的控制器调制扫描子系统捕获的图像信号，并根据阶调值和像素的空间分布信息产生半色调网点，记录到包裹在旋转滚筒表面的胶片上。Hell 公司的激光加网技术名气更大，激光器发出的一束激光分裂为六束直径更细的独立激光，经过互不相关的独立调制（仅调制为激光束的开或关）后聚焦到记录胶片上，每一个半色调单元包含 $12 \times 12$ 个记录像素，如图 9 – 26 所示。

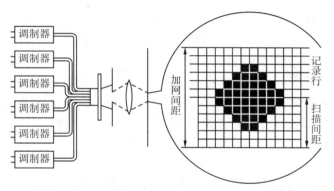

**图 9 – 26    以光栅结构为基础的半色调加网系统工作原理**

从图 9 – 26 容易看出，激光加网形成的每一个网点包含许多更小的记录点，网点结构表现出离散特征，只能以阶梯递增的形式表现连续调原稿的层次和颜色变化，因而从微观角度看缺乏连续变化特征。然而，只要能骗得过眼睛，最终的视觉效果还是连续的。

### 9.6.2    半色调采样

模拟原稿或物理场景的数字化必须借助于光电转换元件才能实现，几乎毫无例外地使用逐行采样轨迹和正方形栅格，从而表现出明显的周期性特点，不失真地从抽样信号恢复原信号需要满足 Nyquist 采样定理的要求。半色调处理采样与数字成像设备采样的最大区别在于无须光电转换元件的参与，设计半色调算法时也无须考虑到输出设备的记录精度，因而可认为半色调采样属于纯粹的数学运算，但仍然有周期性处理特点。从连续调的数字图像转换到阶调不连续的二值图像时，是否采用逐行扫描采样轨迹取决于半色调算法，例如实现误差扩散算法时为避免误差的垂直累积而往往使用蛇形扫描采样轨迹。

半色调处理的基本思想是利用二值图案表示输入图像的灰度等级 $g$，后者的取值范围取决于数字图像的量化位数，例如 8 位量化的像素值可以取 0 ~ 255 间的任意非负正整数。以归一化数据表示像素值可以消除量化位数的痕迹，使其更具一般性；对 8 位量化的数字图像而言，只要以 255 除数字图像的像素值即得归一化数据，变换成从 0（白色）到 1（黑色）的数字序列。与归一化处理后的连续调像素值在 0 ~ 1 之间取值（实数）对应，半色调图像的像素值只能取 "1" 或 "0" 两者之一，如果以图 9 – 26 所示那样的局部记录栅格结构模拟原数字图像的像素值，则应该在某一个预先规定的小区域（半色调单元）内产生 0 或 1 的分布，其中数字 1 所占的比例大体上等于 $g$。这里，假定标记为 1 的激光照排机或直接制版机设备像素转换成黑色记录点，而 0 表示维持白色间隔不变。如果相邻位（半色调处理后每一个像素转换成 1 位表示）之间的距离足够小，则眼睛对黑色记录点和白色间隔（或可称为白色记录点）作平均处理，最终的感觉效果与灰度等级 $g$ 近似。可见，半色调技术依赖于眼睛的平均处理功能，其作用相当于空间低通滤波器。

数字半色调技术假定已打印（印刷）二值图案的黑色面积正比于栅格化转换成的点阵图案黑色像素在全部设备像素内所占的比例，这意味着由每一个硬拷贝输出设备生成的黑色记录点占据的面积应该与每一个白色点（纸张）占据的面积相等。因此，由激光照排机、直接制版机或数字印刷机、乃至于传统印刷机产生的黑色记录点（硬拷贝输出设备对于标记为数字 1 的响应）的期望形状应该是 $T \times T$ 的正方形，这里的 $T$ 表示位间隔，即二值图像相邻数据点与物理输出平面对应的距离，该距离即为采样间隔。

然而，大多数硬拷贝输出设备只能产生圆形的记录点，因而理想记录点半径必须要达到 $7/\sqrt{2}$ 的尺寸，才能使记录点所在位置的 $T \times T$ 大小的区域变黑，这种实际记录点形状与理想正方形栅格记录区域不匹配的特点称为打印机畸变，可以通过合理的数字半色调算法予以补偿，甚至加以合理的利用。尽管保证输出设备产生的记录点能覆盖 $T \times T$ 的正方形区域是设计数字半色调算法时必须考虑的因素，但这种要求却与采样间隔无关，意味着确定采样间隔时不必考虑硬拷贝输出设备的实际记录点大小和形状。

### 9.6.3 设备像素形状与半色调网点的精细程度

图 9-26 所示的离散栅格结构由有限个记录组成，称为半色调单元，其中所包含的栅格的多少将决定半色调网点的精细程度，即半色调网点可表示的层次数量。注意，只有模拟传统网点结构的二值图像变换才需要半色调单元，对调频加网来说并不需要。

迄今为止，大多数印刷工艺仍然以模拟传统制版加网的调幅网点作为从逻辑页面转换到物理页面时图文信息复制和油墨传递的基本单位，为了确保预定的复制质量，数字半色调处理应该像传统加网那样要求网点结构，且应该对设备像素形状有所要求。网点精细程度其实取决于半色调单元的精细程度，也决定网点轮廓的精细程度。显然，半色调单元或网点的精细程度完全取决于记录点的大小，即激光照排机、直接制版机或数字印刷机等硬拷贝输出设备输出的记录像素的大小，由此可知网点的精细程度与设备的记录精度有关。

当数字半色调处理以传统网点为工作目标时，每一个数字网点的形成借助于多个记录点在半色调单元内预定位置的堆积实现，例如图 9-26 给出的半色调单元和网点。显然，以光记录（例如激光或发光二极管）为基础的成像工艺由于光束的外形限制，必然导致理想与实际记录点的差异，因为通常情况下的光束外形呈圆形，但成像系统却只能在二维平面上划分为正方形记录栅格，为此必须保证激光束直径大于正方形记录栅格的边长。

图 9-27 演示激光照排机、直接制版机和数字印刷机等硬拷贝输出设备的成像系统记录分辨率改变时对应的网点尺寸及其边缘形态，该图特别强调油墨依次填充成局部实地区域时各成像点在记录平面上的直径应该大于记录栅格的宽度（正方形边长），以使得各记录点能彼此充分重叠而不露出空白；若忽略胶片、印版或纸张上成像点的尺寸变化，则每个记录点的理论直径至少应等于相邻记录栅格距离的 $2^{1/2}$ 倍。此外，为了保证非实地填充区域的光学密度，成像时也要求记录点直径大于记录栅格边长。

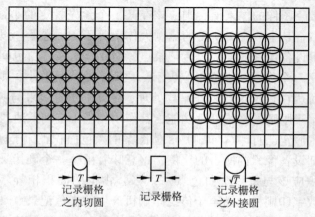

图 9-27 不同寻址能力成像系统形成的记录点结构

半色调单元包含的小方格（记录栅格或设备像素）的多少决定了网点轮廓形状接近理想形状的程度。对尺寸同样的网点而言，沿纵向和横向划分的格子数越多时，意味着形成的网点轮廓越接近理想形状，即该网点的轮廓形状越精细。

### 9.6.4 传统网点的数字模拟

网点的大小（以网点面积率反映）不受网点形状、加网线数和加网角度的控制，它只受分色图像灰度值的调制，即像素的灰度值越高，输出时生成的网点面积率越小；像素的灰度值越低，输出时生成的网点面积率越大。可见，像素的灰度值是决定网点面积率的唯一因素，与输出设备分辨率、网点形状、加网线数和网点排列角度等因素都没有关系。

设计好理想的半色调网点参数后，接下来需要考虑的主要问题就是如何根据数字图像的像素值转换为能模拟连续调图像浓淡程度渐变的半色调网点。页面描述语言 PostScript 以命名为网点函数（Spot Function）的过程定义网点参数。为此，首先需要按网点形状建立数学模型（数学表达式），并把该数学表达式按语言规则编写为 PostScript 代码，然后再规定半色调单元中所有的设备像素（栅格）如何记录，即规定记录的次序。

原则上，任何半色调单元描述的灰度值应该等于该单元中白色像素个数与所有设备像素个数（组成半色调单元的全部记录点个数）之比。如果半色调单元由 $n$ 个设备像素构成，则该半色调单元可以表示 $n+1$ 种灰度等级。输出设备在记录平面上划分成水平和垂直距离相同的栅格，按规定的顺序依次"涂黑"记录栅格，这种数字半色调处理方法可以模拟传统网点的结构，更专业的称呼为记录点集聚有序抖动算法。模拟传统网点结构的工作方式归结为：对应于输入图像的实地区域，半色调单元内所有设备像素置黑；需要表现比实地亮一级的灰色时 1 个像素为白，其他 $n-1$ 个设备像素置黑；对应于更亮的灰色层次有 2 个像素置白，其他 $n-2$ 个设备像素为黑；……；比绝网暗一级的区域取 $n-1$ 个像素为白，剩下的 1 个设备像素置黑；所有像素置白，没有黑色像素产生时，对应于绝网区域。

数字半色调技术的发展历史中产生了不少模拟传统网点的半色调算法，它们均通过实际应用的考验，有成熟的使用经验。典型算法有阈值法、模型法、生长模型法和对半取反法。前两种方法存在相当多的缺点，现在已很少采用；生长模型法因存储开销少和运算速度快而得到普遍应用；对半取反法不能独立使用，必须与其他方法结合起来才行。

下面以生长模型法为例说明数字半色调如何模拟传统网点结果。假定半色调单元由 25 个设备像素构成，以光记录技术生成网点时意味着半色调单元包含 25 个成像光点，即成像平面沿水平和垂直方向以相等的间隔均分为 $5 \times 5$ 栅格点阵，如图 9 – 28 所示。

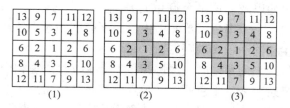

图 9 – 28　网点生长模型

在图 9 – 28 所示条件下，半色调单元可表示的层次等级总共有 $25 + 1 = 26$ 个。为了使问题简化，假定数字图像总共能表现 14 个灰度等级，即像素的灰度取值范围从 0 ~ 13。由于设备像素总共有 25 个，而层次等级有 14 个，因此图中的每一个小方块平均可表示

26/13 = 2 个灰度等级。与像素值 0 对应的曝光点数按理应该等于 0，如果与像素值 1 对应的曝光（记录）点数等于 1；对于像素值为 1 以后的灰度等级，像素值每增加 1 个灰度等级就增加 2 个记录点，由此可得到原图像从 0 ~ 13 的像素值代表的灰度变化范围映射到记录平面设备像素矩阵（0 ~ 25）记录点栅格数的对应关系：

| 像素值 | 0 | 1 | 2 | 3 | 4 | 5 | 6 | 7 | 8 | 9 | 10 | 11 | 12 | 13 |
|--------|---|---|---|---|---|---|---|---|---|---|----|----|----|----|
| 记录栅格数 | 0 | 1 | 3 | 5 | 7 | 9 | 11 | 13 | 15 | 17 | 19 | 21 | 23 | 25 |

设原稿图像中某一位置的像素值等于 7，则按上述关系指示的记录栅格上应该有 13 个小方块记录，但问题在于究竟哪 13 个小方块应该记录。大多数模拟传统网点结构的数字半色调技术采用了图 9 - 28 的生长模型法，为此需使用网点函数描述半色调单元。

以激光照排输出时，图 9 - 28 所示的矩阵"告诉"栅格图像处理器：像素值为 0 时照排机不曝光；像素值增加到 1 时，应该在半色调单元中心的小方块上曝光；若像素值增加到 2，则在编号为 1 和 2 的小方块上曝光；当像素值改变到 3 时，应当在编号为 1、2 和 3 的小方块上曝光；……；如果像素值等于 13，则在半色调单元的所有小方块上曝光。

图 9 - 28 中给出的每一小方块的编号实际上形成了阈值矩阵，各方块上中心的编号就是控制设备像素是否曝光的阈值。执行加网操作时，栅格图像处理器以取得的像素值与阈值矩阵的每一个栅格元素比较，如果像素值大于或等于阈值矩阵中某一单元的值，则输出设备在这些单元上产生记录动作，否则不记录。例如，当 RIP 取得的像素值为 3 时，则阈值矩阵中所有数值小于等于 3 的栅格单元均要记录，于是得到图 9 - 28 中（2）所示的网点；而对于灰度值为 7 的像素，则得到图 9 - 28 中（3）给出的网点结构。

### 9.6.5　有理正切加网

数字半色调算法产生的传统网点如何与输出设备成像平面的记录栅格交叉点重合取决于所选择的加网角度，在某些加网角度（例如 0°和 45°）下，每一个半色调单元的四个角点能够做到与记录栅格的角点准确重合，满足图 9 - 29 所示的几何条件。

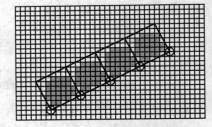

图 9 - 29　有理正切加网演示

显然，当半色调单元的四个角点和记录栅格的角点重合时，每一半色调单元由相同数量的设备像素组成。在这种情况下，如果待输出数字图像的像素值相同，则半色调单元形成的网点形状也相同，这意味着当半色调单元的角点与记录栅格的角点重合时，同样面积率的网点将具有完全相同的轮廓形状，并包含相同数量的记录点数。由于采用有理正切加网技术模拟传统网点结构时，各半色调单元以及在该半色调单元基础上产生的幅度调制网点形状完全相同，因此只需描述网点如何在一个半色调单元中生成，就能准确地指使数字半色调处理系统在其他半色调单元内产生相同面积率的网点。

以接触网屏产生传统加网角度时，网屏角度调整到 15°位置相当简单，但以数字方式实现时却使问题变得复杂起来，半色调单元角点与记录栅格角点无法重合不仅意味着输出设备不能找到正确的记录点成像位置，也意味着无法实现 15°网点角度。由于：

$$tg15° = tg\ (45° - 30°) = \frac{tg45° - tg30°}{1 + tg45° tg30°} = 0.5 \times (\sqrt{3} - 1)^2 \tag{9-1}$$

从而说明 tg15°不是有理数，因为从 $\sqrt{3} - 1$ 是无理数可推知 $(\sqrt{3} - 1)^2$ 也一定是无理数，意味着 15°角的正切值无法用两个整数之比表示，导致半色调单元的四个角点不能与记录栅格的角点重合。为了能够以数字的形式模拟传统网点结构，必须做到半色调单元的角点与记录栅格的角点准确重合，因而只能取接近于15°的正切值为有理数的角度。

图9-30所示的记录栅格上覆盖着某半色调单元，假定其边长等于9个记录栅格，旋转该半色调单元，使其顶点C沿垂直轴的正方向"升高"3个记录栅格，如此可实现半色调单元的四个顶点准确地与成像平面记录栅格的角点重合。令加网角度 $\alpha = \angle CAB$，则 $tg\alpha = BC/AB = 3/9 = 1/3$。虽然1/3是无限循环小数，但它却是有理数，从而可以为数字加网算法所采纳，并能使半色调单元的角点与记录栅格角点重合。

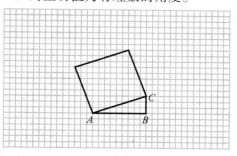

图9-30 有理正切近似加网角度

当 $tg\alpha = 1/3$ 时，易于算得 $\alpha = tg^{-1}(1/3) = 18.435°$，在该角度下可以实现半色调单元角点与记录栅格角点重合；取18.435°的近似值18.4°不至于产生大的误差，这成为电分制版工艺最常采用的0°、±18.4°和45°加网组合的来由，可见18.4°是很重要的角度。

### 9.6.6 误差扩散与蓝噪声

误差扩散技术发明于1975年，在当时信息显示学会举办的年会上Floyd和Steinberg公布了他们的研究成果，两人提出的误差加权系数分布如图9-31所示。

| X | X | X | X | X | X | X | X | X | X | P：当前处理像素 |
|---|---|---|---|---|---|---|---|---|---|---|
| X | X | X | X | X | X | X | X | X | X | X：已处理像素 |
| X | X | X | X | P | A | O | O | O | O | O | O：未处理像素 |
| O | O | K | D | C | B | O | O | O | O | O | K：特殊像素 |
| O | O | O | O | O | O | O | O | O | O | O | A：误差的7/16 |

P：当前处理像素
X：已处理像素
O：未处理像素
K：特殊像素
A：误差的7/16
B：误差的1/16
C：误差的5/16
D：误差的3/16

图9-31 误差扩散加权系数

图9-31是Floyd和Steinberg两人1976年论文集中使用的插图之一，标记为K的像素用于解释"蠕虫"纹理图案，受到来自点P误差的直接或间接的影响，误差离开P点后的扩散规则类似国际象棋，但位置K没有接收到反馈信号。由于接受误差反馈的区域限制于"国际象棋"规则允许的范围，因而记录像素倾向于沿允许的扩散方向打开，形成记录像素行或像素列。这种解释延续了20年，至少在较长时间内没有更合理的解释出现。

美国麻省理工学院Ulichney在其博士论文中提出，误差扩散算法产生的半色调图案视觉效果良好，算法本身可视为蓝噪声半色调图案发生器。他引入了主频的概念，推导出主频与输入灰度的关系，指出误差扩散图案有截止频率，发生在主频位置。

图9-32表示经过良好组织的半色调图像变换到频域后的基本特征。根据Ulichney定义的放射平均功率谱概念，固定灰度等级g经半色调处理得到的二值图像变换到频域后将表现出三大主要特征。首先，放射平均功率谱曲线的峰值应该出现在按固定灰度等级

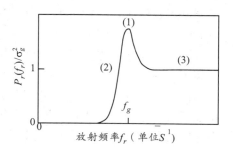

图9-32 良好定义的误差扩散
半色调图像的频谱特征

重构的半色调图像主频$f_g$位置，在图9-32中以（1）标记主频点，也称为低频截止点；其次，主频$f_g$的左面常称为过渡区域，在狭窄的范围内放射平均功率谱变化非常强烈，低于主频的大多数区域内几乎没有能量存在；第三，尽管在通过主频后的较高频率区域内有可能存在不相关的放射平均功率谱波动，但由于很难观察到，因而产生放射平均功率谱平坦而稳定的高频分布的总体感觉，由蓝噪声体现其特征，由此误差扩散算法得名蓝噪声技术。

误差扩散算法产生的某些半色调图像的视觉感受效果之所以很好，应该归功于误差扩散半色调图像的频谱特征。然而，任何算法不可能完美无缺，但如果对误差扩散参数添加一定程度的随机扰动，则可以提高算法的处理性能，组成更好的蓝噪声发生器。

迄今为止，误差扩散仍然是应用最普遍的随机或调频加网技术，由其他调频加网技术产生的半色调图案的视觉效果不能与误差扩散半色调图案相比，正因为这一原因，许多学者投入误差扩散算法的改进研究，派生出数量众多的蓝噪声技术。

### 9.6.7 绿噪声半色调与复合加网

绿噪声数字半色调技术的基础是蓝噪声算法，借助于扰动误差扩散过滤器的加权系数及其他手段（例如输出相关信号反馈法）改变记录像素的空间分布，产生记录点的局部集聚效应，导致绿噪声半色调图像的频率分布与光谱分布的绿色位置相近。由于绿噪声算法产生的记录像素能控制到以不同的规模集聚，因而有条件成为AM与FM复合加网技术。

蓝噪声代表白噪声的高频成分，而绿噪声却反映白噪声的中等频率分量。绿噪声的优点在于二值输出图像的非周期性，表现出与颗粒度不相关的结构特征，更准确地说是半色调图像内几乎不存在由低频成分导致的颗粒感。绿噪声与蓝噪声半色调图像的根本区别在于前者存在记录点的集聚效应，因而绿噪声半色调图像缺少蓝噪声图像的高频特征，其频率成分类似于可见光的绿色频谱。此外，绿噪声半色调操作产生非周期性的图案，没有必要具有放射对称性。考虑到视觉系统的对比灵敏度函数不具备放射对称特性，所以允许绿噪声图像出现非对称特点是合理的。绿噪声技术的处理目的在于利用蓝噪声半色调画面的最大分散度属性，有利于实现与幅度调制半色调图像记录点集聚的结合。

绿噪声算法的空间统计特征应该能反映二值图像记录像素的集聚程度，与半色调图像的记录点簇总数、记录点簇平均尺寸和单位面积内有限像素集聚的期望数量有关，这些参数对于分析绿噪声半色调处理结果很重要。如果比照绿噪声数字半色调处理结果与传统网点的相似性，则幅度调制半色调操作成为绿噪声处理的特例，此时尽管单位面积内有限像素集聚的期望数量可能变化，但二值图像内记录点集聚的总数却保持为常数。类似地，频率调制半色调操作同样可视为绿噪声处理的特例，单位面积内有限像素集聚的期望数量也可能处于变化中，然而半色调图像内各记录点簇有限像素集聚的平均数字保持为常数。

图9-33演示绿噪声半色调测试样本的径向频率与期望平均功率谱密度的关系，从中可归纳出三点不同于误差扩散半色调画面的主要特征：首先，绿噪声半色调图像内仅存在数量很少的低频成分，甚至没有低频分量；其次，高频功率谱分量明显不同于蓝噪声，绿噪声二

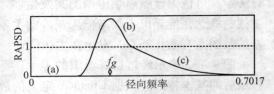

**图9-33 绿噪声半色调图案的功率谱特点**

值图像的高频成分随记录点簇尺寸的增加而逐步消失；第三，若通过傅里叶变换得到的功率谱分解成一系列宽度等于$\Delta\rho$的圆环，该圆环中心半径（即组成圆环的外半径和内半径

之和的一半）的频率以 $f_\rho$ 标记，它代表圆环的平均功率，且仍然用下标 $g$ 表示绿噪声图案的主频 $f_g$，则立即可发现绿噪声图像的功率谱在位置 $f_\rho = f_g$ 处出现峰值。图 9-33 的计量单位是标准离差 $\sigma_g^2 = g(1-g)$，横轴和纵轴分别代表径向频率和径向平均功率谱密度。

绿噪声算法不能代表复合加网技术的全部，事实上还存在其他算法，例如 IBM 公司的 White 于 1980 年针对传真机打印部分提出了一种很有意思的复合加网技术，他的算法基于下述基本思想：输入信号先分解为低频和高频两部分，半色调处理分别针对低频和高频部分进行；低频部分用传统网点表示，半色调单元由 8 个记录像素组成；高频成分通过通过 $3 \times 3$ 的拉普拉斯算子产生，在此基础上执行误差扩散运算。在 White 提出分解算法的两年后，Anastassion 等提出了另一种改进算法，他们利用非线性的拉普拉斯运算降低调幅网点区域的莫尔条纹效应，有助于避免等高线效应，也对半色调处理结果起锐化作用。

### 9.6.8 基于优化处理的半色调算法

数字半色调算法的多样性决定了算法的复杂程度差异，若以最低复杂性层次（设计算法所要求的计算部分除外）而论，则 Sullivan 等人提出的模拟退火算法和 Chu 提出的遗传算法当列于首位，这两种算法都适合于产生对视觉影响最小的二值纹理。由于算法本身的特殊性，二值纹理只能预先设计，且呈现特定的结构，它们是组成半色调算法的基础，每一个记录像素位置利用连续调图像的灰度值在二值图像堆栈内建立索引，但由于二值图像间缺乏连续性而不能准确地描述相邻灰度等级，导致质量较低的半色调图像。

通过阈值操作以空间平均网点函数实现半色调算法时，必然隐含着对于二值纹理（特殊形式的半色调图像）很大程度上的连续性要求，问题归结为设计合适的网点函数，导致半色调图像纹理的可察觉程度最低。以周期性网屏形式实现直接二值搜索算法的 Allebach 和 Stradling 借助于成对交换的启发式搜索方法找到阈值排列次序，使记录点外形的最大加权傅里叶变换系数最小化。研究结果表明，设计二值纹理或网点函数时涉及很大的计算工作量。尽管如此，只要能形成二值纹理或网点函数，就可以通过逐个像素索引或阈值操作的方法对连续调图像执行半色调处理了。

比退火模拟算法和遗传算法再复杂一些的半色调技术是误差扩散，或基于误差扩散原理的各种改进算法，例如 Eschbach 和 Knox 建议以图像相关的方式确定阈值，要求控制边缘增强的程度，误差扩散算法确实具备这种能力。以蓝噪声概念解释误差扩散由 Ulichney 首先实现，他建议对误差扩散矩阵（误差过滤器）引入随机加权系数，也提出了修改扫描次序的建议。反馈信号算法从另一种角度改进误差扩散效果，由 Sullivan 等人提出的这种算法将误差信号反馈给误差过滤加权系数，需利用过滤信号修正阈值。

另一类误差扩散改进算法建立在像素块操作的基础上，目标归结为满足像素块对平均吸收系数的限制条件，这种算法以 Roetling 的研究成果最为典型。块处理算法产生二值纹理时也有强调连续调图像细节结构的建议，此时目标约束条件归结为如何保证像素块的细节结构，例如由 Anastassiou 和 Pennington 以及 Goertzel 和 Thompson 提出的方法。

无论是逐个像素的执行二值化操作，还是以像素块为基础产生二值图像，输出结果都以一次通过的方式建立。例如 Knuth 建议以并行处理方式代替串行误差扩散过程，形成多次通过的半色调处理工艺，为此需要定义所谓的子采样栅格。在每一次信号通过期间，属于子采样栅格陪集（Coset）的像素执行二值化操作，结果误差扩散到当前尚未执行二值化操作的像素。虽然 Pali 采用的方法类似，但他的算法更应该归类于多重分辨率金字塔框架结构，金字塔每一层的像素邻域模拟固定尺寸的像素块。

　　以上简要介绍的不少数字半色调算法在给定的因果关系限制条件下寻求使误差最小化的优化解决方案，这类算法统称为基于结果优化的数字半色调。很明显，这里提到的误差自然指连续调图像与该图像二值再现间的误差。限制条件因方法的不同而改变，例如串行算法的限制条件定义为像素扫描次序；根据 Knuth 算法的特点，误差最小化的限制条件由算法对被处理像素"陪集"内执行的扫描次序定义；以 Pali 算法实现误差扩散时，定义限制条件的基础是被处理像素金字塔的层次关系。显然，这些算法要么以一次通过方式得到最终结果，要么以固定次数通过的方式产生二值图像。

　　大多数基于优化处理半色调算法的误差衡量指标归结为频域加权均方根误差，不同算法间的差异主要体现在优化处理的框架结构。建立在模拟退火过程基础上的某些算法力图使记录点分布更合理，而其他类似算法致力于找到粒子的平衡分布；有的数字半色调算法借用了神经网络的概念；有的算法则通过公式描述将误差最小化问题表示为数值积分的线性编程问题，以连续量的线性编程与分支搜索技术结合的方式求解；Pappas 提出基于最小二乘原理的数字半色调优化算法，求解目标在于使打印图像和原图像之间的差异最小化。

### 9.6.9　典型半色调技术的随机性分析

　　半色调处理结果的随机性意味着频率调制实现的彻底性，也表示半色调图案的优劣程度。就这一角度而言，以 Bayer 阈值矩阵为典型代表的记录点分散抖动缺乏真正意义上的随机性，记录点的产生和分布服从于阈值矩阵的形成规律，只能算是伪随机算法，因而调频网点无法通过模式抖动一类算法实现。根据调频网点的基本含义，半色调算法应该产生真正意义上的随机分布记录点，例如本质为蓝噪声主频位置的误差扩散算法。

　　实际上，满足记录点随机分布的数字半色调算法有不少，并非仅仅是误差扩散，例如白噪声技术、退火算法和遗传算法，以及基于优化处理和打印机模型的算法等。

　　图 9-34 比较了四种主要数字半色调技术产生的二值图像，目的在于比较不同半色调算法得到的二值画面的视觉效果，检查这些算法的随机特征。为了便于比较，该图对半色调图像作了放大处理，并按相关性增加的次序排列，这意味着平均信息量（信息熵）按次序降低。白噪声半色调画面之所以相关性最低，是因为其平坦的功率谱分布；基于记录点集聚有序抖动（调幅加网）算法产生的半色调图像是四种技术中相关性最高的，记录点在二值记录平面上的定位完全按预定的规则产生。图 9-34 所示的四种半色调图像都代表固定的灰度等级 $g=1/9$，因而原则上应该包含相同数量的黑色像素。

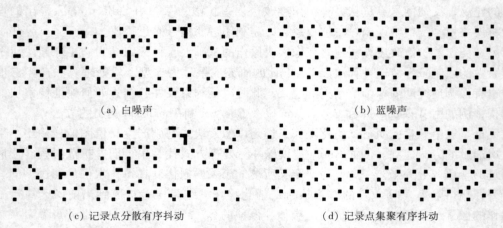

　（a）白噪声　　　　　　　　　　　　　　　（b）蓝噪声

　（c）记录点分散有序抖动　　　　　　　　（d）记录点集聚有序抖动

**图 9-34　按信息熵排序的半色调图案比较**

白噪声算法完全满足记录点分布的随机性要求，但这种半色调图像整体上呈现太多的随机性，或者说记录点在画面中显得太杂乱。由此可见，如果记录点出现在二值平面上的位置太随机，则半色调图像的视觉效果未必很好，也不能用作调频网点发生器。

无论是记录点分散有序抖动算法还是记录点集聚有序抖动算法，半色调画面都显得太规则，结构性太强，记录点的出现位置已没有随机性可言，从而也不能用于产生以随机性为主要特征的调频网点。半色调技术的主要目的是正确地表示原稿阶调（层次）和颜色的连续变化效果，可见抖动结果不应该出现任何半色调图像自身的形式或结构，只有当二值图案对视觉感受没有妨碍时，才能认为与其对应的半色调算法是成功的。

记录点集聚有序抖动能成功地模拟传统网点结构，在表现常数灰度等级区域方面具有独特的优势，只有当成像设备的记录精度极高时，视觉系统才无法辨别按预定规则组织起来的网点结构。由于调幅网点对印刷工艺的要求较低，如果高光区域的小网点不丢失，暗调区域的网点不发生合并，则记录点集聚有序抖动还是成功的算法。

蓝噪声技术产生的半色调图像的视觉效果相当好，因为这种算法与不应该出现半色调图像自身形式或结构的基本要求没有抵触，画面中几乎不存在结构性的内容，记录点分布满足随机性的要求，又不会使人产生杂乱的感觉，相关性较低但又不完全不相关。

## 9.7 图文的硬拷贝输出

图文处理的最终目标归结为输出，按服务领域的不同有印刷和电子出版之别。积多年发展的成果，数字印刷已经到了收获的季节，除应用于商业印刷外，数字印刷正向不同的领域扩展和渗透，也使数字印前的服务领域更宽广。

### 9.7.1 激光照排记录

数字印前技术发展的早期，激光照排机（Imagesetter）曾经是图文处理结果为服务于印刷的唯一的高分辨率硬拷贝输出设备，用于将数字形式描述的文本、图形和图像等记录成分色结果。早期激光照排机以胶片为目标记录介质，其实也可以记录到光敏纸，曾经有利用绞盘式和平板式结构的激光照排机直接输出印版的做法。

从计算机外围设备的角度考虑，激光照排机也可以视为价格昂贵的打印机，与其他打印机不同之处在于激光照排机极高的分辨率。这种硬拷贝输出设备分成不同的胶片记录尺寸和格式，由于价格昂贵的原因，大多数印前公司购买四开激光照排机。

除价格因素外，以购买四开规格激光照排机居多的原因还与数字印前发展早期手工拼版技术仍相当盛行有关，那时不少原来从事传统制版的专业人员刚转行，充分利用他们的特长也可以降低数字印前公司的设备投资开销。

顾名思义，激光照排机当然以激光器作为记录工具，因而这种设备属于光记录技术的范畴。虽然以激光作为记录工具并不稀罕，例如激光打印机十分普及，但如何利用激光束产生记录动作，以及最终形成的记录效果却大有讲究，由此产生了不同结构的激光照排机，比如前面提到的绞盘式和平板式激光照排机，以及后来出现的内鼓式和外鼓式结构。

由激光器发出的激光束的直径受到相关技术因素的制约，而激光照排机模拟传统网点的用途要求很高的记录分辨率，为此需要采用特殊的技术缩小激光束直径，大多以裂束技术的形式实现，是导致激光照排机价格十分昂贵的主要原因。此外，大多数激光照排机仍然需要与传统胶片处理相同的湿式显影和冲洗等工艺，但确实也出现过无须化学处理的激光照排机，如同免冲洗计算机直接制版那样，例如图 9 – 35 所示设备。

图 9 - 35 所示的激光照排机由 ColorSpan 制造，命名为 PressMate，分辨率 2400 dpi，可以记录成正片或负片；这家公司后来转行，从事喷墨印刷设备研制。栅格图像处理器是激光照排机必须配置的部件，因为以普通的打印机驱动程序无法控制激光照排机的高精度记录能力。激光照排机的典型分辨率为 1270 dpi 和 2540 dpi，达到 4000 dpi 分辨率的激光照排机也出现过，价格自然也十分昂贵了。

图 9 - 35　免化学处理激光照排机的例子

激光照排机源于电子分色机的网点发生器，演变成激光照排机后激光加网技术得到了继承和发扬。早在 20 世纪 70 年代初期，就已经形成两种激光加网系统，分别诞生在美国和德国。激光加网技术的成功实现，成为激光照排机的技术基础。据资料记载，那时的激光加网系统具有将激光器发出的激光分解成 6 束的能力，半色调单元由 12 × 12 个记录栅格或设备像素组成，这是激光照排机一推出就能达到高分辨率的原因。

### 9.7.2　计算机直接制版

如果说激光照排机解决了分色片的数字记录难题，则计算机直接制版技术解决了无须胶片加晒版的复合工艺、直接输出印版的更高级的技术难题，也标志着数字印前制版技术发展到了最高阶段或最高境界，以至于有人发出疑问，数字印前今后的出路何在？

计算机直接制版技术的实现需要一种称之为直接制版机的高分辨率设备，正规的英文名称为 Platesetter，直接翻译出来是印版照排机之意，但国内更习惯于称为直接制版机。从此以后，计算机生成的逻辑页面无须使用先记录成分色胶片再晒版的复合工艺，可以从逻辑页面直接记录成印版形式的物理页面了。计算机直接制版的主要技术意义是省略了胶片记录及相应的胶片处理工艺，由此也派生出无须晒版。

即使激光照排机记录的分色片没有任何损失，但晒版时丢失信息很难避免。统计资料表明，激光照排机确实有能力记录 1% 面积率的网点，经晒版后无法保持，从而有计算机胶片记录加晒版的复合工艺不能形成面积率为 2% 网点之说。计算机直接制版技术出现后，由于数字信息直接转移到印版，信息的再现能力取决于直接制版机和印版。换言之，只要直接制版机达到足够高的记录精度，印版有足够精细的信息还原能力，原则上可以达到数字信息还原的极限，这为调频加网技术应用铺平了道路。

有工业专家认为，计算机直接制版技术取消胶片记录的优点不仅表现在时间成本降低和消耗材料减少带来的环保意义，还在于 CTP 印版记录结果的清晰度高，细节比胶片记录加晒版丰富得多，从图 9 - 36 所示的印版记录结果可略知一二；直接制版技术可以避免胶片处理期间可能出现的潜在质量损失，例如胶片很容易刮伤，以及激光照排机较难避免的曝光波动。据统计，激光照排机的平均重复精度大约在 ±2% 的范围内，可能由于绞盘式和平板式结

图 9 - 36　直接制版机记录结果的例子

构的原因"拖累"了统计激光照排机的平均重复精度；直接制版机一进入市场就是高等级的设备，没有使用过影响重复精度的结构，重复精度自然比激光照排机高。

当然，计算机直接制版技术也不见得没有缺点，例如：①直接制版机严格地限制于数字记录格式，要求印版生产人员至少具备印刷及相关的知识基础；②大规格的直接制版机要求供应大版文件，数字拼大版成为 CTP 的必备知识，而这对激光照排记录而言没有这种要求；③如果由于某种原因导致印版损坏，栅格化处理时发生错误，或 CTP 印版记录完成后发现有内容需要纠正，则必须全部推倒重来，意味着材料浪费。

### 9.7.3　数字印刷

1981 年，第一届国际非撞击印刷技术会议在意大利的威尼斯召开，从 1988 年起改成年会。虽然"非撞击"三字确实能反映数字印刷与传统印刷转印过程的主要区别，但不能反映数字印刷与传统印刷工作方式的本质差异，为此会议组织方从 1996 年开始改成国际数字印刷技术年会。据此可以认为，作为国际范围内普遍认同的正规专业名称，数字印刷这一概念应该出现在 1981 年。尽管如此，工业领域使用数字印刷这一术语的时间比 1996 年更早些，例如赛康和 Indigo 公司各自在 1993 年英国曼彻斯特举办的 IPEX 国际印刷大展上推出了卷筒纸和单张纸彩色静电照相数字印刷机，美国的华尔街杂志也在同年的 6 月 20 日报道了 Indigo E-Print 面市的消息，因为设备制造商们比专业人士更希望用新的名称吸引买家的眼球。从这一角度看，国际非撞击印刷技术会议名称的改变是为了顺应潮流。

1993 年对数字印刷来说具有特别重要的意义，因为该年度 Indigo、爱克发和赛康推出的系统终于使数字印刷成为可行的印刷方法。据说那时 Indigo E-Print 的数字印刷机的工作可靠性如此之低，以至于只能成对销售，便于在一台机器停止工作时另一台机器可立即启动工作。然而不能不看到，基于网络的数字媒体 1993 年时还处在婴儿时期，也是当时数字印刷不能很快发展的主要原因之一。当数字印刷刚进入印刷人的视野时，许多人曾经怀疑数字印刷是否真正能给印刷业带来革命性的变化，原因在于数字印刷本质上是媒体领域传播个性化和按需信息的一部分，而 20 世纪 90 年代初期时国际互联网也处在起步阶段，没有足够的能力支持数字印刷的快速成长，导致数字印刷发展比人们想象的慢得多。

对于数字印刷的起源有两种不同的看法。有人认为，数字印刷在传统印刷的基础上演变而成，但迄今为止不能找到数字印刷与传统印刷技术的关联性，至少从数字印刷的技术属性上考察，认为数字印刷源于传统印刷的结论不成立。另一种看法与此不同，数字印刷的诞生确实独立于传统印刷，尽管将要承担的某些社会责任与传统印刷相同或类似。

回顾历史，传统印刷的发明动力来自文化传承的基本需求，致力于解决文化积累和信息或知识传播的基本问题。为了与上述需求一致，传统印刷技术必须具备大批量复制的基本属性，实现知识和信息的大批量传播。可以这样说，传统印刷走过的发展道路围绕"大批量"展开，逐步形成了具有开放性特点的技术，实现了设备、工艺、材料和质量检验的标准化。传统印刷的价值主要表现在设备、材料和质量标准的互换性方面，意味着任何一家公司制造的印刷机可以选择任意厂家生产的印刷材料，例如 PS 版、油墨和纸张。传统印刷的优势主要体现在印刷质量优异，印刷品终端用户的知晓度高，这不能不归功于这种印刷技术的长期发展历史，也与其大批量复制和大批量传播的广泛性有关。

发展到今天的数字印刷确实令人振奋，输出速度越来越快，印刷质量越来越高，对印刷材料（例如纸张类型）的限制也几乎不存在，且正在渗透到各种领域。据说美国印刷业界的专栏作家 Noel Ward 在一篇文章中提到，在某次信息技术高层论坛餐会上，他听到一位 Gartner 研究机构的朋友正高谈阔论，说整个信息产业界发生的最令人兴奋的事件莫过于数字印刷，虽然同桌的人对此未必全然同意，但 Ward 却深以为然。数字印刷之所以令人振奋，并非技术上能力非凡，而是可实现的价值实在了不得。数字印刷的特殊属性和适应时代发展的能力，导致印刷业经营"生态"或服务模式的深刻变革，其强有力的传播方式不仅使印刷企业发展并加深了与客户的联系，更在于新的服务模式带来的震撼，迸发出的能量才真正令人兴奋，远非技术发展成果本身可以比拟。

现阶段，数字印刷的核心价值可以归纳成"按需"两字，技术应用至少到目前为止应该围绕按需而展开，包括印刷品用户的内容要求、数量要求、时间要求和供货地点要求等。人类社会进入数字时代后，各行各业都在运用数字技术，也在"按需"两字上下工夫。由于数字技术的介入，原有的价值规律已经打破，能否实现产品加工增值的难易程度转移到技术应用能力，也与技术自身的属性有关。增值服务是"按需"的核心价值体现，受数字印刷与生俱来之按需能力的支持。从这一意义上考虑，谁能够充分发挥"按需"能力带来的优势，谁就达到了数字印刷应用的最高境界，就能够避免价格竞争。

认为数字印刷机只是速度更快打印机的技术应用者大有人在，从业人员对于数字印刷机不恰当的认识导致不能充分发挥设备的潜在能力。事实上，数字印刷机与打印机的区别有许多，例如配备 PostScript 解释器的高水平印刷管理器，可接受多种数据格式并转换到印刷数据的能力，提供完备的数字前端功能；只要配备了相应的软件，就可以形成智能化的印刷数据流，实现并行处理和叠代处理等复杂的服务；等等。也有人认为使用数字印刷机仅仅是执行打印命令的简单操作，无须任何专业知识和操作技能，这种看法本质上是数字印刷机等同于打印机的翻版。也可能有人走到另一个极端，对数字印刷机的高技术含量过于"迷信"，错误地认为高度自动化的数字印刷机不允许操作干预而只能碌碌无为。

为了实现数字印刷的固有价值属性，技术使用者要充分发挥数字印刷相比于传统印刷的优势，在"按需"两字上做足文章；企业应细分市场，避免相互追逐和彼此间的趋同化；改变轻视印前部门作用的倾向，因为开展数据挖掘需要专业印前技术人员，唯有如此才能实现即使一个职称、一个邮政编码和一笔小资料，只要运用得当也照样能走很长的路的愿望；重视必要的软件基础结构建设，不能认为购买了性能良好的数字印刷机就万事大吉了；寻找和发现本企业合适的服务对象，与他们建立利益共同体关系，以避免残酷的价格竞争。有人曾这样评价数字印刷技术：数字印刷的潜能无限，没有做不到，只有想不到，或许天际才是数字印刷（应用）的尽头！我们有理由期望，数字印刷拥有更美好的明天。

### 9.7.4　硬拷贝数字打样

打样是印刷工业相比于其他工业部门的特殊现象。几乎每一笔印刷业务都是定向加工性质的，必须按类似于产品加工的条件打样，交付客户签字认可后才能正式开印。

数字印前技术应用的初级阶段，绝大多数印前公司采用机械打样方法，有时也称印刷机打样。方法归结为：根据印刷服务商与客户或客户代理所签订合同的约定，按印刷品加工所要求的印刷机、印版、实际使用的油墨甚至纸张，印刷合同双方认可的样张，交给客户签样验收。打样稿主要用于核对和验证目的，包括图像复制效果评价、阶调值测量、颜色的视觉检查和仪器测量、版式检查等。

随着数字印前技术向纵深发展，印刷机打样显得越来越不方便；色彩管理技术的出现为数字打样奠定了技术基础；也扫清了人们的思想障碍。数字打样定义为彩色印前打样方法，客户委托印刷业务时需要提供数字文件，通过喷墨印刷、静电照相数字印刷、染料热升华和热蜡转移等方法输出印刷样张，得到与最终印件良好的近似。考虑到数字打样使用的输出设备完全不同于胶印机等传统印刷设备，油墨差异也很大，因而彩色数字打样通常需用色彩管理技术的支持，才能尽可能真实地模拟胶印等传统印刷效果。

数字打样实际上是数字印刷的应用之一，与其他应用的区别主要表现在：①对色彩和阶调还原的准确性要求较高，为此需要配置适合于数字打样的 RIP，并在色彩管理技术的支持下打样；②对输出速度没有特殊要求，中低速度的彩色打印机都可以使用；③由于彩色打印机与胶印机等传统印刷设备的色域范围存在一定的差异，用于数字打样的彩色打印机应该具有更宽的色域，才能模拟实际印刷效果；④如果分色片或 CTP 印版输出和彩色数字打样是两个彼此不相关的栅格化处理和输出控制过程，即逻辑页面到物理页面输出与数字打样用不同的 RIP 解释，则彼此的可比性不强，因而理想数字打样最好使用与输出分色片或 CTP 印版相同的栅格图像处理器；⑤各种数字印刷应用都要谋求商业利益，但数字打样以间接的方式体现，从而有条件"精工细作"地模拟传统印刷效果。

如何体现或实现数字打样稿的利用价值对普及和推广数字打样至关重要。数字打样究竟追求什么目标？是传统印刷网点与数字打样网点的相似性，还是数字打样模拟传统印刷阶调和色彩表现的正确性？对版式打样和黑稿打样，这些问题当然不存在。如果彩色数字打样追求与传统印刷方法阶调和色彩表现的一致性，并非网点的相似性，则所谓的"真网点"打样就没有多大的意义，因为数字打样设备永远追不上激光照排机和直接制版机以及传统印刷机那样极高的空间分辨能力，也就无法形成与传统印刷高度相似的网点。由此产生数字打样稿的检验工具为题，放大镜显然不可用，密度计测量也未必合理，应该以密度测量和色度测量结合的方法检验和评价打样稿，才是正确的思路。

以其他设备检验数字印刷效果的打样方法毫无意义，特定的彩色数字印刷机自身就是最好的数字打样设备。从这样的意义上考虑，数字印刷无须打样，因为当前正在工作的数字印刷机输出的样张完全可作为数字打样稿使用。然而，考虑到某些彩色数字印刷机的时间非均匀性，开始输出的印张往往不能使用，从而也不能作为打样稿；真正可用的印张应该产生于数字印刷平稳运转后，先试印一张再检验就是数字打样。

# 第十章

# 数字印刷前端控制与工作流程

服务于数字印刷的印前处理有某些特殊之处，这既与数字印刷机是印前、印刷和印后加工一体化的设备有关，也决定于数字印刷采用与传统印刷不同的油墨，例如静电照相数字印刷和喷墨印刷使用的油墨刚好处在固相到液相的两个极端，导致与传统印刷有不同空间形状的色域体积（Gamut Volumne）。数字印刷的不同于传统印刷之处还表现在，整机由专门的工作站和印刷服务器管理，设备自身包含色彩管理功能，完整的数字工作流程控制，可以如同平板扫描仪那样在色彩管理系统的参与下标定到初始状态，输出前的数据转换流程设置和加网方法选择，复制曲线设置和调整等。因此，那种认为数字印刷机只是速度更快的打印机的看法是不正确的，使用数字印刷机也绝非执行打印命令的简单操作。

## 10.1　色彩空间

由于成像方法和印刷材料的多样性，不同数字印刷技术的阶调和颜色描述能力可能存在相当大的差异，如何充分发挥数字印刷机的彩色复制能力，不仅要求模拟原稿扫描和物理场景拍摄保留范围尽可能宽的彩色数据，更应该在前端确定合理的色彩空间，不能从一开始就限制彩色数据的范围，导致某些数字印刷的优势荡然无存。

### 10.1.1　工作色彩空间的重要性

图像处理和复制以合理的彩色数据描述为基础，为此需要为彩色数据的传递和变换规定恰当的色彩空间，如同数学上的直角坐标系统或极坐标系统那样。为了确保前期彩色数据的运算不受后端工艺条件的影响，保持彩色数据应用的灵活性，应该为彩色复制流程规定与设备无关的色彩空间。通常情况下，色彩空间总是与设备有关的，但由于 RGB 彩色数据与可见光谱数据的直接对应关系，可以定义独立于设备的中间色彩空间，这种色彩空间称为 RGB 工作色彩空间，目前已形成了满足各种应用的系列。

可以认为 RGB 工作色彩空间是图像处理及此后复制流程使用的默认 ICC 文件，决定页面对象的颜色描述特征。以数字方式处理彩色对象需要对彩色数据的定量描述，例如基于加色三原色的 RGB 颜色模型以红、绿、蓝三个数据的不同数值组合后表示可见光谱范围内的某种颜色。然而，给定一组 RGB 数据仅仅规定颜色的标称值，对应到不同的 RGB 设备色彩空间后将产生不同的颜色感觉，因为不同的设备以不同的方式利用标称 RGB 数据描述颜色，对独立于设备的 RGB 工作色彩空间同样如此。

RGB 工作色彩空间影响最终的彩色复制效果，很可能从一开始就限制了数字印刷系统的彩色表现能力。原因很简单，RGB 工作色彩空间独立于设备并不意味着对于颜色的描述没有任何限制，也并不意味着对于不同的 RGB 工作色彩空间给定一组相同的 RGB 数据时会产生完全一致的颜色。举一个也许不恰当的比喻，假定 RGB 工作色彩空间 1 和 2 的色域容量分别为圆柱体和类似于"粽子"的正四面体，由于巨大的空间形状差异，这两个 RGB 工作色彩空间按给定的 RGB 标称数据产生的颜色必然差异很大。

选择 RGB 工作颜色空间时需权衡利弊，并非色域容量越大越好，关键在于合理，以不限制设备色域为基本原则。换言之，无论数字印前处理服务于传统印刷还是数字印刷，操作者选择的 RGB 工作色彩空间应该足够大，能覆盖工作流程涉及的全部彩色复制设备中色域范围最大者，避免发生阶调和颜色的裁剪效应，甚至丢失重要的颜色。

### 10.1.2 适合于数字印刷的 RGB 工作色彩空间

RGB 工作色彩空间彼此之间的主要区别表现在色域容量，以及 RGB 工作色彩空间可以产生的颜色和阶调范围。以 Color Gamut 描述输出设备的颜色表现能力足够清楚，但对于数字照相机和扫描仪等数字图像捕获设备并不必要。本质上，数字照相机和平板扫描仪不存在固定的色域范围边界，用色彩混合函数描述它们的颜色表示能力更合理。虽然数字照相机使用滤色镜时对于彩色信息的捕获能力确实会形成限制条件，平板扫描仪的镜头和光源也会限制彩色数据捕获结果，但场景本身以及胶片或照相纸记录的场景图像却没有固定的色域容量边界，也没有固定不变的动态范围。例如，假定读者先拍摄灰卡照片，然后用相同的数字照相机拍摄色彩饱和的花草场景；这两次拍摄显然会导致照相机传感器捕获不同范围的彩色数据，因为两次拍摄的场景色域是不同的。

输出设备色域也很重要。显示器的色域范围并不大，非常接近于 sRGB 色彩空间，市场上大量销售的显示器大多如此，除非用户购买了少数具备 Adobe RGB（1998）色彩空间描述能力的显示系统。彩色打印机色域比显示器好不了多少，通常无法复制出用户数字照相机捕获场景或平板扫描仪捕获模拟原稿的色域。现代彩色成像和复制工艺实践表明，被拍摄场景或扫描原稿、用户规定的 RGB 工作色彩空间和硬拷贝输出设备色彩空间三者之间存在大量的、相互影响的因素，为此需要在前端规定色域范围足够的 RGB 工作色彩空间。适合于数字印刷的 RGB 工作色彩空间更多，图 10 - 1 比较了三种重要的 RGB 色彩空间。

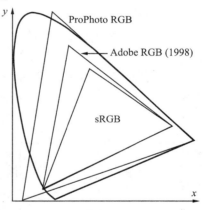

图 10 - 1 三种常用的 RGB 工作色彩空间比较

图 10 - 1 以三角形表示常用的 RGB 工作色彩空间，这种表示方法未必能给出三种重要的 RGB 工作色彩的色域范围（色域的二维映射图），即不能看到三种 RGB 工作色彩空间的形状，但却是对这些色彩空间色域范围彼此比较的足够近似。其中的 ProPhoto RGB 是柯达定义的输入和输出宽色域空间 RIMM/ROMM 的输出部分，覆盖 CIE Lab 空间大约 90% 的范围，可模拟现实世界 100% 的颜色，有时也称为 ROMM RGB。传统印刷或许永远也用不上 ProPhoto RGB，因为这种 RGB 工作色彩空间的色域范围太大，以至于超过了可见光谱范围内的颜色，大约占该色彩空间色域范围的 13%，眼睛很难感受到。

ProPhoto RGB 工作色彩空间适合于为六色以上喷墨印刷、热升华和照相成像数字印刷准备图像素材，对直接成像数字印刷也可能更合适，因为直接成像数字印刷使用的七色墨粉除常规套印色外包含红、绿、蓝三色，无法借助于青、品红、黄、黑复制出来。

传统印刷和多数的数字印刷技术适合于以 Adobe RGB（1998）色彩空间定义颜色，但这种色彩空间对某些数字印刷技术不一定合适，例如彩色喷墨印刷。图 10 - 2 仍然以二维映射表示设备（喷墨打印机）色域与 Adobe RGB（1998）间的关系。

从图 10－2 可见，即使对 Epson 2400 彩色喷墨打印机这样不算特殊的设备，选择 Adobe RGB（1998）这样的色彩空间并不合理，采用 ProPhoto RGB 更合适。

### 10.1.3 数字照相机 RAW 数据转换

数字摄影领域经常发生的概念混淆大多源于拍摄者使用的数字照相机类型，因为某些数字照相机只能在 sRGB 色彩空间中编码数字图像。若用户照相机支持以 RAW 数据格式保存拍摄结果，则照相机原始数据文件原则上可以编码到任意 RGB 色彩空间，与用户使用的 RAW 数据转换软件有关。照相机原始数据文件意味着

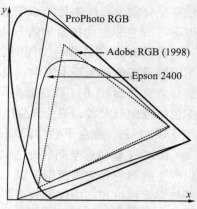

图 10－2　喷墨打印机与 Adobe RGB（1998）比较

数字照相机采集的数据未经处理，对基于 Bayer 彩色滤波器的数字照相而言，可以认为由传感器捕获信息构成的三原色通道文件是灰度数据文件，再现并编码到某一色彩空间时表现出专有属性。

为了从数字照相机保存的 RAW 数据编码到适合于输出设备的 RGB 色彩空间，需要使用 RAW 格式转换软件，以 Photoshop 的 Camera RAW 插件最为流行，使用前只需将相关文件复制到 Photoshop 安装文件夹之 Plug-ins 目录的 File Formats 子目录下即可。一旦用户选择了不同的 RGB 工作色彩空间，插件就及时地按 RAW 数据重新编码到的 RGB 工作色彩空间更新照相机原始数据图像的直方图。图 10－3 演示选择 sRGB、Adobe RGB（1998）和 ProPhoto RGB 色彩空间后 RAW 数据编码图像的直方图差异，说明由于选择了不同的 RGB 色彩空间，导致三种数字图像的像素值不同，最后必然反映到直方图。

图 10－3　照相机 RAW 数据编码到不同色彩空间导致的直方图差异

从图 10－3 很容易看出，照相机原始数据编码到 sRGB 和 Adobe RGB（1998）工作色彩空间后，暗调和高光端的像素裁剪十分明显，说明如果以这两种 RGB 工作色彩空间对照相机原始数据重新编码，必然导致某些图像信息的丢失；选择将 RAW 数据编码到 ProPhoto RGB 色彩空间时，暗调和高光端虽然发生裁剪，但程度十分轻微。由此可见，希望尽可能多地保持数字照相机 RAW 数据文件中包含的颜色时，应该编码到 ProPhoto RGB 空间。

使用 ProPhoto RGB 色彩空间时某些问题值得注意。首先，这种 RGB 工作色彩空间的色域超过了大多数显示器可表示的颜色范围，尽管 RAW 数据编码到该色彩空间可保留数字照相机捕获的更多色彩信息，但显示器却无法显示其中饱和度最高的颜色。由于在硬拷贝输出文件前无法看到编辑操作的实际结果，容易导致在 Photoshop 中调整图像颜色时出现问题。适合于 ProPhoto RGB 工作色彩空间的硬拷贝输出设备往往具有很宽的色域，通常超过用户显示器的可显示颜色范围，这种差异导致图像处理结果不能正确地显示。

其次，基于宽色域 RGB 工作色彩空间的图像编辑对 8 位图像并不合适，考虑到任何的 8 位彩色图像各主色通道从白色到黑色仅仅 256 个等级，同样的文件在 sRGB 色彩空间中仍然是每个主色通道 8 位，而处于 ProPhoto RGB 空间时尽管也是 8 位，但相邻等级的级差却必然拉大，从而无法体现宽色域空间的优点。由此可知，在宽色域 RGB 工作色彩空间下编辑 8 位编码的彩色图像时，很可能导致颜色和阶调的合并，更准确地说可能导致频率混叠。因此，如果用户选择了在 ProPhoto RGB 这样的宽色域空间工作，首先应利用 Camera RAW 插件选择每通道 16 位数据编码，到执行硬拷贝输出前再转回 8 位图像。

### 10.1.4 色域范围测试

是否真的需要色域范围甚至超过 CIE Lab 的 ProPhoto RGB 工作色彩空间？回答这一问题的唯一方法是测试，即以相同的图像测试不同的工作色彩空间，并检查硬拷贝输出结果。为此可以用数字照相机捕获色彩丰富的场景，将捕获的照相机原始数据转换到几种 RGB 工作色彩空间，然后打印每一种转换结果。但不幸的是，试图找到能包含测试操作所需的所有颜色和阶调的场景十分困难，因而只能使用人工合成图像。

用户可以利用 Photoshop 建立包含大量平滑变化的饱和颜色的"人造"图像，通常称为 Granger 彩虹，以著名色彩科学家 Ed Granger 的名字命名。建立 Granger 彩虹图像后就可以测试各种 RGB 工作色彩空间的色域范围和特性了，这种文件需在 Lab 空间内建立，很容易转换到 sRGB、Adobe RGB（1998）和 ProPhoto RGB 空间，再进一步转换到最终使用的用户打印机的色彩空间，或留待打印机转换。打印每一幅转换得到的图像，检查 RGB 工作色彩空间及其色域范围对最终复制效果的影响。

与现实世界的图像相比，人工图像的某些颜色在现实世界中或许不存在，因而对彩色复制工艺也不需要。即便如此，可能性总是存在，或许将来的某一天人们会发现现实世界中确实存在某些人工图像包含的颜色。例如，曾经有数字摄影爱好者评价过由两种不同的色彩管理软件生成的彩色打印机 ICC 文件的质量，检查打印出来的图像后发现，很难看到饱和颜色的"突然"过渡效果；当打印机输出人工图像时，从其中一个 ICC 文件产生的输出结果内很容易看到严重的条带现象，覆盖光谱颜色的许多区域。

水平方向按色相角、垂直方向按亮度变化的光谱色渐变可替代 Granger 彩虹图像，如同 Granger 彩虹图像那样用于检查 ICC 文件的正确性。由于大多数用户对 ICC 文件生成软件或设备标定软件无条件的信任，认为所有的 ICC 文件都是正确的。其实未必，即使著名的打印机制造商也可能提供有缺陷的 ICC 文件，图 10 - 4 给出了一个例子。

**图 10 - 4　彩虹图的应用例子**

从图 10 - 4 容易看出，如果按打印机制造商提供的 ICC 文件控制输出，彩色图像青色渐变靠近绿色的区域将产生颜色的突然"断裂"，露出纸张白色。

### 10.1.5 数字印刷追赶胶印的合理性质疑

迄今为止，从设备价格、印刷成本和复制质量等方面考虑，活跃在商业印刷市场的数字印刷方法以静电照相数字印刷为主。某些喷墨印刷系统虽然速度很快，但由于设备的销售价格很高，以普通纸印刷的质量不如静电照相数字印刷。因此，只要喷墨印刷尚无合适的改善普通纸印刷质量的解决方案，则商业印刷应用主要是静电照相数字印刷的天下。

一方面，迫于强大的市场竞争压力，静电照相数字印刷机制造商们都希望能大规模地进入商业印刷领域，宣称静电照相数字印刷可以"标定"到胶印工艺标准，例如 SWOP 和 ISO 12647-2；另一方面，鉴于传统印刷市场激烈的价格竞争，不少胶印服务提供商试图通过数字印刷摆脱困境，希望静电照相数字印刷能"标定"到胶印工艺标准。于是就产生了希望以静电照相数字印刷追赶胶印的努力。这种愿望可以理解，但硬要把两种复制原理和材料性能差异很大的不同印刷方法相提并论的要求并不合理。姑且不论"标定"一词的准确含义，仅就以胶印为标准的想法而论，也是没有道理的。

根据 SWOP 胶印工艺标准，青、品红、黄三色油墨的色相角分别为 206°、333° 和 59°，分别偏离这三种油墨颜色的理论色相角 26°、33° 和 1°，以黄色油墨最为接近理想值；按作者的测量数据，惠普 Indigo 5500 彩色静电照相数字印刷机电子油墨胶版纸印刷的色相角平均值为青色 210°、品红 309°、黄色 54°，与理论色相角的偏差分别为 30°、9° 和 6°；柯达 NexPress S3000 彩色静电照相数字印刷五种加网技术胶版纸印刷色相角的平均测量值为青色 206°、品红 321°、黄色 58°，与理论值的偏差分别为 26°、21° 和 2°。饱和度方面，SWOP 胶印工艺标准三色油墨的平均饱和度值为青色 77、品红 100 和黄色 93，分别偏离理想数据 23、0 和 7；惠普 Indigo 5500 数字印刷机胶版纸印刷的实际测量值为青色 86、品红 81、黄色 86，分别偏离理想值 14、19 和 14；柯达 NexPress S3000 数字印刷机五种加网技术胶版纸印刷的平均测量值为青色 89、79 和黄色 67，分别偏离理想数据 11、21 和 33。从这些基础数据可以看出，两种彩色静电照相数字印刷与胶印用油墨特性客观上存在相当程度的差异，很难说孰优孰劣。例如，柯达 NexPress S3000 和惠普 Indigo5500 使用的墨粉在色相准确性上优于胶印，但饱和度不如胶印油墨那样高。

因此，要求彩色静电照相数字印刷追赶胶印不合理，要求胶印追赶彩色静电照相数字印刷同样不合理。不同的印刷方法各有所长，目前暂时都有存在的必要，最后的结局应该由市场决定，不必人为地强制"标定"到哪一种印刷工艺。

### 10.1.6 预分色未必合理

相对于商业印刷，我国的数字印刷企业总体上都比较年轻，不像美国有相当数量的数字印刷企业从输出中心（数字印前企业）转型而成。我国不少数字印刷企业原来从事图文制作和处理结果的彩色打印机输出，几乎没有色彩管理技术的应用经验，对色彩空间变换的本质了解不多，也不熟悉数字印刷机的色彩管理能力，认为从打印机输出转移到数字印刷后应该强调专业性，以至于规定图文处理结果输出前一定要转换成 CMYK 文件。

数字印前技术发展的初期，色彩管理技术尚未成熟，那时的图像处理等桌面出版软件主要针对印刷领域，为了结果的可预测性，曾一度提倡彩色数据进入复制工作流程时就立即转换到 CMYK 空间。这样做的理由十分清楚，既然所有的彩色数据最终都用于印刷，且最终的印刷设备和其他条件已知，倒不如一开始就转换到 CMYK 数据，以限制图文处理过程引入超过色域范围的颜色，确保复制工作流程的稳定性。当然，复制流程一开始就采用 CMYK 数据并非早期数字印前处理的唯一选择，为了图像处理的灵活性，也有在工作流程前端采用 RGB 数据，完成处理后再从 RGB 转换到 CMYK 空间的，但如何转换和何时转换也并非数据输出前转换一种选择。以彩色图像为例，处理结束后可以通过 Photoshop 完成转换；用于排版的彩色数字图像也可以保留 RGB 数据待图文合一处理结束后在排版软件中转换到 CMYK 数据；或所有处理结果均保持 RGB 数据，最终输出前由 RIP 转换。

从基于 ICC 的色彩管理系统参与彩色复制开始，数字印前的工作流程就发生了根本性的变化，应该丢弃早期流程一开始就转换到 CMYK 数据的工作方式，理由如下：传播市场发生的变化要求数字印前遵循一次制作、多次使用的原则，如果彩色数据一开始就转换到 CMYK 色彩空间，就只能用于分色时决定参数的印刷设备或印刷工艺标准；彩色数据在流程前端转换到 CMYK 数据后就失去了灵活性，即使仍然服务于印刷，也仅仅适用于确定分色参数的设备或工艺标准，原则上不应该用于数字打样，原因在于虽然数字打样设备与印刷设备都属于 CMYK 色彩空间之列，但两种设备的色彩空间是不一样的。

一般来说，只要硬拷贝输出系统有 RIP 控制，则该系统必然有分色能力。以印刷作为图文处理的最终目的时，确实可以在 RIP 前分色到 CMYK 数据；需要充分发挥彩色数据的利用价值，扩大彩色数据的利用深度，确保复制工作流程的灵活性时，图文处理结束后不必立即转换到 CMYK，让 RIP 分色更合理，因为要求修改时可立即调用 RGB 文件。

称得上数字印刷机的系统必然匹配专用的印刷管理器或服务器，栅格图像处理器是不可缺少的成分，因而数字印刷有 RIP 分色的先决条件。即使数字印前处理服务于传统印刷和数字印刷的双重目的，图文处理结果也不应该转换到 CMYK 数据，因为后端的印刷设备和相关条件尚未确定，让控制激光照排机或直接制版机输出的 RIP 分色、或控制数字印刷机输出的 RIP 分色更合理；若数字印前处理以数字印刷为唯一目标，就更不应该从 RGB 数据转换到 CMYK 了，由数字印刷机配置的 RIP 分色合理得多，若执意在前端分色有可能限制数字印刷机的色域范围；对于那些将要在色域范围比传统印刷机和常规数字印刷机更宽的特殊设备上输出的印前处理结果，例如六色以上彩色喷墨打印机、热升华打印机、照相成像数字印刷机和直接成像数字印刷机，不仅要确保图文处理结果的 RGB 数据，且应该选择色域比 Adobe RGB（1998）更宽的 RGB 工作色彩空间。

综上所述，考虑到现代彩色复制流程有色彩管理系统的参与，印前处理结果可能服务于不同的传播目标，配置 RIP 的输出设备具有分色能力，作为一体化设备的数字印刷机配置的 RIP 有很强的色彩管理功能，印前处理结果可能到宽色域设备输出等，应该保留印前处理的 RGB 数据，需要时才转换到 CMYK，对数字印刷来说建议不要预分色。

## 10.2 数字印刷前端输出控制

为了确保按预期目标获得质量良好的彩色复制效果，仅仅为数字印刷系统提供符合复制目标的数字文件是不够的，还需要充分利用数字印刷机前端的控制面板，为彩色逻辑页面对象设置合理的色彩管理流程，按数字文件性质和印刷目标指定彩色数据路径，规定彩色数据的变换方法，为此需要考虑数字印刷机使用的复制技术和材料应用特点。

### 10.2.1 设备标定和特征化

获得一致性良好的高质量彩色复制效果的前提，是需要对于复制系统所使用各种设备的颜色特征有综合性的了解，而了解设备的彩色描述特征只能通过称之为设备标定和特征化处理的过程实现。对于闭环系统的特征化，需要针对特定的输入设备（例如扫描仪和数字照相机）按输出目标作优化处理，掌握特定输出设备再现彩色图像的要求。

现代胶印从印前到印刷的过程是闭环系统最常见的例子之一，流程前端通过不同类型的扫描仪获得颜色的数字信号，例如滚筒扫描仪输出的 CMYK 数字信号，设备标定和特征化过程针对后端的胶印设备和工艺对扫描仪的输出信号作优化处理，以获得最佳的彩色复制效果。各种复制设备的标定和特征化处理本质上是对于设备的调整或调节，数字设备的调整可借助于软件，模拟设备（例如胶印机）的调整并非想象的那样容易，往往需要技术熟练的工人操作。闭环系统的另一例子是传统照片冲印，为了产生良好的复制效果，需要将参与复制的各种因素结合起来的优化处理，包括照相纸染料层、胶片、显影剂和冲扩工艺等特征；类似地，获得期望的复制效果同样需要手工调整。

闭环系统的处理机制对上述两个例子工作得很好，但对于开放的彩色数字印刷系统环境来说，仅仅简单的色彩管理对设备的性能优化并不充分，因为开放系统不可避免地要在不同的彩色设备间交换彩色数据。例如，为了利用闭环系统的可调整优点，假定系统由三台扫描仪和四台打印机（数字印刷机）组成，则优化处理需要 $3 \times 4 = 12$ 次闭环变换。很明显，随着加入到系统的设备数量增加，推断和保持设备各种组合的特征变得十分困难。

闭环系统优化处理的替代方案确实存在，比如独立于设备的特征化处理，不同设备彩色表示结果之间的"翻译"经由起中介作用的独立于设备的表示实现。与闭环系统或闭环模型相比，独立于设备的特征化处理效率更高，也更容易管理。仍然以三台扫描仪和四台打印机/数字印刷机组成的系统为例，采用独立于设备的特征化处理后只需 $3 + 4$ 次变换。考虑到独立于设备的色彩空间通常基于色度标准，例如 CIE XYZ 和 CIE Lab，因而必须在彩色数字成像（包括数字印刷）路径上引入视觉系统，两种方法的比较见图 $10 - 5$。

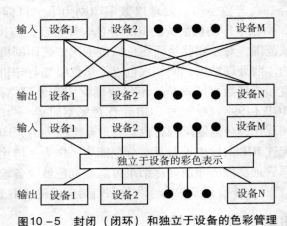

图 10 - 5 封闭（闭环）和独立于设备的色彩管理

由于数字印刷机数字输入水平与输出结果间复杂的非线性关系，设备标定和特征化处理迄今为止仍面临巨大的挑战，由于篇幅关系，这里不打算继续深入下去。

### 10.2.2 印刷管理器

数字印刷设备、材料和技术实现的多样性，数字文件所包含数据类型的差异，色彩管理技术参与下的现代印刷工艺特征，以及数据类型转换的灵活性，导致印前处理结果传递到数字印刷机上输出的复杂性，必须选择合适的工艺路径，才能得到期望的结果。

称得上彩色数字印刷机的硬拷贝输出设备，通常都配备专用工作站，与专门的软件集成后构成印刷管理器或印刷控制器，一种集数字印刷控制、色彩管理和印前数据解释等功能于一体的特殊应用软件，其核心模块当然是栅格图像处理器。此外，印刷管理器也嵌入能够针对特定的油墨再现数字"原稿"阶调和色彩变化的工作机制，例如从 RGB 到 CMYK 的色彩空间变换，彩色数据流动的方向和路径等。配置印刷管理器的数字印刷设备以彩色静电照相数字印刷机居多，但也包括使用固体粉末的其他设备，例如奥西的 CPS800/900 直接成像彩色数字印刷机，印刷管理器可能因数字印刷机的不同而异。

目前，控制和设置彩色静电照相数字印刷输出参数的印刷管理器大体上有 EFI、柯达和 HP Indigo 三种类型，以 EFI 印刷管理器最具典型性，因为施乐、佳能、奥西和柯尼卡美能达等彩色静电照相数字印刷机制造商都选择 EFI 开发的印刷管理器/控制器，用到不同的数字印刷机时操作界面可能有所区别。图 10-6 给出了某数字印刷机配置的 EFI 数字印刷管理器操作界面的例子，适合于专家使用的输出参数设置界面，该公司为其他数字印刷机开发的印刷管理器即使与图 10-6 不同，也是大同小异。柯达和 HP Indigo 数字印刷管理器的操作界面与 EFI 产品差异很大，但基本控制原理应该是相同的，因而只要懂得了 EFI 印刷控制器的核心思想，则使用其他数字印刷管理器也就不难了。

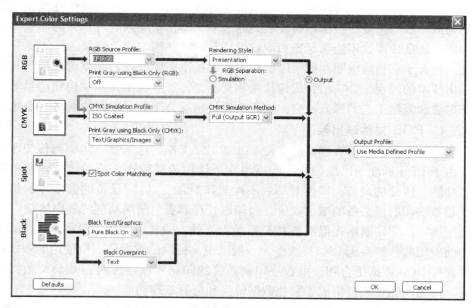

图 10-6　数字印刷管理器操作界面的例子

### 10.2.3　数字印刷 RIP

　　用于控制彩色静电照相数字印刷机输出的栅格图像处理器不能照搬为激光照排机或直接制版机配置的 RIP，不仅要考虑到彩色静电照相数字印刷系统所用图像载体的特殊性，也要考虑到这种数字印刷技术的成像机制和油墨（固体或液体墨粉）转移机制，墨粉熔化温度对最终复制结果的影响，以及墨粉不同于胶印油墨的阶调和色彩表现特征。

　　如果说激光照排机基于光记录技术，全部以激光为成像光源，则直接制版机由于面对更广泛类型的印版材料，不但对成像光源的功率要求不同，且可能采用非激光的成像机制，例如 CTcP 直接制版技术以 PS 版为工作对象，考虑到 PS 版的光敏特点、印版记录的能量密度和设备像素形状三大基本要求，贝斯印采用了 UV 发光二极管 + 数字微镜器件的成像技术方案。因此，计算机直接制版成像光源多少与现代静电照相数字印刷类似。

　　然而，尽管静电照相数字印刷与计算机直接制版的成像光源相似，但并不意味着彩色静电照相数字印刷与计算机直接制版技术的控制原理必须相同。理论上，两种计算机直接输出技术的控制系统可以互换，实际上或许根本行不通。

　　静电照相数字印刷机使用的光导体材料原则上可以提供与 CTP 印版相同的连续而均匀的成像表面，但由于光导体的加工工艺比印版要求高得多，无法利用与 CTP 印版类似的涂布技术产生空间均匀性和一致性良好的成像表面。由于成像原理的不同，即使静电照相数字印刷机能在光导体表面形成与理想记录要求一致的静电潜像，也未必能保证墨粉转移到光导体表面的正确性；即使控制信号允许墨粉均匀而一致地转移到光导体表面，也不能保证实际转移到光导体墨粉的均匀性和一致性，因为墨粉颗粒尺寸和形状是非均匀的。

如果联系到静电照相数字印刷在墨粉转移到光导体表面后的工艺特点，则阶调和色彩控制面临更复杂的局面。假定前端的静电照相成像和墨粉转移结果符合理想条件，则激光器或发光二极管可以采用计算机直接制版的方式控制能量，问题似乎容易解决。实际情况当然不会如此简单，后端的墨粉转印和熔化工艺将提出更多的挑战，例如由于墨粉颗粒尺寸和形状的非均匀性，即使转印到纸张的墨粉空间分布均匀，也不能保证在纸张的印刷面上产生均匀一致的密度。根据目前发展到的水平，熔化系统只能对纸张的印刷面施加分布相同的能量密度，而这不能满足墨粉颗粒尺寸和形状非均匀熔化能量的特殊要求。

因此，适合于彩色静电照相数字印刷机使用的栅格图像处理器必须考虑到与其他计算机直接输出技术的区别，必须结合成像技术和复制工艺特点控制光源和熔化能量等。如果没有对于成像和复制工艺的深入研究，就无法设计出适合于数字印刷的栅格图像处理器。

### 10.2.4　RGB 文件输出控制

数字印刷机只有在印刷管理器的支持下才能正常工作，这是数字印刷与传统印刷的根本区别。由于 UP$^3$I 标准的出现，数字印刷机有条件构造成数字前端系统、印刷机本体和印后加工功能一体化的设备；即使对那些不配置印后加工功能/设备的数字印刷机，前端系统仍然是数字印刷机必备的结构成分，而印刷管理器更是前端功能的集中体现。

如前所述，数字印刷不提倡准备 CMYK 数据文件，或者说传递给数字印刷机的文件无须通过印前应用软件转换到 CMYK 数据。一般来说，提供给数字印刷机使用的版式或其他数字文件保持 RGB 数据更合理，由数字印刷系统的印刷管理器转换到 CMYK 数据的复制效果更好，因为印刷管理器集成了彩色数据转换和色彩管理功能。

从图 10-6 所示的操作界面容易看出，传输到数字印刷机的源文件包含 RGB 数据时，可以有两种途径产生硬拷贝输出，只要选择了正确的数据通路，自然也完成了从 RGB 数据到 CMYK 数据的转换。然而，由于不同的数据处理通路，输出结果可能出现差异。值得注意的是，无论生成源数字文件时选择了何种 RGB 工作色彩空间，操作者总是可以通过 RGB Source Profile 清单为 RGB 数据文件重新选择其他空间。如果没有特殊的理由，应该从该清单中选择与印前处理相同的 RGB 工作色彩空间，例如用户为图像处理或其他印前操作设定了 Adobe RGB（1998），则仍然应该从清单中选择 Adobe RGB（1998）空间。有必要说明，数字印刷管理器的 RGB Source Profile 清单可能提供比通用印前软件更多的 RGB 工作色彩空间，例如 EFIRGB；考虑到该 RGB 工作色彩空间由 EFI 定义，在印前领域使用得并不普遍，仅当用户对自己传送给数字印刷机的数字文件中的 RGB 数据细节不了解时，才建议选择这种 RGB 工作色彩色彩空间。此后，操作者还得为复制由 RGB 数据描述的彩色对象规定色彩再现意图。数字印刷 RIP 软件开发商考虑到产品的通用性和兼容性，往往仅提供由 ICC 建议的四种色彩再现意图，可以如同为胶印准备数据那样选择。

完成上述操作后，数据按两种途径输出。方法一：原 RGB 数据文件通过 Output 节点后经由 Output Profile 转换到 CMYK 数据，这意味着数字文件在数字印刷机制造商提供的 ICC 文件控制下产生硬拷贝输出，为此应该从 Output Profile 清单中选择与当前使用的数字印刷机型号和纸张类型一致的 ICC 文件，才能得到合理的输出效果。方法二：借助于胶印工艺仿真实现 RGB 分色，由此完成从原文件数据 RGB 到 CMYK 的转换，为此需要从

CMYK Simulation Profile 清单中选择对应于某种胶印工艺（甚至老式数字印刷机）标准的 ICC 文件，并通过 CMYK Simulation Method 规定灰成分替代方法。显然，方法二适合于要求将彩色数字印刷"标定"到胶印工艺的印刷品客户，操作者无须担心这种分色结果与数字印刷机复制特性间的差异，因为后端的 Output Profile 可予以弥补。

除以上因素外，如何表现 RGB 图像中的灰色成分也值得注意：不要轻易地关闭印刷管理器的 Print Gray using Black Only（仅以黑色印刷灰色）功能（即选择 Off 项），因为单黑文字和图形叠印到彩色背景在某种情况下对数字印刷正确地复制原稿更有利。

### 10.2.5 CMYK 文件输出

只要在印刷领域，处理 CMYK 数据总是难免的，为此数字印刷管理器必须提供正确处理 CMYK 数据的工作机制，但具体方法上应该与其他计算机直接输出技术有所区别。对于那些从一开始就在 CMYK 空间中定义的数字文件（例如为测试数字印刷机阶调响应和色彩表现而专门设计的测试图文件），或为着特殊的理由而已经完成了从 RGB 数据到 CMYK 数据转换的文件，由于数据类型的限制，操作者已经失去了从 RGB 数据到 CMYK 数据转换的选择权，只能在已有数据的基础上尽可能真实地再现 CMYK 颜色。

从 CMYK 数据的输出特点不难看出，这种数据文件的输出控制缺乏灵活性，能否真实地再现原 RGB 连续调图像的阶调和色彩变化也值得质疑。一般来说，原 RGB 图像的颜色和阶调范围无法以四色套印工艺复制出来，数字印刷同样如此。如果彩色图像或其他逻辑页面的彩色对象过早地从 RGB 数据转换到 CMYK 数据，并考虑到任何 CMYK 色彩空间总是与设备有关的，则过早的色彩空间转换将使得原图像的阶调和颜色压缩到某种与特定输出设备相关联的 CMYK 色彩空间，从而使原图像不能通过彩色数字印刷机复制出来，因为彩色数字印刷机的复制特性往往与胶印并不相同。

如同前面已经强调过的那样，由于彩色静电照相数字印刷基于光导体的成像方法、显影工艺、墨粉熔化和印刷材料（墨粉）等方面的差异，这类彩色数字印刷机具有不同于传统胶印的 CMYK 色彩空间，假定操作者从 CMYK Simulation Profile 清单中选择了与当初从 RGB 数据转换到 CMYK 文件时不同的 CMYK 色彩空间，且操作者所选择色彩空间的色域范围小于转换 RGB 图像数据时的 CMYK 色彩空间，则原 RGB 图像的颜色和阶调必然被压缩到更小的范围。因此，对来自数字摄影设备或平板扫描仪的彩色图像而言，文件在传送到数字印刷机前转换成 CMYK 数据并不合适，除非用户已针对数字印刷机和印刷材料建立了 ICC 文件，且能够借助于通用印前处理软件访问到已建立的 ICC 文件。然而，即便如此同样也是不合理的，因为 RGB 文件更适合于让数字印刷管理器完成转换。

此外，输出 CMYK 文件路径上的 Print Gray using Black Only 清单项的合理选择对数字印刷机操作者来说也是一大考验：尽管关闭仅以黑色印刷数字文件的灰色成分看起来似乎安全，但逻辑页面上的黑色文字和图形对象全部以四色印刷却未必合理，此时必须考虑到数字印刷机是否有足够的精度（据作者的测量结果，某些数字印刷机的套印精度与胶印相当，但有的数字印刷机套印精度比不上胶印）实现补漏白处理，因为随着仅黑色印刷功能的关闭，黑色文字叠印到彩色背景的功能也丧失了；选择 Text/Graphics/Images 肯定不合理，因为一旦彩色图像中的灰色成分改成仅仅以黑色印刷，则原图像内所包含颜色的成分配比必然发生变化，有可能导致复制结果与原图像的差异更大。由此可见，若不打算以丰富黑复制逻辑页面上的黑色文字和图形对象，希望黑色文字和图形能叠印到彩色背景而避免补漏白处理，且要求确保原图像内包含的灰色成分用四色油墨复制，则应该从 Print

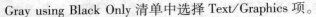

Gray using Black Only 清单中选择 Text/Graphics 项。

除以上问题外，直接输出 CMYK 数据文件还将面临灰色成分处理原则的选择，这涉及如何实现图像整体的灰成分替代，为此需要从 CMYK Simulation Method 清单内选择正确的对 CMYK 图像的仿真方法，将在后面详细讨论。

### 10.2.6 测试图印刷

测试图服务于特定的测试目标和对象，例如测量彩色数字印刷机的阶调响应和色彩表现能力，评价印刷品的噪声特征（比如颗粒度、斑点和噪声功率谱），测量数字印刷机的空间频率响应和套印精度等。由于绝大多数彩色数字印刷机通过四色油墨复制图像，因而直接在 CMYK 色彩空间中定义测试图更合理，在 RGB 工作色彩空间中定义测试图往往不能达到预期测试目标，原因在于印刷工艺的减色混合与 RGB 加色混合的本质区别，从而不能保证 RGB 空间等步长的梯尺在 CMYK 空间中也是等步长的。

尽管直接通过 CMYK 色彩空间定义测试图有可能无法反映数字印刷机的色彩表现能力，但考虑到许多印刷品用户希望将数字印刷机"标定"到胶印工艺，按用户的"标定"要求选择合适的胶印工艺标准建议的 CMYK 色彩空间定义测试图有其合理的一面，也便于比较彩色数字印刷（例如彩色静电照相数字印刷）与胶印的差异。获得正确的测试图印刷效果/样张需要一些技巧，涉及如何在印刷管理器专家设置界面上规定合理的选项，下面以包含青、品红、黄、黑四色阶调梯尺的测试图为例说明输出控制方法。

只要测试图确实在 CMYK 色彩空间中定义，则专家设置界面顶部的 RGB 数据处理部分可不予理会，只需考虑 CMYK 数据通路部分就可以了，步骤如下：

首先，从 CMYK Simulation Profile 清单中选择与定义测试图时相同的胶印工艺标准建议的 ICC 文件，以测试图文件 CMYK 数据与期望的标定目标一致。

其次，为了确保测试图中的黑色梯尺完全以黑色油墨印刷，应该从 Print Gray using Black Only 清单中选择 Text/Graphics/Images，原因在于测试图中的黑色梯尺必须用黑色油墨印刷，避免印刷管理器因偶然性错误而导致的青色、品红或黄色进入黑色梯尺。

第三，从 CMYK Simulation Method 清单中选择 Full（Source GCR），这意味着测试图中的灰成分替代规则将得到遵守，避免选择 Full（Putput GCR）项后导致数字印刷控制器对测试图的 CMYK 数据执行重新分色处理，以至于青、品红、黄、黑四色均可能串色，例如青色梯尺中出现黄色、品红或黑色。

第四，从 Output Profile 清单中选择与被测试数字印刷机一致的机器型号，以及与当前使用纸张一致的类型，避免因纸张类型不匹配导致的复制结果差异。

### 10.2.7 源灰成分替代与输出灰成分替代

虽然传送到数字印刷机的预分色 CMYK 文件或 CMYK 扫描仪输出的文件都已经完成了从 RGB 色彩空间到 CMYK 色彩空间的转换，但如何利用文件内的 CMYK 数据却颇有讲究，比如选择什么样的 ICC 文件控制数字印刷机输出，意在通过不同的胶印工艺标准模拟胶印效果，比如 SWOP、欧洲、日本和 ISO 胶印工艺标准；规定 ICC 文件还不够，由于数字印刷机可以按不同的方式利用文件内的 CMYK 数据，以如何实现灰成分替代最为重要。

胶印工艺标准仿真：从图 10-6 所示的典型数字印刷控制器提供的专家设置界面可以看到，只要待输出文件中包含的是 CMYK 数据，就可以从 CMYK Simulation Method 清单中选择一种仿真 CMYK 彩色图像或其他逻辑页面 CMYK 彩色对象最终输出效果与某种胶印工艺标准匹配的方法，其目的在于符合某些数字印刷机用户的习惯，定义从一种 CMYK 空间到另一种 CMYK 色彩空间的转换技术。

CMYK 仿真方法（CMYK Simulation Method）：清单内提供 Quick、Full（Source GCR）和 Full（Output GCR）三种选择。

Quick 仿真法：意味着对即将输出的 CMYK 图像应用"一维"的阶调传递或变换函数（复制）曲线，规定最简单的仿真原 CMYK 图像的复制方法，此时青色、品红、黄色和黑色通道输出密度将按相同的曲线关系调整，这种以相同的复制规律控制四种套印色油墨覆盖纸张的作法尽管有不合理之处，但用于彩色复印/打印多功能一体机图像复制是不错的。这种 CMYK 仿真技术的输出速度最快，可以在复制质量要求不高的场合使用，由于很难产生准确的颜色，因而对彩色数字印刷机用作打样设备的领域不适用。

Full（Source GCR）仿真法：意思是整体性地采用源 CMYK 文件的灰成分替代参数。该选项在色度变换的基础上提供完整而准确的 CMYK 颜色仿真技术，这意味着可以保留原数字文件内 CMYK 颜色的色相，即使对纯主色区域也同样如此。由于源图像从 RGB 数据转换到 CMYK 空间时规定的灰成分替代结果得到整体保留，因而也能保留原 CMYK 文件内包含的仅仅用黑色印刷的文字和图形特性；如果原文件要求以 CMY 表示黑色，则印刷管理器将仍然控制数字印刷机以这三种油墨印刷。考虑到数字打样的根本目的在于模拟传统印刷工艺的复制效果，以及数字打样与其他印刷工艺需要类比的特点，因而对于那些打算将彩色数字印刷机用作高质量数字打样设备的用户，应该选择 Full（Source GCR）项，以利于按相同的灰成分替代对数字打样稿和传统印刷工艺作出比较。

Full（Output GCR）仿真法：在某些方面与 Full（Source GCR）类似，比如同样在色度变换基础上完整而准确地仿真 CMYK 颜色，原图像中颜色的色相将得以保留等。然而，这种仿真方法毕竟与 Full（Source GCR）方法不同，两者的明显区别在于 Full（Output GCR）方法不保留原文件中规定的灰成分替代水平，所有的 CMYK 数据将利用由输出灰成分替代 ICC 文件定义的水平重新计算，从而与印刷管理器控制的数字印刷机有关，也与数字印刷系统的成像技术和材料应用特点等有关。可以想象，这种仿真技术适合于彩色图像复制，因为全部 CMYK 数据都按数字印刷机的彩色复制特性实现了优化处理，如同传统 ICC 颜色匹配方法那样。注意，如果用户在选择 Full（Output GCR）仿真的同时也从 Print Gray using Black Only 清单中选择了 Text/Graphics，则文件中的纯黑色文本和图形将仅仅以黑色印刷，例如彩色静电照相数字印刷机将以 100% 黑色墨粉复制原文件中的纯黑色文本和图形。

因规定不同的灰成分替代原则引起的结果差异例子如图 10-7 所示，该图的顶部和底部分别代表 Full（Output GCR）和 Full（Source GCR），由于 Full（Source GCR）保留原文件的灰成分替代参数，意味着以静电照相数字印刷墨粉摹仿胶印油墨，黑色版保持不变，可以满足准确打样的关键要求；选择 Full（Outout GCR）时，由于数字印刷管理器必须对 CMYK 文件重新分色，因而可以确保更好的灰平衡关系，适合于短版印刷的优化处理。

图 10-7　两种灰成分替代效果的比较

### 10.2.8　关于黑色叠印

无论传统印刷还是数字印刷，被复制的页面文件内通常包含大量的黑色文本。为了避免不必要的补漏白（陷印）处理，印前领域普遍采用黑色叠印的方法。对于 RGB 和

CMYK 文件，数字印刷控制器提供黑色页面对象的不同处理机制，由用户根据复制要求对文件内定义为 R = G = B =0% 以及 C = M = Y =0% 和 K =100% 的页面对象选择一种表示方法，将黑色文本和黑色图形（甚至图像）叠印到彩色背景上。

从 Print Gray using Black Only 清单内选择 Text/Graphics 时，数字印刷机控制器采用黑色叠印的方法，黑色文本和图形将直接"压"印到彩色背景的上方。由于无须对黑色文本和图形作补漏白处理，因而可以有效地避免黑色对象套印到彩色背景时容易产生的白色间隙，也有利于降低套印误差导致的白色"光环"效应。

除非有特殊的理由（例如输出包含灰梯尺的阶调响应测试图），通常情况下不应选择 Text/Graphics/Images 项，因为彩色图像中的灰色成分仅仅以黑色印刷时显得不够生动，也会降低彩色数字印刷机的灰色层次表达能力。当然，选择仅仅以黑色复制图像内的灰色成分时并非一无是处，主要优点表现在：首先，仅仅以黑色印刷灰色成分具有良好的经济性，可以节省大量的彩色油墨；其次，这种方法对彩色文档内的黑白页面相当合适，有助于降低彩印刷品的生产成本，而这些页面本来要用四色油墨印刷；第三，由于灰色成分从四色墨层叠加减少到单层油墨覆盖，从而能大大减少干燥时间，对喷墨印刷显得尤为重要；第四，仅仅以黑色油墨复制黑色文本对象时，文本的可阅读性比四色印刷更高，因为四色套印黑色文本时因套印误差而容易引起边缘模糊效应；第五，对大面积灰色或黑色填充区域来说，仅仅以黑色油墨印刷可获得更高的均匀性，而多层油墨的叠加往往是大面积填充区域非均匀性的主要根源，对固体墨粉显影彩色静电照相数字印刷机尤其如此。因此，是否选择 Text/Graphics/Image 项需视具体情况而定，不能一概而论。

关闭数字印刷控制器的仅以黑色油墨印刷黑色文本/图形/图像（即选择 Off 项）时，无论 RGB 或 CMYK 文件内的黑色或灰色对象将改成四色套印，为此数字印刷机控制器必须对这些对象作补漏白处理，这显然会增加复制难度。

### 10.2.9　加网技术选择

数字半色调（Digital Halftoning）应用开始于电子分色机的激光加网技术，由于技术条件的限制，那时的数字半色调算法以模拟传统网点为主，只能嵌入到电子线路内，固化成电分机网点发生器控制功能的一部分。进入数字印前时代后，数字半色调技术不断地推陈出新，出现了丰富多彩的数字半色调算法，不再局限于简单地模仿了。

随着数字印刷应用的深入发展，不同类型的成像与油墨转移技术的组合催生了各种数字印刷技术，目前以喷墨和静电照相数字印刷为主。由于成像和油墨转移原理的差异，不同的数字印刷方法适合于采用不同的网点结构，数字半色调算法及其实现技术也因此而各不相同。例如，喷墨印刷设备喷射的墨滴尺寸和形状都很均匀，如果能设法保持墨滴喷射后飞行轨迹的稳定性，就可以保证墨滴喷射并撞击到纸张表面的位置精度；只要墨滴转移到纸张后的扩散和渗透控制在合理水平，则喷墨印刷适合于使用调频网。

静电照相数字印刷与喷墨不同，即使成像阶段能形成精度足够高的静电潜像，也不能保证最终记录点的位置精度和空间分布均匀性，因为静电照相数字印刷必须经过从墨粉仓到光导体、再从光导体到纸张的两次转移。不仅如此，迄今为止的墨粉制备技术尚无法获得尺寸和形状均匀性良好的墨粉颗粒，因而即使静电照相数字印刷机的显影子系统和转印子系统精度控制令人满意，仍然无法保证印刷平面上记录点尺寸和形状的均匀性。由于静电照相数字印刷的这些特点，只能通过多个墨粉颗粒的组合形成记录点，以补偿墨粉颗粒尺寸和形状非均匀性对记录点非均匀性的影响。事实上，即便多个墨粉颗粒组合成的记录点仍然无法确保其均匀性，但如果尺寸和形状不均匀的记录点进一步组合成网点，则可以补偿静电照相数字印刷品的视觉非均匀性。根据以上描述的特点，静电照相数字印刷适合于使用模拟传统网点的调幅加网技术。

数字印刷已经发展到新的水平，绝大多数静电照相数字印刷机制造商选择的墨粉已经从机械研磨制备工艺发展到化学制备工艺，导致墨粉颗粒的尺寸和形状均匀性得到明显的改进和提高。静电照相数字印刷理论研究领域对成像和复制过程中两次墨粉转移的物理本质的认识接近于自由王国的境界，对墨粉颗粒转移的控制能力由此得到加强。因此，某些彩色静电照相数字印刷机在前端的控制界面上提供加网技术选择功能，可以按不同类型的数字原稿选择合适的网点技术，例如柯达 NexPress 和佳能 iMAGEPRESS 数字印刷机。

有的数字印刷机制造商同时也从事其他计算机直接输出技术开发，从而有条件将某些数字半色调技术移植到数字印刷，例如柯达用于 CTP 印版记录的 Staccato 调频网算法移植到彩色静电照相数字印刷机 NexPress 后成为 Staccato DX 网点。这种网点用于计算机直接制版时按记录点大小有一阶和二阶调频网之分，移植到静电照相数字印刷后由于受到墨粉颗粒尺寸和设备分辨率的限制，失去高分辨率记录能力的支持，演变成青、品红、黄、黑四色按图像内容改变的调幅和调频结合的加网技术，某些主色可能以调幅网点复制，有的主色则结合使用调幅和调频网点，因而并非整体复合加网。

据柯达提供的资料，该公司 NexPress S3000 系列彩色静电照相数字印刷机支持五种加网技术，除 Staccato DX 外还有 Classic、Supra、Optimum 和 Line，其中 Classic 和 Line 模拟传统加网技术的网点角度组合，网点线数对 Classic 为 Y180/M155/C155/K155；选择 Line 时等于 Y161/M163/C163/ K161；Supra 加网线数为 Y189/M133/C144/K133，Optimum 等于 Y141//M158/C158/K212；对 Staccato DX 来说加网线数不固定，取决于图像内容。输出时可按彩色图像的阶调和颜色特征规定合理的加网技术，建议事先测量五种网点输出到典型胶版纸和铜版纸所得梯尺样张的颗粒度和斑点质量指标，充分评估加网技术的不同对空间均匀性的影响，在此基础上确定采用何种加网技术。

## 10.3　数字工作流程

工作流程这一术语已被赋予相对较新的结构内容，从 20 世纪 80 年代后期开始作为成像技术领域的重要学科加以研究，与计算机集成制造 CIM 和计算机集成制造系统 CIMS 的崭新概念结合后产生了数字工作流程的提法，后来成为制定 JDF 标准的技术基础。计算机集成印刷以数字工作流程的形式实现，适合于传统印刷和数字印刷；毫无疑问，当数字工作流程用于管理和控制数字印刷时可以达到更高的集成度，应用方式也更为灵活。

### 10.3.1　简要回顾

美国自动化专家约瑟夫·哈林顿博士于 1973 年提出计算机集成制造这一概念，并在他出版于 1974 年的《计算机集成制造》一书中首先给出了 CIM 的完整定义。计算机集成制造的基本思想和核心内容体现在系统集成和信息流对生产工艺的串联作用两方面。

20 世纪 90 年代中期，计算机集成制造（加工）系统 CIMS 开始成为国外印刷杂志的热门话题之一，行业对此的重视程度从罗彻斯特理工学院于 1996 年组建 CIMSPrint 工业研究中心可见一斑，其中的 CIMSPrint 可理解为基于计算机集成制造系统的印刷。从印刷业数字技术应用的发展历史看，印刷品生产的第一波具备 CIMS 特征的工艺步骤连接和有效组合发源于桌面出版技术的进步，印前功能从传统印刷代理商和印刷公司代表的服务领域转移到内容创建者和客户，预示着数字印前不同于传统制版的使命；队伍日益壮大的内容创建者们逐步集成到印刷品生产流程中，代替了印刷工作流程的某些控制功能。

由于计算机集成控制的概念首先在印前领域实现，而印刷业真正实现 CIMS 概念不能停止在印前，必须扩展和渗透到印刷和印后加工，包括与印刷品加工全过程有关的全部生产活动和商务活动，因而后来对于 CIMS 的讨论转移到了数字工作流程上，这种称呼一直延续至今。因此，目前印刷产业的数字工作流程应用、印刷设备的自动化和智能化以及工艺和管理信息的综合利用等本质上属于 CIMS 技术的范畴。

如同因特网连接需要 TCP/IP 协议那样，CIMS 在印刷行业的实现也需要协议，于是就有了 Covalent System 公司于 20 世纪 90 年代初期提出的建议，他们认为在当时条件下可直接采用 Job Monitor Protocol（作业监视协议），作为印刷品计算机集成加工系统的工作流程标准，可通过不同的生产步骤随作业进程收集数据，并将收集到的信息转移给商务系统。这种生产数据的自动收集、作业跟踪、时间记录和成本核算乃至结账和发货等处理原则也适合于印刷产业，后来演变成制定 PPF 的指导原则和 JDF 标准的 JMF 部件。

最早出现的 CIMS 概念对于印刷领域的应用或许应当算霍尼威尔公司印刷业自动化中心的 Printa Total Contraol System，尽管该系统针对商业轮转印刷机开发，但提供生产计划与管理、印刷机控制、印刷机参数预设、闭环色彩控制以及与其他系统的连接界面等功能，与今天基于 JDF 的数字工作流程并无多大区别。

计算机集成印刷需要通讯保障，首先由 DAX 提出基于 ISDN 数据传输服务的"交钥匙"工程概念，得到美国印刷企业和平版印刷工作者联合会和当纳利公司的支持；美国明尼阿波利斯的 NetCo 公司提出的 WAM！NET（广域媒体网络）数字快递服务则可以在创作者和服务提供商之间实现大容量文件的快速电子传输，提供"看门人"的解决方案。

施乐和 PagePth Technologies 公司着眼于建立定位加点击的简单操作工艺，开发作业远程提交服务软件（管理数字文件的软件工具），处理结果由施乐的 DocuTech 黑白静电照相数字印刷机从客户端接收，属于单色、低端 CIMS 型简单工具。

从 1993 年底开始，海德堡就与德国 Fraunhofer 研究所合作开发印刷生产格式 PPF，初始目标用于扩展海德堡产品 Data Control 的功能，利用数字印前操作产生的数据集成为印刷和印后加工系统。后来，海德堡的战略伙伴、切纸设备制造商 Polar/Mohr 和折页机制造商 Stahl 也参与到该开发项目。1995 年，海德堡邀请其他印刷设备制造商参加研讨会，介绍 PPF 的开发现状和计划，于是派生出联合开发支持 PPF 标准的合作机构，形成了印前、印刷和印后加工集成国际合作组织 CIP3。

由于 PPF 的重点是印刷工艺的纵向集成，对管理集成考虑得不够充分，因而海德堡还与 Adobe、爱克发和罗兰四家公司发起并成立了 JDF 联盟，作业定义放弃 PPF 的 PostScript 而改用 XML 语言，力图达到印前、印刷和印后加工的水平集成，并考虑到管理因素，实现生产和商务活动与因特网结合，以使整个印刷生产过程具有更高的集成度。

随着时间的推移，CIP3 联盟意识到该组织成立时确定的工作目标已基本完成，以后要做的主要工作是格式定义的定期更新、在印后加工领域加速 PPF 格式的商品化和推广应用。当联盟成员们在探讨下一代 PPF 格式以及组织发展方向时，却发现 CIP3 联盟与 JDF 联盟所希望进一步发展的内容是一致的。与此同时 JDF 联盟也同意让更多的厂商参与，使制定出来的格式成为未来的通用格式标准，于是两大联盟于 2000 年 7 月 14 日达成合并为 CIP4 联盟的协议，联盟的全名在原来三个 P 外增加了一个 P（Process），从而演变为"印前、印刷、印后加工和生产过程集成国际合作组织",并制定了现在的 JDF 标准。

### 10.3.2 印刷品加工的流程特点与集成要素

根据工业产品的制造/加工特点,工业企业有流程工业和(机器)制造工业。流程工业的主要特点是生产的连续性,通过管道和传送带等实现物流的连续供应,若任何工艺步骤发生断点,则导致整个生产系统瘫痪。制造(加工)工业以离散工艺为主要特征,零部件以单机形式加工,最终在零部件互换性的基础上装配成整机。印刷品加工兼具连续型和离散型过程的双重特点:由于现代印刷机已演变成高度自动化和智能化的机器,因而从输纸开始到收纸结束的整个印刷过程是连续进行的,不允许出现断点;印刷品加工的其他过程具备离散的典型特征,例如印前阶段的原稿扫描和处理、排版、印版输出,印后加工的装订和表面处理等,必须按订单要求实现处理时间的最小化和产品输出的最大化,完全有可能导致工艺与生产目标的冲突。考虑到印刷品加工的流程特点,需要强大的数字工作流程软件支撑,计算机集成控制的实现方式必然不同于典型流程工业和加工工业。

根据波音以及 200 家 CIMS 应用示范企业的经验,清华大学国家 CIMS 工程中心的吴澄院士认为:对飞机和汽车类复杂产品制造企业而言,计算机辅助设计 CAD、计算机辅助工程 CAE、计算机辅助制造 CAM、产品研发管理(或产品数据管理)PDM、虚拟制造 VM、并行工程 CE 是一定有效的,企业资源规划 ERP、供应链管理 SCM、客户关系管理 CRM、协同产品商务 CPC 和电子商务 EB 以及先进的经营理念等,也是十分有效的;对家电等简单产品制造企业来说,产品设计中的各种技术不一定是首要的,而 PDM、ERP、SCM、CRM、CPC、EB 和先进的经营理念则是决定性的;对流程工业,过程的先进控制以及控制与管理的集成方面,集成是重要的,而 ERP、CRM、SCM、EB 和先进的管理理念,同样是十分重要的。

根据前面对印刷品加工的基本特点分析,既然印刷业具备流程工业和制造工业的双重特征,以及印刷品加工的简单性特点,显然应同时满足流程工业和简单制造企业对 CIMS 应用的基本要求,归纳起来就是过程控制以及控制与管理集成的极端重要性,以及企业资源规划、产品数据管理、客户关系管理、供应链管理、协同产品商务和电子商务等先进的管理手段和理念。上述一系列管理名词集中到一点,就是数字工作流程需要强大的 MIS(信息管理系统)支撑,也是每一家印刷企业选择工作流程软件时必须考虑的要点。

### 10.3.3 印前技术变革对数字工作流程的影响

任何一种技术的发展都有收敛的本质,当然收敛的程度和范围可能不同,也不具有绝对排他性,比如在发展成占绝对统治地位主流技术的同时也包容其他技术的存在。历史上凸版印刷首先出现,后来占主导地位的技术却是胶印,尽管凸版印刷通过柔性版印刷的形式幸存下来,但只占少数市场份额;数字印前终于找到了自己的归宿,发展到了计算机直接制版的最高境界,大概不会有更好的技术出现了。

回顾数字印前技术的发展历程,从开始时的离散过程逐步过渡到整体性的考虑。发散和收敛并不局限于描述流体场特点的数学命题,任何技术开始阶段的发展过程总是具有发散的本质,例如印前技术的大发展开始于渗透到改造传统制版的各方面;然而,技术发展的结果总要收敛到某种形式,不可能无限制地任意扩散。尽管 CTP 使数字印前聚合到制版的最高境界,但并非印前技术发展成果的最佳归宿,应该扩展到印刷和印后加工,包括与印刷品加工有关的全部生产活动和商务活动,在印刷领域全面地实现 CIM 概念,构造符合计算机集成控制特点的印刷 CIMS 系统,不应该停留在印前。

工作流程定义为整体或部分生产活动和商务过程的自动化，在此期间文档、信息或任务按程序规则集合从某一参与者传递到其他参与者。由于符合过程控制概念的印刷工作流程必须围绕计算机实现，而印刷业以计算机作为主要生产工具的生产和商务活动发源于印前领域，由此绝大多数研究者认为商业印刷领域的工作流程等价于印前领域的数字工作流程。印刷品生产工作流程涵盖为完成各种印刷业务需要的全部工艺过程的自动化，影响印刷企业的市场调研、产品设计和开发、估价和定单管理、客户关系管理、生产计划制定、印前处理、印刷、印后加工、产品交货、开具发票和会计核算、数据分析等。从以上描述的 CIM 对数字工作流程的自动化要求看问题，发展了 20 多年的数字印前技术确实为印刷业实现计算机集成控制奠定了基础，有资格胜任数字工作流程"奠基者"的角色。

因此，如果从技术和奠定基础条件的角度考虑，则今天的数字工作流程从数字印前工艺发展而来，且印刷产业的数字工作流程应用、印刷设备的自动化和智能化以及工艺和管理信息的综合利用等本质上属于 CIM 技术的范畴，而根据 CIM 基本思想构造的计算机集成印刷系统符合 CIMS 的生产要素集成原则。

### 10.3.4　数字工作流程的目标

印刷从业人员都在讨论 JDF，问题在于数字工作流程的根本目标是什么？答案只有一个，那就是建立在一切生产要素集成基础上的印刷过程整体自动化。仅仅就设备而言，现代高速印刷机的自动化程度已经相当高了，这显然不是数字工作流程的根本目标。设备的自动化当然重要，因为这是印刷过程整体自动化的基础，但设备的自动化程度再高，如果未能按 CIM 原则构造为集成系统，则不能与数字工作流程划等号。

罗彻斯特理工学院 CIMSPrint 主管 Peck 曾在 1996 年提出，针对印刷品或其他相关信息产品建立计算机集成加工系统需要仔细的规划和开发，才能成功地实现工作流程不同生产设备之间的连接，先期容易实现的项目是单色和彩色数字印刷机与印前和在线印后加工设备的集成。这种考虑反映在 2000 年成立的 UP³I 标准委员会，旨在为打印机/数字印刷机、印前和印后加工设备界面提供真正意义上的在线连接标准。在这种新的集成等级上可以充分地利用包含在作业传票（例如 CIP4 定义的 JDF 标准）中的特殊的印刷和印后加工生产指令，以信息管理系统为控制中心，由 UP³I 界面将作业传票信息传送给所有的 UP³I 设备，包括需要印刷的内容、如何印刷和如何执行印后加工处理等。从技术角度看，UP³I 界面标准采用对等协议，物理层基于 IEEE1394 界面，逻辑层能够为现有的印刷环境接纳，例如以智能化印刷数据流格式为基础的可变数据印刷应用。

英国利兹大学在"印刷业环境评估"一文的 CIMS 部分提到，印刷业向环保方向发展的关键在于连续增长地采用自动化工作流程和计算机集成制造（加工）系统，许多公司因此而节省了大量的纸张、油墨和能源。符合环保理念的印刷设备例子有包含溶剂回收系统、油墨计量功能和热量回收系统的印刷机等，其中溶剂回收系统从减少溶剂消耗量和有害废弃物处理费用两方面降低生产成本，而海德堡开发成功的油墨计量技术可明显减少印刷过程中油墨的消耗量，同样由海德堡开发成的 Ecobox 处理系统可用于捕获印刷机运转期间产生的热量，用作印刷车间中央供热系统的低成本热源。

就全局而言，现在基于 JDF 的印刷媒体生产的跨部门自动化测试阶段已经结束（数字工作流程产品用户的 JDF 测试不在此列），欧洲和北美等发达国家和地区的某些企业也从试验进入到应用阶段。通过 JDF 实现的标准化作业描述，目前有足够的能力在信息管理系统和生产部门间完成作业的自动转移，原因在于所有系统、程序和控制计算机使用同一种语言，这就是 JDF！一种以 XML 为基础的印刷作业描述方法。

### 10.3.5 管理部件对实现 CIMS 印刷的重要性

或许是数字工作流程软件的供应商过于强调这类产品的技术性，导致许多人误认为数字工作流程属于纯粹的技术产品，而忽略了数字工作流程的管理本质，忽略了一个有效的数字工作流程软件必须有强大的信息管理系统（MIS）支持的基本要求。事实上，处理工作流程中所有单元间关系的"工头"正是管理信息系统，负责指令和监视工作流程执行的各个方面，它站在更高的层次上监视生产过程的执行流程和状态。每一个要求建立、修改、例行检查、解释和执行的 JDF 作业包含中介器、控制器、设备和机器四种部件。从工作流程的总体结构看，由上述部件建立的工作流程即形成信息管理系统，因而信息管理系统又是宏观控制器，正是 MIS 定义了合适的解决方案，才能满足局部约束条件的要求。

现代制造行业已很少提到 MIS，这并不意味着信息管理不重要，而是以新的形式——企业资源规划 ERP 来体现，因为 ERP 是面向供应链（Supply Chain Management）的管理信息集成。一般来说，企业资源规划系统对物料的控制通过 MRP（物料需求计划）实现，可以说 MRP 是 EPR 的核心模块。生产计划编制解决了企业要加工什么产品的问题，物料清单表明产品的构造特点，工艺路线表示产品如何加工，而库存管理则需要解决加工目标产品的已有材料、缺乏的材料、必须加工的材料（例如印版）、加工和采购的时间和数量等问题。后来，美国著名管理专家奥列弗·怀特在物料需求计划的基础上提出制造（加工）资源计划，由于英文缩写与 MRP 相同称之为 MRP II，这是以物料需求计划为核心的企业生产管理系统，也是一种生产管理的计划和控制模式，因其效益显著而当成标准管理工具在当今世界制造业普遍采用。MRPII 实现了物流与资金流的信息集成，是 CIMS 的重要组成部分，也是企业资源规划 ERP 的核心主体；目前普遍认为，MRP II 是以工业工程的计划与控制为主线的、体现物流与资金流信息集成的管理信息系统。

2006 年芝加哥 Graph Expo 印刷技术大展有 600 家厂商约 57 000 种产品参展，印刷工作者迷惑于如此多的产品，不知道究竟应该选择何种产品才能应付下一步的冲击。于是举办方邀请 15 位专家，从参展产品中挑选出必看的前瞻性技术，排在第一位的技术出乎大家的意料之外，看起来与印刷没有多少关联的 MIS 系统。但专家们却不这样看，他们认为用信息管理印刷厂是印刷业者今后成功的要素。除印刷技术外，从业者更应该了解业务，决策应该在收集各种有用信息的基础上作出，因而 MIS 将是最有效的方式。专家们重视MIS 的另一原因是它在 CIMS 中的核心地位，缺乏信息的自动化和智能化集成根本做不到。此外，除收集信息外，设计合理的 MIS 也能用于管理，比如流程控制和作业监测等。

根据以上的简单讨论可以归纳出下述要点：如果没有强大的信息管理系统支持，仅仅从设备、技术和工艺集成角度设计数字工作流程软件，则无法实现真正意义上的 JDF 流程，当然也无法实现 CIMS 的管理哲学；管理信息系统以 ERP 形式出现时，必须与印刷品加工的工艺控制集成为整体，且应当体现 MPR II 的核心功能，独立或游离于工艺控制外的 ERP 同样不能成功；如果说 CIM 体现了对过程控制和企业管理新的哲理，那末 JDF 是CIM 哲理的体现，使生产方式从孤立和分散过渡到集中和统一，因而管理部件不可缺少。

JDF 技术的应用效率取决于数字工作流程软件与 MIS 系统的有效组合，目前已经有数量可观的 MIS 系统开发商注意到 JDF 的诱人前景，纷纷加入到与 JDF 流程匹配的 MIS 软件开发行列中，实现企业管理模式与 JDF 工作流程的接轨。如何从原有生产和管理模式平滑过渡到新的模式为每家打算采用 JDF 工作流程的企业所关注，例如德国 Universal 仅仅用了几个星期的时间就通过管理信息系统软件 Hiflex 成功地过渡到基于 JDF 的网络印刷生产环境，过渡自然，没有发生故障。由于 Hiflex 信息管理系统在定单处理、生产计划安排和管理要素分析上确实能给企业带来巨大收益，因而该公司所有员工均毫无保留地接受。

### 10.3.6　数字印刷需要的工作流程解决方案

生产过程执行期间发生的大量事件具有各自的工艺特征，而这些特征则取决于生产工序间的关系，经一系列的概念和内容变换后转化成可以提交使用的产品。在印刷生产链的上下关系中，工作流程指加工期间发生的所有过程和事件，从作业进入印刷厂开始，直至印刷品交货的那个时间点。工作流程因采用的技术和时代背景而异，自动工作流程的优点在于能实现生产过程偏差和波动的最小化，而资源的利用效率却最高。由于自动工作流程的所有操作并非都是线性的，因而允许同时执行某些作业任务，或执行并行处理生产模式。

印刷是一种高度个性化的生产活动，实现自动工作流程并不容易。在整个印刷工作流程中，印前首先从传统生产方式转移到以计算机为主要生产工具，利用页面描述语言和"热文件夹"技术产生数字文档，从一个生产过程传递到下一过程，具备了 CIM 的基本特征。

数字印刷工作流程的基本特征是生产过程全部由计算机控制，尽管自动化水平已达到相当高的程度，但往往在处理上下工艺过程关系上过于专门化，需要不断地改进和提高。尽管数字印刷有其特殊性，但对所有印刷专业人员来说面临数字印刷工作流程的挑战却是类似的，挑战来自各种市场因素的综合，以及设备内部因素和外部因素的不兼容性、数字印刷工艺与其他印刷工艺的的不兼容性主要表现在：

（1）比以往更少的印刷数量，更快速的印刷内容转换要求。

（2）生产和管理过程中的人工干预因素。

（3）必须谨慎地对待与特定应用领域有关的生产工艺和工作流程。

（4）设备与软件间的协同工作能力受到限制。

为此，数字印刷工作流程软件应该通过多层结构流程框架加强对上述约束条件的适应能力，以硬件和软件高度模块化的方式建立工作流程的基础结构，形成从工作流程开始点到结束点的整体集成。例如，施乐 FreeFlow 数字印刷工作流程在整体性地考虑到商务活动和生产活动需求的基础上提供各种服务，包括工作流程评估、系统集成、支持应用软件编程和商业开发等，体现不同标准、模块内容、合作伙伴产品和各种服务功能的组合，为印刷企业提供数字印刷工作流程所要求的灵活性，以适应各种客户对印刷品的不同需求。

一般来说，适合于数字印刷管理和生产的工作流程系统应该在最底层次上从用户角度考虑基本结构框架，扩展管理范围，冲破纯生产工艺管理的约束；服务内容需延伸到数字印刷的上游，包括产品设计和印前处理。从现代印刷服务的整体需求出发，数字印刷工作流程软件的功能必然超过印刷生产链，形成过程控制与商务活动良好的集成关系。

以施乐 FreeFlow 数字印刷工作流程系统为例，集成内容涵盖商务处理、过程管理和输出管理三大方面。图 10-8 给出了 FreeFlow 流程管理示意图，代表数字印刷所需要的典型流程管理和工艺控制的框架结构，具有一定程度的普遍性和参考价值。

根据 JDF 的基本指导思想和数字印刷的技术特点，适合于数字印刷的工作流程应理解为处理与生产活动相关的全部或部分商业过程或商务活动及生产活动的完整过程，商务活动与生产活动紧密联系。对数字印刷的商务活动应该有正确的理解，定义为数字文档、信息和作业任务在数字印刷的某一参与者到其他参与者之间的传递动作，这些活动按预先设定的编程规则体现在数字印刷工作流程软件中。数字印刷管理的初始点定位在刚进入生产活动的位置上，但绝对不是印前，而是商务谈判和产品设计。

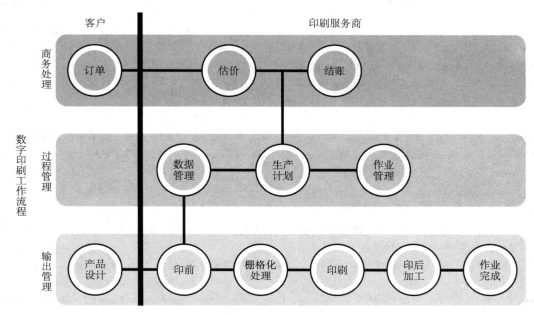

图 10 - 8　典型数字印刷流程管理示意图

# 参考文献

［1］ John A. C. Yule, Principles of Color Reproduction, GATFPress, 2000.

［2］ Gaurav Sharma, Digital Color Imaging Handbook, CRC Press, 2003.

［3］ Helmut Kipphan, Handbook of Print Media, Springer, 2001.

［4］ Gary G. Field, Color Reproduction Objectives and Strategies, GATFPress, second edition, 1999.

［5］ Noboru Ohta and Mitchell Rosen, Color Desktop Printer Technology, Taylor & Francis Group, 2006.

［6］ Don Williams and Peter D. Burns, Diagnostics for Digital Capture using MTF, Proc. IS&T 2001 PICS Conference.

［7］ Desktop Publishing, en. wikipedia. org.

［8］ Gamma Crrection, en. wikipedia. org.

［9］ Shuxue Quan, Evaluation and Optimal Design of Spectral Sensitivities for Digital Color Imaging, PhD Paper of Rochester Institute of Technology, April 2002.

［10］ Naoya KATOH, Corresponding Color Reproduction from Softcopy Images to Hardcopy Images, PhD Paper of Chiba University, January 2002.

［11］ J A Stephen Viggiano and Nathan M. Moroney, Color Reproduction Algorithms and Intent, Imaging Division, RIT Research Corporation.

［12］ Peter D. Burns and Don Williams, Ten Tips for Maintaining Digital Image Quality, Proc. IS&T Archiving Conf. , IS&T, 2007.

［13］ Image Sensor Architectures for Digital Cinematography, DALSA Digital Cinema, 2003.

［14］ James Janesick, Dueling Detectors, SPIE OE Magazine, 2002.

［15］ Foveon X3 Sensor, en. wikipedia. org.

［16］ Francisco H. Imai, Spectral Reproduction from Scene to Hardcopy, Munsell Color Science Laboratory, Rochester Institute of Technology.

［17］ Interline Transfer CCD Architecture, micro. magnet. fsu. edu.

［18］ Francisco H. Imai, Mitchell R. Rosen and Roy S. Berns, Self – portrait at the National Gallery of Art, Washington, D. C. , IS&T's 2001 PICS Conference Proceedings.

［19］ Frame – Transfer CCD Architecture, micro. magnet. fsu. edu.

［20］ Scanner Technical Brief, Epson America Inc. , June 2007.

［21］ Full – Frame CCD Architecture, micro. magnet. fsu. edu.

［22］ Massimo Mancuso, An Introduction to the Digital Still Camera Technology, ST Journal of System Research, Image Processing for Digital Still Camera, Vol 2, Number 2 December 2001.

［23］ Sequential Three – Pass Color CCD Imaging, micro. magnet. fsu. edu.

［24］ Paul M. Hubel, John Liu and Rudolph J. Guttosch, Spatial Frequency Response of Color Image Sensors：Bayer Color Filters and Foveon X3, Proc. SPIE, 2004.

［25］ Digital Camera, en. wikipedia. org.

［26］ Donald S. Brown, Image Capture Beyond 24 – Bit RGB, based on RLG DigiNews, Vol 3, No. 3, 1999, Journal of Imaging Science and Technology, May 2009.

［27］ Xin Li, Bahadir Gunturk and Lei Zhang, Image Demosaicing：A Systematic Survey, Proc. IS&T/SPIE Conf. on Visual Communication.

［28］ Yair Kipman, Dot Placement Analysis Using a Line Scan Camera and Rigid Body Rotation, paper on the web site of ImageXpert Inc.

［29］ Peter D. Burns and Don Williams, Using Slanted Edge Analysis for Color Registration Measurement, Proc. IS&T 1999 PICS Conference.

［30］ Peter G. Engeldrum, Color Scanner Colorimetric Design Requirements, SPIE Vol. 1909.

［31］ Color Negative Scanning, HutchColor LLC Color Management Solutions, www. hutchcolor. com.

［32］ Sanjyot A. Gindi, Color Characterization and Modeling of a Scanner, Purdue University, 2008.

［33］ Joyce E. Farrell and Brian A. Wandwell, Scanner Linearity, Journal of Electronic Imaging 2（3）, July 1993.

［34］ Arguments for RGB editing, HutchColor LLC Color Management Solutions, 2000.

［35］ Peter G. Engeldrum, Image Quality Modeling: Where Are We?, IS&T's 1999 PICS Conference.

［36］ Don Williams, Progress on ISO/TC42 Standards for Digital Captnre Imaging Performance, IS&T's2003PICS Conference.

［37］ Don Williams and Peter D. Burns, Imaging Performance Taxonomy, Proc. SPIE – IS&T Electronic Imaing Symposium, 2009.

［38］ Don Williams and Peter D. Burns, Measuring and Managing Digital Image Sharpening, Proc. IS&T 2008 Archiving Conference.

［39］ Dietmar Wueller, Measuring Scanner Dynamic Range, IS&T's 2002 PICS Conference.

［40］ Don Williams, Peter D. Burns and Michael Dupin, Statistical Interpretation of ISO TC42 Dynamic Range: Risky Business, Proc. SPIE – IS&T Electronic Imaging Symposium, SPIE vol. 6059, 2006.

［41］ Intelligent Printer Data Stream Reference, IBM, 7th Version, 2002.

［42］ HP Support document, History of Printer Command Language, H20000. www2. hp. com.

［43］ Adobe Systems Incorporated, Open Prepress Interface（OPI）, Technical Note #5660, January 2000.

［44］ Beat Stamm, The Raster Tragedy at Low – Resolution Revisited: Opportunities and Challenges beyond "Delta – Hinting", www. rastertragedy. com, 2009.

［45］ V. Ostromoukhov, R. D. Hersch, C. Pe-raire, P. Emmel and I. Amidror, Two Approaches in Scanner – Printer Calibration: Colorimetric Space – based vs. "Closed – loop", IS&T/SPIE 1994 International Symposium on Electronic Imaging: Science & Technology, February 1994.

［46］ Andrew Rodney, The RGB Working Space Debate, Part 1, September 2005.

［47］ Andrew Rodney, The RGB Working Space Debate, Part 1, October 2005.

［48］ Océ White Paper, Full Source and Full Output GCR Settings, June 2005.

［49］ 姚海根. 印刷图像处理. 上海：上海科学技术出版社，2005.

［50］ 姚海根. 数字加网技术. 北京：印刷工业出版社，2001.

［51］ 姚海根. 从 Seybold 研讨会谢幕谈起. 出版与印刷，2007（3）.

［52］ 姚海根. 二十多年现代印前技术发展之路. 印刷工业，2009（4）.

［53］ 姚海根. gamma 与非线性. 出版与印刷，2010（3）.

［54］ 姚海根. 分辨率与寻址能力. 印刷杂志，2009（6）.

［55］ 姚海根. 数字摄影的原始数据捕获和转换. 印刷杂志，2008（7）.

［56］ 姚海根. CCD 与 CMOS 传感器比较. 出版与印刷，2009（3）.

［57］ 姚海根. 数字照相机类型与传感器尺寸效应. 出版与印刷，2010（2）.

［58］ 姚海根. RAW 数据捕获. 印刷杂志，2011（8）.

［59］ 姚海根. 高位数据图像的现实和未来需求. 印刷杂志，2011（7）.

［60］ 姚海根. 消费级平板扫描仪空间频率响应测量. 中国印刷与包装研究，2010（3）.

［61］ 姚海根. 基于图像捕获数据的 MTF 测量. 出版与印刷，2009（4）.

［62］ 姚海根．消费级平板扫描仪的边界效应．出版与印刷，2011（2）．

［63］ 管雯君．数字印刷机的输出控制．印刷杂志，2011（7）．

［64］ 姚海根．扫描仪的动态范围．印刷杂志，2010（4）．

［65］ 姚海根．补漏白技术的进展．出版与印刷，2007（1）．

［66］ 姚海根．数字工作流程的发展和应用现状．今日印刷，2009（1）．

［67］ 姚海根．打样稿与印刷品匹配预测目前存在的问题．出版与印刷，2007（2）．